미용해부생리학

전세열 · 홍란희 · 김봉인
장진미 · 조소은 | 공 저

AESTHETIC
Anatomy & Physiology

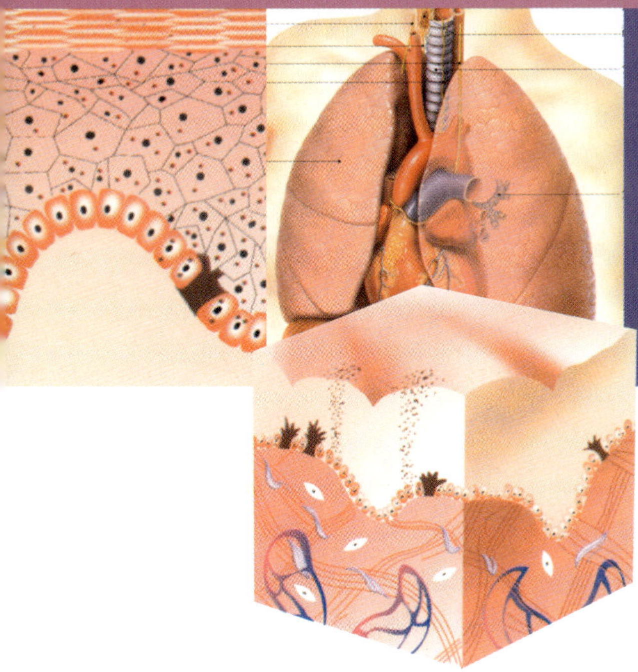

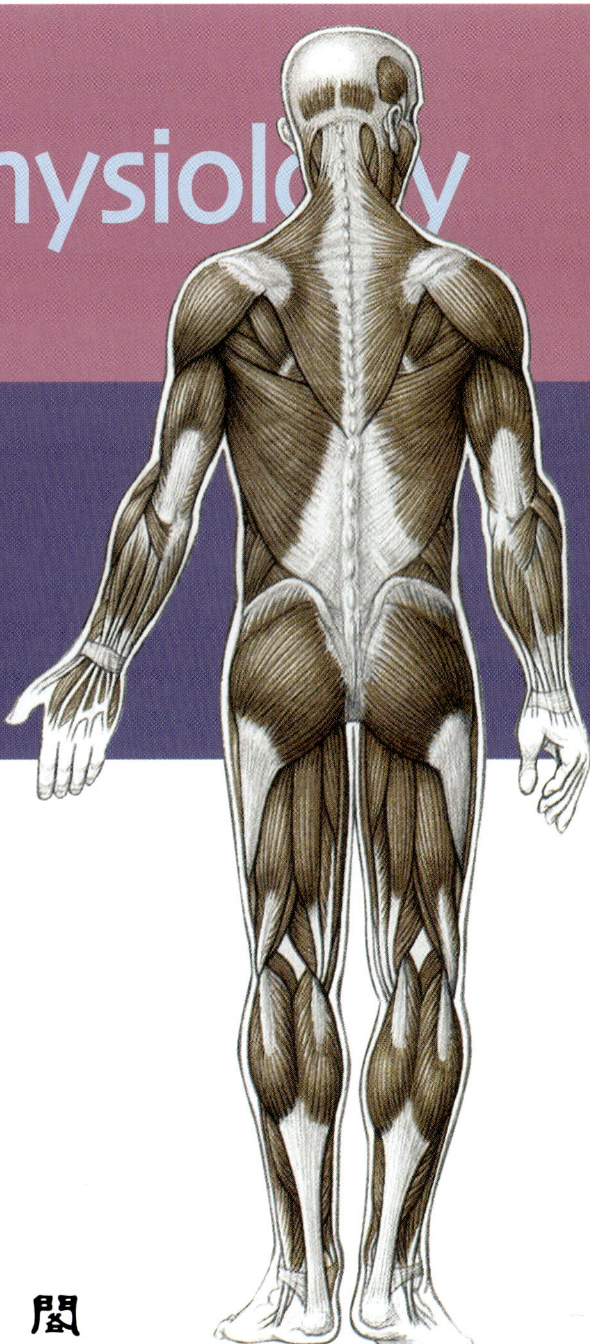

光 文 閣

intro 머리말

삶의 질이 향상이 되고 피부 미용과 건강미에 관심이 높아짐에 따라 인체생리학이나 해부학이 관심이 높아져 꼭 알아야만 될 필수과목으로 등장하였다.

해부학은 지금까지 의료계나 보건계열의 기준에 맞춰 생리학이나 해부학을 교재로 편집해서 피부 미용 분야에서 꼭 알아야 할 근육학, 골격, 감각 신경분야를 소홀히하여 이쪽을 보강하였다.

현재 미용 및 피부계 학생이 6000여명에 이르고, 몇만 개의 업소에서 필요한 인체 해부의 원색 그림을 집중적으로 게재하여 미용 분야에 큰 도움이 되리라 믿는다.

현재까지 미용에 관한 인체해부도는 그림을 위주로 편집해서 설명이 부족했는데, 그것을 보충하였다.

이 책은 근골계, 발, 손, 감각, 림프계 등이 상세히 기재되어 발 마사지나 경락 등을 하는 분들께도 큰 도움이 되리라 믿는다.

끝으로 이 책을 발간하기까지 많은 노력과 지원을 해주신 박정태 사장님과 임직원 여러분께 감사드린다.

2004. 2월. 저자

Contens

3-A 골격계 / 49

3-B 골격계(신체 각 부위별 골격의 구조) / 66

4 근육계 / 97

7 호흡계 / 187

8-A 혈액 / 203

8-B 심장과 순환계 / 215

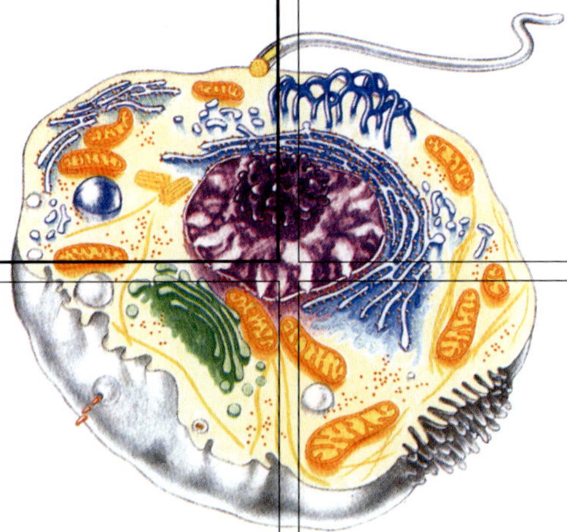

제 1 장

인체의 해부
(Human of Anatomy)

1. 생리학 개요
2. 생명현상의 특징
3. 인체의 기관과 기능
4. 인체와 세포
5. 세포와 영양소

AESTHETIC ANATOMY & PHYSIOLOGY

1. 인체의 해부
Human of Anatomy

1. 생리학 개요

인체는 대단히 복잡한 활동을 하고 있다. 그 복잡한 활동을 해석하고 생명에 관한 여러 가지 의문점을 밝히려는 학문이 인체 생리학이다.

인체 및 그 구성 요소(세포, 조직 및 기관)들이 각각의 목적에 따라 고유한 역할을 갖고 있는 것을 기능이라고 한다.

예를 들면 심장의 기능은 혈액을 온몸으로 순환시키는 것이며, 신장의 기능은 요를 생성하는 것이다. 또한 피부는 인체를 건조 및 기타 외부의 자극으로부터 보호하고 체온의 변화를 조절하는 것이 그 기능이다.

생리학에서는 인체의 복잡한 활동을 이해하는 방법으로써 먼저 인체를 구성하는 각각의 기관을 파악하고, 이를 종합하여 인체의 전반적인 기능을 알아보려고 한다.

1) 인체의 구성 요소

생체는 생명력의 유지, 즉 생존 그 자체가 가장 중요한 것이다. 생존을 위하여 인체의 각 부분은 끊임없이 활동하여 내부 환경의 항상성을 유지시켜야 한다. 생명을 유지하기 위하여 활동하는 구조적, 기능적 최소 단위가 세포이다.

세포는 종류에 따라 각기 다른 작용을 하고 있으나 기본적 활동에는 많은 공통점이 있다. 예를 들면 세포의 물질 교환, 영양소로부터 에너지의 획득, 단백질의 합성 등은 어느 세포에서도 같은 방법으로 작용하고 있다.

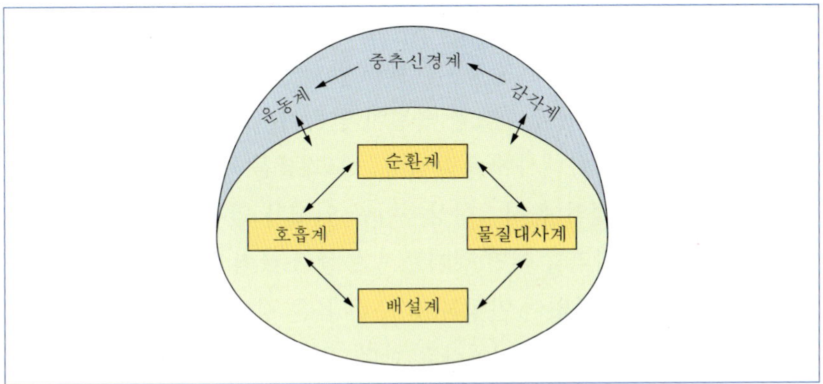

그림 1-1
인체 기능계의 상호 의존성 및 협동 기능

인간을 구성하기 위해서는 기본적 입자가 모여 원자로 된다. 이 원자가 모여 단순 분자로, 단순 분자가 모여 고분자로, 고분자가 모여 기본적인 생체 구조가 형성된다. 이 기본적인 생체 구조는 세포기관이 모여 세포로 된다.

또한 세포가 모여 조직으로 되고, 이 조직이 모여 기관으로, 기관이 모여 기관계로, 이 기관계가 모인 한 개체가 곧 인간이다.

생명체 → 기관 → 조직 → 세포 → 세포소기관 → 초분자집합체 → 거대분자 → 구성단위분자

생명체(인간) → 기 관 → 조 직 → 세 포

→ 세포소기관 (Nucleus, Mitochondria, Golgi body) → 초분자 집합체 (Membranes, Ribosomes, Chromatin, Microtubules) → 거대분자 (Protein, DNA, RNA, Polisaccaride) → 구성단위 (아미노산, Glucose)

그림 1-2
생명체를 구성하고 있는 세포

2. 생명현상의 특징

생명체는 수없이 많은 미세한 세포로 형성되는 집단체로서 물질대사를 수행하고 있다. 이런 생명체의 특징을 살펴보면 다음과 같다.

① 조직화, 체계화 : 세포, 조직, 기관 등의 크고 작은 단위는 모두 유기적으로 조직화되어 전체적인 협동작용을 함으로써 생명력을 가진 하나의 개체가 탄생되어 그 기능을 발휘하여 활동한다.

② 물질대사 : 생명체가 주위 환경으로부터 물질을 섭취하여 이것을 화학적으로 변화시켜서 새로운 물질을 만드는 과정을 물질대사라고 한다. 이 과정에서 몸에 필요한 물질이 만들어지고 활동에 필요한 에너지를 생성시키며, 대사에서 발생하는 노폐물을 체외로 배설한다.

③ 조절 및 항상성의 유지 : 항상성이란 인체가 안정 상태를 유지하는 것으로 인체 내외의 어떤 것이든지 항상 조금씩 변하지만 그러나 비교적 커다란 변화없이 일정하다. 우리 몸은 평상시 거의 같은 체온을 유지하는 상태를 항상성이라고 한다. 인체의 세포가 건강하게 생존하기 위해서는 세포 주위의 항상성이 유지되어야 한다.

④ 성장과 생식 : 생체는 외부로부터 섭취한 물질을 물질대사를 통하여 에너지로 이용하여 성장한다. 충분히 성장한 후에는 생체의 가장 기본적인 기능의 하나인 생식을 하게 된다. 생명 탄생은 하나의 정자와 난자가 결합한 수정란이 여성의 자궁 안에서 발육하여 태아가 되고, 분만에 의하여 새로운 생명이 태어나는 것이다.

그림 1-3
항상성의 기본 개념

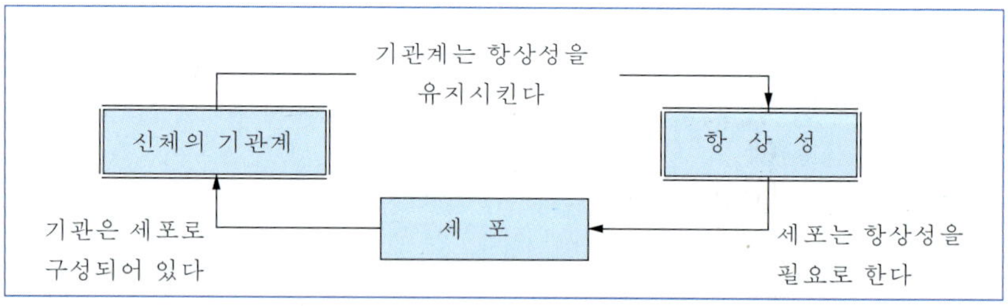

3. 인체의 기관과 기능

기관계는 기관들의 단순한 통합이 아니라 보다 고도의 활동을 하기 위해 기능적 연관을 갖는다. 소화계를 통해 섭취되고 소화, 흡수된 영양물은 순환계를 통해서 각 조직으로 운반된다. 또한 이들은 호흡계를 통해 들어온 산소를 이용하여 에너지를 획득한다.

생성된 에너지와 영양물질은 골격계, 근육계 및 생식계에 의한 운동, 이동, 일과 생식 등의 활동을 할 수 있다. 이러한 대사 결과 생긴 노폐물은 배설계를 통해 배출되어 체내의 항상성을 유지하게 된다. 이러한 모든 기능은 신경계와 내분비계의 조절로 전체적인 조화를 이루게 된다.

표 1-1
인체의 기관계별 구성과 기능

기관계	구 성	기 능
소화계(Digestive system)	입, 식도, 위, 간, 췌장	영양의 섭취, 소화, 흡수
순환계(Circulatory system)	심장, 혈관, 혈액 : 림프절, 림프관	물질 운반, 보호작용, 조절작용
호흡계(Respiratory system)	코, 기도, 기관, 폐 및 관련 기관	외부와 혈액간의 기체 교환
배설계(Excretory system)	신장, 수뇨관, 방광, 요도	배설물 배출, 항상성 조절
감각계(Sensory system)	눈, 귀, 피부, 코, 혀	자극의 수용
신경계(Nervous system)	신경, 뇌, 척수	자극의 전달과 통합, 조절
내분비계 (Endocrine system)	뇌하수체, 갑상선, 부신, 정소, 난소	신체 기능의 화학적 조절
외피계 (Integumentary system)	피부, 털, 땀샘, 손, 발톱	몸의 보호, 체온 조절, 감각
골격계(Skeletal system)	뼈, 연골	몸의 지지, 운동, 이동
근육계(Muscular system)	골격근, 내장근, 심장근	몸의 운동, 체내 물질 이동
생식계 (Reproductive system)	정소, 난소, 자궁 및 관련 기관	종족 보존

1) 인체의 구조와 기능

인체의 구성 요소(세포, 조직 및 기관)를 살펴보면 각각 목적에 따라 고유한 역할을 갖고 있으며 서로 다른 기능을 한다. 예를 들면 심장의 기능을 혈액을 온몸으로 순환시키는 것이며, 신장의 기능은 요를 생성하는 것이다. 또한 피부는 인체를 건조 및 기타 외부의 자극으로부터 보호하고 체온의 변화를 조절하는 것이 그 기능이다.

생리학에서는 인체의 복잡한 활동을 이해하는 방법으로써 먼저 인체를 구성하는 각각의 기관을 파악하고 이를 종합하여 인체의 전반적인 기능 및 그 발현기전을 알아보려 한다. 생물 개체가 나타내는 생명 현상으로서 무생물과 다른 것은 ① 물질대사를 하며, ② 생장하고, ③ 자극에 대해 반응하고, ④ 번식한다는 점이다. 개체에서 볼 수 있는 이러한 생명의 특성은 세포 수준에서도 나타난다. 세포 일부가 죽거나 손상되면 그 부근의 세포가 분열해서 보충한다.

2) 생명현상의 특징

생명체는 수없이 많은 미세한 세포로 형성되는 집단체로서 물질대사를 수행하고 있는 바, 그 특징을 살펴보면 그림 1-4와 같다.

그림 1-4
몸의 구조별 작용

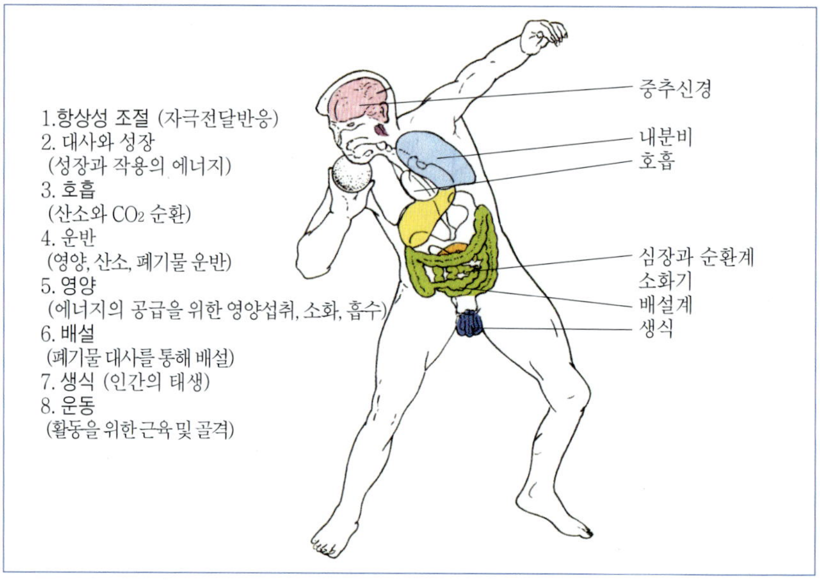

몸의 구조를 보면 세포, 조직 등의 크고 작은 단위는 모두 유기적으로 조직화되어 있다. 이런 조직은 전체적인 협동작용을 함으로써 생명력을 가진 하나의 개체가 탄생되어 그 기능에 맞게 활동한다.

신체 활동은 조직과 기관의 기능적인 단순한 통합이 아니라 기관계로 연관을 이루어 더욱 고도의 활동을 한다. 예를 들면 소화기계는 입, 식도, 위, 소화 장기 및 각 분비선으로 이루어져 있다.

이렇게 하나의 기관은 어떤 특정한 기능을 할 수 있지만, 몸의 다른 부분과는 서로 유기적인 관계를 맺음으로써 개체의 생명을 유지할 수 있다.

좀더 적절한 기능을 발휘할 수 있도록 여러 개의 기관이 연결되어 계을 이루게 되는데 이것을 기관계라 한다.

인체 각 기관의 중량 및 크기를 수치로 나타내면 그림 1-5와 같다. 여기서 보면 대뇌의 중량은 남성이 1350g으로 여성의 1250g보다 약간 무겁고, 심장의 중량은 250~300g, 그리고 간의 중량은 1200~1400g이다.

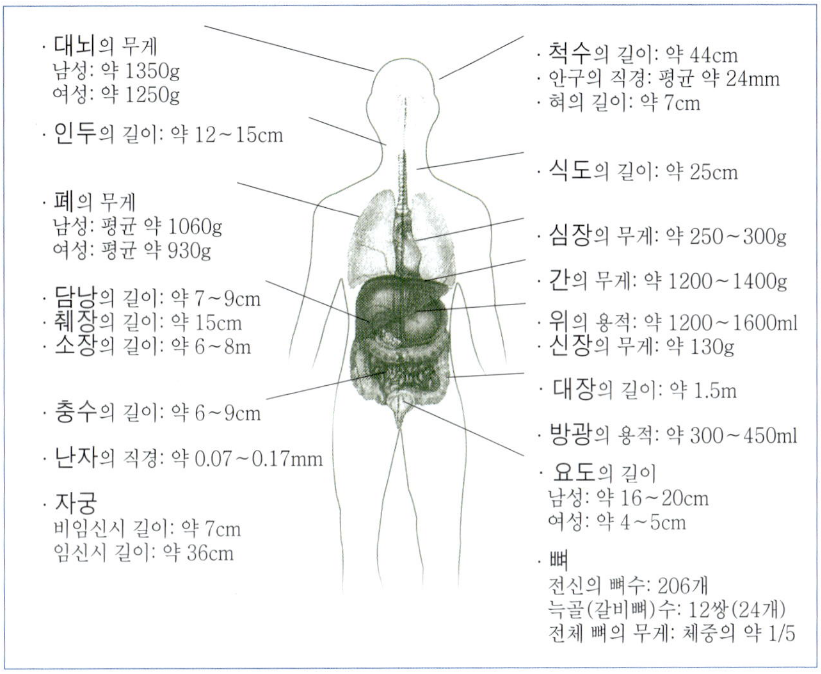

그림 1-5
각 기관의 중량과 크기

4. 인체와 세포

생명이 계속되는 한 대부분의 세포들은 새 것으로 바뀌게 한다. 뿐만 아니라 세포의 내용물도 계속 바뀌게 된다.

따라서 세포의 내용물에 갖가지 영양소의 공급이 끊임없이 이루어져야 하는 것이다. 세포가 제대로 만들어지고, 바뀌고, 힘차게 가동될 때 인체는 비로소 정상적으로 활동할 수 있고 건전한 생각을 할 수 있다.

인체는 60조 개가 넘는 수많은 세포로 구성되어 있다. 대부분의 세포들은 세포분열을 통하여 계속 새 것으로 바뀌게 된다.

그림 1-6
세포의 모양과 크기

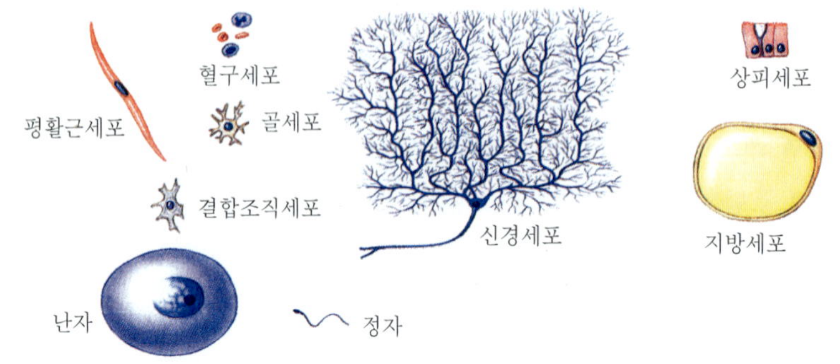

5. 세포와 영양소

인체의 기본 단위인 세포는 영양소로 구성되어 있다. 세포의 막, 세포핵, 미토콘드리아 등 세포의 구성 단위는 주로 단백질과 지질 등으로 구성되어 있고 단백질, 탄수화물, 무기질, 비타민 등의 영양소가 물과 어우러져 원형질을 이루고 있다.

그리고 세포핵에 많이 함유되어 있는 핵산이라 단백질, 탄수화물, 무기질 등과 같은 영양소에 의하여 세포 내에서 만들어진다. 그러므로 인체가 곧 영양소의 결집체라는 것을 알 수 있다.

그림 1-7
세포의 모식도

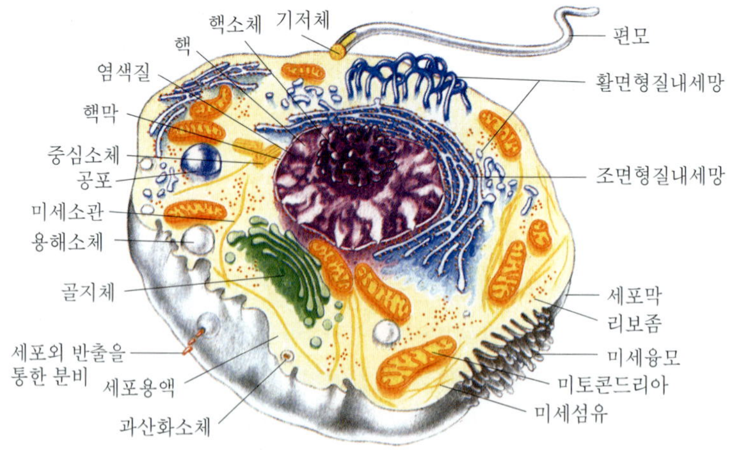

1) 세포의 구조

생명을 유지하기 위해 활동하는 구조적, 기능적 최소 단위가 세포이다. 세포는 종류에 따라 각기 다른 작용을 하고 있으나 기본적 활동에는 많은 공통점이 있다. 예를 들면 세포의 물질 교환, 영양소로부터 에너지 획득, 단백질의 합성 등은 어느 세포나 같은 방법으로 작용하고 있다. 이러한 공통점을 모든 세포가 갖고 있으며, 인체를 구성하는 세포의 근원은 한 개의 수정란 세포이다. 이 세포가 분열을 거듭하면서 인체가 이루어지는 것이다.

2) 세포의 기능

세포의 일반적인 기능은 첫째, 동화 및 이화작용에 의해 에너지를 생산하고, 둘째, DNA와 RNA에 의해 유전정보를 조절하여 단백질을 합성하며, 셋째, 확산, 여과, 삼투, 능동적 운반에 의해 세포막을 통해 물질을 운반하는 것이다. 세포를 새로운 것으로 대체하는 데는 다양한 영양소가 요구된다. 이들 영양소는 에너지, 성장, 조직의 수선 및 체내 대사 조절에 이용된다.

세포의 일반적인 기능을 구체적으로 요약하면 다음과 같다.

① 동화 및 이화작용에 의해 에너지를 생산한다.
② DNA와 RNA에 의해 유전정보를 조절하여 단백질을 합성한다.
③ 확산, 여과, 삼투, 능동적 운반에 의해 세포막을 통한 물질의 운반을 가능하게 한다.
④ 세포내 부산물을 농축, 저장하였다가 세포 밖으로 분비, 배설하는 기능, 단백질과 지방의 분해 산물을 분비하는 역할을 한다.
⑤ 식균작용, 세포방출작용에 의해 이물질, 세균, 조직 파편 등을 섭취 및 포식하며 배출한다.
⑥ 퇴화와 자가 분해의 기능으로 전보다 세포가 작아지는 성질이 있다.

3) 세포의 생성

어떤 생명체는 단 하나의 세포로 구성되고, 또 어떤 생명체는 수억 개의

표 1-2 세포의 구조에 따른 기능과 구성

	종 류	기 능	구 성
핵	핵막(nuclear membrane)	핵과 세포질의 구분 핵공(nuclear pore)이 있어 세포질에 핵을 연결하여 이들 사이의 물질 연락이 가능, 핵막은 소포체와 연속	단위막
	염 색 질 (chromatin)	DNA(핵 안에만 있으며 유전물질을 구성)와 염기성 단백질을 함유하며 유전정보의 자가 증식 및 RNA로의 전달 장소	단백질과 DNA
	핵 (nucleolus)	세포의 분열(핵소체) RNA(리보핵산 단백질) 합성 단백질(ribosome) 합성에 관계가 있어 단백 합성이 완성한 세포에 많이 있음 유전정보의 저장 및 전달	단백질과 DNA
원형질	세포막 (cell membrane)	세포 내부와 외계의 기능적 경계 세포 내용물을 간직하고 보호 물질의 종류와 양에 따라 선택적 투과	단일막 단백질과 지질
	사 립 체 (mitochondria)	많은 효소가 함유되어 있어 여러 종류의 물질대사와 에너지대사를 하고 있음 영양물질이 산화되는 곳으로서 ATP를 생산하므로 에너지를 더 많이 소모하는 조직에 세포가 많이 있음 세포의 동력공장(power factory) 독물(poison)의 작용을 받기 쉽다	이중막 단백질과 인지질
	내형질세망 (endoplasmic reticulum)	해당, 인지질 합성, 트리글리세라이드 합성을 한다 단백질 합성의 장소가 된다(ribosome) 세포 내외의 물질 교환, 세포질 내의 물질 수송 소포강 안으로 물질이 분리, 축적된다 해독작용을 할 경우도 있다 자극 전달을 할 경우도 있다 간세포에서는 당원질(glycogen)을 합성 고환의 간질세포에서는 남성 호르몬을 합성	단일막
	리보솜 (ribosome)	DNA 의 유전정보에 따라 단백질 합성	형질내세망의 표면에 부착되어 있음 단백질(37%)과 RNA(63%)로 구성
	골지체 (golgi complex)	세포내 물질 분비 기능(소화 효과 등), 지질의 유화, 저장 색소, 탄수화물, 당단백질 등의 합성 성숙한 동물세포에 존재하나 적혈구와 정자에는 없다.	단일막 인지질
	리소솜 (lysosome)	식균작용에 관여하여 백혈구와 거대식세포에 많이 있으며 분비 기능에도 관여, 방어 기전 강력한 소화효소로써 단백질, DNA, RNA 및 다당류를 분해시킨다.	단백질

세포로 구성되기도 하지만 대다수의 복합 생명체는 단세포인 수정란으로부터 생명이 시작된다. 사람을 포함한 대부분의 다세포 생물은 하나의 세포가 계속해서 반복 분열한다. 이렇게 계속하면 나중에는 복잡한 조직과 기관을 형성하고 마지막에 생명체로 발생하게 된다. 세포는 그 자신의 생명 유지, 성장 및 분열에 필요한 모든 물리적 및 화학적 성분을 갖고 있다.

- 세 포
  - 세포막
  - 원형질
    - 핵 : 핵막, 핵액, 인, 염색체
    - 세포질
      - 세포내과립 : mitochondria, 소포체 (내형질세포) lysosme, Golgi complex, 중심소체 — 동식물 공통
      - 중심체 — 동물에 특유
      - 색소체
  - 후형질
    - 세포외 후형질 : 세포벽
    - 세포내 후령질
      - 액포
      - 세포내 함유물 — 동식물 공통

그림 1-8
세포의 구조별 분류

(1) 세포막의 분자조성과 기능

세포가 수행하는 물질대사를 위한 많은 물질의 투과는 세포막의 독특한 분자조성과 이에 따른 구조에 의한다. 세포막을 비롯한 모든 생체막은 주로 지질과 단백질로 이루어져 있으며, 이들에 부착된 형태로 존재하는 탄수화물이 소량 포함되어 있다.

(2) 세포막을 통한 물질 이동

세포막은 지질 단백구조로 되어 있으며 이들 중 지질 이중층은 ① 물질투과의 장벽 역할, ② 내재성 단백질의 용매 역할 및 단백질의 기능을

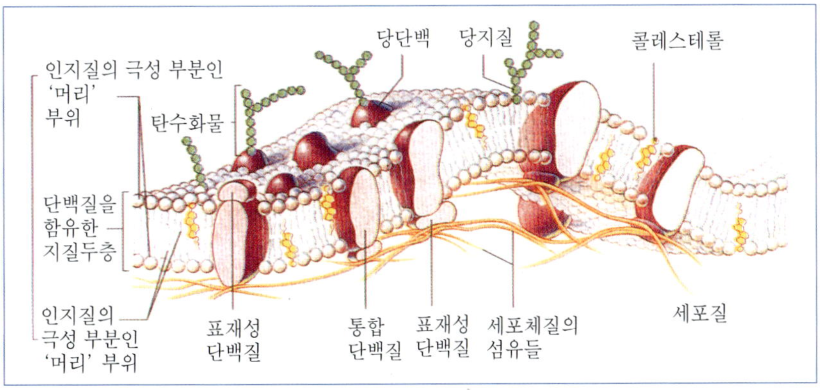

그림 1-9
세포막
(유동 모자이크 모델)

조절하며 지장에 잘 용해되는 물질은 세포막을 잘 통과한다. 이렇게 세포막을 통하여 이동되는 물질은 물, 영양물질, 가스, 노폐물, 여러 가지 전해질 및 이온 등의 분자들로서 이들 물질의 이동은 끊임없이 일어난다. 여기서 이러한 물질 이동을 크게 수동수송(물질적 이동)과 능동수송(생리적 이동)으로 구분한다.

4) 세포주기별 성장 과정

모든 세포는 저마다 일정한 주기를 가지고 있으며 세포의 수명 또한 다양한데, 피부세포의 수명은 약 28일이고, 심근세포나 신경세포는 개체의 수명과 같이 한다. 세포주기는 간기와 분열기로 구분하고 간기의 경우는 DAN 합성 전기, 합성기, 합성 후기로 구분한다. 그 밖에 다른 개체의 수명보다 짧은 수명을 가진 대다수의 세포들은 성장과 분열이 연속해서 반복 현상을 나타낸다.

세포분열의 전기로부터 말기까지는 45분 정도 걸리므로 간기가 대부분의 시간을 차지하는데, 간기는 3기로 나눌 수 있다. 먼저 G1시기에는 세포가 DNA를 복제하기 위해 필요한 준비를 하는 단계이며, S기에서는 약 8시간을 소비하여 DNA를 합성한다. 여기서 DNA의 복제가 완료되면 G2기라고 불리우는 세포분열의 준비 단계로 들어간다. 이 시기의 소요 시간은 4시간 정도이다. 끝으로 M기에서 세포분열이 이루어지는데, 이 시기는 불과 30분으로 끝난다.

그림 1-10
세포주기

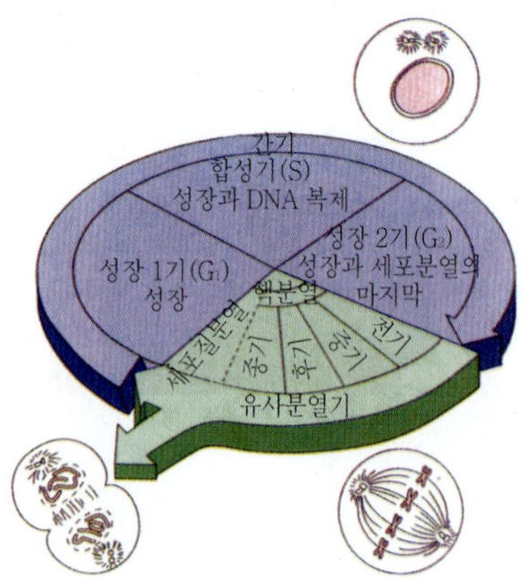

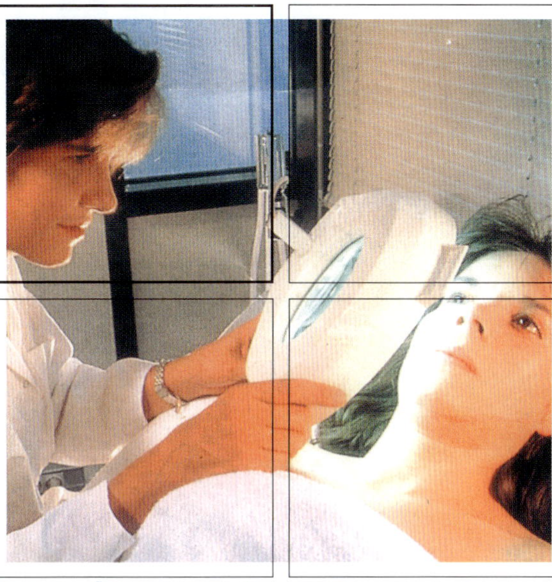

제 2 장

얼굴을 중점으로 한 구조와 기능
(Face Anatomy)

1. 외형으로 얼굴 구분
2. 얼굴의 각 부분별 명칭
3. 중요한 표정근
4. 얼굴과 머리를 중점으로 한 근육의 기능
5. 구강 주위의 구조와 기능
6. 입술의 구조와 기능
7. 구강의 미학
8. 여성의 안면 기준과 치아 형태

AESTHETIC ANATOMY & PHYSIOLOGY

2. 얼굴을 중점으로 한 구조와 기능
Face Anatomy

1. 외형으로 얼굴 구분

인간의 얼굴은 모든 감정과 선입관을 주기 때문에 중요하다. 얼굴을 분류하는 목적은 신체적 외관, 형태학적 외관, 인상학적 외관, 그리고 심리학적 외관 같은 내용으로 서로 연관시켜 생각할 수 있다.

인체에 있어서 기본적인 해부학적 요소는 다음과 같다.

① 소화계와 생식계에 의해 나타나는 물질적인 생식적 본능
② 호흡계에 의해 나타나는 호흡의 근복인 생명 근본
③ 신경계에 의해 나타나는 사고, 이성의 근거가 되는 정신 혹은 대뇌 본능
④ 골근육계에 의해 나타나는 지적 행동에 근거되는 운동 또는 통합 본능

1) 인체의 해부적 구분

인간은 그 개인적인 부분을 삼위일체로 분류하며, 인체를 크게 세 가지 부분으로 구분한다.

① 상단부 : 머리 부분을 지향적 정신(Directional spirit, 방향)
② 중간부 : 가슴 부분을 원기 있는 삶(Animating life, 생기)
③ 하지 부분을 실행하는 인체(Body to execte, 영양)

(1) 안면의 구분

① 상단부 : 이마 상부에서 비근까지(지능 혹은 대뇌 지역)
 지휘 감독층(directional zone)
② 중간부 : 비근에서 비 기저부까지(정서 혹은 감성 지역)
 호흡, 활기력층(breathing, animating zone)
③ 하단부 : 비 기저부에서 턱까지(본능 혹은 육체적 지역)
 저작, 물리적층(masricatory, physical zone)

2) 사람의 체형과 특성

우리 몸은 한방에서 선천적으로 타고난 체질을 크게 비만형(pyknischer type), 세장형(leptsomer type), 투사형(athletischer type)의 세 가지로 분류한다. 여기서 체질과 체형에 대해서 설명하고자 한다.

셀돈(Sheldon)은 크레치머의 3체형에 대하여 비만형은 소화기계가 발달한 체형, 세장형은 신경계가 발달한 체형으로 구별하고 있다. 특히 투사형은 뼈, 근육, 순환계의 발달이 좋은 형이며, 그 특징은 다음과 같다.

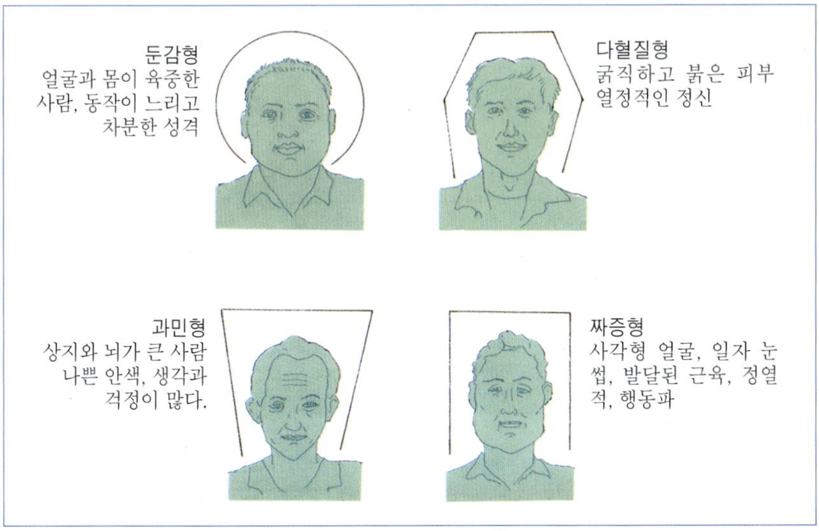

그림 2-1
얼굴의 외형별 구별법

인간의 체질은 선천적으로 형성되며 신체적 특성을 갖고 있어 각기 체질에 따라 성격이나 음식이 다르다고 한다. 피부도 체질에 따라 다르다고 하므로 자신의 체질을 감별하는 지식을 알아두어야 할 줄로 생각된다.

① 둔감형 : 몸이 무거워 움직임이 둔한 사람
② 다혈질형 : 들뜨고 까다로운 사람
③ 과민형 : 찌푸리는 인상을 쓰는 사람
④ 짜증형 : 정열적이고 두드러진 모습을 가진 사람

그림 2-2
히포크라테스 체질 분류

점액질(phlegmatic) 자신 억제형. 자기 표현 잘 안함. 억압 받으면 강한 인내	내향성	우울형(melancholic) 조용히 지냄. 우울하게 보임. 압력 받으면 우울해짐.
향상성		가변성
다혈질형(sanguine) 쾌활함. 억압 받으면 과잉행동 과시	외향성	담즙형(choleric) 매우 민첩하게 행동 억압 받으면 즉시 조치 취함

그림 2-3
크래츠머(Kresthmer)의 체질 분류

1) 세장형

전체적으로 약한 느낌. 키가 크고 얼굴 폭이 좁으며 턱이 뾰족하다.
가슴둘레가 엉덩이 둘레보다 가늘고 근육과 피부가 얇다.
피하지방도 얇다.
신경계의 발달로 자극에 민감하고 소심한 성격

2) 투사형

근육골격의 발달이 좋고 인체가 전체적으로 균형있게 발달되어 있다.
키는 평균이거나 평균치보다 크다. 어깨 넓이가 넓다. 골반이 어깨보다 가늘다. 얼굴은 각이진 형이고 하악 부분이 발달되어 있다.
고집이 세고 의지력이 강하다.

3) 비만형

복부의 발달이 좋고 전체적으로 둥근 형태를 띄며 피하지방이 두껍다. 키는 평균보다 작은 사람이 많고 목이 짧고 굵으며 둥근 느낌을 준다. 얼굴이 좌우 어깨 사이에 묻혀 있는 것처럼 보인다. 근육발달은 중간 정도이고 흉곽은 두껍다. 어깨보다 몸통이 크며 손은 짧고 폭이 넓으며 손가락도 짧다.
사교적이며 외향적이다.

체질 의학에서 인체는 네 가지 기운으로 형성되어 있는데, 네 가지 기운 중 태어나면서부터 특별히 돌출되어 나온 기운(태생적 불균형)이 체질적 특성이라고 한다.

우리 인간은 음의 파동과 양의 파동, 즉 음양의 기에 의하여 구성되어 있다. 이러한 음양의 기운이 조화를 이룬 가운데 왕성한 활동을 하여야 건강하고 맑은 육체와 마음이 되는 것이다.

2. 얼굴의 각 부분별 명칭

1) 얼굴이란

얼굴이라 하면 일반적으로 이마의 머리카락이 난 부분에서 아래턱까지의 범위를 가리킨다. 해부학적으로 안면부는 뇌를 수용하고 있는 두부(뇌두개)와 눈, 목, 코, 귀가 있는 안면부(안면두개)로 나눌 수 있다. 그중 안면부는 비근, 관골궁, 외이공을 연결하는 선에서 턱까지 부분을 말한다.

(1) 아름다운 얼굴이란

얼굴의 모양은 그 사람의 첫인상을 결정함으로 용모의 아름다움은 매우 중요하다. 이마가 비교적 넓은 역삼각형의 얼굴, 쌍꺼풀이 길게 진

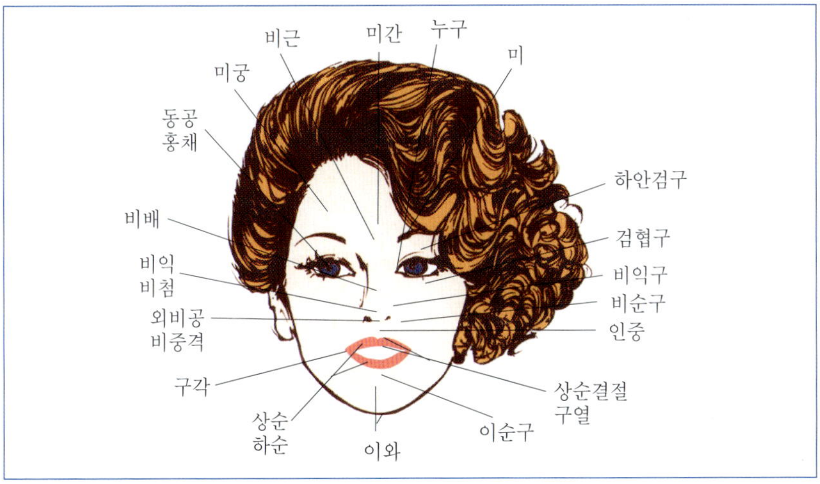

그림 2-4
얼굴의 전면

눈, 입체감이 있는 코, 부드럽고 애교 있는 입매, 고르고 하얀 치아, 약간 도톰하면서도 균형미 있는 귀 등이 미인의 조건으로 친다. 추한 얼굴, 즉 못생긴 얼굴과 아름다운 얼굴의 차이점이라 하면 얼굴의 모든 수용기는 물론 전체적인 '균형과 조화' 에 중점을 두고 있다. 얼굴에 전체적인 '비율' 이 이루어질 때, 이는 바로 미의 기준을 둔 해석이라 할 수 있다.

그림 2-5
여자 얼굴의 표면구조와 명칭

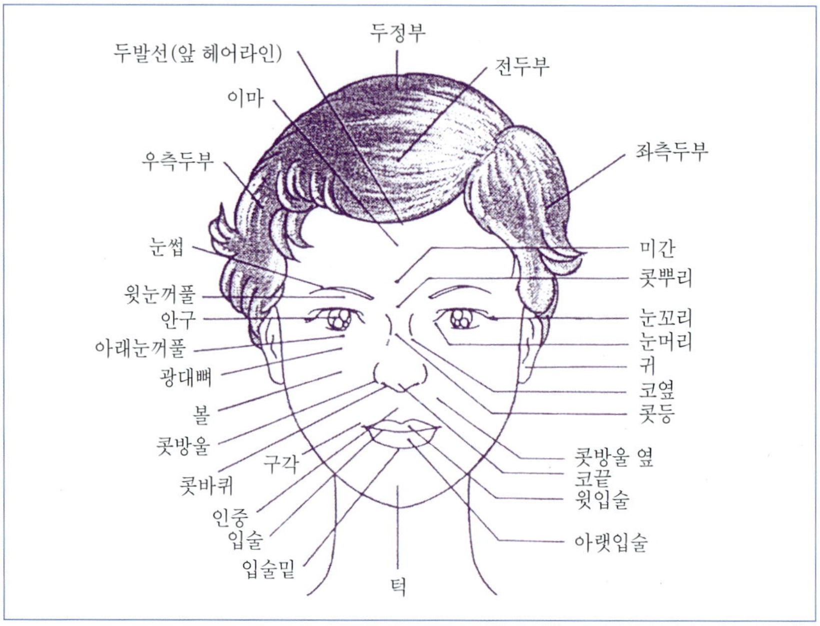

(2) 얼굴 윤곽의 미적 감각

얼굴의 형태는 대개 둥근형, 긴형, 계란형, 삼각형, 역삼각형, 사각형으로 나눌수 있다. 최근에는 일반적으로 역삼각형의 얼굴을 선호하는 경향이 많다. 그 이유는 역삼각형의 얼굴이 이지적인 분위기와 민첩한 행동력을 느끼게 함으로써 현대적인 감각과 맞기 때문이다.

2) 안면근의 특성

① 안면근은 개인에 따라 크기와 형태의 차이는 있으나 서로 강하게 통합되어 있다.

② 안면근은 근초가 없는 섬유 다발로 되어 있는데, 안면의 표정으로 나

타내고 또한 남녀를 구별할 수 있다(물론 남녀의 차이는 두개골의 골격 구조에 따라 구별되기도 한다).

③ 안면 표정을 나타낼 때는 안면근육이 선택적으로 수축되어 나타난다. 이는 피부와 구순점막의 건(tendon)이나 민간함 섬유를 통해 정신적 표시를 해준다.

④ 음식물을 저작, 또는 연하시 안면근은 구순, 뺨, 혀의 운동과 관계되고, 말을 할 때나 안면에 표정을 나타낼 때 하악도 이에 관계하여 서로 합동작전을 하게 된다.

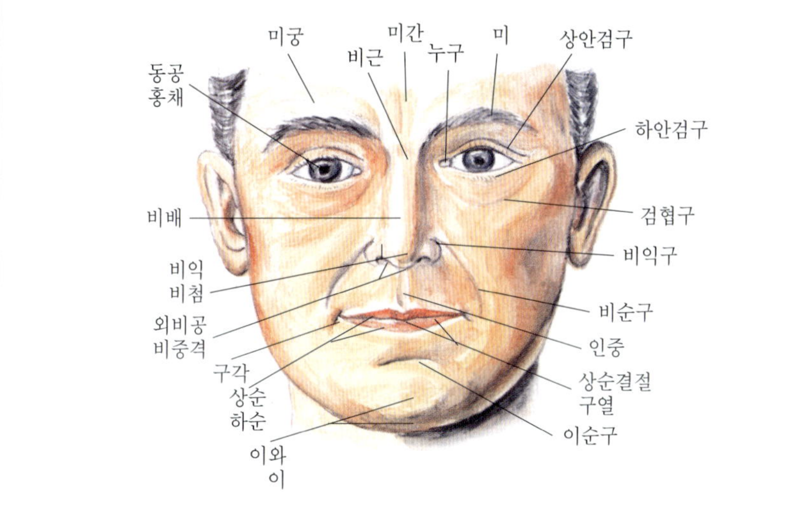

그림 2-6
남성 얼굴의 구조와 이름

• 남녀의 차이(얼굴의 측면)

남성이 여성보다 오목한 상태가 많다(이마).
남성이 여성보다 돌출되어 있다(눈썹).
여성이 남성보다 어느 정도 둥글다(콧마루).
남성이 여성보다 긴 경향이 있다(코).
남성이 여성보다 가로 직선에 가깝다(코밑).
여성이 남성보다 곡선이 오목하다(입술).
남성이 여성보다 두께는 작다(입술).
남성이 여성보다 억세고 두드러진다(턱).

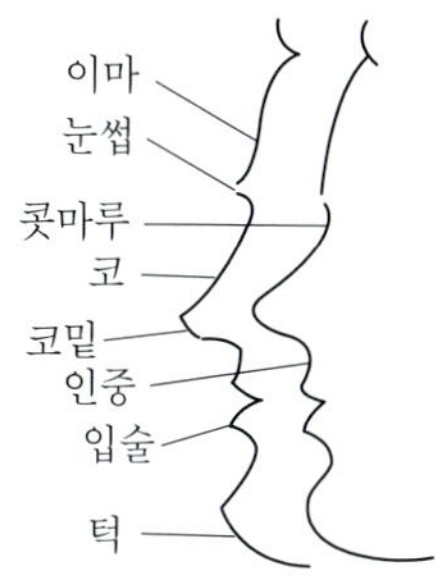

그림 2-7
남녀의 차이(얼굴의 측면)

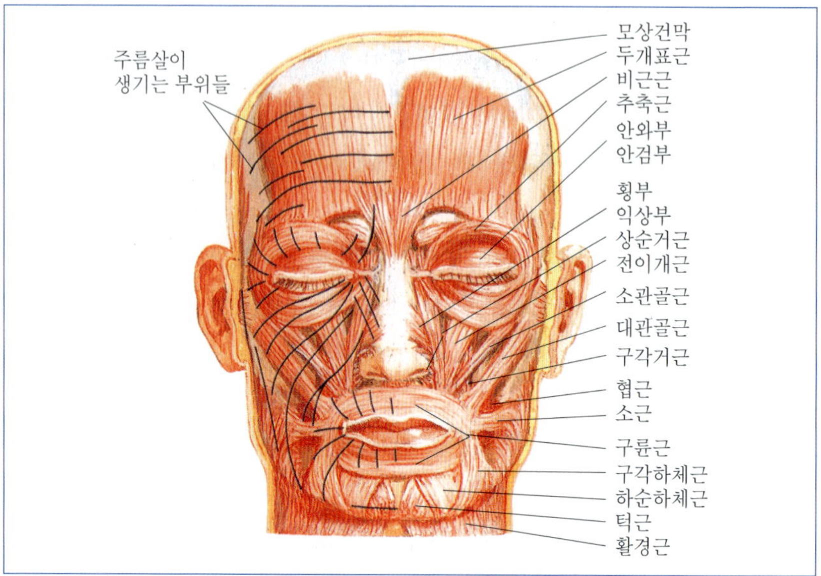

그림 2-8
주름살과 안면근육

3) 안면에 각 부분의 특징

(1) 이마

이마는 근육 및 지방이 얼굴의 다른 부분에 비하여 작다. 이마의 모습은 어릴 때는 둥글게 만곡되고 남성은 성장함에 따라 판판해 진다. 여성은 어른이 되어도 둥글게 나타난다. 둥글게 되면 부드럽고 순한 인상을 주고, 넓으면 이지적이고 평탄하면 차가운 인상을 준다.

(2) 눈

눈은 그 표정이 대단히 풍부하고 얼굴의 여러 부위 중에서도 아름다움이 가장 돋보이는 곳이다. 안와 속에 안구가 들어가 있다. 안와는 성장함에 따라 점차 커져서 7세까지 커지게 된다. 눈의 모습은 눈꺼풀의 형상에 따라 영향을 받는다. 홑꺼풀은 두껍게 안구를 덮기 때문에 미궁의 높이를 작아 보이게 한다. 쌍꺼풀은 눈썹이 길게 보이게 하고, 인상적이고 시야를 넓게 하는 효과가 있다.

위 눈시울은 눈을 덮거나 빛을 막는 역할이나 위험물을 피할 때 눈을 감기 위해서 크다. 피로가 오면 눈꺼풀이 들어가고 청흑색을 띤다. 나이가 들면 피부 때문에 처지게 된다.

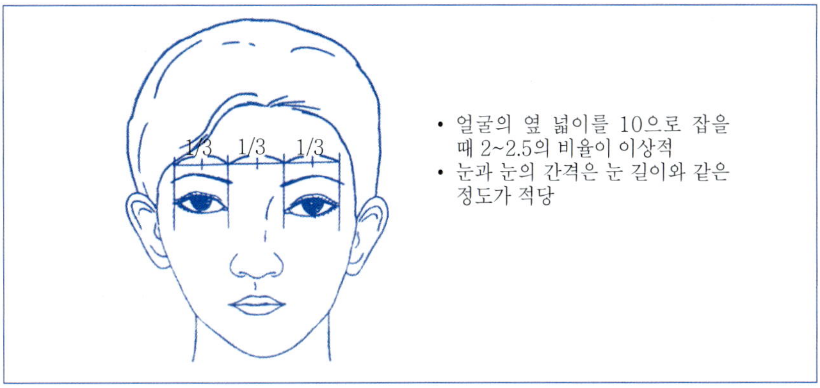

그림 2-9
아름다운 눈의 조건

(3) 코

코는 흔히 '얼굴의 왕' 이라고 부른다. 그 이유는 코가 얼굴의 중심부에 위치해 얼굴 전체의 균형과 입체감을 만들기 때문이다. 미용학에서도 코의 모양이나 높이는 대단히 중요한 포인트가 된다. 특히 옆쪽에서 얼굴을 보는 경우 코의 형태가 프로필의 미를 결정 짓는다고 할 수 있다.

코는 해부학적으로 외비(外鼻)라 한다. 코는 얼굴의 한 가운데 있어 비(鼻)자로 자기를 가르키는 곳이라는 것에서 유래되었다. 코는 용모를 구성함에 큰 요소가 되므로 사람에게 주는 인상이 강하다.

호흡기 계통의 입구로서 건조하거나 차가운 공기를 적당한 온도와 습도로 변화시켜 폐에 보내준다. 코의 높이는 해부학적으로는 비근점에서 비하점까지인데, 일반적으로는 비점에서 비하점까지의 거리를 말한다.

코의 모양에 대해 오랜 기간 관찰해 본 경험에 의해 얼굴형과 어울리는 코의 형태를 분류하면 다음과 같다.

① 둥근 얼굴 : 약간 둥글고 높지 않은 형태의 코
② 가늘고 긴 얼굴 : 가느다랗고 약간 높은 형태의 코
③ 사각형 얼굴 : 약간 굵직한 형태의 코
④ 평면적인 얼굴 : 비교적 높지 않으면서 뾰족하지 않은 코
⑤ 윤곽이 뚜렷한 얼굴 : 코의 뿌리 부분부터 높게 보이는 코

Corman의 수용기의 윤곽을 다음과 같이 분류한다.

① 수동팽창형 : 코가 큰 콧구멍과 통통하고 말랑말랑하다. 정서적 생활이 부족하다.
② 능동팽창형 : 메부리 모양으로 가늘고 벌렁거리는 콧구멍을 가진 코. 감정에 예민하게 반응한다.
③ 통제팽창형 : 코의 윤곽이 거칠고 콧구멍이 폐쇄되고 광대뼈가 측방으로 돌출된 사람. 타인에게 냉정한 타입. 능동팽창형과 비슷하다.

그림 2-10
코의 여러 형태

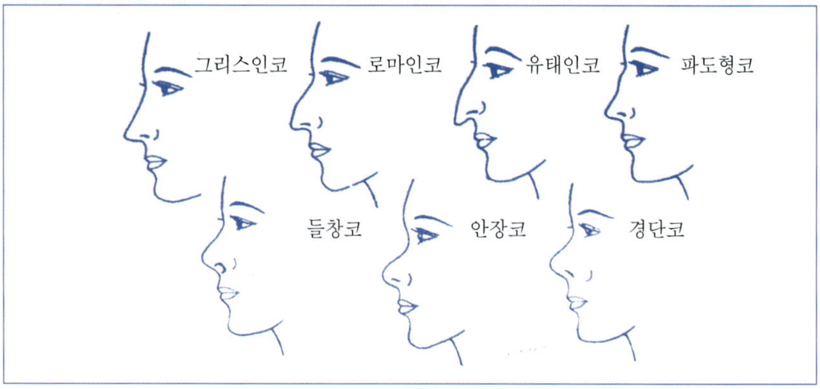

(4) 볼(뺨)

구각에서 귀의 앞 부분까지를 볼이라 한다. 볼 외면은 피부로 내면은 점막으로 덮이고 그 사이에 저작근이나 안면근이 있다. 볼은 치아의 유무로 결정되고 치아가 없으면 볼이 쑥 패어 들어간다.

비익 근처에서 구각의 외측으로 내려가는 비순구가 생긴다. 이것은 구열 높이까지는 안 간다. 나이가 들면 볼이 늘어져 깊어진다. 오른쪽과 왼쪽 구각에서 바깥쪽으로 경사되어 내려가는 구는 협이구라 한다. 의치의 교합고경이 얕으면 이 구가 깊어져서 고령자 특유의 안모가 된다.

(5) 턱

사람의 턱은 코 아래로부터 아랫턱 부분을, 측면으로는 귀의 앞 부분까지를 턱이라고 부른다. 또 윗턱은 상악골, 아랫턱은 하악골이 중심이 되어 구강(口腔)을 형성하고 있다.

상악골의 경우는 다른 두개골과 맞물려 고정돼 있으나 하악골은 좌우 측두골과 악관절에 의해 결합돼 있으며, 상악골과 하악골은 치열에 의해 맞물려 있다. 따라서 음식물을 씹는 움직임에 따라 아랫턱이 윗턱을 향해 전후좌우로 이동하며 입놀림에 적합하도록 되어 있다.

(6) 목

목은 해부학적으로 일곱 개의 경추로 구성되어 있다. 머리의 회전은 대부분 제1, 제2 경추에서 일어나며 얼굴을 정면으로 했을 때 머리의 정상 회전 각도는 좌우로 90도가 된다.

(7) 귀

우리가 말하는 귀는 외이, 특히 이개를 가리킨다. 외이 속에 중이, 내이가 있다. 이개의 외측 가장자리를 이륜이라 한다. 이개의 하부에는 이수가 늘어져 있다.

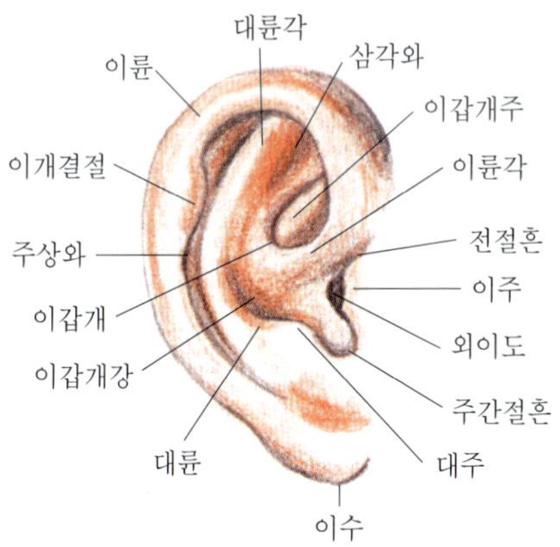

그림 2-11 귀의 외형으로 본 구조와 이름

3. 중요한 표정근

1) 얼굴 표정을 짓는 원리

표정이란 말 그대로 얼굴은 사람의 다양한 감정을 표현한다. 매력적인 그녀의 미소 지은 얼굴, 혹은 괴로워하는 눈매, 직장 상사의 불쾌한 얼굴 등의 표정도 사실은 근육의 움직임으로 만들어지고 있는 것이다.

표정을 만드는 얼굴 근육은 표정근이라 불린다. 그러나 표정근 원래의 작용은 얼굴에 감정을 표현하는 것이 아니고 얼굴에 있는 눈꺼풀, 코, 입 등을 움직이는 것이다. 표정은 뼈에서 시작하여 다른 부분의 뼈나 근육에 붙어 있거나 연결 조직으로 있는 근육은 안면신경의 지배를 받아 무의식적 표정으로 표출된다. 이것이 그대로 안면에 포착되어 안면의 표정과 밀접한 관계를 갖고 있다.

그림 2-12
중요한 표정근

2) 안면 표정

안륜근의 검부가 처지거나 안면 표정근과 아울러 저작근에 의하여 안면의 형태가 전반적으로 달라지며, 표정을 지을때 마다 안면 전체적으로 그때 그때 변하게 되는 것이다.

이런 안면근의 이완과 긴장으로 변화하는 형태에 따라 희노애락(喜怒愛樂)의 감정이 다르게 나타나는 것이다. 안면 표정에서 눈은 사람의 심도와 성격을 대변할 수 있는 상징이라고 할 수 있다. 눈의 표정은 국소적으로 표정을 나타낼 뿐만 아니라 안면 전체적인 표정을 종합적인 연관성을 가지고 있다는 점이다.

표 2-1
남녀 얼굴 구조적 차이점

	여성적 요소	남성적 요소
안면 형태	둥글고 타원형	각지고 사각형
골격	섬세하다	강하다
안면각	둔각	예각
이마	수직적	경사
턱	타원형	각형
성격	부드러운 행동	강한 힘의 행동
성질	내향성	외향성

4. 얼굴과 머리를 중점으로 한 근육의 기능

1) 두부(머리 부분)

(1) 안면근

얼굴의 근에는 뼈에서 뼈, 뼈에서 피부, 피부에서 피부에 붙는 것이 있다. 이중에서 피부에 볼은 근육을 수축하면 얼굴에 표정이 생기므로 이것을 표정근이라고 부른다.

표정근은 횡문근으로 자신의 의사로 움직인다. 이 근은 피부에 붙어 있으로므 협근이라 하고, 어느 것이나 얇고 작은 근육이다. 사람은 이 표정근이 고도로 발달하고 있다. 표정근 중에서 감정을 나타내는데 관계가 깊은 것은 다음과 같다.

① 전두근 : 눈썹에서 앞머리 부분에 걸쳐 있고 이마의 피부를 위쪽으로 당기는 일을 한다. 이 근은 주의나 놀람, 고통 등의 표정에 관계가 있다.

② 미간근 : 코의 상부에 있으며 눈썹의 중앙에 향해서 있다. 이것이 수축되면 미간에 세로 방향으로 주름을 만들거나 눈이 작아진다.

③ 미모하제근 : 코의 위쪽과 왼쪽 오른쪽, 눈썹 사이에 가로 방향의 주름을 만든다. 또는 눈썹을 밑으로 당기는 일도 한다.

④ 안륜근 : 눈 주위를 둥글게 싸고 있는 평탄한 근으로 눈을 감게 하는 일을 한다.

⑤ 비근근 : 미간의 피부를 끌어내리는 이 근은 전두근과 반대의 일을 한다. 찬 표정이나 엄한 표정을 만든다.

⑥ 비근 : 횡부, 익부, 비중하제근의 3부분이 있으며 횡부는 코를 좁게 하여 얼굴을 찡그리게 하며, 익부는 비익을 밑으로 끌어당긴다.

⑦ 비중격하제근 : 비중격(코밑)을 밑으로 당기는 근으로 입을 다물게 하고 골 낸 표정을 만든다.

⑧ 구륜근 : 입 주위를 감싸고 있어 입을 개폐하는 일을 한다.

⑨ 하순하제근 : 밑 입술을 바깥쪽으로 당기는 일을 하며 혐오감을 나타낸다.

⑩ 구각상제근 : 밑 턱 피부의 깊은 곳에 있으며 아랫입술을 위로 올리는 일을 한다.

⑪ 구각거근 : 구각부를 끌어올려 여기에 세로 방향의 주름을 만든다.

⑫ 구각하제근 : 수축하면 구각 및 윗입술이 밑으로 당겨져 입이 밑으로 일그러진다.

⑬ 상순거근 : 코 옆과 윗입술을 위로 당기는 근으로 울 때에 사용된다.

그림 2-13
표정근의 각 근육별 작용과 운동상태

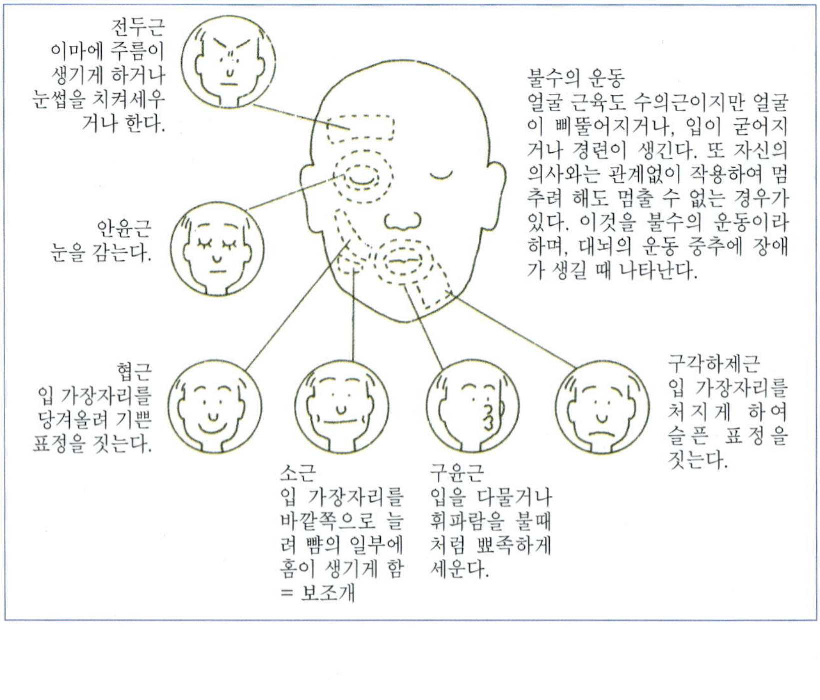

⑭ 상순비익거근 : 코 옆으로 세로 방향으로 있다. 코에 주름을 잡거나 콧구멍을 움직이거나 비익과 입술 상부를 들어올리는 일을 한다.
⑮ 소근 : 볼에 있으며 구각을 바깥쪽으로 당겨 비순강의 밑쪽을 같은 방향으로 당긴다. 웃는 표정을 만들고 사람에 따라서는 보조개를 만든다.
⑯ 대협골근 : 웃거나 할 때 작용하는 근이다. 역시 볼에 있으며 상하순의 구각부를 상외 방면으로, 상순은 비순강까지 왼쪽 오른쪽으로 끄는 일을 하며 기분 좋은 표현을 한다.
⑰ 소협골근 : 상순을 위와 뒤쪽으로 당겨 비순강의 중앙에 피부를 만들어 억지웃음 등의 표정을 만든다.
⑱ 협근 : 구각을 밖으로 당겨 입을 닫거나 볼을 불룩하게 하는 일을 한다.

2) 입

입은 얼굴 중에서 독특하게도 개인 감정이나 기분을 표현하는데 가장 중요한 특징을 갖고 있다. 이런 감정 표현 중에서 가장 으뜸가는 표시이기도 하다. 입은 눈만큼 섬세하지는 않지만 입으로만의 많은 뜻을 전하는 것이 없을 정도이다. 각 수용기 부근에 따른 안면 표정은 다음과 같다.

(1) 눈 주변에서 끝나는 근육

① 전두근 : 눈썹을 끌어올린다. 이마에 옆 주름을 만든다.
② 추미근 : 미간에 세로 주름을 만든다.
③ 비근근 : 비근부에 옆 주름을 만든다.
④ 안윤근 : 안구, 눈꺼풀, 눈썹, 볼의 상단 등 눈의 주변 피부를 움직여 눈을 감는다.
⑤ 상안검거근 : 위 눈꺼풀을 끌어올려 눈을 뜨게 한다.

(2) 코 주변에서 끝나는 근육

① 비근

② 비중격하체근 : 비공, 비익을 좁히거나 넓히거나 한다.

(3) 입 주변에서 끝나는 근육

① 상순비익거근
② 상순거근 : 협동하여 상순을 끌어올려 전치부를 노출시킨다.
③ 소관골근
④ 구각거근 : 구각을 끌어올린다.
⑤ 대관골근 : 구각을 비스듬히 상방으로 끌어올린다.
⑥ 소근
⑦ 협근 : 구각을 수평으로 외방으로 끈다(협근은 소근의 아래에 겹친다).
⑧ 구각하제근 : 구각을 비스듬히 하방으로 끈다.
⑨ 하순하제근 : 하순을 외하방으로 끈다.
⑩ 이근 : 턱에 작은 凹凸 을 만든다.

(4) 귀 주위에서 끝나는 근육

상, 전, 후이개근 : 귀를 각각 앞, 상, 후방으로 끈다.

그림 2-14
안면신경으로 지배하는 표정근의 각 근육 해부도

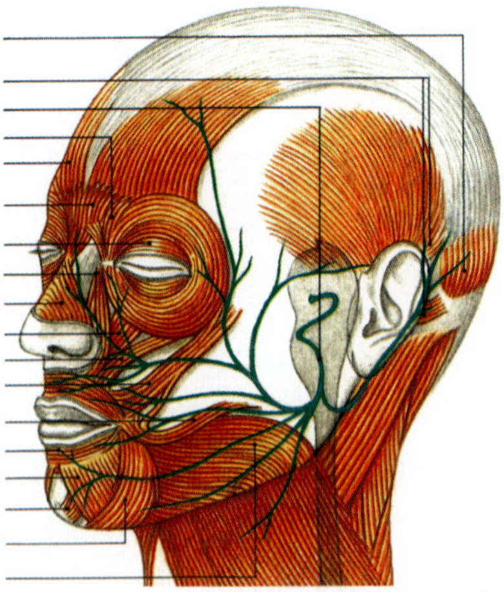

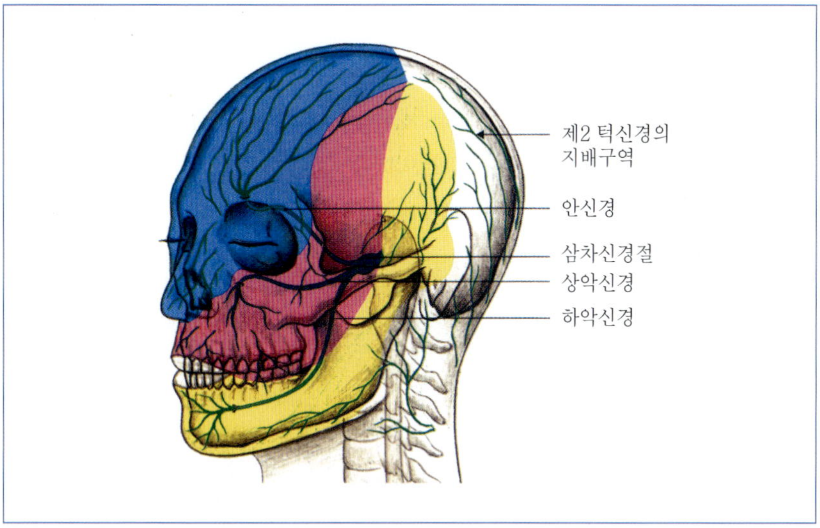

그림 2-15
삼차 신경의 분포도

5. 구강 주위의 구조와 기능

얼굴의 구조별로 보면 안면을 상부의 고정부와 하부의 가동부로 분류했다.

① 상부의 고정부 : 위쪽에는 얼굴에 부착된 안면근들이 안면 표정 운동을 하게 된다.
② 하부의 가동부 : 아래쪽에는 저작, 연하, 발성 또는 안면 표정 등 기능을 한다. 이곳은 가슴뼈에서 귀까지 이르는 삼각형의 모습을 나타나는 부분이다.

1) 교차하는 근육

구각을 중심으로 해서 근육들이 서로 집중적으로 모여 하악 제1 또는 제2소구치 부위에서 교차되어 매듭을 만든다. 이 매듭을 Modiolus라 한다. 이 매듭은 3~4mm 두께이다. 이 매듭은 가동성, 운동, 고정 작용을 하며, 구륜근과 능동적으로 운동한다.

2) 악관절

관절은 골연합과 분리결합으로 구분된다. 악관절은 분리결합에 속하고 두 결합하는 골 사이에 관절강이 있으며 보통 말하는 관절이다. 악관절은 측두골의 하악와와 하악골의 하악두 사이에 이루어지는 관절이다.

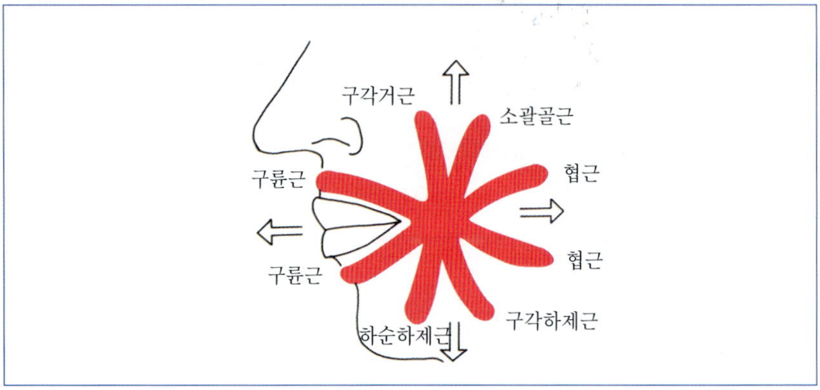

그림 2-16
Modiolus(교차하는 근육 매듭)

3) 입

입은 상순과 하순, 그 사이를 구열이라 한다. 입술은 붉은 부분을 말하나 해부학적으로는 코 밑의 피부까지를 포함시킨다. 적순연이 붉은 것은 피부가 얇고 상피의 각화가 약하고, 색소가 작아서 속에 혈관이 투과하기 때문이다. 남성보다 여성이 더 붉고 나이가 들면 암적색으로 된다. 외부 자극에 예민하고 다른 포유동물에서는 볼 수 없는 사람만의 특징이다. 구순 양 끝을 구각이라고 하고, 상순 정중부에는 위에서 아래로 가는 인중이라는 구가 있다.

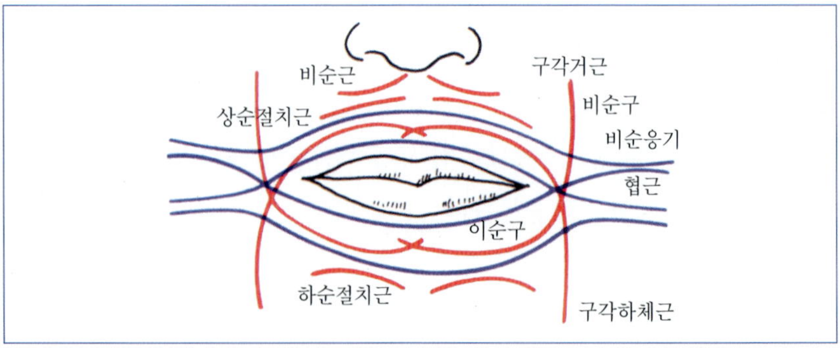

그림 2-17
입 주위의 해부적 근육

6. 입술의 구조와 기능

입술을 중심으로 해서 비익의 외측에서 시작하여 구각의 외방으로 경사지게 내려가는 팔자형 구를 비순구라고 하고, 이는 볼과 입술을 경계하는 선이 된다. 이 선은 상순비익거근, 상순거근, 소관골군 등이 서로 합동으로 생긴 구이다. 또한 구각의 외방에는 순구가 생긴다. 하순과 턱을 경계하는 부위에는 이순구(mentolabial sulcus)가 있다. 이 구들은 사람에 따라 달라서 명확하거나 불명확하게 나타나고, 기본적으로는 생물학적 노화 정도와 피부의 기복에 따라 다르게 나타난다.

여성의 미관에 중요한 위치를 점하는 입술의 동작과 표정을 결정짓는 근육은 입술 둘레에 있는 구륜근(口輪筋)인데, 이 근육이 수축하면 입술이 닫힌다. 또 감각근은 슬픔에 잠겨 침울한 표정을 지을 때 입을 아래로 그리고 뒤로 끌어당기며 협골근은 미소와 폭소 등 즐거운 표정을 지을 때

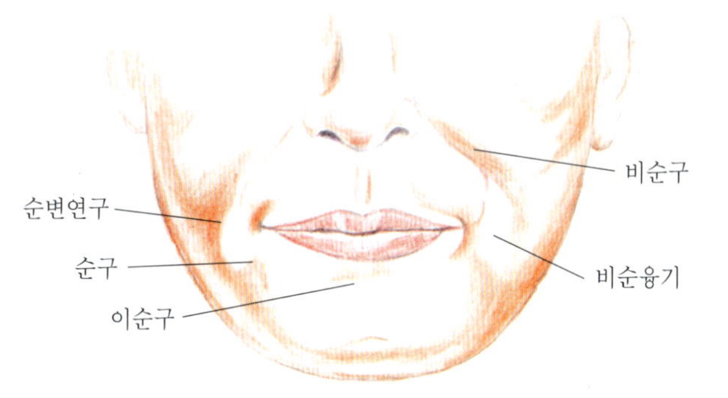

그림 2-18
구강 주위에 나타나는 구(각 개인의 표피의 기복의 차이는 있으나 노화 진행에 따라 나타난다)

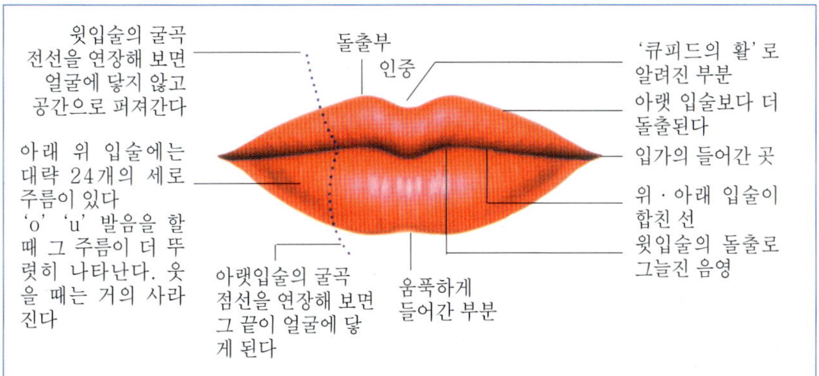

그림 2-19
여성의 입술

입을 위와 뒤로 끌어올린다.

1) 입매의 매력

입매가 예쁘고 웃는 얼굴이 아름다운 사람은 매우 매력적으로 보이는데, 그 입매를 구성하고 있는 것이 입술과 이와 턱의 모양이다.

입매는 그 모양의 아름답고 추함에 따라 눈이나 코의 개성을 살리기도 하고 거꾸로 용모 전체의 매력을 망가뜨리거나 흐트러뜨리기도 하기 때문에 가능한 한 입술을 아름답게 조정하는 것이 미인이 되는 지름길이라고 말할 수도 있다.

균형 있고 이상적인 입매는 정면에서 보아 입술이 코 밑에서 턱의 앞끝까지 길이가 1/3이 되는 지점에 놓여 있어야 한다. 또 측면에서 바라볼 경우 입매가 적당히 들어가 있는 것이 좋다. 입술의 이상적인 위치를 측정하기 위해서는 다음과 같은 방법을 사용한다.

우선 콧방울과 윗턱 부분을 일직선으로 긋고 이 직선보다 입매가 들어가 있는 것이 아름답다. 직선에서 약간 넘치는 정도라면 괜찮다고 할 수 있지만, 직선보다 크게 튀어나온 입매는 아름답지 않다. 그리고 코의 밑선과 윗입술이 만드는 각도가 90° 이상이면 입매는 바싹 죄인 듯이 보이고, 반대로 90° 이하가 되면 입은 앞으로 튀어나온 모습이 된다.

그림 2-20
입술의 형태

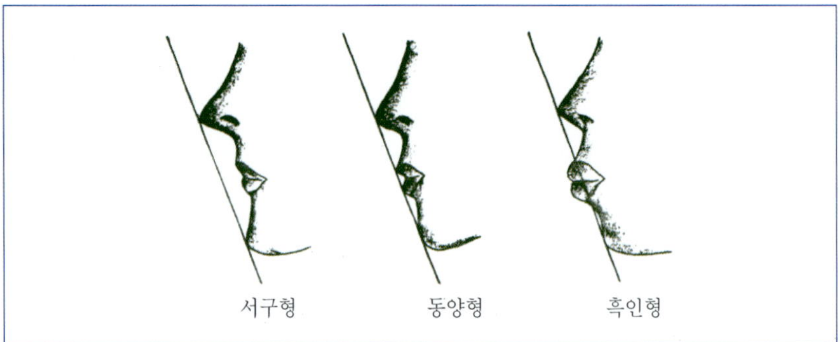

7. 구강의 미학

1) 안면의 요소(Facial components)

미소선은 하순의 구열연의 곡선을 따라 평행으로 가거나 일치하면서 상악 4전치의 전단부를 따라가는 가상적인 곡선이라 할 수 있다. 젊은 사람은 강한 곡선을 그리고, 늙은 사람은 절연의 마모로 늘어지는 듯한 곡선을 그린다. 따라서 연령에 따른 특징이라 할 수 있다.

웃을 때 보이는 양 중절치의 폭은 상순의 폭과 거의 일치할 때 아름답게 보인다. 정면에서 보이는 전치의 폭은 중절치, 측절치, 견치 순으로 일정한 리듬 현상을 나타낸다.

2) 치아의 모양과 얼굴 관계

얼굴 윤곽의 모습과 전치의 생김새와의 상관 관계를 서로 비교하면 밀접한 관계가 있다.

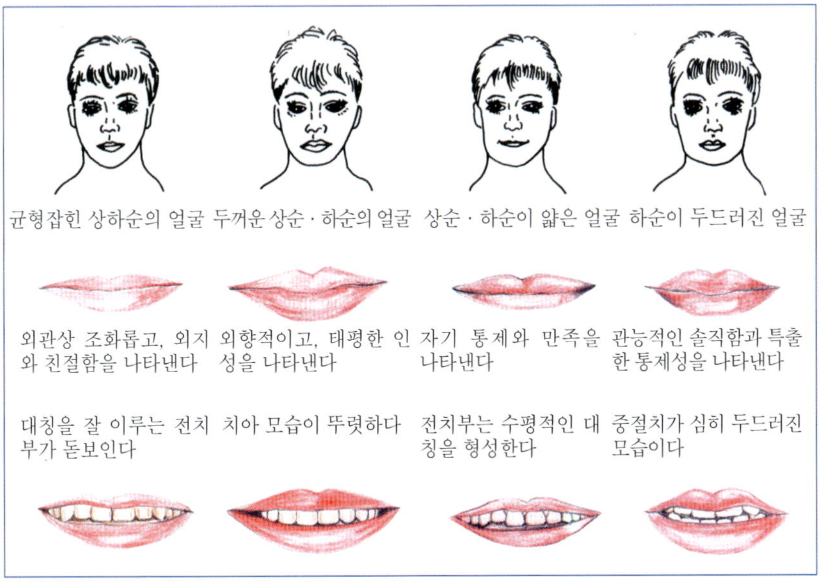

그림 2-21 입술 · 치아의 모양과 얼굴 관계

(1) 두개골과 치아와의 기준점

① 왼쪽 오른쪽 관골의 넓이와 상악 전치 폭 관계
② 왼쪽 오른쪽 관골의 넓이와 상악 중절치 폭 관계
③ 두개골 길이와 상악전치 길이 관계
④ 두개골 둘레 길이와 상악전치 길이 관계
⑤ 비익폭과 상악전치 폭 관계

8. 여성의 안면 기준과 치아 형태

1) 성별로 본 치아 형태

(1) 여성스러운 치아(feminine)

① 절단면이 원미(圓美 : 둥근 아름다운)를 띈다.
② 우각부가 원형을 띈다.
③ 절단연은 반투명이고 부드러운 느낌을 준다. 백색 법랑질 형성부 전증선이 나타나기도 한다.
④ 절단부의 치간 공간이 명확하다.

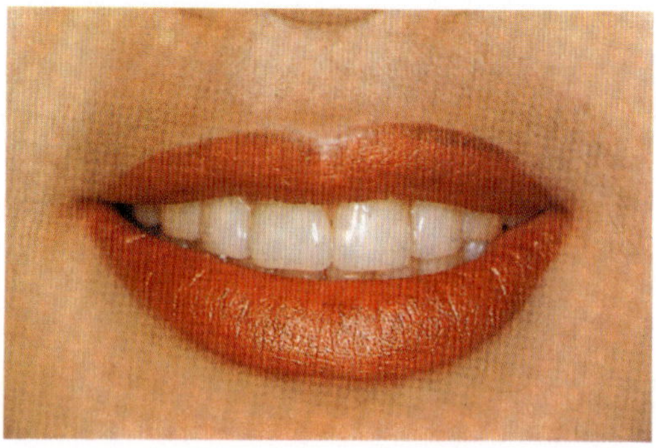

그림 2-22
정중선에 일치된 치아와 입술 모양

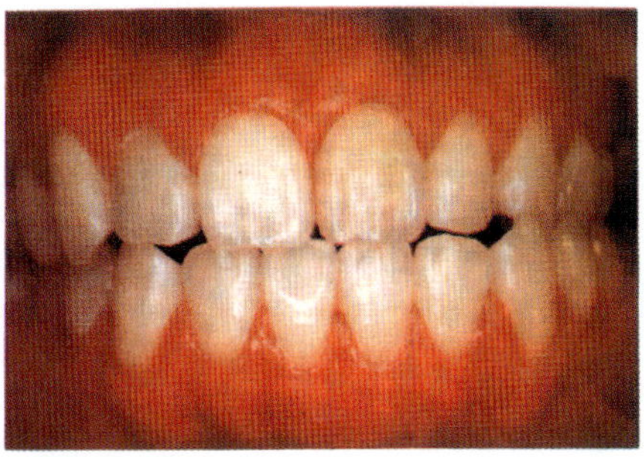

그림 2-23
정중선이 맞지 않는 상태

(2) 남성스러운 치아(masculine)

① 치아가 모나고 울퉁불퉁한 느낌을 준다.
② 치아의 전체적인 색조가 어둡다.
③ 절단부의 치간 공간은 네모 모양이며 여성보다 뚜렷하지 않다.

2) 안면의 정준선의 기준점이란

이마, 비중격, 치아 정중선, 턱을 연결하는 수직선이다. Nasion(비근점), subnasal point(비하점), interincisal point(절치내점), pogonion(하악점), 이상과 같은 해부학적 위치를 수직으로 연결하는 가상선이다.

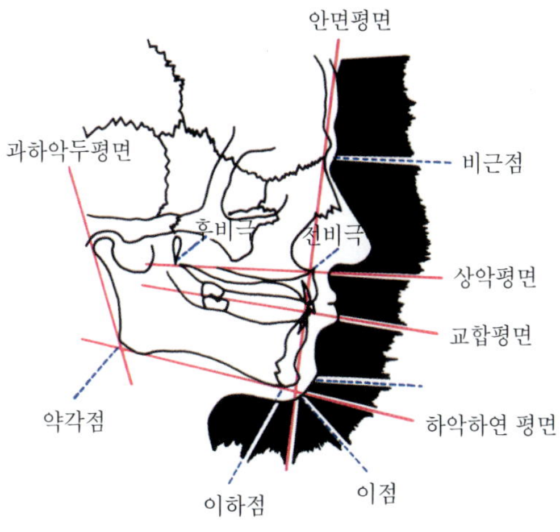

그림 2-24
안면 정중면의 기준점

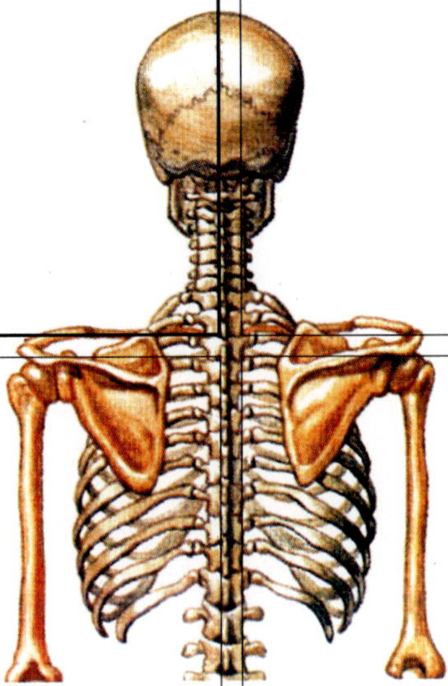

제 3 장

골격계
(Skeletal System)

A

1. 뼈의 기능
2. 뼈의 종류
3. 뼈의 모양별 분류
4. 뼈의 조직
5. 뼈의 성장
6. 뼈의 결합
7. 관절
8. 척주

B

1. 인체 해부에 의한 구분
2. 신체 부위별 해부도와 이름
3. 두정골
4. 척추
5. 흉곽
6. 견갑골
7. 자유상지뼈
8. 좌골
9. 하지골
10. 족근골
11. 손의 구조

3-A. 골격계 Skeletal System

골격계는 사람의 형태를 유지하면서 근육을 부착시켜 운동을 할 수 있게 한다. 골격계은 체내의 모든 뼈, 연골 및 이들을 연결하는 관절을 포함한다. 즉 골격계을 구성하는 조직은 뼈, 연골 및 이것들이 떨어져 나가지 않도록 연결하는 인대이다.

골격계의 기능은 지지, 보호, 운동 및 조혈 등이 있다. 뼈는 고층건물의 강철기둥같이 신체를 지지하고, 견고한 뼈상자를 만들어 그 속에 연한 조직을 보호한다.

예를 들면, 두개골은 뇌를 보호하고 심장과 폐를 보호한다. 또한 뼈는 관절을 움직이는 지렛대로 작용한다.

1. 뼈의 기능

뼈는 가장 단단한 조직으로 많은 일을 하며 성장한다. 특히 뼈에는 혈관과 신경이 있는데, 뼈의 중요한 기능은 아래와 같다.

① 저장기능으로 칼슘, 인 등의 무기질이나 염화물을 저장하고, 필요에 따라 혈액을 방출한다.
② 조혈기능으로 적색골수에 의하여 활발한 조혈이 이루어진다. 장골의 골단, 편평골, 단골 등의 해면질에는 일생 동안 적색골수가 있으며

조혈작용을 하게 된다.

③ 보호기능으로 내장, 뇌, 척수, 안구 등의 장기를 보호한다.

④ 지지기능으로 코 등의 연부조직을 형태적으로 지지하는 것 외에 추골과 하지의 뼈는 체중을 지지하는 작용을 한다. 특히 하지골은 체중을 지지하며 보행 등의 운동을 하기 때문에 뼈의 구조을 성장시키거나 발달하게 만든다.

⑤ 지렛대 작용으로 뼈에는 근육이 부착되어 있어 관절의 운동에 대해 지렛대의 역할 중 팔의 힘을 주는 작용을 한다.

2. 뼈의 종류

인체를 지탱해 주는 골격들은 두개골, 척추 및 흉곽은 인체의 206개 중에서 80개를 차지하며 나머지는 중추 골격을 형성한다. 그밖의 뼈들은 부

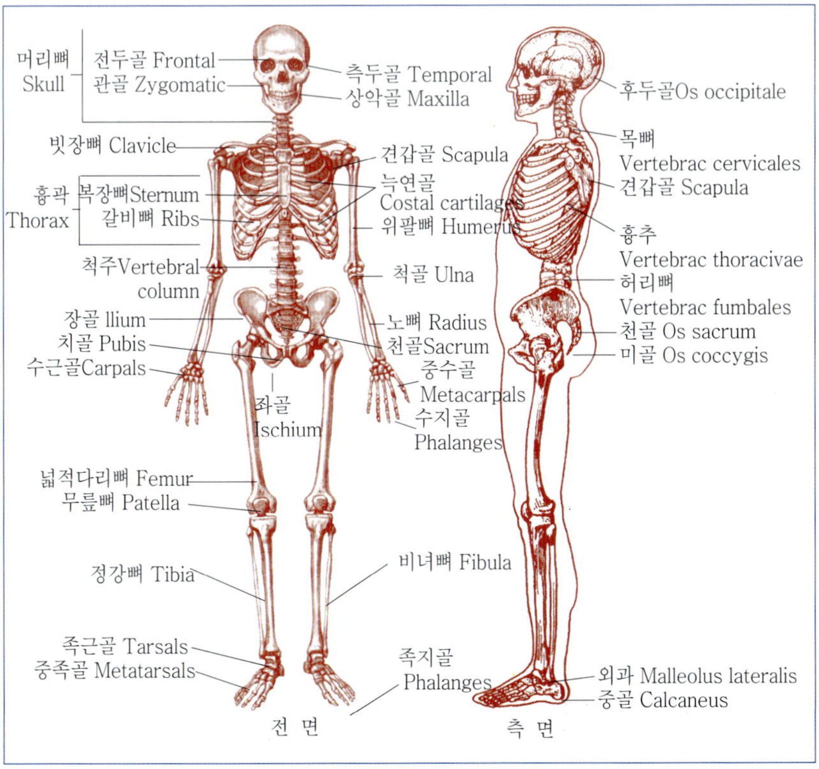

그림 3-1
인체 골격의 모식도

차적 골격이며 그중에는 어깨, 두 팔, 두 손, 엉덩이, 두 다리, 두 발의 뼈가 포함된다.

두개골은 28개의 뼈로 구성되어 있고, 8개의 뼈들이 결합해서 뇌를 감싸고 있는 커다란 구멍이 있다. 어깨뼈들에는 삽 모양의 견갑골(어깨뼈)과 열쇠 모양의 쇄골이 있다.

척추에 한 쌍씩 고정되어 있는 24개의 늑골들은 두꺼운 흉곽과 함께 심장과 폐를 보호한다. 인체의 하반부에는 골반으로부터 발목과 발에 이르기까지 26개의 뼈들이 있다.

3. 뼈의 모양별 분류

골격은 뼈, 연골 및 인대로 구성된 것인데, 여러 모양의 뼈 및 연골들은 서로가 관절이라는 형태로 연결되어 있고, 인대가 이들 관절을 보강하고 있다.

뼈는 그 모양에 따라 ① 장골, ② 단골, ③ 편평골, ④ 불규칙골, ⑤ 함기골 등으로 나눈다. 장골은 두 개의 골단과 한 개의 골간으로 구성되어 있다. 골간부는 주로 치밀골로 되어 있고 이같은 치밀골은 중간 부위가 가늘면서 가장 두꺼워서 장력이 있으며 그 내부에는 골수강을 형성한다. 장골은 다리의 대퇴골, 경골, 비골과 팔의 상완골, 요골, 척골 등에서 볼 수 있다.

해면골은 불규칙한 골소주들이 서로 얽히어 망상을 이루며 골수강이 있어 그 속에 골수가 들어 있다. 골수는 혈구를 만드는 조혈기관이다. 뼈의 표

그림 3-2
뼈의 분류

구간골(axial bones)	두개골	두개(cranium)	22개
		안면골(facial bones)	
		이소골(auditory ossicles)	6개
		설골(hyoid bone)	1개
	척추골(vertebra)		26개
	늑 골(ribs)		24개
	흉 골(sternum)		1개
사지골 (appendicular bones)	상지골(bones of upper)		64개
	하지골(bones of lower limb)		62개

※ 숫자는 뼈의 개수를 나타낸 것임.

면은 연골로 덮인 관절면을 제외하고는 모두 섬유성의 골막으로 싸여 있다.

단골은 손바닥에 있는 수근골이나 족근골로 되어 있고 매우 제한된 범위의 운동을 할 수 있다. 편평골은 어깨뼈 또는 머리뼈 등과 같이 근육의 부착을 위한 넓적한 면을 가지고 있는 뼈들이고, 불규칙골은 그 형태가 복잡하고 매우 특이하다.

연골은 관절면에 덮여 있는 초자연골 및 섬유연골을 제외하고는 모두 그 주위가 마치 골막의 경우처럼 섬유성인 막으로 둘러싸여 있으며, 이 막을 연골막이라고 한다. 연골은 단단하고 약간의 탄력성이 있는 조직으로서 혈관이나 신경의 분포가 없는 것이 특징이다.

이 밖에 종자골이 있는데, 이것은 건이나 근막 속에 묻혀 있으며 주로 관절 주변에 위치한다.

1) 뼈의 분류

(1) 주축골격

체간을 이루며 축을 형성하여 신체를 지지하고, 각종 장기를 수용하여 보호할 수 있도록 공간을 만드는 뼈들로서 체간골격이라고 한다.

두개골, 설골, 이소골, 척주, 흉골, 늑골 등이 여기에 속한다.

(2) 부속골격

양 팔과 다리를 만들고 이들을 몸통과 연결시키는 뼈들인 상지골과 하지골들을 말하며, 체지골격이라고도 한다.

골막은 뼈의 외면을 덮고 있어 뼈를 보호하는 역할도 하고 혈관, 림프관 및 신경을 통과시키는 바탕을 마련함과 동시에 근육 또는 힘줄이 뼈에 부착할 수 있는 자리를 마련해 주고 있다.

2) 뼈의 구조

(1) 장골의 구조

전형적인 장골은 다음과 같은 구조를 가지고 있다(그림 3-3).

그림 3-3
뼈의 분류

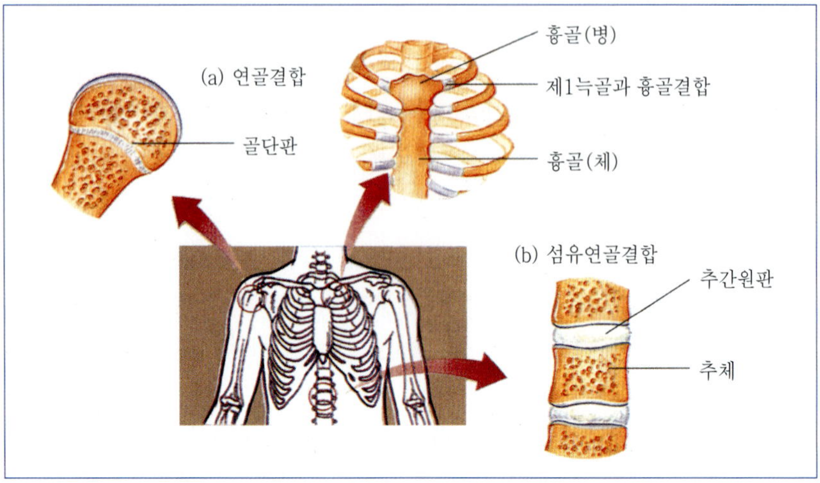

① 골간 : 관으로 골간은 뼈의 장축을 이루며 골수강을 둘러싸는 치밀골의 두터운 환으로 구성되어 있다. 성인은 골수강에 지방을 포함하고 있어 황색 골수강이라 부른다.

② 골단 : 골단은 뼈의 끝 부분으로 대부분 골간보다 더 커져 있으며, 끝 부분은 얇은 치밀골층으로 되어 있고 안쪽에는 해면골이 있다. 골단의 표면은 관절연골의 얇은 막으로 덮여 있어서 관절이 운동을 할 때 충격을 주면 뼈의 말단 부위에서 쿠션 역할을 하여 충격을 흡수한다.

③ 골막 : 뼈의 내 · 외부 표면은 막과 연결되어 있다. 골간의 바깥면은 골외막으로 치밀 결합조직으로 된 이중막이다. 골외막의 바깥 섬유층은 치밀하고 불규칙한 결합조직이다. 안쪽의 골형성층은 주로 뼈를 형성하는 골모세포와 뼈를 파괴하는 파골세포로 구성되어 있다.

(2) 치밀골

치밀골은 매우 조밀하고 딱딱한 부분으로 중심관인 하버스관과 이를 둘러싸고 있는 여러 층의 하버스층관으로 구성되어 있는데, 이들을 골원 또는 하버스계라고 한다. 하버스층판에는 골소강이 있고, 소강에 들어 있는 골세포가 뼈의 주세포를 이루고 있다. 장 축을 따라 길게 배열된 하버스관과 골막에서 하버스관을 가로로 연결하는 볼크만관은 혈관과 신경의 통로이다.

(3) 해면골

치밀골과는 달리 해면골은 소주로 구성되어 있고, 빈약하게 구성된 조직같이 보인다.

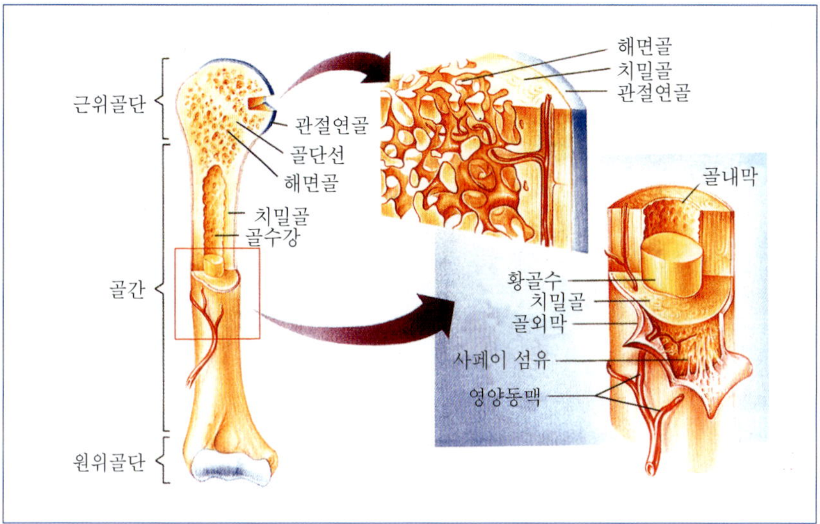

그림 3-4
장골의 단면도

3) 뼈의 종류별 역할

뼈들은 크기와 형태에 다양하며, 형태에 따라 장골, 단골, 편평골 및 불규칙골로 분류된다.

(1) 장골

슬개골과 손목, 발목에 있는 뼈를 제외한 사지의 모든 뼈는 장골이며, 손가락을 구성하는 뼈들도 장골이지만 매우 적다.

(2) 단골

단골은 넓이와 길이가 비슷하며 골수강이 없는 짧은 뼈로서 대부분 해면골로 구성되어 있으며, 주로 손목과 발목에 있다.

(3) 편평골

편평골은 얇고 편평하며 대부분이 휘어져 있으며 그 안에 해면골층이 있다. 흉골, 늑골 및 두정골은 편평골이다.

(4) 불규칙골

그 모양이 다양하고 복잡한 뼈로서 두개골의 일부, 척추골 및 관골 등이 여기에 속한다. 이 뼈들은 대부분 해면골로 이루어져 있고 얇은 치밀골 층으로 둘러싸여져 있다.

표 3-1 뼈의 분류

장 골 단 골 편평골 함기골	대퇴골, 경골, 상완골, 척골 추골, 수근골, 족근골 두정골, 견갑골, 흉골 척골, 상악골, 전두골
기 골 혼합골	상악골, 측두골 견갑골, 하악골, 협골, 전두골

4. 뼈의 조직

골조직은 길이로 자른 단면을 보면 치밀골과 해면골, 두 종류로 나뉜다. 치밀골은 골세포와 기질로 치밀하고 딱딱한 부분으로서 주로 하버스관과 이를 에워싸고 있다. 이 뼈는 여러 층의 하버스관 층판으로 구성되는 하버스계로 구성된다.

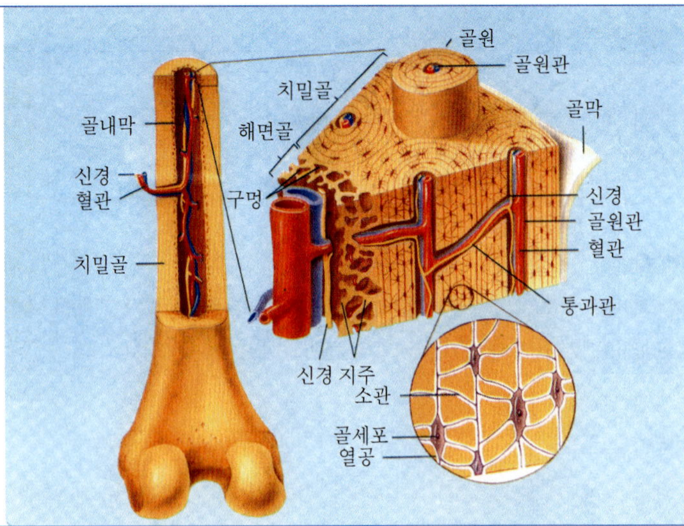

그림 3-5 뼈의 구조와 기능

골소강 안에는 골세포가 들어 있고 골소강에서는 많은 골소관이 방사형으로 나와 있어 인접한 골소강의 골소관들과 서로 교통하고 있다.

골소관 안에는 골세포의 원형질 돌기가 들어 있어 결국 인접한 골세포들과 돌기로서 서로 연결된다.

하버스관은 뼈의 장축을 따라 종단하는 많은 관으로서 이 속에는 혈관이 들어 있다. 혈관 옆으로는 불크만 관에 의해 연결되어 골막을 통해 들어온 혈관은 뼈의 구석구석을 이들 두 관계 통로를 따라 퍼져 영양물질을 공급하고 있다.

장골은 연골내 화골에 의해서 길이가 길어진다. 장골은 골단판은 골간과 마주보고 있는 표면에 새로운 연골을 형성하는데, 이때 골단판은 양쪽으로 보다 멀리 이동하여 골간의 길이가 길어진다(그림 3-6).

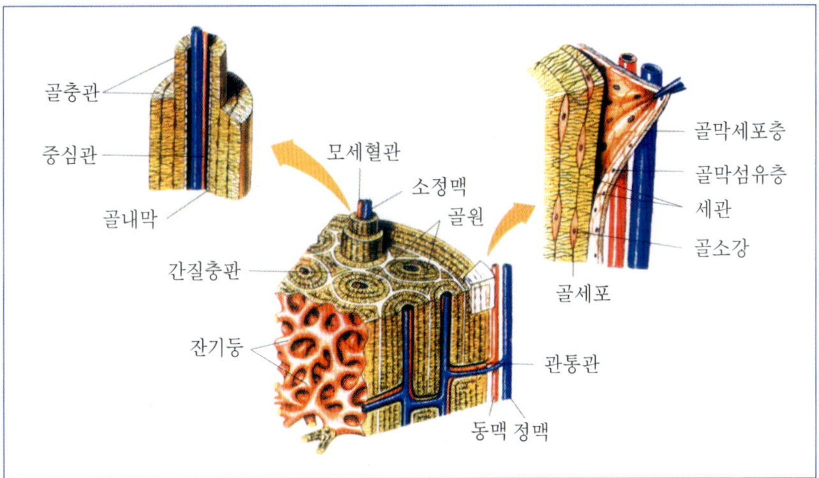

그림 3-6
뼈의 미세구조

5. 뼈의 성장

장골은 주고 청소년 시기까지 골단판에서 길이 성장이 이루어지고, 뼈 두께의 증가는 부가 성장에 의해 이루어진다.

장골의 길이 성장 과정은 연골내골화와 유사한 과정으로 이루어진다. 이 형태는 조직학적 구조에 의하여 정지대, 증식대, 성숙대, 잠정석 회화대의 네 층으로 이루어진다.

뼈의 성장은 청소년기까지 일어나는데, 이는 우리 몸의 여러 호르몬의 적절하고 정교한 작용에 의하여 조절된다.

그림 3-7
연골내골화

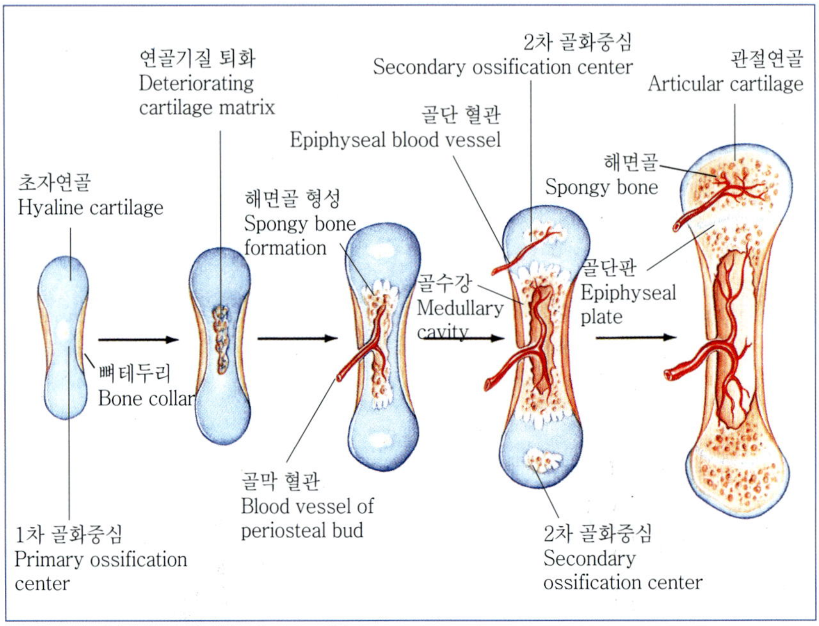

6. 뼈의 결합

뼈의 결합에는 여러 가지 양식이 있으며 그 양식에 따라 운동성의 범위와 정도가 다르며 연결 형태는 ① 봉합, ② 탄성결합, ③ 연골결합, ④ 섬유연골결합, ⑤ 골결합, ⑥ 관절 등 여섯 종류로 분류된다.

봉합이란 뼈와 뼈 사이의 접촉면이 톱니와 같이 결합해서 밀착되어 전혀 움직이지 않는 골의 결합 형태로써 두개골의 결합 상태가 바로 봉합이다.

연골결합은 뼈와 뼈가 연골로 결합되어 떨어지지 않게 고정된 뼈의 결합 형태로 흉골과 늑골이 늑연골에 의하여 결합된 것이 그 예이다.

관절이란 뼈와 뼈 사이에 관절강이 있어 운동을 할 수 있는 구조로 된 뼈의 결합 형태로써 사지의 뼈는 대개 이와 같은 관절 구조에 의하여 연결되어 있다.

섬유결합은 치골결합과 추간원판에서 볼 수 있다. 운동성이 특히 적은 것은 탄력성에 의하여 충격을 완화시키는 작용을 한다. 뼈의 결합에는 봉합과 연결결합으로 골화되어 있으며 전두와 관골에서 볼 수 있다.

7. 관절

인체의 뼈들이 모두 구부러지지 않고 단단하다는 사실에 비추어 볼 때 인체가 대단히 유연한 움직임을 한다. 사람이 아주 쉽게 움직일 수 있는 이유는 인체의 뼈들이 관절이라고 불리는 교차점에서 서로 연결되어 있기 때문이다. 즉 관절은 근육들로 하여금 골격을 교묘하게 움직이도록 한다.

관절에는 다양하고도 크기가 다른 동작을 가능케 하는 여러 가지 유형들이 있다. 팔꿈치와 무릎에서 가장 두드러지게 나타나는 경첩관절은 돌쩌귀에 달려 있는 문과 같이 앞뒤로 자유롭게 움직인다. 어깨와 엉덩이 부위에 있는 구외관절은 다른 뼈들을 서로 단단하게 연결시키면서 단 하나

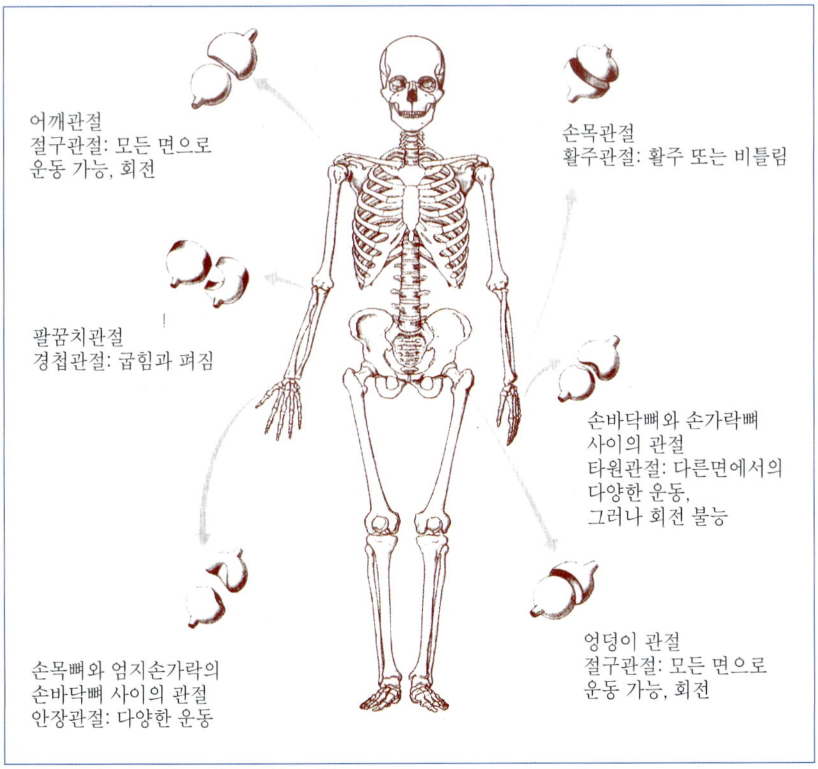

그림 3-8
운동과 직접 관계되는 관절의 특징과 변화

의 뼈만이 여러 방향으로 구부러지고 회전하게 한다.

1) 관절의 구조

관절을 형성하는 두 개의 골단은 보통 한 쪽이 볼록하고 다른 것이 오목한데, 볼록한 것을 관절두라 하고 오목한 것을 관절와라고 한다. 이것들은 관절연골로 덮여 있어 매끈하기 때문에 운동이 자유로우며 충돌하지 않는다.

더욱 이들 두 골단은 관절포로 싸여져 있어 두 골단과 관절포에 의하여 관절강이 형성되는데, 그 속은 활액에 의하여 상당히 감소한다. 관절의 바깥쪽에는 강한 결합조직으로 된 인대가 양쪽 뼈에 붙어 있어 관절을 보호하고 관절이 과도하게 늘어나는 것을 방지하는 역할을 한다.

(1) 관절포

관절을 바깥에서 덮고, 인대라고 하는 결합조직으로 되어 있다.

(2) 활막

관절포 안쪽에 있으며 관절연골을 에워싼다.

(3) 활액

무릎관절에 1*ml* 정도가 있을 정도의 소량으로 관절의 윤활제 기능과 아울러 영양을 공급한다.

(4) 연골

관절의 뼈마디에 있는 부드러운 부분으로서 섬유질로 되어 있다.

부동관절은 연결하는 조직의 종류에 따라서 인대결합, 연골결합, 뼈결합의 세 가지형으로 나눌 수 있다.

인대결합은 두개골형 관절로 결합되는 관절로서 추간원판, 치골결합, 늑관절 등이 있다. 그리고 골결합은 뼈와 뼈가 결합된 관절이지만 인대 또는 연골이 뒤에 골화한 것이다. 가동관절은 뼈와 뼈가 결합하는 부위에 초자연골이 붙어 있다. 관절강 안에는 활액이 들어 있어 움직임이 자유롭고

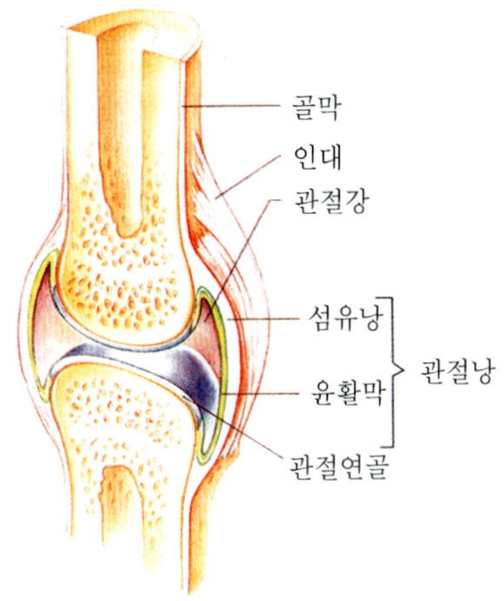

그림 3-9
슬관절(시상면)

주위에는 활막으로 둘러싸여 있는 관절이다.

부동성 관절 : 두 개의 뼈가 부동성으로 결합하는 것이며 사람의 골격에서는 일부에 한정되어 있다. 두 뼈 사이에는 결합조직이나 연골이 개재되어 있다. 또 두 개 이상이 완전히 골결합되어 있는 부위도 있다.

2) 섬유성관절

섬유성관절은 골들이 섬유결합조직에 의해 단단히 연결된 모든 관절을 말한다. 관절을 강하게 해야 하는 역할 때문에 결합조직을 봉합인대라고 한다. 골단 사이에는 다른 물질들이 없고 거의 움직일 수가 없다. 그리하여 섬유성관절을 일명 부동관절이라고 한다. 그러나 실제로 어떤 부동관절 중에는 약간 움직이는 것도 있다. 섬유성관절은 골을 연결시키는 결합조직의 섬유질에 따라 봉합과 인대결합의 두 가지 뼈 형태가 있다.

3) 관절의 종류

관절은 그 운동 범위에 따라서 크게 두 종류로 나눌 수 있는데, 뼈와 뼈 사이에 관절강이 존재하는 가동관절과 관절강이 없이 연결되어 있는 부동관절이 그것이다. 또한 관절하는 뼈와 뼈 사이에 있는 조직의 종류에 따라 섬유성관절, 연골성관절, 활막성관절로 구분된다.

표 3-2 관절의 구조적 특징과 형태

구조적 분류	구조적 특징	형태	운동성
섬유성관절	뼈의 말단 부위에 아교질(콜라겐) 섬유로 결합	봉합(짧은 섬유) 인대결합(긴 섬유) 정식(치근막의 인대)	부동 약간 움직이거나 또는 부동 부동
연골성관절	뼈의 말단 부위를 연골로 결합	연골 섬유연골	부동 약간 움직임
윤활관절	뼈의 말단에 관절연골로 덮여 있고, 활액막을 가진 관절낭으로 둘러싸여짐	평면 접번 차축 과상 안상 구상	자유롭게 움직임 (가동결합 : 움직임은 관절의 형태에 좌우된다)

가동관절이 부동관절과 다른 구조적 차이점은 다음과 같다.

① 관절낭으로 싸여 그 속에 관절강이 있다.
② 관절낭은 바깥쪽에는 섬유막이, 안쪽에는 활막이 있어 두 겹으로 구성된다.
③ 관절낭에는 관절강에서 분비되는 활액이 있으며 운동중 마찰을 방지한다.
④ 섬유성관절 : 연결부가 고정되어 있는 부동관절(예, 두개골)
⑤ 연골성관절 : 뼈 사이에는 연골질로 되어 있고 섬유조직으로 연결되어 부분적으로 움직일 수 있는 반관절(예, 추골간치골간)
⑥ 활막성관절 : 연결 부위의 안쪽에 활막이 있어 운동성이 매우 큰 가동관절(예, 무릎과 손, 어깨 등)

4) 관절의 종류와 특징

(1) 관절의 종류별 특징

① 단순관절 : 두 개의 뼈로 이루어진 것
② 복합관절 : 세 개 이상의 뼈로 이루어진 것
③ 구상관절 : 견과절, 고관절 등이 있다. 관절두가 구상이고 관절와는 오목하고 깊어서 운동성이 가장 큰 다축성 관절이다.

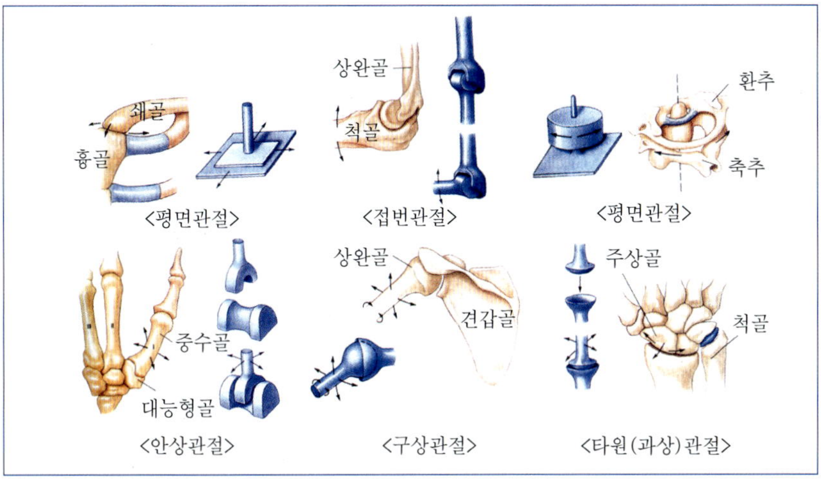

그림 3-10
관절의 종류

④ 경첩관절 : 관절두와 관절와 사이에 형성된 펴고 굽히는 운동만 가능한 1축성관절이다. 슬관절, 주관절, 족근간관절, 와척관절, 지절간관절이 여기에 해당된다.

⑤ 차축관절 : 뼈의 장축에 대하여 회전운동만 되는 관절로 위와 아래의 요척관절과 환축관절이 여기에 해당된다.

⑥ 안상관절 : 수근 중수관절이 해당되는데, 두 관절면이 말안장처럼 생겨서 서로 직각 방향으로 움직인다.

윤활관절

관절은 윤활관절이며, 자유럽게 움직일 수 있는 특성이 있다. 윤활관절 운동은 인대, 근육, 건 또는 연결되는 뼈에 의해 제한되나, 자유롭게 움직이므로 가동관절, 관절 운동에 약간의 제한과 관절강 내에 액체가 차 있다.

• 윤활액

소량의 미끈거리는 윤활액이 관절낭 속에 있다. 이 액체는 주로 윤활막의 모세혈관을 통해 흐르는 혈류의 여과 작용에 의해 생산된다. 윤활액은 윤활막 세포에서 생산되는 히알루론산에 의해 끈끈한 계란 흰자와 같은 점성을 가진다.

• 인대

윤활관절의 낭과 인대는 뼈를 결합시키고, 뼈의 운동에 관계하여 과도하거나 불필요한 움직임을 막아준다.

⑦ 평면관절 : 두 관절면이 평면이고 좁은 관절낭과 강한 인대로 싸여 있다. 추간관절, 수근간관절, 천장관절이 여기에 해당된다.

(2) 윤활관절의 종류

관절 표면의 모양에 따른 구조와 운동에 따라 윤활관절은 다음과 같이 세분화될 수 있다. 즉 평면, 접번, 차축, 과상, 안장 및 구상관절 등이다.

8. 척주

척주는 등뼈를 구성하고, 몸통과 목을 지탱해주고, 바르게 세워주며, 몸의 운동에 따라 굽히고 비틀 수 있는 길고 유연한 막대 모양이다. 척주는 뼈와 연골이 교대로 연결되어 이루어지는데 뼈 부분이 연골부분보다 길다. 뼈 부분을 척추라 부르고, 연골 부분은 추간원판이라 부른다.

척주는 32~35개의 척추골과 각 척추 사이의 원반으로 형성된 길이 70~75cm인 뼈의 기둥으로 몸통의 주축을 이룬다. 위쪽은 머리뼈를 받치고 있으며, 아랫부분은 골반의 구성에 기여한다. 척추골은 위치하는 부위에 따라 경추골, 흉추을 하기 위한 중력평형을 유지하기 위해 필요하다. 그러나 인간도 신생아는 전체적으로 뒤쪽으로만 볼록해져 있다.

1) 각 부위 척추골

척추 각 부분은 전형적인 형태와 특유의 기능과 운동을 할 수 있도록 특징적인 구조를 하고 있으며, 각각 척추의 특징을 요약하였다.

(1) 경추

C1~ C7으로 표시하는 7개의 경추는 가장 작고 가벼운 척추골들이다. 첫 두 개의 경추(C1, C2)는 특징적이다.

(2) 흉추

기본적인 형태를 하고 있는 12개 추골로 구성되며 모두 늑골과 관절을 이룬다.

척주 26개(32~35개) ——	경추	7개
	흉추	12개
	요추	5개
	천골	1(5)개
	미골	1(3~5)개

그림 3-11
척주의 구분
[( )은 신생아 추골수]

(3) 척골

5개의 천추가 성인이 되면서 1개로 융합된 삼각형의 천골은 골반의 후벽을 형성하고 골반을 강하고 안정성 있게 해준다. 상방으로는 상관절돌기에 의해 제5번 요추와, 하방으로는 미골과 관절을 이룬다.

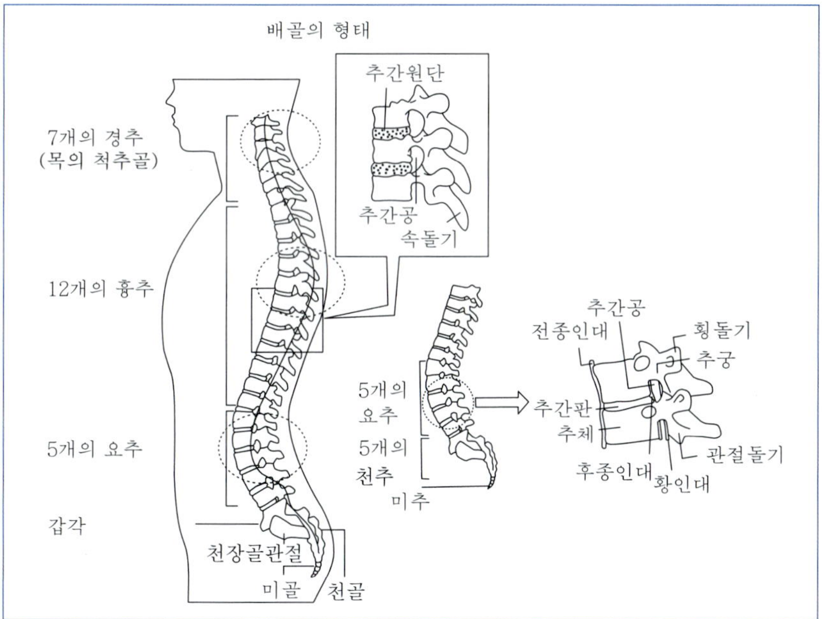

그림 3-12
척추의 모양

척추만곡	분류	세부
척추만곡 (vertebral curve)	1차만곡 (primary curve)	흉부만곡(thoracic curve)
		천부만곡(sacral curve)
	2차만곡 (secondary curve)	경부만곡(cervical curve)
		요부만곡(lumbar curve)

그림 3-13
척추만곡의 분류

3-B. 골격계
(신체 각 부위별 골격의 구조)
Appendicular Skeleton

1. 인체 해부에 의한 구분

1) 체강

인체의 주요 기관이나 장기를 수용할 수 있는 공간을 체강이라 하는데, 신체 후면의 배측체강과 전면의 복측체강으로 구분된다.

배측체강은 중추신경계를 포함하는 체강으로 뇌가 들어 있는 두개강과 척수가 들어있는 척주강, 복측체강은 심장, 폐를 수용하는 흉강, 간, 위 담안 등이 들어 있는 복강 및 방광, 직장, 자궁 등을 수영하는 골반강으로 이루어져 있다.

그림 3-14
체강의 구분

- 체강
  - 배측체강
    - 두개강
    - 척추강
  - 복측체강
    - 골반강 — 심막강 / 흉막강
    - 흉 강
    - 복 강

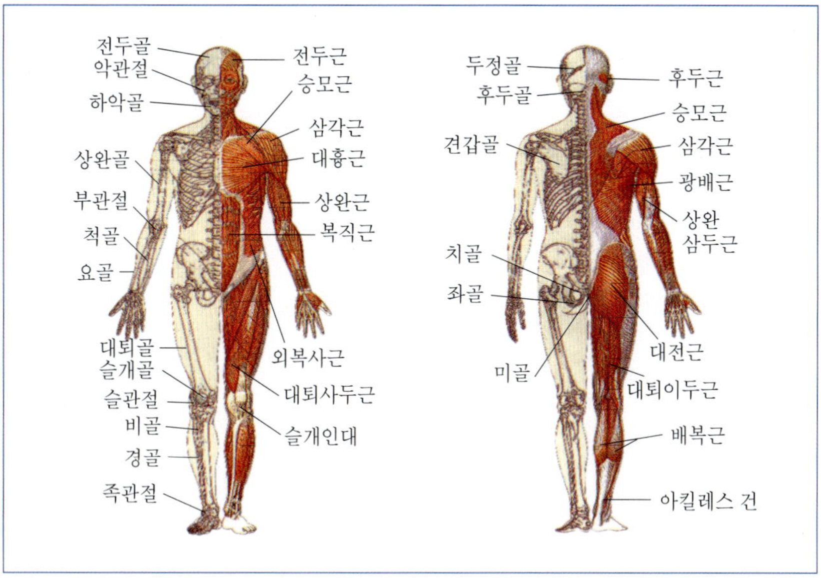

그림 3-15
근육계와 골격계의 해부 단면도

- 인체
  - 체간(trunk)
    - 두(머리, head)
    - 경(목, neck)
    - 동(몸통, trunk)
      - 흉(가슴, thorax)
      - 복(배, abdomen)
      - 골반(pelvis)
  - 체지(limbs)
    - 상지(팔, upper limb)
      - 상지대
      - 상완(위팔, arm)
      - 전완(아래팔, forearm)
      - 수근(손목, wrist)
      - 수(손, hand)
      - 수지(손가락, finger)
    - 하지(다리, lower limb)
      - 하지대(엉덩이, hip)
      - 대퇴(넓적다리, thigh)
      - 하퇴(아래다리, crus)
      - 족근(발목, ankle)
      - 족(발, foot)
      - 족지(발가락, toe)

그림 3-16
인체의 외형으로 본 분류법

POINT

- 두 Head : 뼈 또는 기관의 끝이 둥글게 비대된 곳으로 2개가 있을 때는 작은 것은 소두 capitulum라고 함
- 체 Body : 뼈 또는 기관의 몸통
- 경 Neck : 두와 체 사이의 목과 같이 좁은 부위
- 저 Base : 기관에서 넓은 부위
- 첨 Apex : 기관에서 뾰족한 첨단부
- 문 Hilum : 기관 표면의 일부에서 혈관, 신경 및 기타 도관들의 출입부

2. 신체 부위별 해부도와 이름

해부학적 자세에서 신체의 발을 붙이고 서게 된다. 팔은 신체를 따라 자연스럽게 내리고 손바닥은 앞을 향하고 엄지손가락은 신체와 떨어진 곳을 가리킨다.

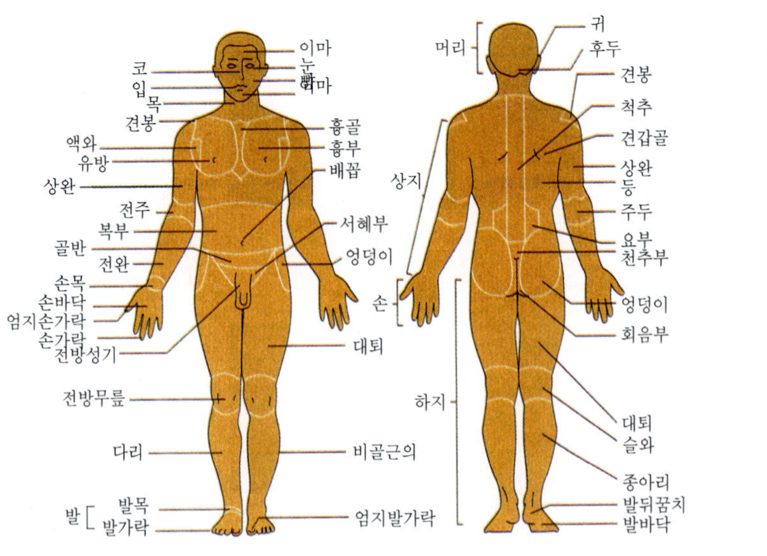

그림 3-17
신체 부위별 해부도와 이름

해부학적 용어와 위치

- 상부 = 두부 ↔ 하부 = 미부
- 전부 = 복부 ↔ 후부 = 배부
- 정중부 = 내부 = 중심부 ↔ 외부, 측부
- 시상부 = 전후선으로 median과 같다.
- 관상부, 전두부, 수평, 횡부

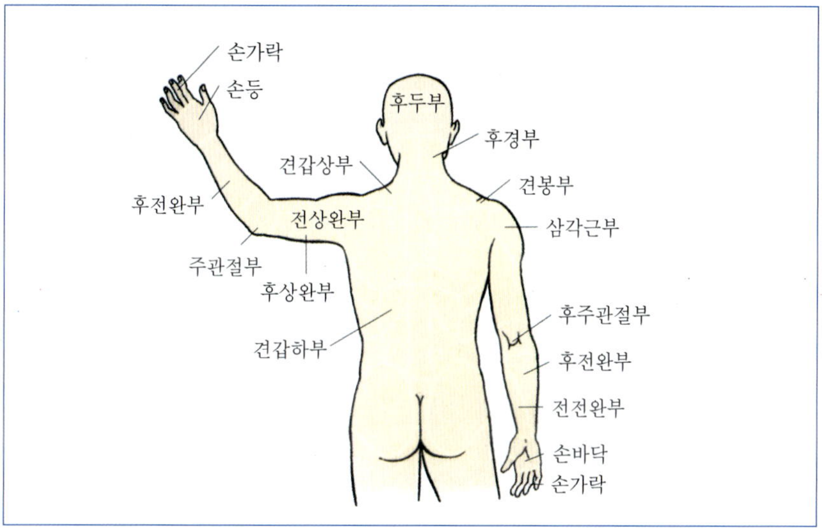

그림 3-18
신체의 해부학적 부위별 분류법

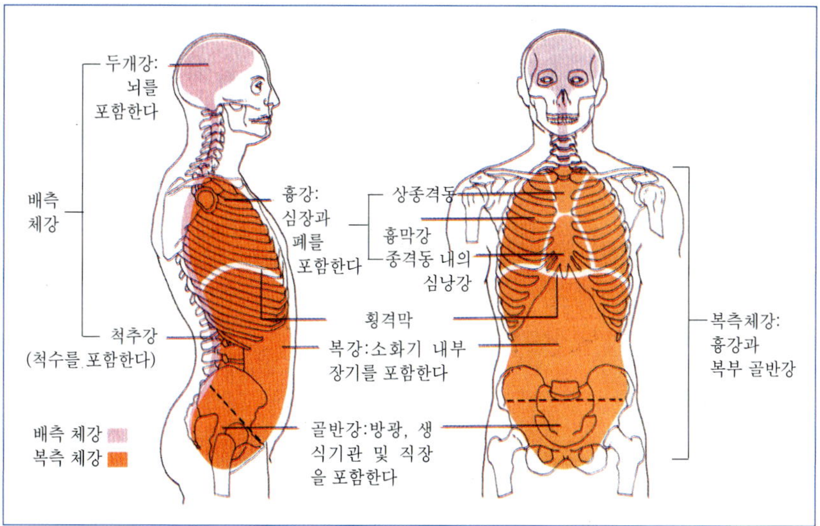

그림 3-19
배쪽(후)체강 및 복쪽(전)체강과 그것의 구분

3. 두정골(Parietal Bone)

1) 두개골(머리뼈, craium, skull)

두개골이란 머리를 구성하고 있는 뼈로 15종 28개의 뼈로 구성되어 있다. 두개강을 만드는 뼈는 뇌를 보호하는 뇌두개골과 안면을 형성하는 안면골로 대별된다.

(1) 뇌두개골(뇌머리뼈, cranial)

뇌두개골은 6종 8개의 뼈로 전두골, 후두골, 측두골, 접형골, 사골 등으로 이루어진다.

① 전두골(이마뼈, frontal bone) : 전두골은 뇌두개의 앞부분, 즉 이

그림 3-20
목뼈에서 척추까지 연결되는 뼈의 구조

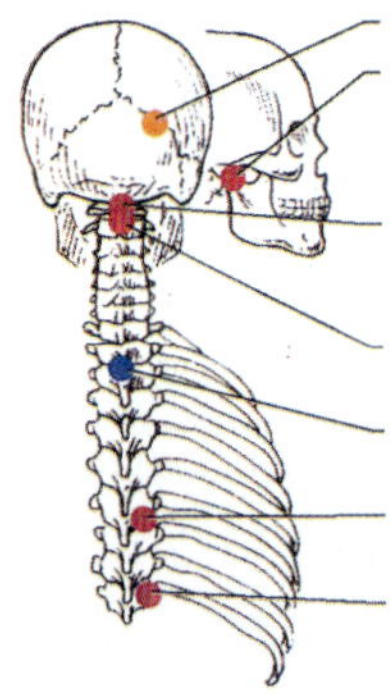

그림 3-21
얼굴과 목을 연결하는 정맥이 순환하는 길

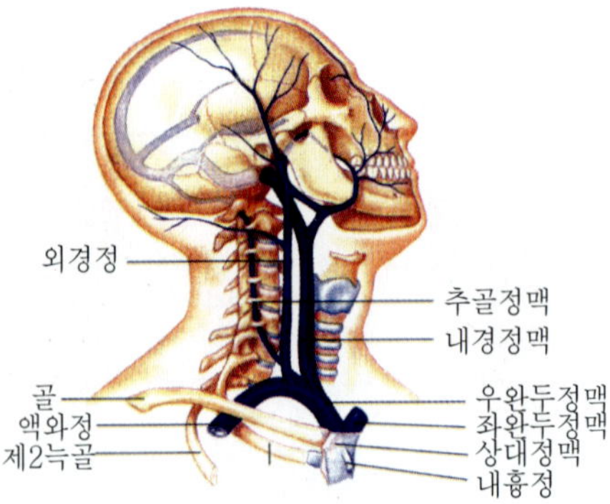

마, 안와의 상벽과 전두개와의 대부분을 구성하며 뇌의 전두엽에 위치한다.

② 두정골(마루뼈, parietal bone) : 두정골은 좌우 한 쌍의 크고 휘어진 사각 모양의 뼈로 두개골의 윗면과 옆면을 차지하며, 다른 두개골들과 관절을 이루어 4개의 큰 봉합이 형성된다.

③ 후두골(뒤통수뼈, occipital bone) : 후두골은 두개관과 마름모꼴의 주걱 모양으로 구성되어 있다.

④ 측두골(관자뼈, temporl bone) : 두개골의 바깥부분과 두개 바닥의 부분으로 된 구조로 외이도의 길이 뚫어져 있다.

⑤ 접형골(나비뼈, sphenoid bone) : 나비 모양의 뼈로서 양쪽에 큰 날개(greater wing)와 작은 날개(lesser wing)가 있다.

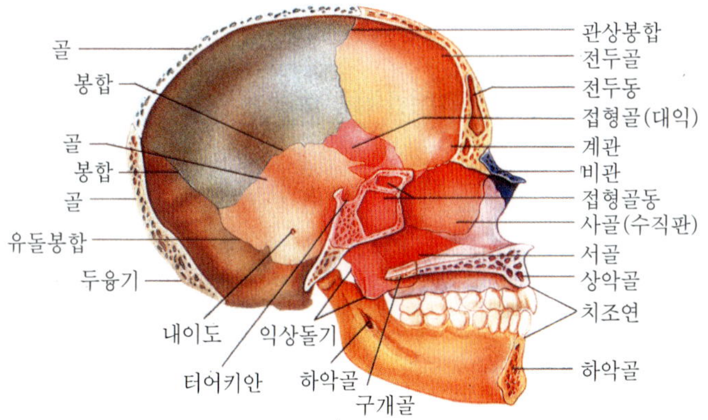

그림 3-22
두개골의 측면

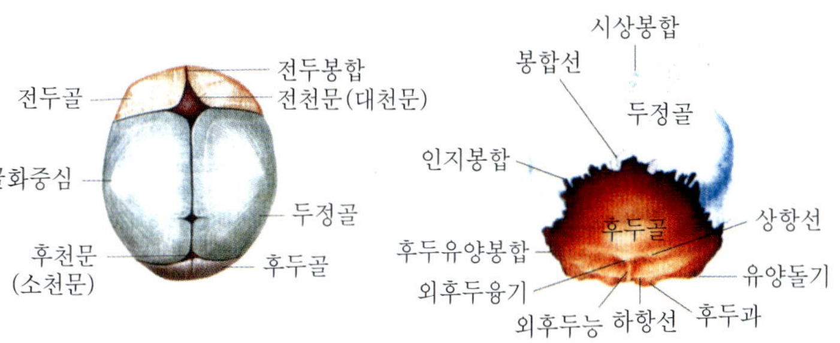

그림 3-23
두개골의 상면과 후면

함몰부 Depression의 용어

- 와 Fossa : 오목하게 들어간 곳. fossa보다 좀 더 얕은 와를 fovea라고 함
- 절흔 Notch : 칼로 깎아놓은 것처럼 패인 부분
- 압흔 Impression : 손가락으로 누른 듯한 부분
- 구 Groove : 좁고 긴 도랑
- 열 Fissure : 틈새
- 공 Foramen : 면에 뚫린 구멍으로 혈관 또는 신경의 통로
- 관 Canal : 공이 길게 된 것
- 도 Meatus : 관이 굵은 것
- 동 Sinus : 굴속 같은 기관 내의 빈 공간
- 강 Cavity : 체내의 넓은 공간
- 붕소 Cell : 벌집 모양으로 된 작은 공동

2) 사골(벌집뼈, ethmoid bone)

사골은 접형골과 비골의 사이에 있고 두개골의 가장 깊숙히 곳에 위치하며, 비강의 상부 외측벽과 비중격의 일부분을 형성한다(그림 3-24). 십자 모양의 뼈로서 사골판은 두개강의 전방 중앙 바닥을 형성하며 여기에는 10~20개의 작은 구멍이 있다.

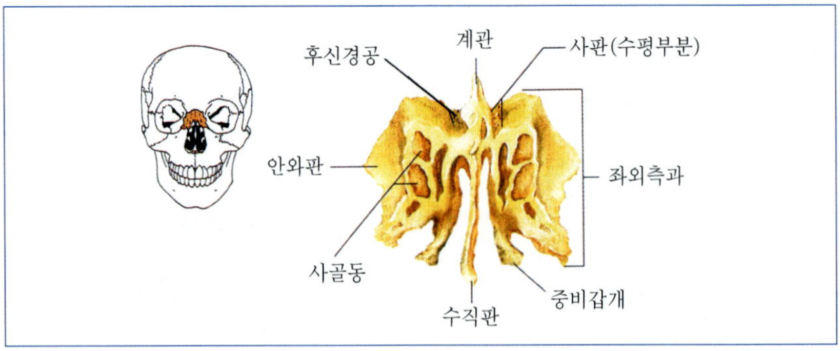

그림 3-24
사골(전면)

3) 안면두개골(얼굴머리뼈, facial bone)

안면두개는 9종 15개의 뼈들로 구성되어 있으며, 이중 하악골과 서골만 한 개씩이고, 나머지 상악골, 관골, 비골, 두개골, 구개골 및 하비갑개는 한 쌍으로 되어 있다.

(1) 비근골(코뼈, nasal bone)

코의 전상부를 형성하는 한 쌍의 작은 뼈로서 사각형의 모양을 하고 있다.

(2) 서골(보습뼈, vomer)

코중격의 하방을 형성하는 작은 뼈로서 골성 코중격(nasal septum)을 형성한다.

(3) 누골(눈물뼈, lacrimal bone)

안와의 안쪽을 형성하는 쌍으로 된 네모 모양의 작은 뼈로서 바깥에 눈물고랑에는 눈물샘에서 분비된다.

(4) 상악골(위턱뼈, maxilla)

얼굴의 중앙에 위치하는 한쌍의 뼈로서 위쪽에는 비강의 위부와 연결되어 있다. 상악골 내에는 상악동이라는 큰 빈자리가 있어 비강과 교통한다. 안와 하방에는 안와아래구멍(infraorbital feamen)이 있어 삼차신경과 혈관의 통로가 된다.

상악골은 좌우 한 쌍이 결합하여(그림) 위턱과 안면골격의 중앙 부위를 형성하는 뼈로 상악골체와 4개의 돌기로 구분된다. 하악골을 제외한 모든 안면골들이 상악골과 관절을 이루고 있어 안면골격을 이루는 핵심이 되는 뼈로 여겨진다.

(5) 하악골(아래턱뼈, mandible)

하악의 주체를 이루는 뼈로 말굽 모양을 하고 있다. U자 모양의 하악골은 얼굴에 있는 뼈 중에서 가장 크고 강하며 아래턱을 형성하는 하악체와 두 개의 하악지로 구성된다.

(6) 구개골(입천장뼈, palatine bone)

입천장(hard palate)과 코쪽의 후방 부분을 만드는 L자형의 한 쌍의 작은 뼈이다.

그림 3-25
척수신경의 분지

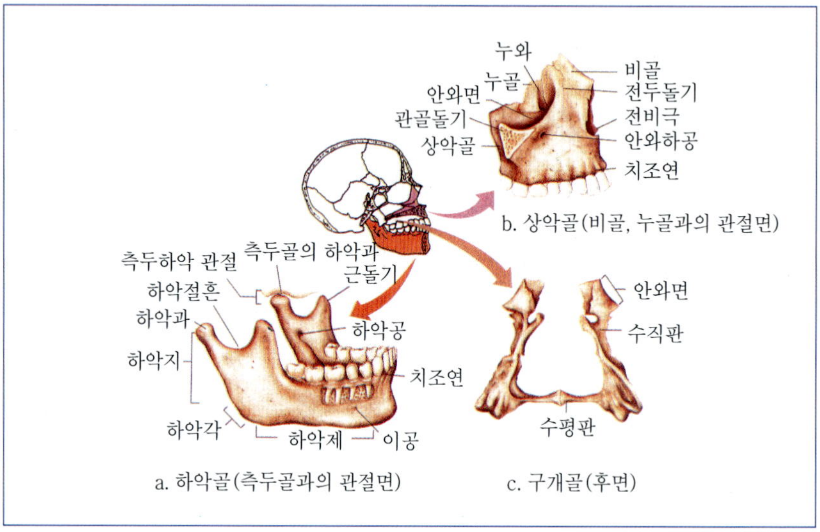

4) 관골(광대뼈, zygomatic bone)

안와의 바닥과 옆벽을 형성하는 한 쌍의 뼈로서 측두골와 관절하여 관골돌기로 되어 있다. 불규칙한 모양의 관골은 흔히 광대뼈로 불리며, 뒷면은 측두골의 관골돌기와 만나 관골궁(zygomatic arch)을 이루고, 전면은 상악골의 관골돌기와 관절을 이룬다.

관골은 뺨의 돌출부와 안와의 하외측연의 일부를 형성하며 외측면, 안와면과 측두면의 3면으로 되어 있다.

5) 안와

안와는 골동공으로 눈을 움직이는 근육과 눈물을 만드는 누선이 안와 내에 있다. 내부에 시신경관과 상·하안와열이 뚫려 있다.

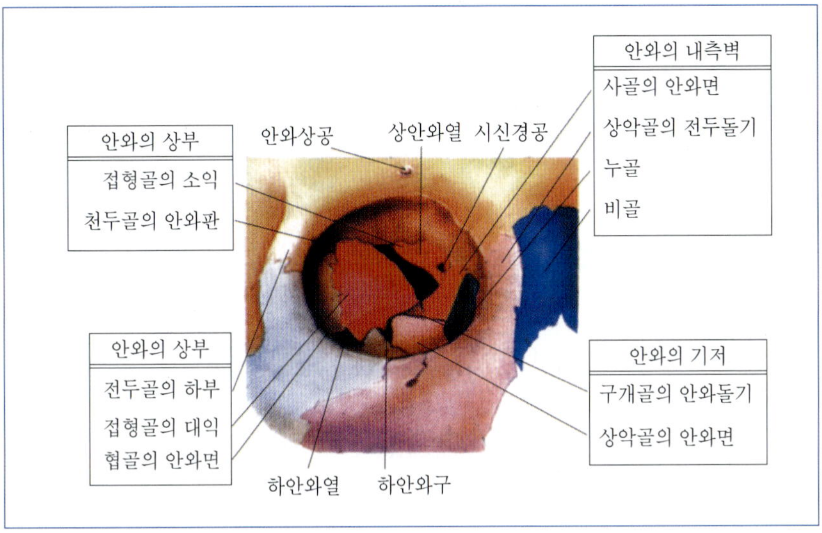

그림 3-26
안와의 구조

6) 부비동

비강을 둘러싸고 있는 두개골 일부는 공기를 함유한 빈 공간으로 비강과 서로 교통하고 있는데, 이를 부비동이라고 한다.

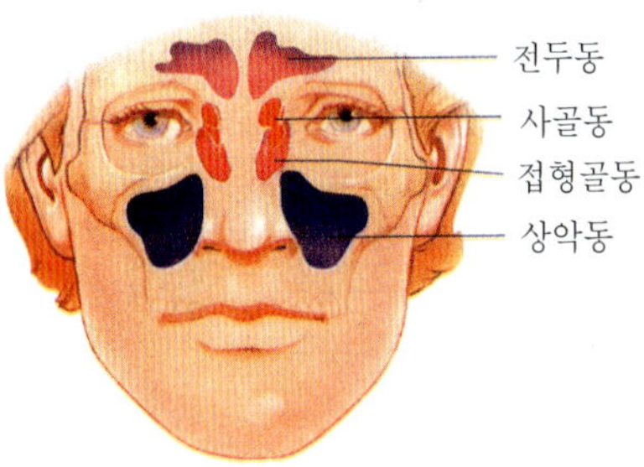

그림 3-27
부비동

7) 설골(목뿔뼈, hyid bone)

설골은 혀와 후두융기 사이의 설근 속에 위치한 U자 모양의 작은 뼈로서 다른 뼈와 직접 관절을 이루지 않는 유일한 뼈로 좁은 경상설골인대(stylohyoid ligament)에 의해 측두골의 경상돌기에 고정되어 있다. 체부와 (body)와 두 쌍의 각(horn)을 가지며 혀를 움직이고 연하작용을 돕는 근육의 부착점 역할을 한다.

설골에는 크고 작은 돌기인 큰 뿔(greater horn)과 작은 뿔(lesser horn)이 있어 여기에는 많은 근육들이 부착하고 있다.

4. 척추(vertebral column)

1) 척추골(척추뼈, vertebra)

척추골은 척추골몸통(vertebral body)과 후방에 판상의 척추궁으로 구분하며, 그 사이에 척추구멍이 있다.

(1) 경추골(목뼈, cervical vertebra, 7개)

7개의 경추골은 가로돌기의 끝은 둘로 갈라져 있다.

(2) 흉추골(등뼈, htoracic vertebra, 12개)

등뼈는 늑골과 관절하여 흉곽의 대부분을 형성한다.

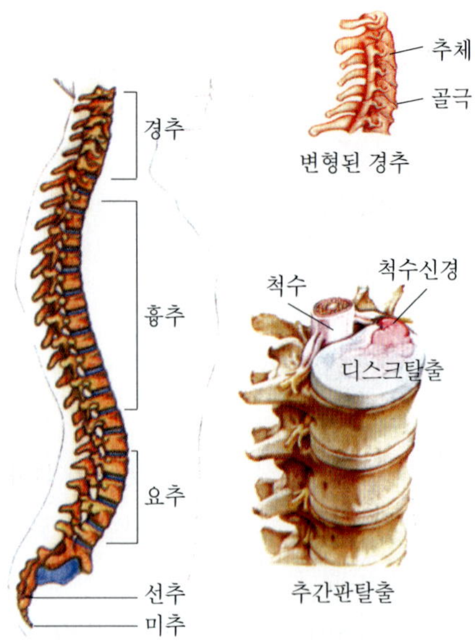

그림 3-28 척추의 구조

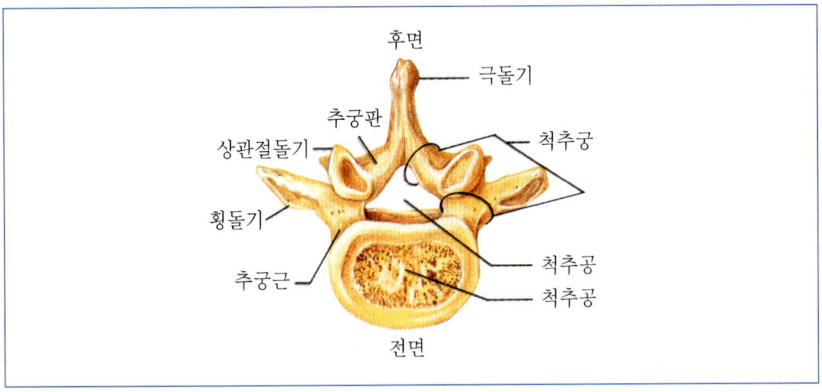

그림 3-29
전형적인 척추의 구조

(3) 요추골(허리뼈, lumbar vertebra, 5개)

요추골은 가로돌기구멍은 물론 늑골오목이 없는 것이 경추골 및 흉추골과 차이가 있다.

(4) 천골(엉치뼈, sacrum)

천골은 골반의 후상벽을 형성하는 역삼각형 모양의 뼈이다. 5개의 천추가 성인이 되면서 1개의 융합된 삼각형의 천골(그림)은 골반의 후벽을 형성하고 골반을 강하고 안정성 있게 해준다.

(5) 미골(꼬리뼈, coccyx)

3~5개의 미추골이 융합한 것으로 위로 엉치뼈의 밑에와 연결된다.

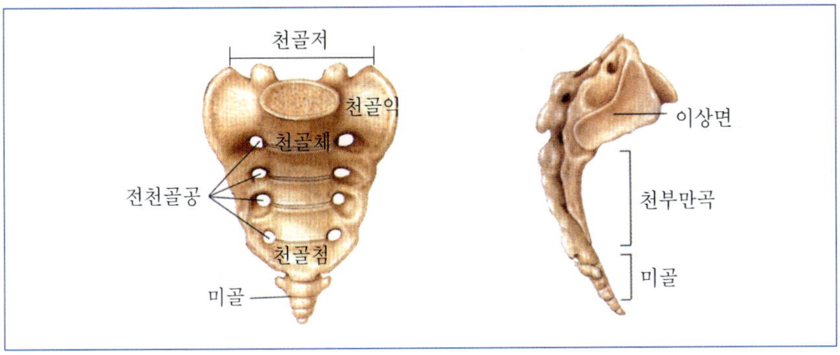

그림 3-30
천골과 미골

5. 흉곽(가슴우리, thorax)

가슴뼈는 12개의 흉추골, 밖에는 12쌍의 늑골과 전방에 1개의 흉골이 설 연결되어 형성된 바구니 모양의 골격이다. 흉곽의 안쪽 중앙에 위치한 약 15m 길이의 편평골이며 흉골병, 흉골체 및 검상돌기가 융합되어 있다.

1) 흉골(복장뼈, stemum)

흉곽의 안쪽 중앙에 있는 가늘고 납작한 뼈로 되어 있다.

표 3-3
가슴과 복부의 골격

	구성골
흉골(1)	흉골병, 흉골체
늑골(24)	진성늑골(14), 가성늑골(6), 부유늑골(4)
척추(26)	경추(7), 흉추(12), 요추(5), 천골(1), 미골(1)

2) 늑골(갈비뼈, ribs)

늑골은 좌우 12쌍의 긴 뼈로 흉곽의 밖에 벽을 형성되어 있어 늑골과 늑연골로 구분되어 있다.

그림 3-31
흉골과 늑골

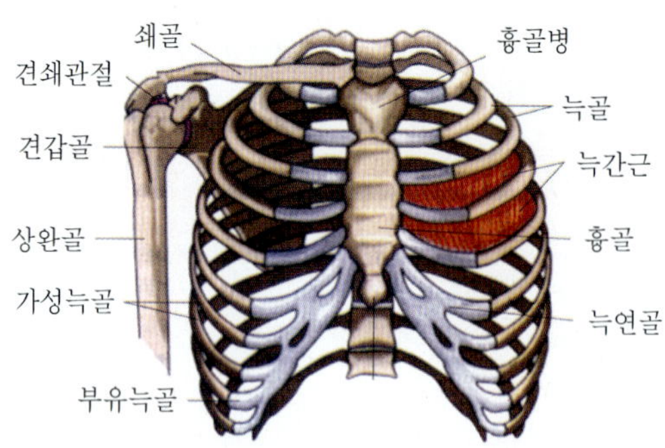

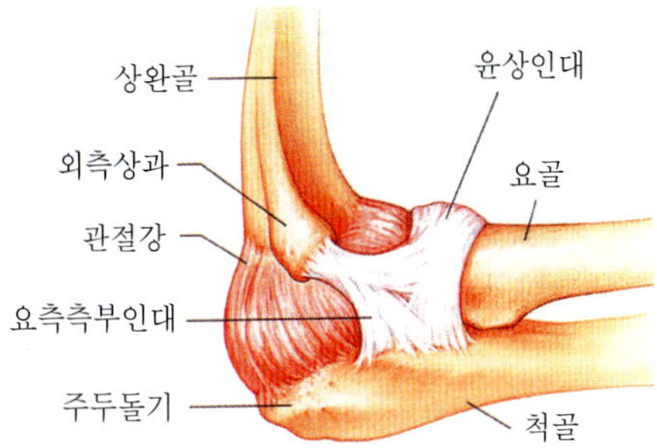

그림 3-32
주관절

3) 고관절(Hip Joint)

대퇴골두가 관골의 깊은 관골두에 들어가 있어 견관절보다 더욱 안정되며, 관절낭은 관골구 주위에서부터 대퇴골의 해부경까지 관절을 완전히 감싼다.

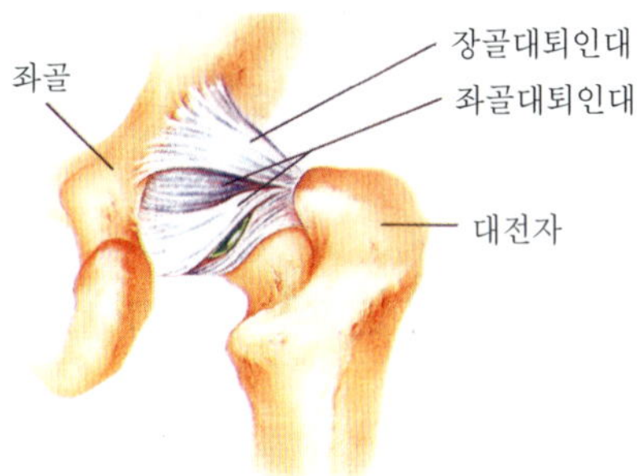

그림 3-33
고관절

6. 견갑골(어깨뼈, scapula)

견갑골은 얇은 삼각형의 편평한 뼈로서 흉곽의 후면과 2~7번 늑골 사이에 위치한다. 견갑골에는 3개의 연이 있다. 상연은 가장 짧고 날카로우며, 내연은 척주와 평형하고, 외연은 겨드랑이에 인접해 있다.

견갑골은 2개의 면인 전면 및 후면, 3개의 모서리인 위, 내측 및 외측모서리, 3개의 각인 상하 및 외측각으로 구분된다. 외측각에는 타원형의 관절면인 관절오목(glenoid cavity)이 있어 상완골과 더불어 어깨관절을 형성한다.

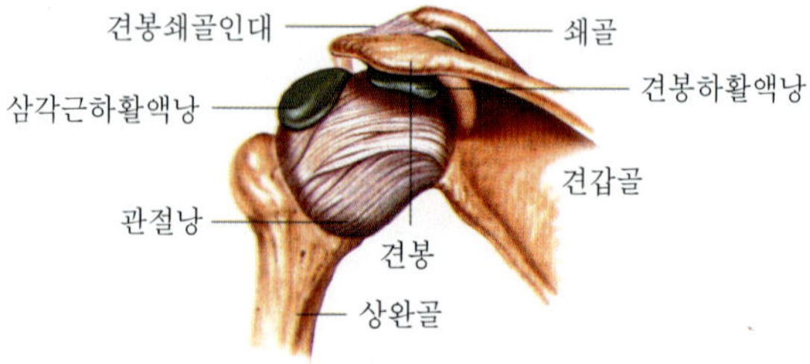

그림 3-34 어깨뼈를 중심으로 한 인대와 활액낭의 구조

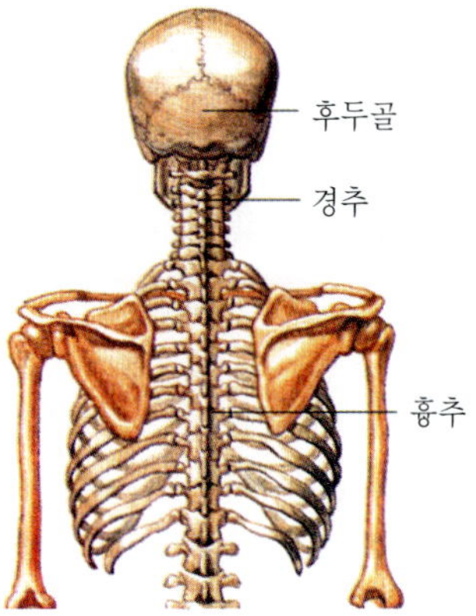

그림 3-35 후두골을 기점으로 하여 경추와 척수의 연결되는 뼈구조

7. 자유상지뼈(자유팔뼈, bone of free upper)

1) 팔뼈

(1) 상완골(위팔뼈, humerus)

상지뼈 중에서 가장 크고 긴뼈(길이 27~30cm)로서 원통 모양을 하고 있다. 상완골몸통의 중앙부 외측에는 거친면이 있어 삼각근이 부착되어 있다.

(2) 척골(자뼈, ulna)

전완의 내측에 있는 긴 뼈로서 위 끝은 굵고 아래 끝은 가늘어 요골과는 반대 모양을 하고 있다. 위 끝의 전면에는 깊게 파인 도르래 패임이 마련되어 상완도르래와 관절하여 팔굽관절의 일부분을 담당한다.

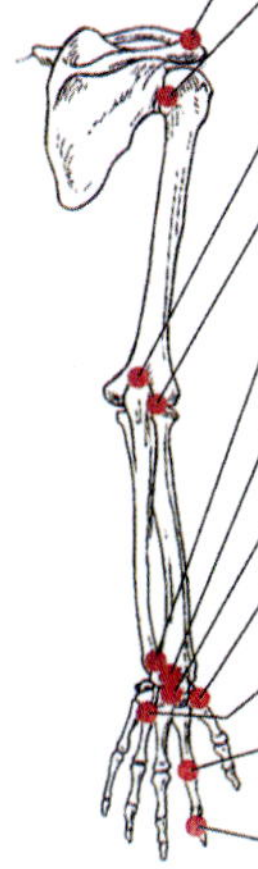

그림 3-36
어깨뼈에서 팔목과 손목까지 뼈의 연결 부분

2) 상지의 뼈(팔뼈, bone of upper limb)

상지를 구성하는 뼈의 수는 한쪽이 32개 있다. 팔뼈는 몸통에 연결하는 상지연결대에는 쇄골과 견갑골이 있다.

상지대는 쇄골, 견갑골과 그와 연관된 근육들로 어깨를 구성한다. 쇄골의 내측 부분은 흉골과 만나고 쇄골의 원위부는 견갑골과 만난다. 상지대는 체간골격에 상지와 상지를 움직이는 많은 근육들이 부착되는 곳으로 매우 가볍고 유연하며 자유럽게 운동할 수 있다.

(1) 상지연결대(팔이음뼈, shoulder girdle)

① 쇄골(빗장뼈, clavicle) : 쇄골은 가늘고 S자형으로 구부러진 장골이며, 상부 흉곽을 따라 수평으로 뻗어 있어서 전체를 만질 수 있다.

3) 상지

30개의 서로 분리된 뼈들이 상지의 골격을 형성한다. 이들은 팔, 전완과 손의 뼈들을 이룬다.

그림 3-37
상지골의 구분

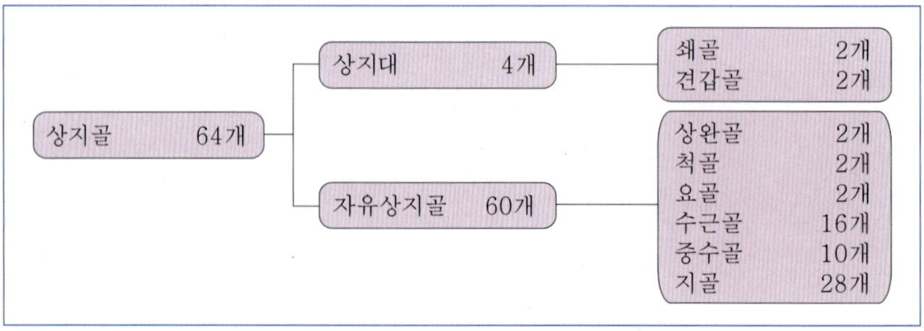

(1) 상완, 팔

상완골은 팔에 있는 유일한 뼈로서 전형적인 장골이다. 상지에서 가장 크고 긴 뼈로 어깨에서는 견갑골과 팔꿈치에서는 요골, 척골과 관절한다.

그림 3-38
팔의 상완골

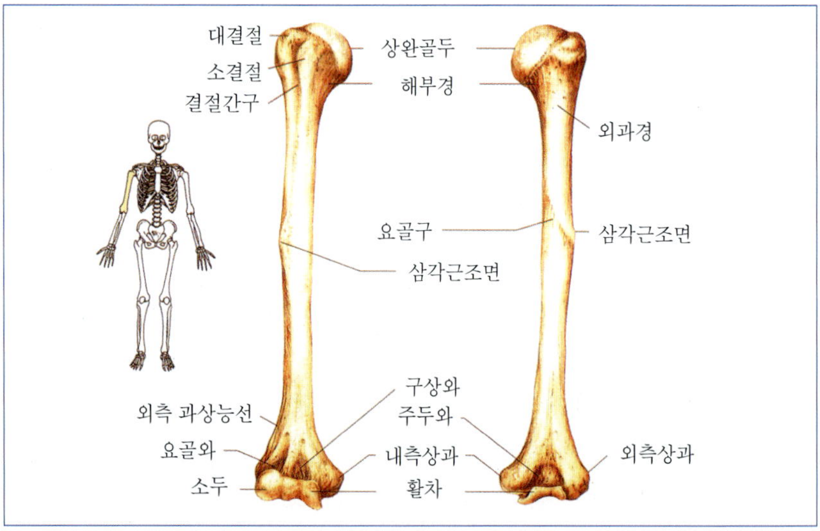

4) 전완(Forearm)

2개의 평행하는 장골인 요골과 척골은 전완의 골격을 이루며(그림 3-39) 쉽게 만져진다. 근위단은 상완골과 관절하며 원위단은 손목의 뼈들과 관절을 이룬다. 요골과 척골은 근위와 원위에서 요골척골관골로 관절하고 골간막에 의해 서로 연결되어 있다.

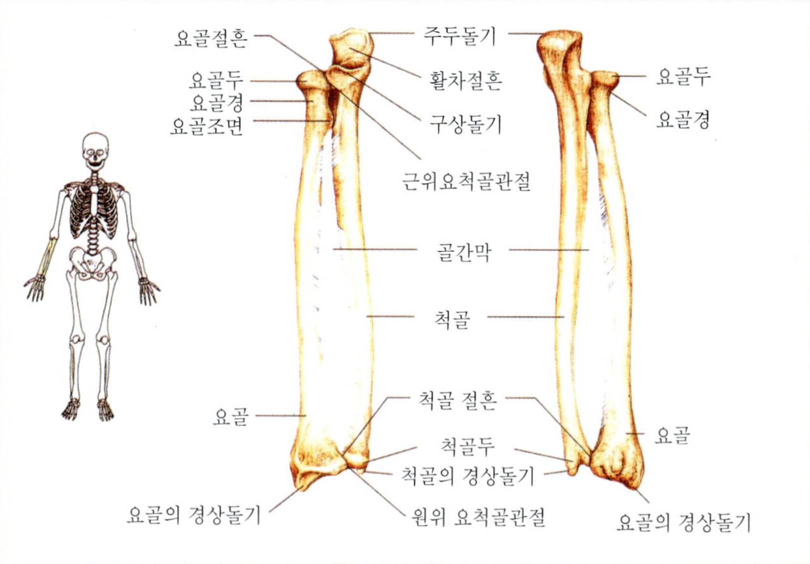

그림 3-39
앞팔과 연결되는 뼈의 구조

(1) 척골(자뼈, ulna)

전완의 내측에 있는 긴 뼈로서, 위 끝은 굵고 아래 끝은 가늘어 요골과는 반대 모양을 하고 있다. 척골은 요골보다 약간 길며 상완골과 주관절을 형성할 때 주요 역할을 한다.

(2) 요골(노뼈, radius)

아래팔(전완)의 외측에 있는 길이 20~23cm의 긴 뼈로서 아래 끝으로 갈수록 굵어져 있다.

요골은 척골과는 반대로 근위단이 얇고 원위부로 갈수록 넓어진다. 요골두는 못의 머리와 비슷하게 생겼으며, 요골두의 상부 오목한 면은 상완골수두와 관절하고 내측으로는 척골의 요골절흔과 관절한다.

지금 상하지의 골격을 비교하면 상지에 비하여 하지는 크고 무거운 것을 알 수 있다. 팔 및 손은 생활상 특히 신속한 조작(操作)을 필요로 하는데, 다리 및 발은 특히 운동 및 보행에 사용되는 관계상 뼈가 크고, 관절도 굳고, 근육도 조잡하게 되어 있다. 이것은 완골(腕骨)에 있어서는 작은 뼈가 8개나 모여서 손목의 운동을 부드럽고 윤활하게 한다.

8. 좌골

좌골은 관골의 후하부를 형성하며(그림 3-39) L자 또는 궁형으로 장골과 붙은 상방의 좌골체와 하방의 좌골지로 구성되어 있고 전방으로 치골과 만난다.

1) 장골(Ilium : 엉덩이뼈)

대부분이 커다란 깔대기 모양의 뼈이며 장골은 관골의 장골체와 장골익으로 구성되어 있다.

2) 좌골(Ischium : 궁둥뼈)

관골의 후하방을 차지하는 뼈로서 후하방에는 두껍고 거친 부분인 좌골결절이 있어 근육이 부착되어 앉을 때 체중을 받친다.

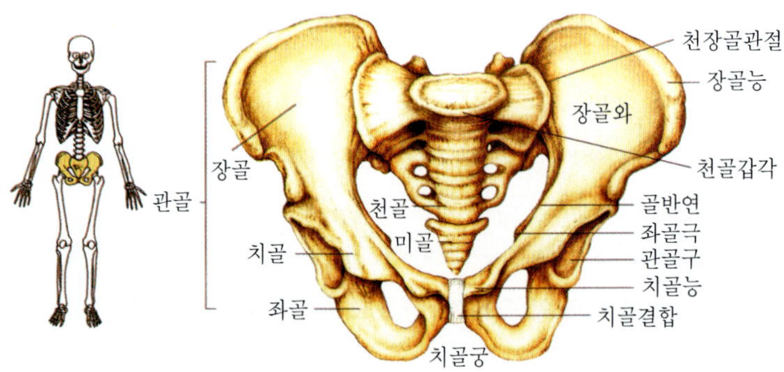

그림 3-40 좌골

3) 치골(Pubis)

치골은 관골의 전면을 형성하며, 거의 수평이고 그 위에 방광이 놓이는데, 편평한 치골체와 치골지로 V자 형태를 취한다.

4) 골반(Pelvic)

골반은 남녀의 성별 차에 따라 그 모양과 크기가 다르며, 특히 여성에 있어서는 출산과 관계가 있다. 여성 골반은 남성보다 넓고, 얕고, 가볍고, 둥글며, 태아의 성장에 적응할 뿐 만 아니라 분만 시 아기가 빠져나갈 수 있을 만큼 커진다.

표 3-4
남녀 골반의 차이점

구 분	남 자	여 자
뼈	무겁고 거칠다	가냘프다
천골	좁고 많이 구부려진다	넓고 덜 구부러진다
치골결합	깊다	얇다
대골반	넓다	좁다
소골반	깊고 좁다. 용적이 작다	얇고 넓다. 용적이 크다

9. 하지골(다리뼈, bone of lower limb)

1) 하지대(다리이음뼈, pelvic girdle)

하지대를 구성하는 관골은 장골, 좌골 및 치골로 구성되나 성인이 되면 서로 융합되어 1개의 뼈로 된다.

(1) 관골(볼기뼈, hip bone)

불규칙한 모양의 관골은 흔히 광대뼈로 불리며, 후면은 측두골의 관

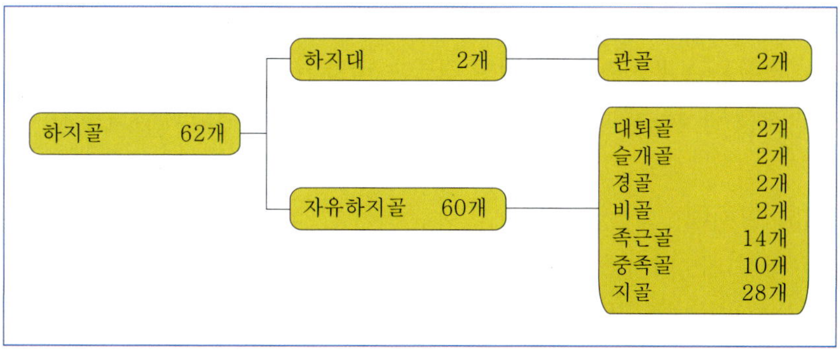

그림 3-41
하지골의 구분

골돌기와 만나 관골궁(zygomatic arch)을 이루고, 전면은 상악골의 관골돌기와 관절을 이룬다.

관골은 뺨의 돌출부와 안와의 하외측연의 일부를 형성하며 외측면, 안와면과 측두면의 3면이 있으며 각각 신경, 혈관이 통과하는 관골안면공(zygomaticofacial foramen)이 뚫려 있다.

표 3-5
사지 골격의 형태별 종류

			팔		손		
사지	상지	상박골	주관절	요골, 척골	완골(8)	장골	지(指)골
	하지	대퇴골	슬관절	경골, 비골	부골(7)	척골	지(趾)골
			팔		손		

2) 하지

하지는 직립 시 체중을 받고, 뛰거나 달릴 때 부가되는 힘도 받는다. 따라서 하지의 뼈들이 상지의 뼈들보다 더 두껍고 강한 것은 당연하다. 상지의 뼈들이 유연성과 운동성에 적응한 반면 하지의 뼈들은 안정성과 무게를 지탱하도록 되어 있다.

하지는 대퇴, 하퇴 및 발의 세 부분으로 구성되어 있다.

(1) 대퇴

대퇴골은 대퇴에 있는 유일한 뼈로 우리 몸에서 가장 크고 길며, 강한 뼈로서 (그림) 뛸 때 대퇴골에 가해지는 280kg/㎠(약2ton/inch)의 힘을 견딜 수 있는 튼튼한 구조로 되어 있다.

(2) 하퇴

평행을 이루는 두 개의 뼈인 경골과 비골은 무릎과 발목 사이 하퇴의 골격을 형성하며, 이들 뼈는 골간막에 의해 서로 연결되어 있다.

(3) 하지대

하지대는 하지를 체간골격에 연결하고 상체의 무게를 하지에 전달하며 골반내 내부 장기를 보호한다. 상지대는 흉곽을 통해 다소 자유롭게 움직이면서 상지에 운동성을 주는 반면, 하지대는 가장 강력한 건으로 체간골격에 고정된다.

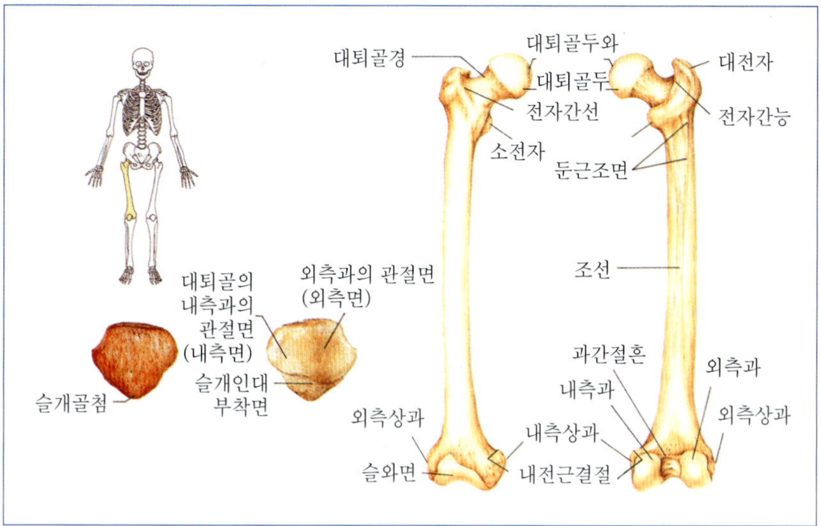

그림 3-42
오른쪽 대퇴와 무릎의 뼈

3) 자유하지골(자유다리뼈, bone of free lower limb)

(1) 대퇴골(넙적다리뼈, femur)

몸에서 가장 긴 장골로서 위로는 관골과 결합하여 대퇴관절, 아래는 경골과 결합하여 무릎관절의 구성에 관여하고 상단, 골체, 하단으로 구분된다. 무릎은 인체의 배부(dorsum)로 무릎이 굴곡되는 반면, 팔목 굴곡은 전완을 팔의 전면을 향해 움직인다. 그러므로 하지의 굴곡근은 대

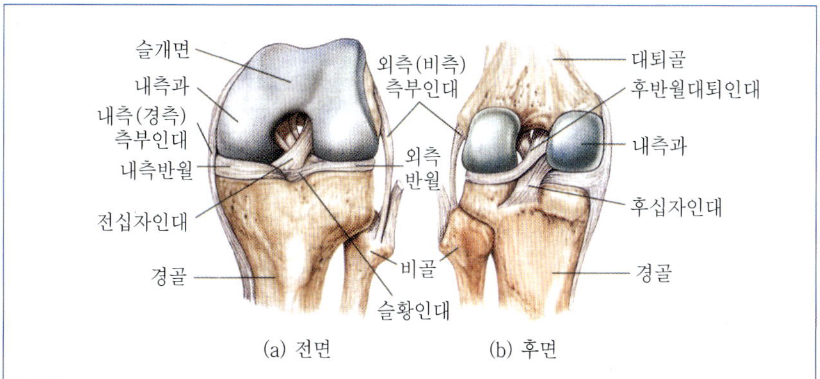

그림 3-43
슬관절

퇴 후부에 위치하는 반면 전완굴곡근은 상완골(humerus)의 전면에 위치한다.

(2) 슬개골(무릎뼈, patella, knee cap)

무릎뼈의 앞면에 있는 삼각형의 납작뼈로서 뒷면은 오목한 2개의 관절면이 있어 대퇴골의 무릎과 관절한다.

습관절 : 습관절은 외상으로 상처를 받기 쉬운 복잡한 관절이며, 주위의 인대에 의해 굴곡과 신전운동으로 제한되며 접번관절로 분류된다.

4) 하지골(다리뼈, born of lower limb)

(1) 하지대(다리이음뼈, pelvic girdle)

하지대를 구성하는 관골은 태생기 때는 3개의 독립된 뼈인 장골, 좌골 및 치골로 구성되나 성인이 되면 서로 융합되어 1개의 뼈로 된다. 관골은 대퇴골머리(head of femur)와 관절하여 대퇴관절을 형성하고 좌우 관골은 후상방에서 천골과 관절하여 골반을 형성한다.

5) 발과 다리의 골격

(1) 경골(Tibia)

경골은 무릎 아래로 튀어나온 뼈로서 손으로 만져지는 뼈이다. 경골의 길이는 성인 평균 30~33㎝이며 경골의 몸통은 삼각기둥의 형태를 띄나 남자는 넓적한 모양새가 많고 여자는 좁고 날카로운 모양의 경골을 지니고 있다. 경골의 역할은 몸 전체의 무게를 지탱하여 준다. 경골의 안쪽에 튀어나온 부위를 내과라하며 안쪽 복숭아뼈를 말한다.

(2) 비골(Fibula)

비골은 비골체라고도 하며 장단지뼈라고도 칭한다. 비골은 가늘고 긴 뼈로 경골보다는 1㎝ 정도쯤 밑으로 처져 있다. 비골의 역할은 몸무게를 지탱하지는 않으나 하퇴부 근육의 부착점이 된다.

하퇴의 경골(tibia)과 비골(fibula)의 사이에는 교원섬유(collagenfiber)로 된 막[골간막(interosseous membrane)]이 있으며(그림 3-44) 다음의 두 가지 기능을 갖고 있다.

① 하퇴의 많은 근의 기시부(출발점)가 된다.
② 경골(tibia)에 부여된 힘(stress)을 비골(fibula)로 전달한다.

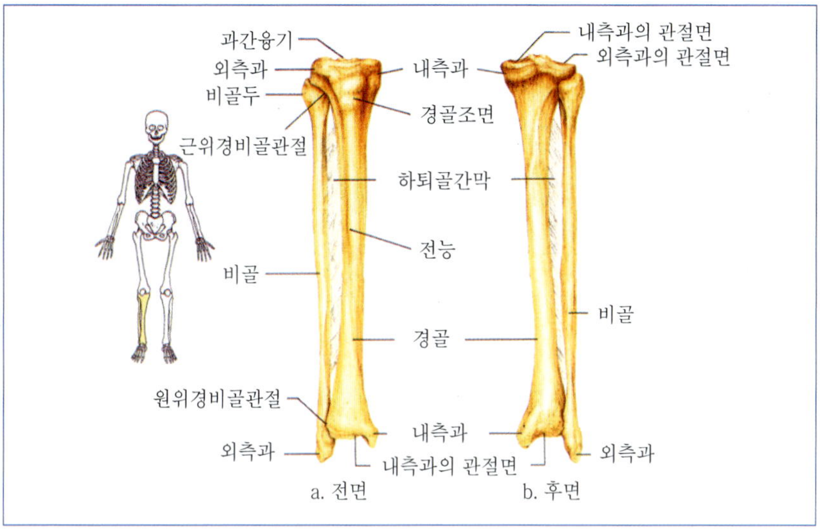

그림 3-44
오른쪽 다리의 경골과 비골

10. 족근골(Tarsus)

1) 족근골의 구분

인간의 발은 한쪽 발이 26개의 뼈로 구성 돼 있다. 발뼈는 크게 족근골과 중족골, 족지골로 나눠진다.

족근골은 발목뼈로서 총 7개인데, 경골을 통해 오는 몸 전체의 무게를 지탱하고 걸음을 걸을 때 발목 운동을 증가시켜 걷거나 뛰거나 할 때의 속도감을 조절하여 준다.

중족골은 발바닥 뼈로 총 5개로 구성돼 있다. 발바닥에 아치를 형성해 걸음을 걷는 동안 충격 완화 및 쿠션으로써의 역할을 하고 생채 방어 기구로써 큰 의미를 지닌다.

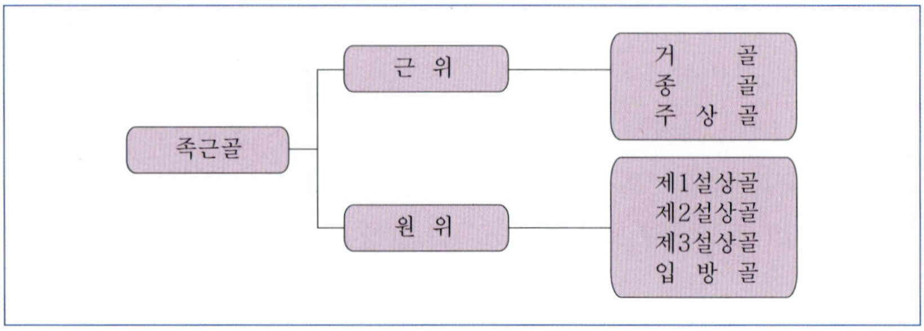

그림 3-45
족근골의 구분

표 3-6
발뼈와 연결되는 뼈의 종류

발뼈	부골	가까운쪽	거골 온골
		가운데	주상골
		먼쪽	제 1, 2, 3 설상골, 투자골
	척골	관상, 5개	
	지골	엄지는 2절이고 장골 사이에 종자골이 있다. 기타는 3절	

족지골은 발가락 뼈로서 총 14개이며 기절골, 중절골, 말절골로 구성됐다. 원래 발은 손의 변형으로 처음에는 손가락과 발가락의 길이가 동일했으나 손가락은 계속 사용하여 퇴화되지 않아 긴 길이를 유지했고 발가락은 퇴화되어 짧은 상태가 되었다.

족지골은 발가락 마디가 각각 세 마디씩으로 엄지발가락은 두 마디로 되여 있으며 손가락도 발가락의 마디와 똑같다. 이런 발의 골격에 많은 문

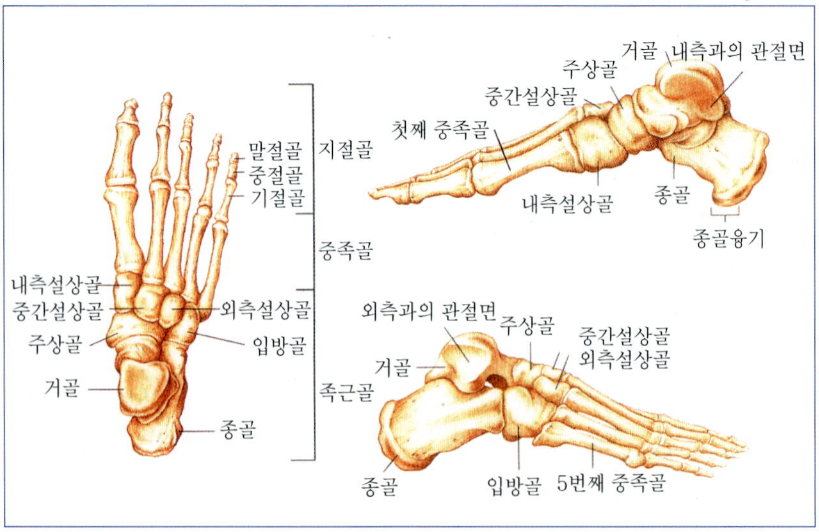

그림 3-46
오른쪽 발의 뼈

제점이 생긴다. 이 중 가장 큰 변형으로는 외반모지가 있다.

2) 족근골의 해부적 구조와 기능

발은 손이 변형된 신체의 기관으로 손의 수근골, 중수골, 수지골과 배열이 동일하다.

(1) 족근골

족근골은 발목뼈라 칭하며 7개의 뼈로 구성되어 있다. 족근골은 하퇴부뼈와 연결된 곳이기도 하며 종골(뒤발꿈치뼈로 아킬레스건이 부착되어 있음), 거골(발뼈 중 가장 많이 휘어 있으며 경골과 비골 사이에 연결되어 있음), 주상골, 입방골과 3개의 설상골(쐐기골이라고도 하며 내측설상골, 중간설상골, 외측설상골)로 구성되어 있다.

(2) 발의 뼈 구조와 기능

근위 족지골에 비해 중앙 족지골은 더 짧고 폭이 넓다. 원위 족지골은 훨씬 더 작고 끝은 뭉툭하게 되어서 발가락 패드를 고정하게 된다.

① 종자골 : 발에는 상기 뼈들 외에도 많은 종자골과 부골이 있는데, 골절 및 관절염 등과 감별해야 하기 때문에 중요하다. 중족골 두부 밑에는 두 개의 일정한 종자골이 있는데 골화(ossification) 정도에 따라서 다양한 변이가 있다.
단 무족지 굴근의 건내에는 경측 및 비측 종자골이 있고, 제1중족골 두부의 하면과 관절을 이룬다. 그 외의 중족골도 중족지절관절에 종자골이 때때로 있으며, 후경골근과 전경골근, 장비골근 등의 건내에도 종자골이 간혹 있는 경우가 있다.

② 종골 : 종골은 발에 있는 뼈들 중에서 가장 크고, 제일 뒤쪽에 위치하며, 아킬레스건이 부착된다. 종골의 내측면은 움푹 들어가서 목말받침돌기를 이루고, 장무족지굴근의 건이 지나가는 홈이 아래쪽으로 있다. 종골 결절의 내측돌기에서 족저근막이 기시한다.

③ 주상골 : 발의 중족부는 주상골, 3개의 설상골 및 입방골로 구성된

다. 주상골은 거골의 앞쪽, 압방골의 안쪽에 위치한다. 바른쪽에 족궁의 최상부에 위치하는 뼈이다. 근위면은 둥글게 튀어나와 거골 두부와 관절면을 이루고, 원위면은 3개의 설상골과 관절면을 형성한다.

(3) 족궁

발에는 3개의 궁, 즉 3개의 중궁과 1개의 횡궁이 있다. 족궁은 발뼈의 맞물린 모양, 강한 인대 및 근육이 활동하는 동안 건의 견인 등에 의해 형성되며, 인대와 건은 탄력성을 제공하고 발에 무게가 가해졌을 때 휘어지고 사라지면 되돌아온다. 족궁은 횡궁의 대들보와 같은 역할을 하고 횡궁은 발의 측면에서 맞은편으로 거골과 중족골 사이의 관절선을 따라 비스듬하게 형성된다.

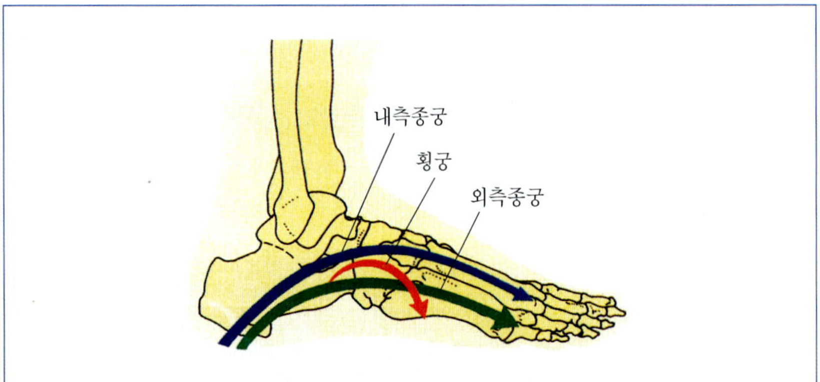

그림 3-47
족궁의 해부적 구조

(4) 발은 어떻게 움직이나

발은 부드럽고 약한 뼈들로 구성되어 있다. 그런데 모든 뼈들이 매우 장력이 센 근육과 강한 인대로 단단하게, 마치 거미줄처럼 고정되어 있기 때문에 무거운 체중도 너끈히 견뎌낼 수 있다. 뼈와 강한 인대의 조합은 놀라울만큼 탄력있고 유연한 구조를 가능하게 한다. 발목 관절을 둘러싸고 있는 넓고 평평한 붕대 모양의 인대들은 스케이트 선수들이 신는 발목 보호대와 같은 역할을 한다. 걸을 때 몸무게에 의한 충격이 족근골을 통해 퍼져 나가는 동안 발바닥의 장심은 그 충격을 완화하고 반사시켜 보다 쉽게 걸을 수 있게 한다.

동물에 있어서는 사지라고 불리고 있지만, 인간에게 있어서는 상지와 하지로 갈라져서 그 직능도 전혀 다르게 되어 있다.

지금 상하지의 골격을 비교하면 상지에 비하여 하지는 크고 무거운 것을 알 수 있다. 팔 및 손은 생활상 특히 신속한 조작을 필요로 하는데, 다리 및 발은 특히 운동 및 보행에 사용되는 관계상 뼈가 크고, 관절도 굳고, 근육도 조잡하게 되어 있다. 이것은 완골에 있어서는 작은 뼈가 8개나 모여서 손목의 운동을 부드럽고 윤활하게 한다.

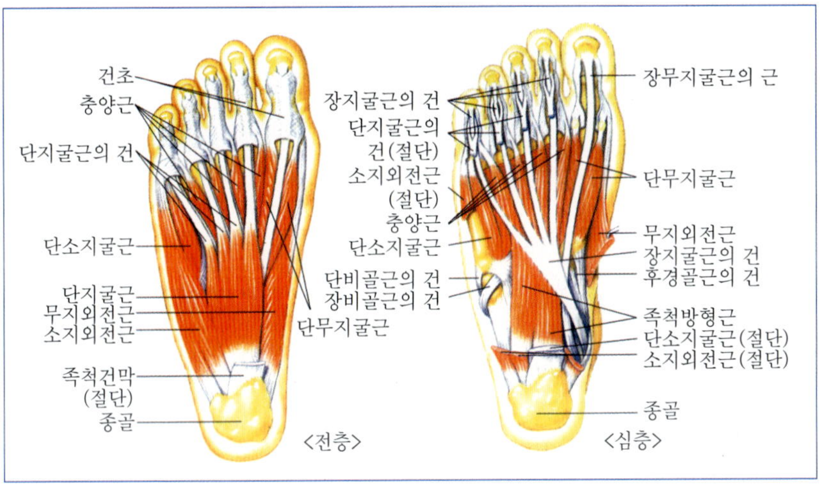

그림 3-48 발과 발바닥에 연결되는 근육의 해부도

11. 손의 구조

1) 손가락의 구조

팔과 함께 인체의 상지를 구성하는 손은 일생 동안 최소한 2천5백만번 정도를 구부렸다 폈다 한다. 8개의 활차 모양을 하고 있다.

손의 골격을 형성하는 수근골(8개), 중수골(5개), 지골(14개)이다. 손의 위치는 수근골과 요골간에 타원관절의 움직임에 의해서 변한다. 그 움직임은 (a-d)가 나타낸 것과 같이 (a) 수장골, (b) 수배골, (c) 외전, (d) 내전, (e) 회내, (f) 회외의 여섯 가지가 있다.

표 3-7
손뼈와 연결되는 뼈 종류

손뼈	수근골	가까운쪽	주상골, 월상골, 삼능골, 두골(小骨片으로 삼능골 위에 있다)
		먼쪽	대다능골, 소다능골, 두골, 구골
	장골	관상, 5개	
	지골	엄지는 2절이고 장골 사이에 종자골이 있다. 기타는 3절	

그림 3-49
손의 골격과 기능

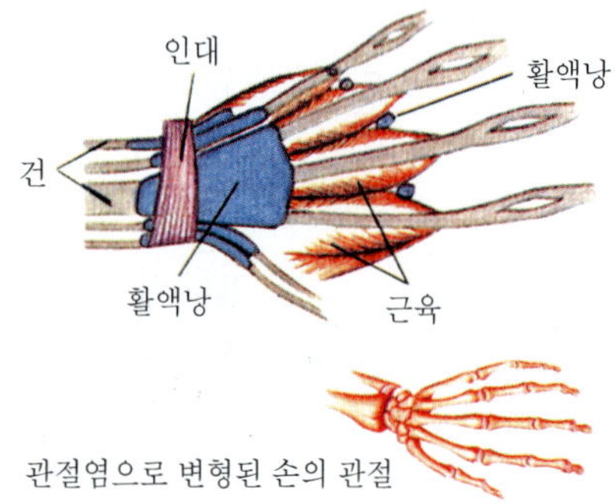

2) 수근골의 기능

손목뼈 5개의 손바닥뼈 14개의 손가락뼈(엄지손가락 2개 제2-5지 3개씩)등 총 27개의 뼈로 구성된 손은 양손을 합하면 약 2백6개인 인체뼈의 4분의 1을 넘는 인체에서 가장 복잡한 부위. 그중 엄지가 손역할의 45%를 담당한다. 손은 몸무게를 지탱할 만한 힘을 지니고 있다. 손가락 끝에 있는 지문은 태생 4개월째 형성되는데 사람마다 달라 개인 식별에 이용된다. 손가락 끝에는 1평방인치당 수천 개의 신경종망이 모여 있어 열 감촉

그림 3-50
수근골의 연관되는 뼈 종류

- 수근골 Carpal bone
  - 근 위 Proximal
    - 주 상 골 Scaphoid
    - 월 상 골 Lunate
    - 삼 각 골 Triangular
    - 두 상 골 Pisiform
  - 원 위 Distal
    - 대능형골 Trapezium
    - 소능형골 Trapezoid
    - 유 두 골 Capitate
    - 유 구 골 Hamate

고통에 예민하게 반응한다.

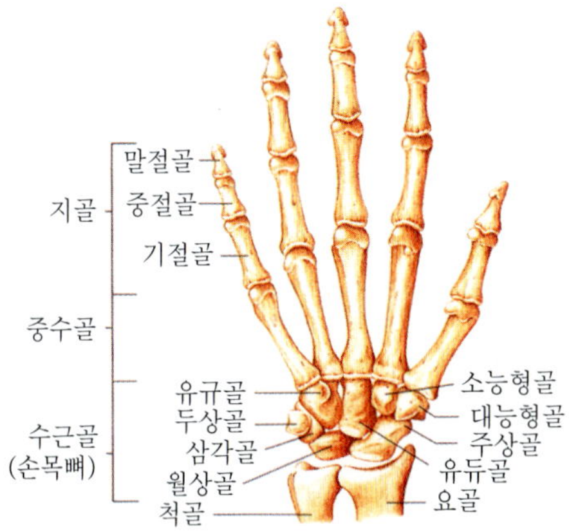

그림 3-51
손의 골격

3) 수부의 근

손등에는 근육의 발달이 미약하여 작은 배측골간근 이외에는 전완에서 기시된 신근들의 건(tendin)이 달리고 있다. 따라서 손에 있는 대부분의 근은 손바닥의 수장건막 밑에 위치하는데, 무지측과 소지측에 각각 무지구와 쇠지구라는 둥근 융기를 형성하므로 무지구근, 소지구근, 그리고 이들 사이의 중간근으로 구분한다.

(1) 무지구근(thenar muscle)

무지구근은 4개의 근들로서 단무지외전근, 단무지굴근, 무지대립근 및 무지내전근이 있다. 엄지손가락의 오전, 굴곡 및 내전운동에 관여한다. 특히 무지대립근은 무지를 소지 쪽으로 잡아당겨 물건을 잡는 데 중요한 역할을 한다.

지배신경은 무지내전근에만 척골신경이 분포하고, 나머지는 정중신경의 지배를 받고 있다.

(2) 중간근(intermediate muscle)

손바닥을 이루는 중간근은 조그마한 3종의 근육인 충양근, 장측골간근 및 배측골간근으로 구성되는데, 충양근은 4개, 장측골간은 3개, 그리고 배측골간은 4개가 있으며, 이들의 작용은 주로 손가락의 신전과 외전에 관여한다.

(3) 소지구근(hypothenar muscle)

소지구근이란 소지구를 이루는 3개의 근들로서 소지외전근, 단소지굴근 및 소지대립근으로 구성되며, 소지의 굴곡 및 외전에 관여한다. 특히 소지대립근은 소지를 무지쪽으로 잡아당겨 물건을 잡을 때 무지대립근과 협동작용을 한다.

AESTHETIC ANATOMY & PHYSIOLOGY

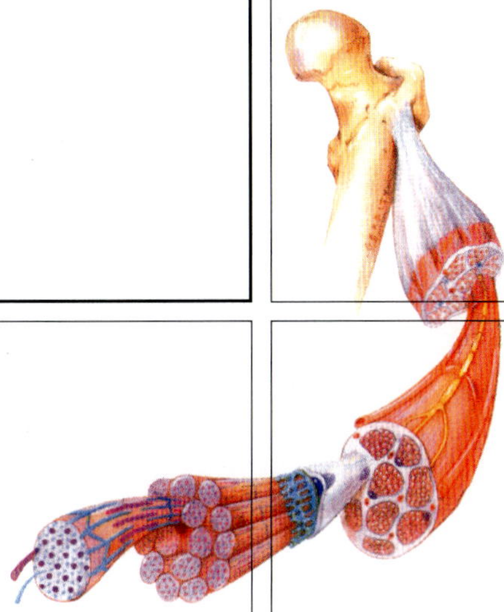

제 4 장
근육계
(Muscular System)

1. 근육조직의 특성과 분류
2. 근육의 형태별 기능
3. 근육수축의 구조
4. 근수축의 종류
5. 근육과 운동
6. 골격근
7. 횡문근
8. 심근
9. 조직의 종류와 기능
10. 결합조직
11. 피하조직
12. 색소조직

4. 근육계
Muscular System

우리의 몸에 근육은 수시로 변화하는 주위 환경에 적응하는 데 중요한 역할을 한다. 신체의 원만한 운동을 위해서는 뼈, 관절, 근의 협동이 필요하지만 그 주역은 근이 맡고 있다. 근세포가 자극을 받게 되면 흥분을 일으킴으로써 그 자극이 근세포막을 따라서 전달되고 그에 따라 화학적 변화를 일으켜 근섬유가 수축하게 된다.

근육의 기능은 주로 끌어당기는 일이며 근육에 부착되어 있는 구조물들을 움직이거나 고정시킨다. 또 근육은 탄력체이다. 이는 우리가 도약한 후 발가락들로 착지함으로써 잘 알 수 있다. 착지를 할 때 하지의 신근들은 팽팽해지며 근육의 탄력성은 하지가 굴곡될 수 있도록 충격을 흡수한다.

우리 몸의 운동은 근육이 수축하는 힘에 의해서 이루어진다. 근육의 기능은 주로 끌어당기는 일이며 끌어당길 때 근육에 부착되어 있는 구조물들은 움직이거나 고정된다.

근육의 생리적 특성을 살펴보면 다음과 같다.

① 수축성 : 근섬유는 자극을 받게 되면 근원섬유의 길이가 수축된다.
② 탄성 : 근섬유는 잡아당겨 길어지게 되지만 곧 원상태로 돌아가게 된다.
③ 흥분성 : 자극을 받게 되면 흥분하여 여러 가지 변화를 일으킨다.
④ 전도성 : 근섬유의 한 끝을 자극하면 이 흥분은 근섬유체에 전달된다.

1. 근육조직의 특성과 분류

근육은 일반적으로 횡문근(골격근, 가로무늬근), 평활근(민무늬근), 심장근의 세 가지로 나눌 수 있다.

횡문근(표정근은 예외임)은 양 골격에 부착되어 관절운동을 일으키고, 심장근은 심장벽을 구성하여 심장이 박동할 수 있게 한다. 평활근은 종적 무늬가 약간 있으며 심장 이외에 내장의 여러 기관(위, 장, 혈관, 자궁, 소화관, 방광, 배뇨관 등)의 벽을 형성하고 있어 일명 내장근이라고 한다.

- 근육
  - 횡문근
    - 골격근
      - 손, 발톱, 복배근, 혀, 인후
        - 수의근(지배운동신경)
        - 불수의근(지배)신경
      - 동안근, 성대, 항문 등
    - 심장근 : 심장
  - 평활근: 심장 이외의 내장기관

평활근 자율신경

그림 4-1
근육의 분류

표 4-1
근육의 분류와 특징

근육의 종류	주요기능	횡문근의 유무	지배신경
골격근 속근 (백근) 골격근 지근 (적근)	골격의 위치관계 변화 또는 유지 → 신체의 운동과 자세 유지	있 음	체성신경 (운동뉴런)
심 근	심장의 펌프 작용	있 음	자율신경
평활근	장기의 운동	없 음	자율신경

2. 근육의 형태별 기능

근육의 신경지배를 관찰하면, 골격근은 우리의 의지에 따라 움직이기 때문에 이를 수의근이라고 하며, 내장근과 심장근은 의지에 관계없이 자율신경의 지배 하에 있어서 불수의근이라고 부른다.

또한 근육은 그 형태에 의하여 방추상 근육, 우상근, 반우상근, 이두근, 삼두근, 사두근, 이복근, 다복근, 힘줄 근육 등으로 나뉘어지고, 그 작용에 의하여 굽히는 근육, 늘리는 근육, 외전근, 내전근, 회내근, 회외근, 거근,

하체근, 괄약근, 산대근, 손바닥 근육, 육근 등으로 나뉘어진다.

근육 중에서 일정한 운동을 하는 경우에 그 운동에 관여하여 협력하는 근육을 협력근이라고 하며, 이에 대하여 서로 반대의 기능을 갖는 근육을 길항근이라고 한다.

그림 4-2 골격근, 심장근, 평활근의 비교

3. 근육수축의 구조

근육수축의 기능적 단위가 근절이다. 한 개의 근절은 두터운 근필라멘트와 가는 근필라멘트로 조합되어 있다. 두터운 근필라멘트는 myosin이라는 단백질로 되어 있으며 가는 필라멘트는 actin이라는 단백질로 되어 있다.

횡문근이 비단 모양으로 보이는 것은 이 두터운 필라멘트와 가는 필라멘트가 각 근원섬유와 같은 위치에 규칙적으로 배열되어 있기 때문이다. 근원섬유의 각 부분은 현미경에서 볼 때의 진하고 엷은 것의 차에 따라서 A대, I대, H대, Z선으로 분리한다. A대 중에서 I대를 제외된 부분이 더욱 진하게 보이며, I대는 가는 필라멘트만으로 이루어진 부분이기 때문에 엷게 보인다. I대의 중앙에 있는 A막은 근절과 근절이 이음매로서 이 부분도 진하게 보인다.

자극과 수축은 근육에서의 방전이 수축을 일어나게 하는 화학적 작용을 시작하게 하는 생리적인 기전이다. 휴식상태에서 근육의 칼슘이온 농도는 비교적 낮다. 근섬유가 수축하도록 자극을 받을 때, 세포 내의 칼슘이온이 떨어져 나오게 하는 가로쪽인 세관들에 활동 전위가 도달함으로써 시작된다. 액틴과 미오신의 상호작용을 저지하는 트로포닌의 억제 활동은, 칼슘이온이 액틴 세사의 트로포닌과 급속히 결합할 때 방출된다.

4. 근수축의 종류

근육이 수축할 때 근육의 길이 변화나 부하에 따른 근육장력의 변화에 따라 근육이 수축하는 유형을 크게 세 가지로 분류할 수 있다.

신경 근연접이 흥분되어 전체의 근섬유에 흥분이 전도되면 일련의 화학반응이 일어남과 함께 수축현상을 일으킨다. 이 때 수축 모양에 따라 연축, 강축, 긴장, 및 강직으로 근수축의 유형을 나눌 수 있다.

1) 연축

근수축의 기본형으로서 신경 - 근표본의 신경섬유에 1회의 극히 짧은 전지 자극을 가하면 근육은 자극 후 짧은 시간 (0.01~0.02초) 근의 수축이 시작되고 약 0.1초 정도 계속되다가 원상태로 복귀한다. 연축의 시간적 변동을 기록하면 3단계로 나눌 수 있다.

2) 단수축

한번의 활동 범위에 대응하여 근육이 수축하고 이완하는 과정을 단수축이라고 한다. 단수축의 지속 시간은 근육의 형태에 따라 다르다. 가늘고 정밀하여 빠른 운동이므로 근육은 지속 시간이 짧아지고 조잡해진다. 이 때 지속적인 운동을 할 때에 근육은 장력이 빠르고 지속 시간이 길다. 또한 온도가 낮을 때도 지속 시간이 길어진다.

3) 긴장

정상적인 근육은 운동신경으로부터 부분적으로 자극을 계속하여 받고 있기 때문에 지속적으로 부분적인 수축을 하고 있는 것을 긴장이라 한다.

각성시의 근육 상태로서 자세 위치의 유지, 서 있는 상태, 앉은 상태 등을 이루며 이 때에는 극히 적은 양의 에너지만 사용되므로 이로 인해서는 피로가 일어나지 않는다. 다만 혼수나 수면 시에는 근육의 긴장이 풀린다.

5. 근육과 운동

근육의 기능을 살펴보면 화학적 에너지를 기계적 에너지와 열로 변화시키는 과정이다. 즉 골격근에서는 근섬유가 수축하여 지렛대운동을 일으키고 평활근 섬유는 장기의 부피를 늘이거나 줄여서 압력을 조절한다.

또한 심장근의 수축에 의해 혈액순환을 시킨다. 소화관근의 수축에 의해 음식물을 흡수, 소화한다. 또는 배설은 방광근의 수축에 의한 배뇨 기능을 한다. 또한 몸의 자세 유지, 서기, 앉기, 눕기 등의 골격근의 기능과 골격근의 이화작용에 의해서 체열을 생산하여 체온을 유지하는 기능을

그림 4-3
골격근의 운동단위

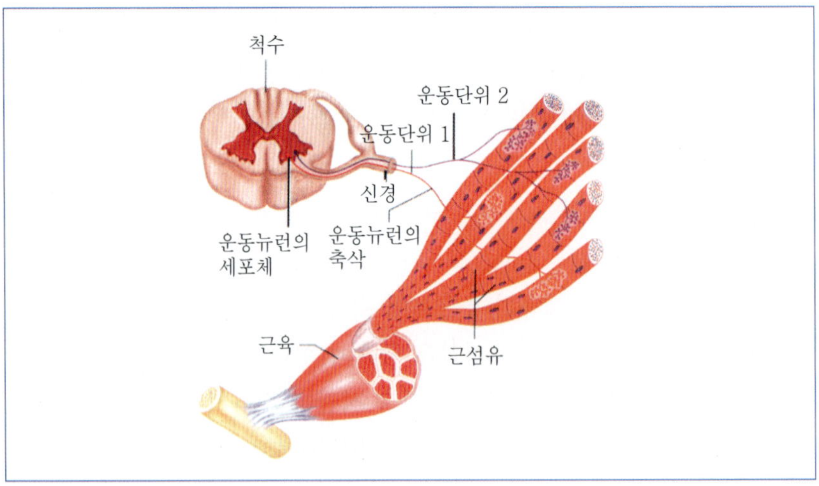

갖고 있다.

근육은 수축에 필요한 에너지를 먼저 근육 중에 축적해 놓은 ATP에 의존하며, 근육은 몇 번 짧게 수축한 것만으로도 완전히 피로하게 될 것이다.

6. 골격근

골격근은 수천 개의 가늘고 긴 근세포가 다발처럼 모여서 된 것으로 자동적인 수축 능력은 없고, 체성 신경계의 운동신경 지배에 의해서 흥분하고 수축한다. 일반적으로 골격근은 수의적으로 수축할 수 있는 수의근이다.

골격근의 일반적인 기능은 다음과 같다.

① 운동 : 골격근은 수축과 이완에 의하여 신체의 전체 혹은 그 일부를 움직여서 운동을 한다.

② 자세 : 골격근은 부분적인 수축을 계속하여 서기, 눕기, 앉기, 기대기 등 신체의 자세를 유지시킨다.

③ 열생산 : 모든 세포들은 신진대사에 의한 이화작용을 통해 열을 생산하여 체온을 유지하는 기능을 갖고 있다.

1) 적근과 백근

골격근의 세포에는 빨리 수축하여 수축의 지속 시간이 짧은 것과 천천히 수축하여 수축의 지속 시간이 긴 것이 있다. 다른 근세포 중 많이 포함하고 있는 근육은 속근이라 하는데, 이는 색이 엷다고(희다고)하여 백근이라고 한다. 느린 근세포만으로 되어 있는 근육은 지근 또는 적근이라고 한다. 백근은 미세하고 정교한 운동에 적합하며 적근은 자세를 유지하는데 적합하게 되어 있다.

(1) 골격근의 구조

골격근은 다양한 조직으로 구성되어 있다. 골격근은 세포, 신경조직, 혈액, 그리고 다양한 형태의 결합조직 등을 포함한다. 개개의 근은 각기

분리되며, 근막이라 불리우는 여러 개의 결합조직층으로 덮여 있다.

골격근의 근막은 세 개의 결합조직층으로 분리되며, 골격근 주위를 에워싸고 있는 결합조직의 층을 근육 바깥막이라 부른다. 신체 운동에 직접 관여하는 골격근은 그 수가 300~400종 정도이며, 근육의 36~40%를 차지한다.

근육의 기본 단위를 근섬유라고 하며 한 세포 안에 여러 개의 핵이 존재한다. 근섬유의 결합조직은 근섬유내초로 싸여 있고, 이러한 몇 개의 근섬유들이 다시 근초라는 결합조직에 의해 묶여 있는데, 이를 근속이라 한다.

근속들은 다시 근외막에 의해 서로 결합되어 있다. 내장과 혈관의 벽은 방추상의 근섬유로 구성된 내장근으로 이루어져 있는데, 내장근세포에는 한 개의 핵만이 있으며 탄성섬유와 교원섬유에 의해 서로 밀접하게 결합된 구조를 갖고 있다.

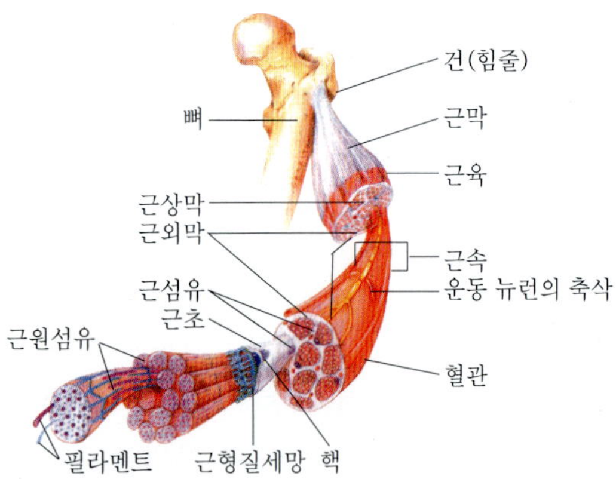

그림 4-4
골격근의 조성

(2) 골격근의 부속기관

근은 수축과 이완이라는 본연의 기능을 발휘하기 위하여 다음과 같은 몇 가지의 비수축성 부속기관을 갖고 있다.

① 근막 : 각각의 근이나 근군의 전체를 싸는 결합조직성막으로 피부와 그 밑의 조직을 경계하는 피하(천)근막, 근육과 근육 혹은 기관 사이에 위치하는 심근, 그리고 심근막과 장막 사이를 경계하는 장막하근

막 등이 있다.

② 건 : 골격근의 양끝을 이루는 조밀한 결합조직으로 골막에 부착되며 주머니 모양의 건초에 의하여 보호받고 있다. 두개골에서처럼 건이 종잇장 같이 얇고 넓게 펴지어 뼈나 근육의 결합에 관여하고 있는 상태를 건막이라고 하며, 손목이나 발목에서처럼 많은 건을 고정시켜 이탈을 방지해 주고 있는 얇고 강한 결합조직 띠를 지대라고 한다.

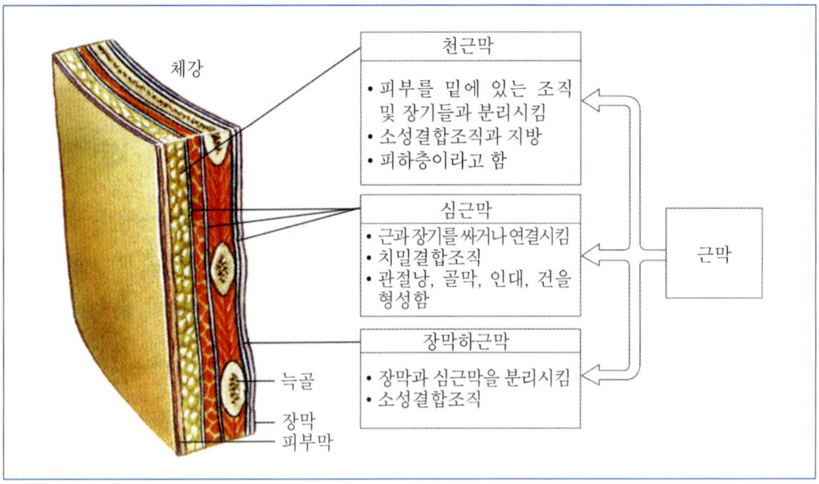

그림 4-5
근막(흉벽)

7. 횡문근

횡문근이 평활근과 다른 점은 수축이 빠르고 강력하나 비규칙적인 것이라는 점이다. 횡문근은 보통 약간의 장력을 갖고 있으나 평활근의 장력보다는 훨씬 작다. 근섬유에 가느다란 횡문이 있다 하여 횡문근이라고도 한다. 관절을 사이에 두고 두 개의 골을 부착하고 있는 근으로 관절을 굽히거나 펴는 것을 돕는다. 그런데 골격근 중에는 골과 관계가 없는 것도 있다. 예를 들면 외요도 괄약근이나 외항문 관약근은 골격근의 성질을 갖고 있으나 골에 부착되어 있지 않다.

8. 심근

심근은 횡문근과 평활근의 모든 특징을 조금씩 가지고 있으며 독특한 특징도 약간 가지고 있다. 심장근은 횡문근이지만 골격근보다도 원형질이 많고 근원섬유나 근형질세망은 적다. 활동 전압의 모양은 가시전압에 이어 뚜렷이 긴 평탄부가 있다.

9. 조직의 종류와 기능

1) 조직

단세포의 경우 하나의 세포로 생활이 가능하지만, 다세포 생물은 많은 세포가 저마다의 독특한 구조와 기능을 지니고 생활을 한다. 그중 여러 세포가 일정한 목적을 가지고 배열하여 특정적인 기능을 나타내는 세포의 집단을 조직이라 하는데, 고유 세포와 세포 사이의 세포간질(또는 세포기질)로 구성된다.

세포간질은 섬유와 세포 사이를 채우는 물질인 기질로 구성되어 있는데, 조직의 변형이나 물리적 성질을 결정하게 한다.

조직은 일방적인 형태와 기능에 따라 상피조직, 결합조직, 근육조직 및 신경조직 등 네 개의 조직으로 크게 나눌 수 있다.

인체의 세포는 특수한 기능적 전문성에 의해 같은 성질을 가진 세포들끼리 모여서 근육이나 뼈와 같이 하나의 조직을 만들게 된다.

그리고 혈액과 림프는 다소 특이하며 결합조직으로 간주한다.

① 상피조직 : 인체 내부 및 외부를 덮고 있으며 보호, 분비, 배설, 흡수, 감각 등 매우 다양한 기능을 가지고 있다.

② 근육조직 : 우리의 몸을 구성하고 있는 근육은 미세구조에 따라서 횡문근과 평활근으로 구분한다. 횡문근은 골격근과 심장근으로, 평활근은 장기 평활근 혹은 다단위 평활근으로 나누고 있다.

③ 신경조직 : 신경조직의 형태적, 기능적 최소 단위는 뉴런이다. 뉴런

의 형태는 여러 가지이나 기본적인 특징은 중앙의 큰핵, 많은 수상돌기, 그리고 하나의 축삭을 가지고 있다는 점이다.

④ 결합조직 : 인체에서 가장 널리 분포된 조직이며 조직과 기관 사이의 간격을 채우고 그 표면을 둘러싸거나 연결, 결속시킨다. 결합조직의 분류는 다양하지만 간질의 성질에 따라 (고유)결합조직, 연골, 뼈, 혈액 및 림프의 4군으로 나눈다. (고유)결합조직은 소성결합조직, 치밀결합조직, 특수결합조직(태아결합조직, 탄력조직, 세망조직, 지방조직, 색소조직 등을 포함)으로 나눈다.

표 4-2 상피조직의 종류와 특징

세포의 배열형태		종 류	소 재
단층	편평상피	단층 편평상피	흉막, 복막, 심막, 혈관 및 림프관의 내표면, 활액낭, 폐포, 사구체낭
	입방상피	단층 입방상피	외분비선, 갑상선 소포, 난소표면선의 도관
		단층 원추상피	위장관, 점막상피
		단층 섬모 원주상피	자궁내막, 난관, 소기관지, 척수 중심관
중층	원주상피	중층 편평상피	입, 식도, 후두일부, 성대, 질, 여성요도, 피부(표피)
	이행상피	중층 원주상피	남성의 요도, 해면체부, 선의 배설관, 항문의 점막 일부
		(중층) 이행상피	신우, 요관, 방광
위중층		위중층 섬모 원주상피	기도 점막, 이관, 남성 생식기 계통의 배설관

2) 상피조직

상피조직은 동물체의 표면이나 체강, 소화관 등의 내부 빈곳을 덮고 있는 조직으로서 세포 수가 많고 비교적 적은 양의 세포간질을 가지고 있다.

대부분 상피세포는 서로 인접하고 있으며 세포 사이에는 특수 구조가 분화되어 있으며, 하층의 결합조직과는 기저막으로 구분된다.

또한 일부 상피세포의 세포질은 각막에서의 투명화, 표피세포의 각화, 망막세포의 색소침착 및 지방선의 지방침착 등으로 특수하게 분화되기도 한다.

상피조직은 중복 기능을 가지고 있으나 기능에 따라 보호상피, 선상피,

감각상피, 흡수상피 및 생식세포를 지지라는 종상피(또는 배상피) 등으로 구별할 수 있다.

상피조직의 기능은 다음과 같다.

① 보호작용 : 피부의 외층, 흉강과 복강의 내벽, 호흡기관, 비뇨생식기관과 혈관의 내공조직
② 흡수작용 : 소화관과 시장 세뇨관에 연계하는 상피조직
③ 분비작용 : 점막세포는 점액을, 맥상피세포는 호르몬을 분비
④ 여과작용 : 모세혈관에 연계하는 상피세포

(1) 상피조직의 형태에 따른 분류

① 편평상피
  ⓐ 단층편평상피 : 한 층의 편평세포가 연결된 것이며 흉막, 심막 및 복막을 이루는 중피와 혈관, 림프관의 내면을 싸는 내피, 폐의 폐포상피 등이 있다.
  ⓑ 중층편평상피 : 표층에는 편평상피 세포가 배열되어 있으나 그 심층에는 다각형의 세포가 겹쳐 있는 것이며 표피, 구강, 식도, 항문, 질 등의 내표면(점막)에서 볼 수 있으며 주로 보호작용을 한다.
② 입방상피 : 한층의 상피세포가 입방형을 이루고 있는 것이며, 신장의 세뇨관과 갑상선의 선상피 등이 여기에 속한다.
③ 원주상피 : 원주상피는 주로 소화관에서 볼 수 있다. 원주상피 세포 중에는 그 표면에 운동성을 가진 섬모를 가지고 있는 것이 있으며, 이것을 섬모상피라고 한다. 기관, 기관지, 난관, 자궁 등의 점막상피는 그 대표적인 경우이며, 이것은 섬모운동에 의해 기도 내의 작은 이물을 제거하거나 난자를 수송한다.
④ 이행상피 : 중층편평상피처럼 여러 층으로 배열되어 있으며 신우, 요관, 방광, 요도의 내표명을 형성하고 있다. 뇨의 충만도에 따라 세포의 모양이나 두께가 변화한다.

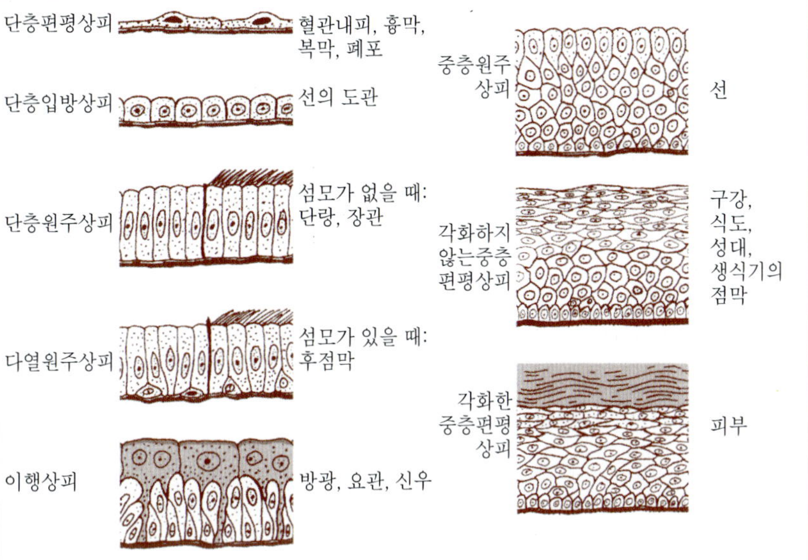

그림 4-6
중요한 상피조직의 종류와 세포의 모양

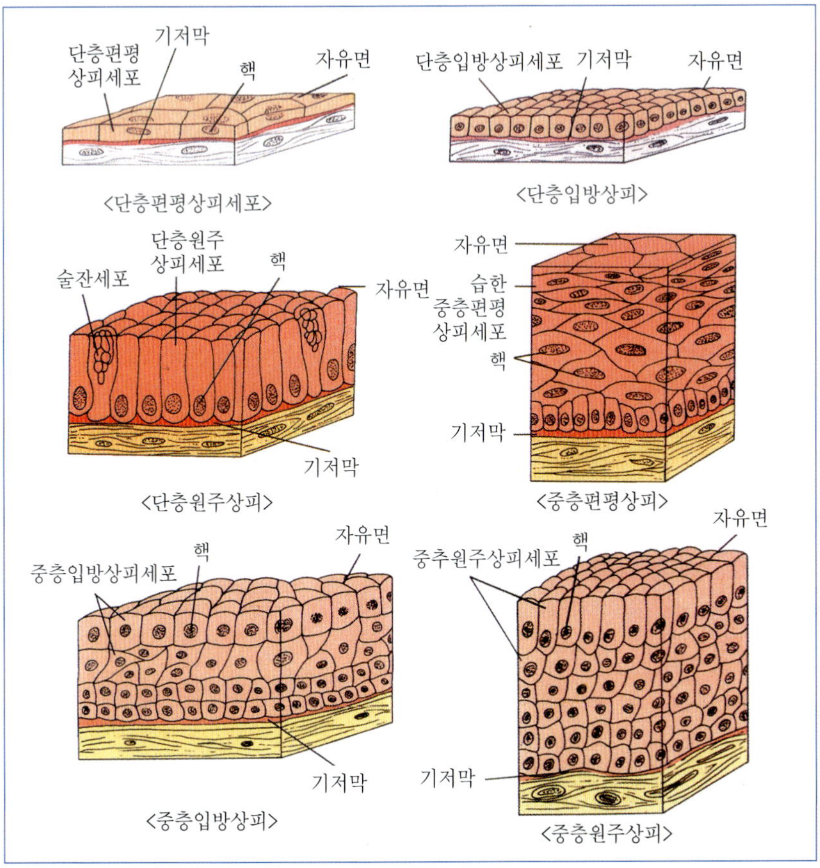

그림 4-7
상피조직의 단면도

3) 선조직(glandular tissue)

상피조직(특히 피부나 표피, 점막의 상피)이 심층의 결합조직 속으로 함몰되어 들어가서 분비작용을 하는데 이를 선이라 한다.

이들 선은 관의 유무에 따라 외분비선과 내분비선으로 구별된다.

(1) 외분비선

도관을 통해 분비물을 체표면이나 내강이 방출하는 분비선으로 타액선, 피지선, 소화선, 전립선 등이 여기에 속한다.

(2) 내분비선

도관 없이 그 분비물을 혈액이나 조직액 속으로 방출하며 호르몬에는 갑상선, 뇌하수체, 부신, 췌장 등이 속한다. 분비물의 종류에 따라서는 단백질을 분비하는 이하선과 같은 장액선, 점액을 분비하는 구개선, 배상선 같은 점액선 및 같은 선에서 점액과 일부 장액이 섞여서 분비되는 악하선, 설하선 등의 혼합선으로 구분된다. 특히 점액선 말단부에 소수의 장액선이 모여 있는 부위를 반원(또는 종모)이라 한다.

이 외에도 유선(젖), 지선(지질), 누선(눈물), 한선(땀) 등이 있다.

분비 양상에 따른 분류로는 세포 자체가 사멸한 후 분비물로 방출되는 전분비(지선), 세포돌출부와 함께 분비물을 방출하는 이출분비(유선) 및 세포체의 손상 없이 분비물을 방출하는 누출분비(췌장 선분비)가 있다.

표 4-3 선의 종류

종 류	선의 형태	예
관상선	비분지 단일관상선 분지 관상선 복합 관상선	장선 · 한선 위저선 · 자궁선 누선
포상선	비분지 단일포상선 분지 포상선 복합 포상선	피부소지선 대지선 · 검판선 이하선 · 유선 · 전립선
관상포상선	비분지 단일관상포상선 분지 관상포상선 복합 관상포상선	위 유문선 일부 위 유문선 일부 악하선 · 설하선 · 췌장선

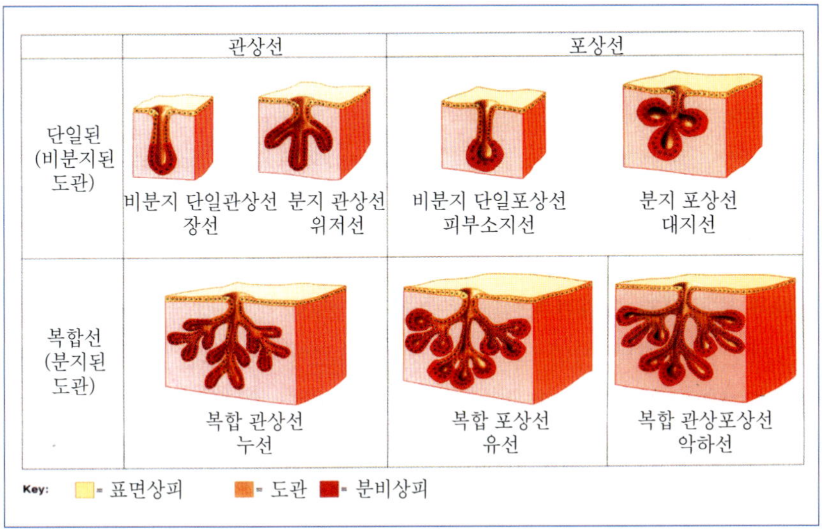

그림 4-8
선의 형태적 분류

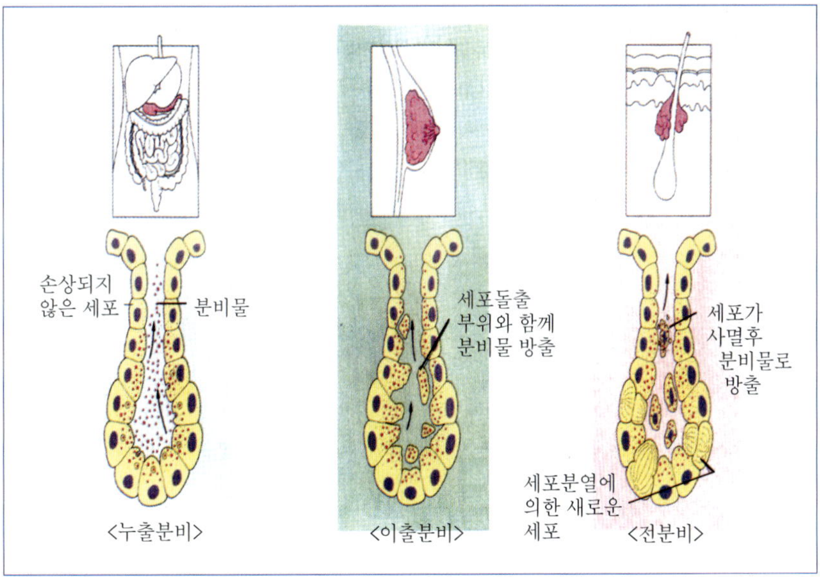

그림 4-9
선의 분비 양상

4) 막조직

상피조직과 그 하층을 지지하는 결합조직을 합쳐 막조직이라고 한다.

(1) 장막

장액을 분비하는 막이며 흉막, 심막, 복막을 포함한다. 흉막은 폐를,

심막은 심장을, 복막은 복부 내장기관의 표면을 싸며 각각 일정한 부위에 접혀져서 체강(흉강, 복강, 골반강) 내벽에 접착되어 장기의 위치를 고정하기도 한다.

(2) 점막

점액을 분비하는 막으로 속이 비어 있으며 내표면을 덮고 있다. 그 존재부위에 따라 소화관에서는 구강점막, 식도점막, 위점막, 장점막 등, 기도에는 비강점막, 기관 및 기관지 점막, 요로에서는 요관점막, 방광점막, 요도점막, 생식기계에서는 난관점막, 자궁점막, 질점막 등이 여기에 속한다.

(3) 활막

활액을 분비하는 막이며 관절낭 내면에 있다. 이 막이 존재함으로써 관절운동이나 근, 건의 운동이 원활하다.

(4) 섬유막

주로 장기 표면을 덮어서 보호하는 역할을 한다.

10. 결합조직

결합조직은 인체에서 가장 널리 분포된 조직이며 체내의 여러 조직이나 기관을 결합하며 지지하는 역할을 하므로 지지조직이라고도 한다. 상피조직과는 달리 세포와 세포 사이에는 세포간질, 즉 기질로 가득 채워져 있는 것이 특징이다.

치밀결합조직은 지탱하는 힘이 강한 교원섬유가 매우 치밀하게 배열되어 있으며, 그 속에는 원칙적으로 섬유모세포가 섬유 사이에 흩어져 있다. 근육을 뼈나 다른 구조에 연결시켜 주는 건과 뼈를 연결하거나 내부기관을 지지하는 인대는 교원섬유가 규칙적으로 배열된 것을 볼 수 있다. 골막, 연골막, 기관의 피막, 진피 등은 교원섬유와 엘라스틴이라는 단백질을 주성분으로 하며 탄성을 가지고 있는 탄력섬유가 불규칙적으로 배열되어 있다.

결합조직은 근육과 골격을 연결하는 힘줄처럼 조직이나 기관 사이를 연결하는 조직으로 교원섬유가 많이 포함되어 있어 질기지만 탄력은 없다. 기질의 성질에 따라 교질결합조직, 망상결합조직, 섬유상결합조직 및 지방조직 등이 있다.

연골조직은 연체동물과 척추동물에서 볼 수 있으며 뼈와 함께 골격체를 구성하여 몸의 지탱과 근육의 부착점이 된다.

고유결합조직(또는 결체조직)은 고유 의미의 결합조직으로 세포, 섬유, 기질 등으로 구성되는데, 근육과 골격을 연결하는 힘줄(건)처럼 조직이나 기관 사이를 서로 연결하는 조직으로 교원섬유(또는 아교섬유)가 많이 포함되어 있어 질기지만 탄력은 없다.

고유결합조직은 형성 시기, 성상 및 기질의 성질에 따라 교질결합조직, 망상결합조직, 섬유상결합조직, 지방조직 등으로 구분된다.

또한 섬유의 치밀도에 따라서는 교원섬유가 치밀하고 일정 방향으로 주행하고 있는 힘줄, 인대, 골막, 진피 등에서 볼 수 있는 치밀결합조직(또는 밀성결합조직)과 교원섬유가 성글고 불규칙적인 피하, 점막하층, 선, 신경 및 혈관 주위의 성긴결합조직(또는 소성결합조직)으로 나눌 수 있다.

표 4-4
고유결합조직의 종류

분류방법	종 류	특 성	부 위
섬유성분의 치밀도	소성결합조직	교원, 세망, 탄력섬유	거의 모든 결합조직
	치밀성결합조직	교원섬유가 많고 세포와 기질은 적음	
	규칙성치밀조직	섬유방향이 일정함	건, 인대, 건막 등
	불규칙성치밀조직	섬유가 굵고 여러 방향으로 배열	피막, 신경초, 골막, 뇌척수의 경막 등
섬유성분의 유형	세망결합조직	세망섬유와 세망세포가 불규칙 배열	비장, 골수, 폐, 신장, 흉선, 편도, 림프절 등 황인대, 항인대, 성대인대, 대동맥 등
	탄력결합조직	탄력섬유가 그물 모양으로 배열	
특수세포의 종류	지방조직	많은 수의 지방세포 집단	피하지방, 대망의 지방조직 등
	색소조직	멜라닌 색소 함유 세포의 집단	맥락막 상판, 공막, 홍체 등

표 4-5
섬유의 종류와 특성

섬 유	주성분	특 성	부 위
교원섬유	교질	백섬유	뼈, 인대, 힘줄
탄성섬유	탄력소	황섬유	동맥, 탄력인대, 탄력연골
세망섬유	교원섬유와 유사	가는 섬유	골수, 비장, 림프조직

11. 피하조직

피하조직은 진피의 안쪽에 많은 지방을 함유한 조직으로 이 세포가 지방을 만들고 이것을 세포 내에 저장하는 역할을 하고 있다. 피하조직의 역할은 신경이나 혈관, 땀샘 등을 외계의 충격으로부터 보호하기도 하고, 체온의 과다한 발산을 방지하는 등 체내 장기를 지키는 역할을 하고 있다. 특히 손바닥, 발바닥은 항상 일정량의 피하지방이 있어 그 운동을 조절하고 있다. 피하지방이 적은 부위는 코, 귀, 입술 등이다.

또 여성의 경우는 엉덩이, 하복부, 허리, 유방 등에 많아 여성스런 곡선미를 준다.

피하조직은 섭취한 영양분을 에너지로 쓰고 남으면 그것을 지방으로 바꾸어 저장해 두었다가 필요할 때 꺼내 쓰기도 한다.

피하지방이 발달하면 몸의 선이 둥글고 곡선미가 있지만 너무 많이 축적되면 비만의 원인이 된다.

12. 색소조직

색소조직은 세포질 속에 색소과립을 함유하고 있는 조직으로 대표적인 것이 흑색의 멜라닌 색소과립을 들 수 있으며 안구의 망막 및 맥락막, 홍채, 진피 등에서 볼 수 있다.

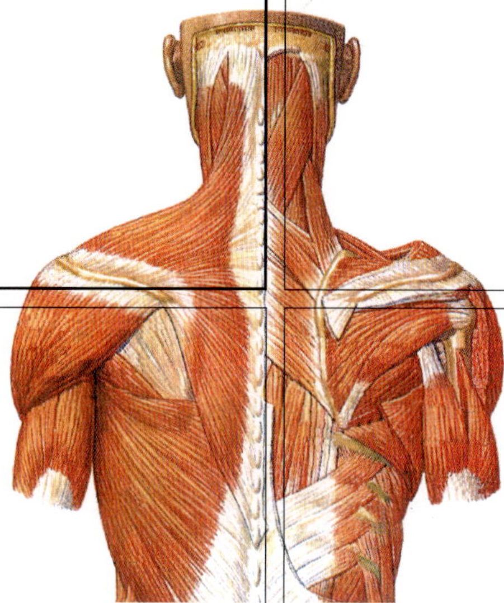

제 5 장

근육의 해부와 기능

(Muscle Tissue that move the verteral calumn)

1. 근속의 배열
2. 두부의 근
3. 흉부
4. 흉부근육
5. 천배근
6. 대원근
7. 상완의 근
8. 다리의 골격

AESTHETIC ANATOMY & PHYSIOLOGY

5. 근육의 해부와 기능

Muscle Tissue that move the verteral calumn

1. 근속의 배열

모든 골격근은 섬유속으로 구성된다. 근속배열의 가장 흔한 형태는 평행형, 깃털형, 수렴형, 원형이다. 평행형의 배열에서는 근속의 장축은 근육의 장축까지 평행으로 뻗어 있다. 이러한 근육들은 대퇴의 봉공근과 같은 가죽끈 또는 팔의 이두박근과 같은 방추상이다.

깃털 형태에서 근속은 짧고 근육의 길이는 중심건에 사선으로 부착되어

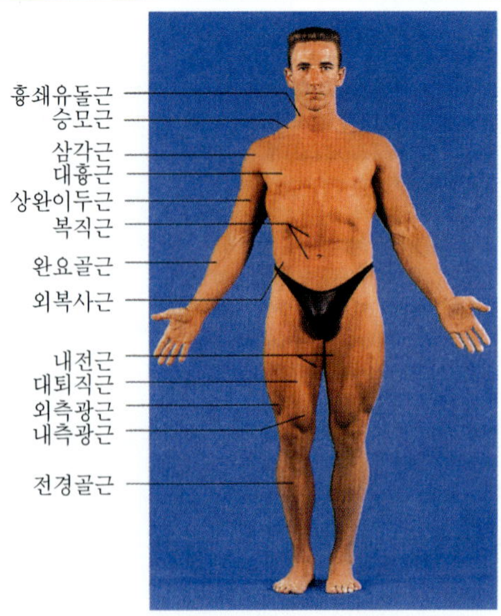

그림 5-1
신체의 표층근의 앞면

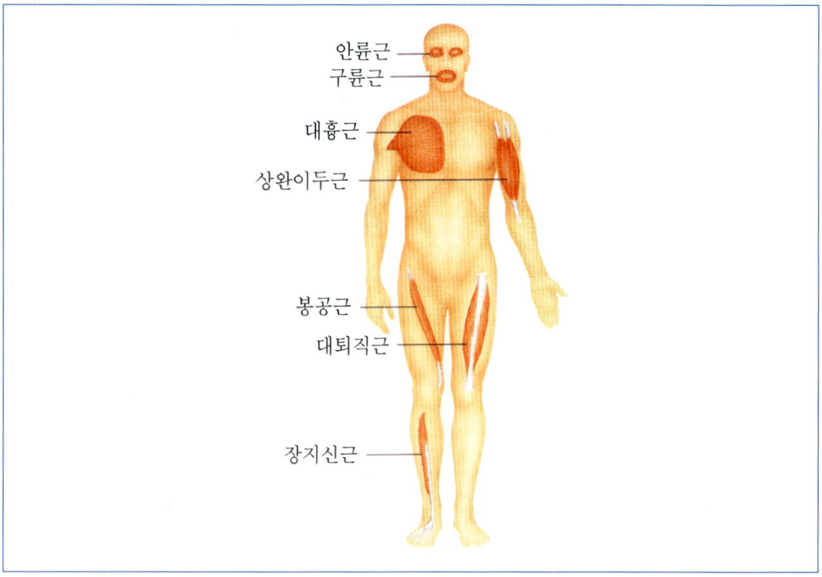

그림 5-2
근속 배열과 근육의 관계

있다. 하지의 장지신근에서 보는 바와 같이 근속이 건의 한 쪽면 안으로 정지되어 있는 근육은 반깃(unipennate) 모양이다.

수렴형은 기시가 넓고 단일건을 향하여 수렴되어 있다.

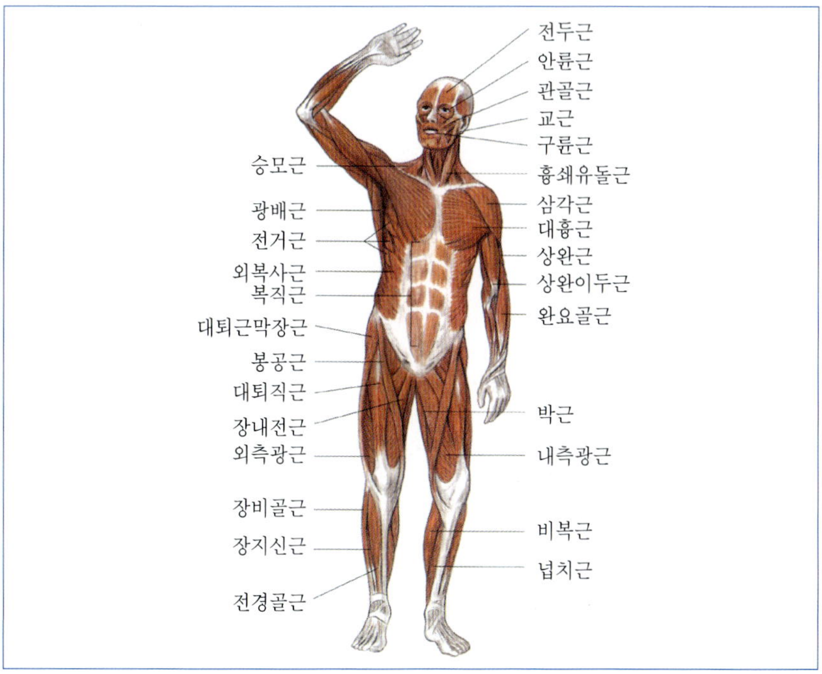

그림 5-3
전신의 근육(전면)의 해부 단면도

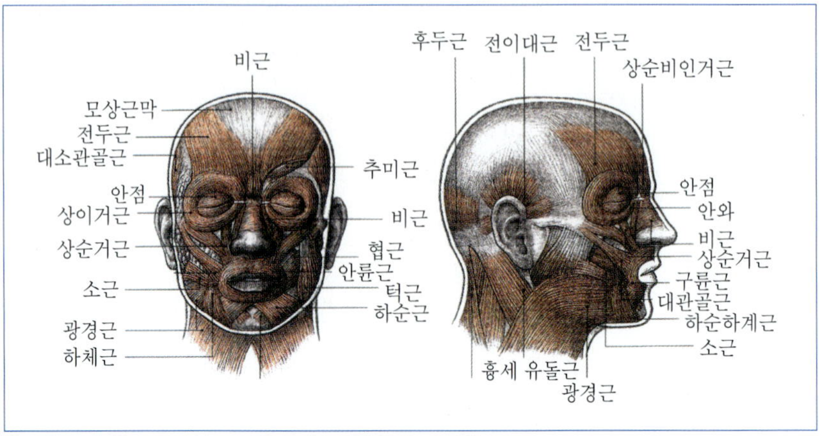

그림 5-4
안면근의 해부적 단면도

2. 두부의 근(Muscle of the head)

두개골을 싸고 있는 근육은 크게 표정을 만드는 안면근(facial muscle)과 음식물의 물리적 분해에 관여하는 저작근(muscle of mastication)으로 구분할 수 있다.

1) 안면근(facial muscle)

안면근은 두개골과 건, 건막 혹은 피부 자체에서 기시하여 대부분이 피부에 정지하므로 수축 시 관절의 운동보다는 얼굴의 피부 운동을 주도하여 감정을 표현하는 데 관여하기 때문에 표정근 혹은 피근이라고도 하며, 제VII뇌신경인 안면신경의 지배를 받는다.

이러한 안면근은 위치에 따라 두개표근, 안부의 근, 비부의 근, 구부의 근, 이개부의 근 등으로 구분한다.

(1) 두개표근(muscle of the scalp)

두개골을 싸고 있는 피부 중에서 머리카락으로 덮인 부위를 두피(scalp)라고 한다. 이러한 두피를 이루는 근을 두피근이라고 한다. 두개표근에 중심이 되는 것은 전두근과 후두근인데, 이 근들은 두정부에서 모상건막으로 서로 연결되어 있다.

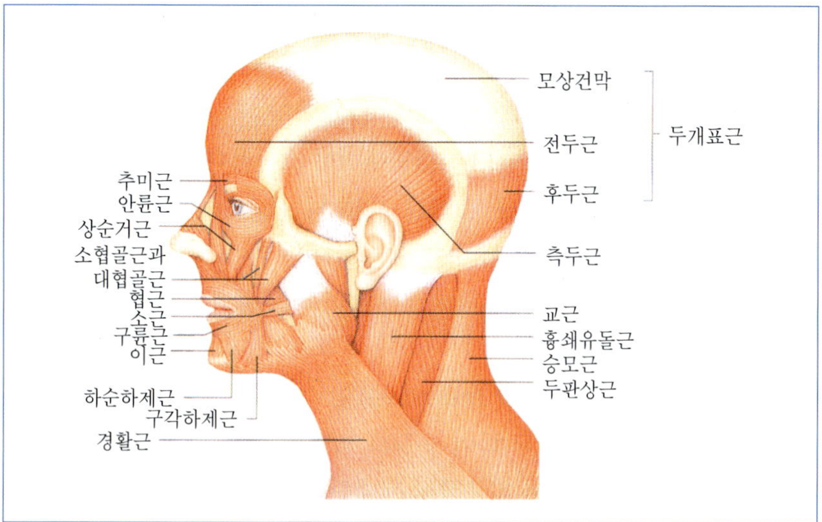

그림 5-5
두피, 안면, 목근육의 외측면

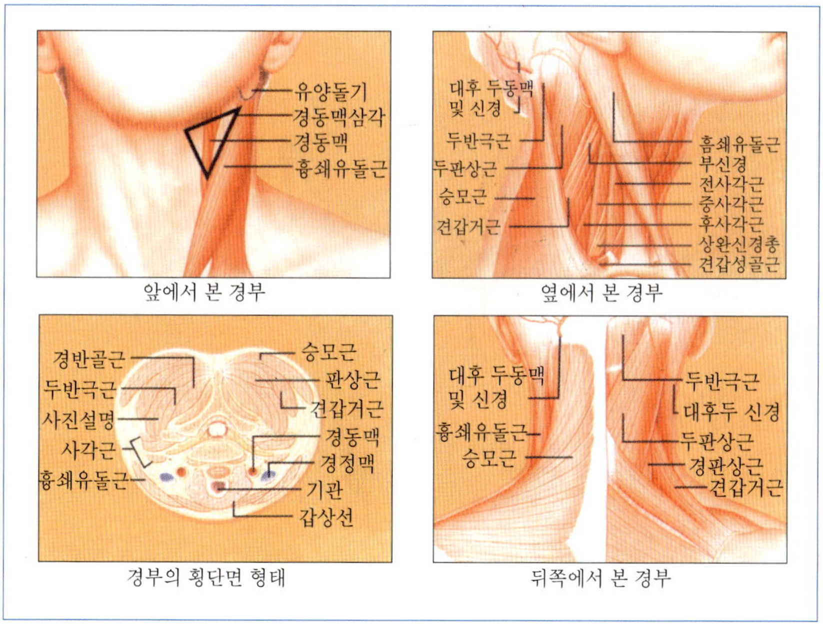

그림 5-6
경부 근육의 종류

전두근은 모상건막에서 기시(orign)하여 눈썹과 비강 원개(dome)를 덮고 있는 피부에 정지하는 얇은 근으로서 수축을 할 때 눈썹을 위로 당겨 놀란 표정을 만들고 이마에 주름(wrinkle)이 나타나게 한다.

후두근을 후두골에서 시작하여 모상건막에 정지하는 근으로 주 작용은 모상건막을 고정시키고 두피를 후면으로 잡아당기는 역할을 한다.

(2) 안부의 근(muscle of the eye)

눈 주위의 근은 눈을 감고 뜨며 눈가의 주름을 형성하는데 관여하는 근들로서 안륜근, 상안검거근, 추미근 등이 있다.

안륜근은 안와 내측과 내측 안검인대에서 기시하여 안검을 둥글게 싸는 일종의 괄약근으로 눈을 감거나 깜박거림에 이용된다. 눈 주위에서 볼 수 있는 근들로는 미간에 주름을 형성하는 추미근과 눈썹을 밑으로 당기는 미모하체근 등이 있다.

(3) 비부의 근(muscle of the nose)

비근은 상악골에서 기시하여 콧등과 비익에 정지하며, 비중격하체근은 상악골에서 기시하여 비중격에 정지한다. 이 근들은 비공의 크기를 조절하는데, 비근의 익부와 비중격하체근이 수축하면 비공이 넓어지고, 비근의 횡부가 작용하면 비공이 좁혀진다.

그림 5-7
설골근

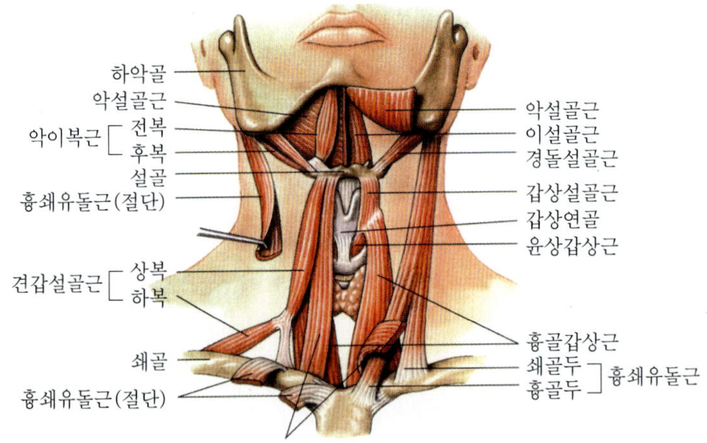

(4) 안면근 구부의 근(muscle of the mouth)

입 주위에는 많은 근육들이 있는데, 이들 중 입을 닫는 데는 구륜근과 협근이 작용하고 이 외의 근들은 입을 여는 데 작용한다.

구륜근은 윗입술과 아랫입술 속을 윤주하는 괄약근으로 입을 닫게 하는 주동근이며, 휘파람을 불 때 혹은 촛불을 끌 때의 입 모양을 만든다.

협근은 상악골과 하악골에서 기시하여 구각에 정지하는 근으로 구강의 외측벽을 이루고 있다. 협근이 수축시 입안의 음식물을 유지시키며 뺨을 압박시켜 트럼펫을 불 수 있게 한다. 또한 입을 다물어 화난 표정을 지을 때도 작용한다.

대관골근은 구각을 위로 당겨서 웃는 표정을 만들기 때문에 웃음근(smiling muscle)이라고 하며, 반대로 구각하체근은 구각을 밑으로 당겨서 슬픈 표정(tragedy mask)을 짓게 한다.

소관골근과 상순거근은 윗입술에 주름을 만들어 부정적인 표정을 나타내게 하고, 소근은 교근근막의 표층으로부터 구각 피부에 걸쳐 있는 작은 근으로 수축시 보조개를 형성한다.

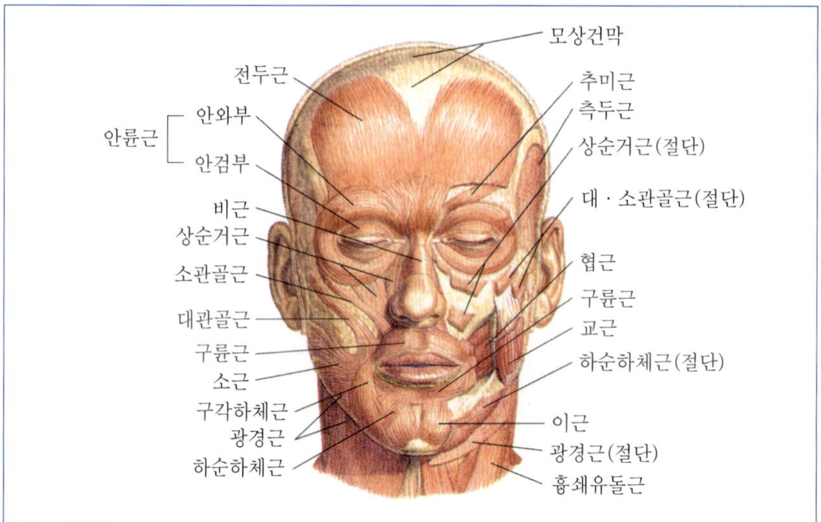

그림 5-8
안면근(전면)

3. 흉부

1) 심배근

심배근은 등쪽의 깊은 곳에 위치하는 근들로서 흉추와 늑골에 걸쳐 있으며 호흡운동에 관여하는 후거근, 그리고 주로 척추운동을 주도하는 고유배근들인 판상근, 척주기립근 및 횡돌극근으로 구분된다. 이들 중 판상근은 두개골의 운동에 관여한다.

그림 5-9
심배근(경부)

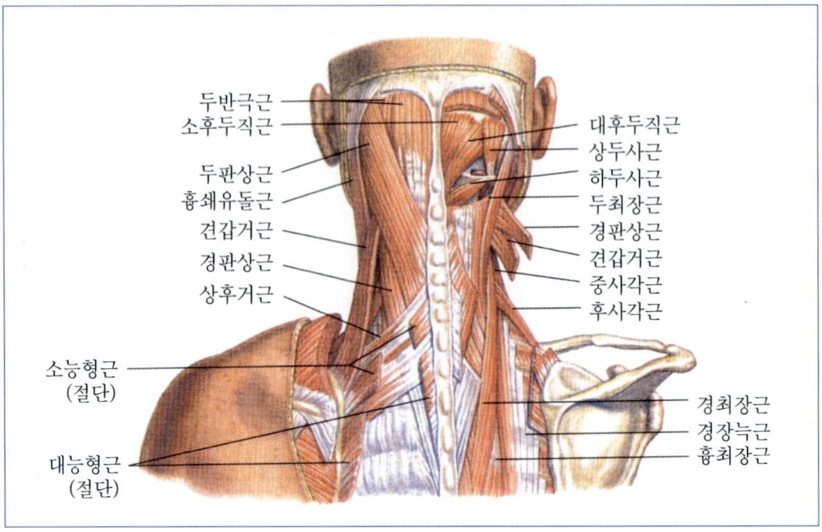

2) 경부의 근

경부의 근육은 목의 앞쪽, 바깥쪽이 피부 밑에 있는 천경근, 설골을 지지해주는 설골근이 있다.

그림 5-10
경부의 근

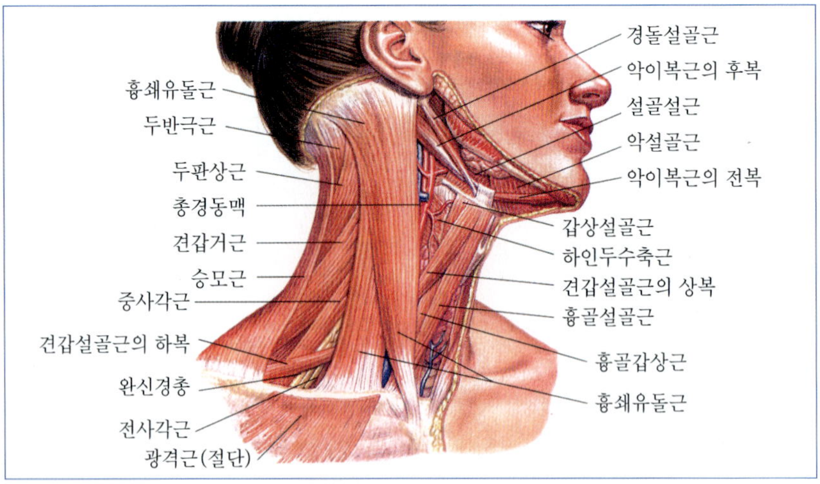

3) 설골상근

설골상근은 설골 위, 즉 하악골과 설골 사이에 걸쳐 있는 악이복근, 악

설골근, 이설골근 및 경돌설골근이라는 네 종의 근으로 구강의 바닥을 이루고, 입을 열거나 음식물을 삼킬 때에 설골 및 혀를 움직이게 한다.

4. 흉부근육

(1) 천흉근

흉곽과 상지의 연결근으로 대흉근, 소흉근, 쇄골하근 등이 있다.

(2) 심흉근

늑간근에 의하여 흉식호흡을 일으키는 호흡근이다.

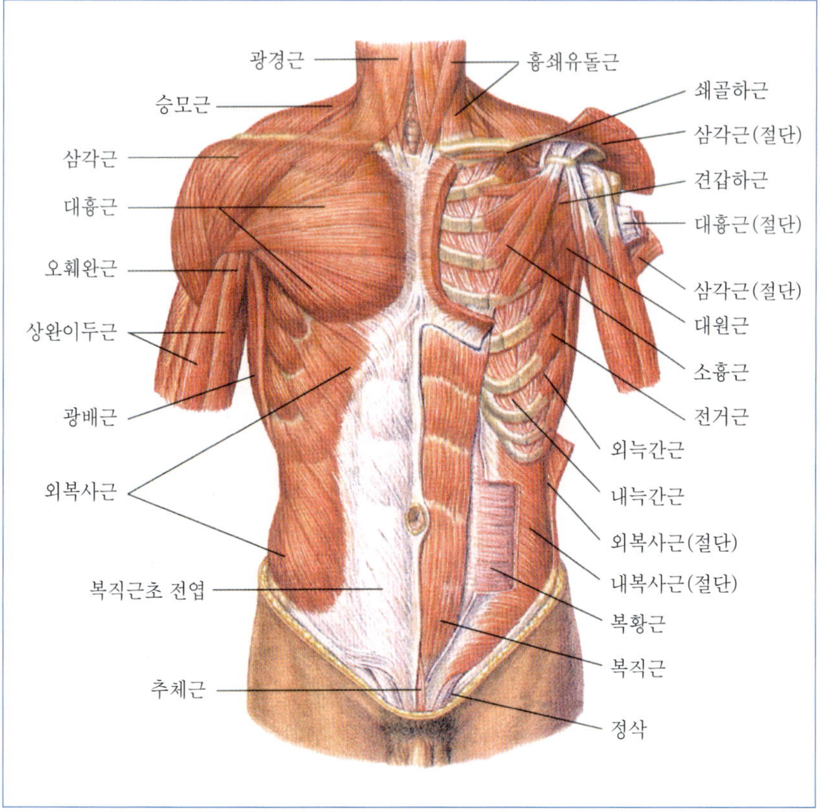

그림 5-11
흉부의 근

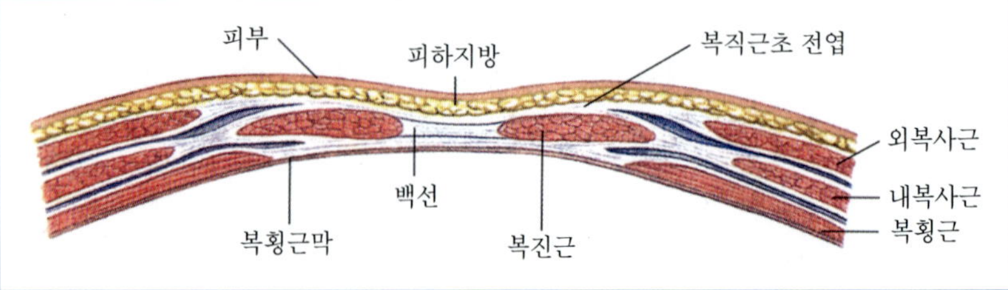

그림 5-12
전복벽의 횡단면

5. 천배근

천배근은 척추에서 상지를 연결하는 근육들로서 승모근, 광배근, 견갑거근, 소능형근 및 대능형근을 말하는데, 이들은 발생학적으로 상지의 근에 속한다. 이들 중 광배근만 견관절의 운동을 조절하고 그 밖에 견갑골은 상방 혹은 안에서 상방으로 잡아당기는 역할을 한다.

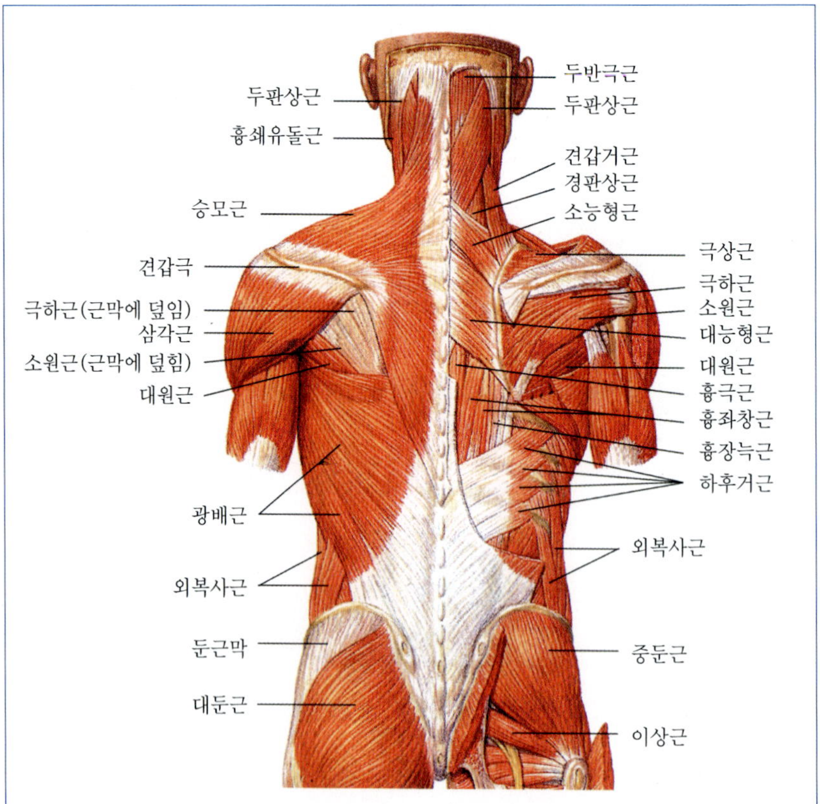

그림 5-13
천배근

1) 천경근(superficial cervical muscle)

천경근에는 경부의 전, 외측 피하에 넓게 퍼져 있는 광경근과 측경부에서 두개골의 굴곡에 관여하는 흉쇄유돌근이 있다. 광경근은 목의 전면과 외측면에 걸쳐서 피하에 넓게 퍼져 있는 얇은 1쌍의 근으로 안면신경의 지배하에 슬픈 표정을 만드는데 관여하며, 면도시 피부의 긴장도를 유지시키고, 또한 목의 주름을 잡아 경정맥의 압박을 완화시키는 작용도 한다.

6. 대원근

대원근은 소원근 하방에 있는 근으로 견갑골의 하각에서 기시하여 상완골의 소결절능에 정지하며, 수축 시 상완을 내전 및 내회전시킨다.

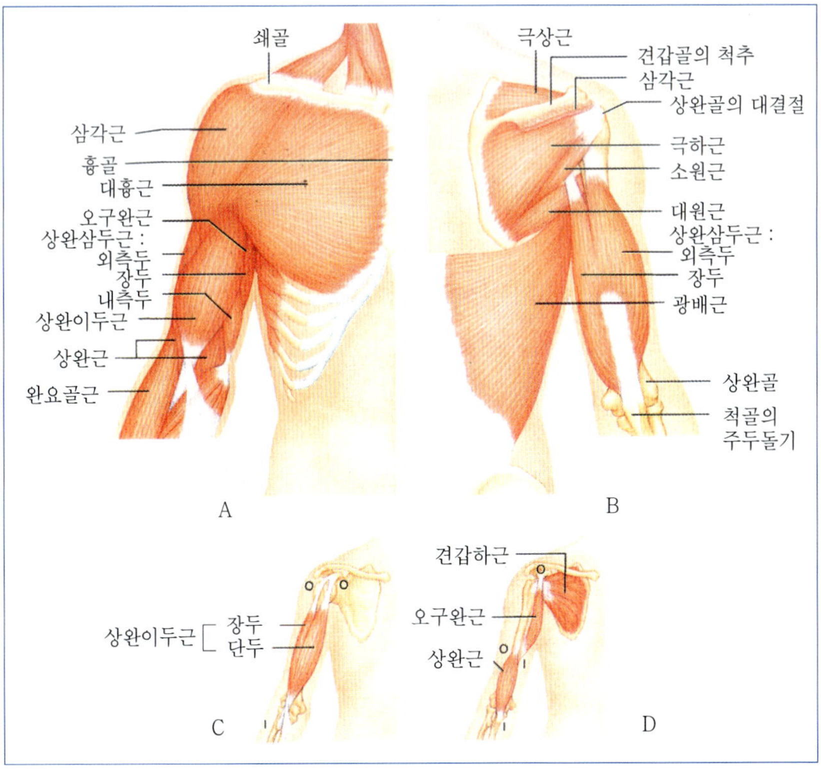

그림 5-14
팔과 전완의 움직임을 일으키는 견관절과 주관절을 가로지르는 근육들

7. 상완의 근

상완의 근은 상완골 전면에 위치하여 견관절과 주관절을 주로 굴곡시키는데 관여하는 상완이두근, 오훼환근 및 상완근 등이 있다. 그리고 상완골 후면에 위치하여 이들 관절을 신전시키는 상완삼두근과 주근이 있다.

상완이두근은 견갑골의 두 곳, 즉 장두는 관절상결절에서, 단두는 오훼돌기에서 각각 기시하여 요골조면에 정지하는 근으로, 이른바 알통이라는 이 근의 수축 시 팔에 생기는 융기이다. 주 작용은 전완의 굴곡과 회외이지만 상완의 굴곡에도 관여한다.

상완근은 상완이두근의 아래쪽에 있는 편평한 근으로 상완골체 전면 하부에서 기시하여 척골조면에 정지함으로써 전완을 굴곡시키는데 관여한다.

1) 전완의 신근

전완의 신근은 손목이나 손가락의 신전에 관여하는 근이다. 표층의 근들은 모두 상완골 외측상과에서 공동으로 기시하고 심층의 근들은 전완골 후면에서 기시하여 주로 손등에 정지하는데, 모두 요골신경의 지배를 받고 있다.

완요골근은 상완골의 외측과 상융선의 상부에서 기시하여 요골 하단의 경상돌기에 정지하는 근으로 위치와 신경지배상 전완의 신근에 속하나 작용은 주관절을 굴곡시키고 전완의 회내, 회외 혹은 회전에 관여한다.

힘줄이 뼈와 부착되는 부분이 몸의 중심 가까운 곳에 위치해 운동 범위가 안정된 곳을 기점이라 하고, 운동 범위가 큰 먼 쪽의 부착 부위를 착점

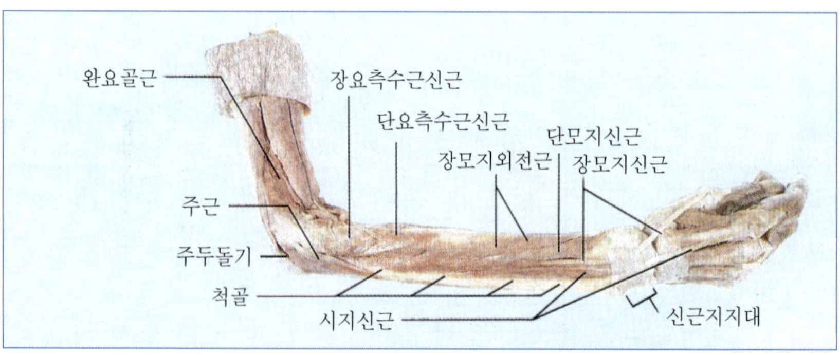

그림 5-15 손목과 손가락에 작용하는 전완의 뒤쪽 근막 구분의 근육들

이라 한다. 기점의 수에 따라 이두근, 삼두근, 사두근 및 여러 개의 기점으로 인해 톱니 같은 모양의 거상근 등으로 구분된다.

8. 다리의 골격

다리의 뼈들은 총 62개의 뼈로 구성되며, 60개의 자유하지골과 이들을 몸통에 연결시켜주는 하지대골이 있다.

표 5-1 다리의 뼈들

이 름	위 치
관골(2)	엉덩이. 하지대부, 장골. 좌골, 치골로 구성
대퇴골(2)	엉덩이와 무릎 사이
슬개골(2)	원위 대퇴골단의 전면
경골(2)	다리 내측. 무릎과 발목 사이
비골(2)	다리 외측. 무릎과 발목 사이

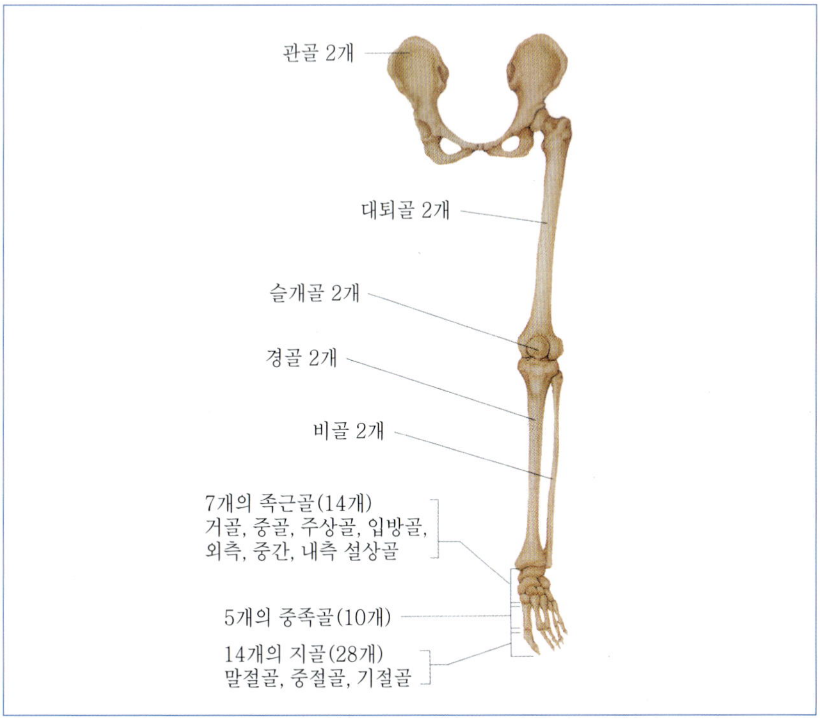

그림 5-16 다리의 골격

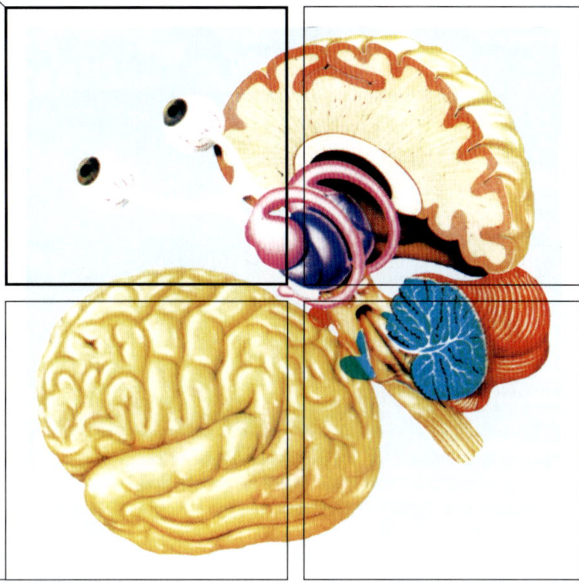

제 6 장

AESTHETIC ANATOMY & PHYSIOLOGY

A 신경계

1. 신경계의 기능
2. 뉴런의 분류
3. 신경계의 분류
4. 신경계통의 기능
5. 신경 조직과 형태
6. 신경 접합과 형태
7. 흥분 전도
8. 신경 전달 물질과 신경 연접 전달
9. 체성신경과 자율신경

B 뇌신경

1. 고위중추신경
2. 뇌간
3. 시상하부
4. 뇌신경
5. 척주와 척수신경
6. 척수반사
7. 굴곡반사
8. 체성신경계와 뇌신경
9. 연수
10. 신피질
11. 삼차신경
12, 미주신경
13. 부신경
14. 소뇌
15, 대뇌
16. 수막
17, 기저핵

C 감각 기관

1. 감각 기관의 종류
2. 감각의 분류
3. 감각신경의 성질
4. 피부 감각
5. 통각
6. 심부 감각
7. 온도 감각

6-A. 신경계 Nervous System

1. 신경계의 기능

신경계는 신체의 주요한 조절 체계이며 의사소통 체계이다. 모든 생각, 동작, 감정은 신경계의 활동을 반영한다. 내분비계와 함께 신경계는 신체의 항상성을 조절하고 유지하는 기능이 있다. 신경계는 신체 전달 작용이 매우 빠르며 복잡하다. 신경계의 세포들은 빠른 전달 신호로 의사소통을 하고, 보통 즉각적인 반응을 일으킨다.

신경계에는 세 가지 상호 연관된 기능이 있다.

① 몸 안과 밖에서 발생하는 변화를 모니터하기 위해 신경계는 수백만 개의 감각 수용체들을 사용한다. 신경의 변화들은 자극이라 하고, 이때 얻어진 정보를 감각정보라고 한다.
② 신경계는 감각 정보를 분석 · 해석하고, 그때그때 무엇을 해야 하는지 결정하게 된다.

신경계는 몸 안과 밖에서 여러 가지 자극을 감수하여 이것을 중추에 보내고, 이에 반응하여 중추에서는 그 자극에 대한 알맞은 흥분을 일으키게 된다. 이때 흥분이 신경계, 근과 선 같은 말초신경계에서 적절한 반응을 한다.

신경은 인체와 내외 환경 사이에서 온갖 자극을 감지(지각)하고, 이것을 통제하며 그에 따라 반응(운동)하는 기능을 거대한 통신망으로 볼 수 있다.

- 중추신경계
  - 대뇌피질 — 체성계, 자율계의 최고중추
  - 대뇌기저핵 — 주로 운동계
  - 시 상 — 주로 감각계
  - 시상하부 — 자율계의 삼차중추, 내분비의 중추
  - 소 뇌 — 운동계의 조절중추
  - 중뇌 · 교 · 연수(하부뇌간) — 자율계의 조절중추
  - 척 수 — 체성계, 자율신경의 일차중추
- 말초신경계
  - 원 심 성 — 운동신경
  - 구 심 성 — 감각신경
- 자율신경계
  - 원 심 성
    - 교감신경
    - 부교감신경 — 내장의 여러 기능을 지배
  - 구 심 성 — 감각신경

그림 6-1
신경계의 기능적 분류

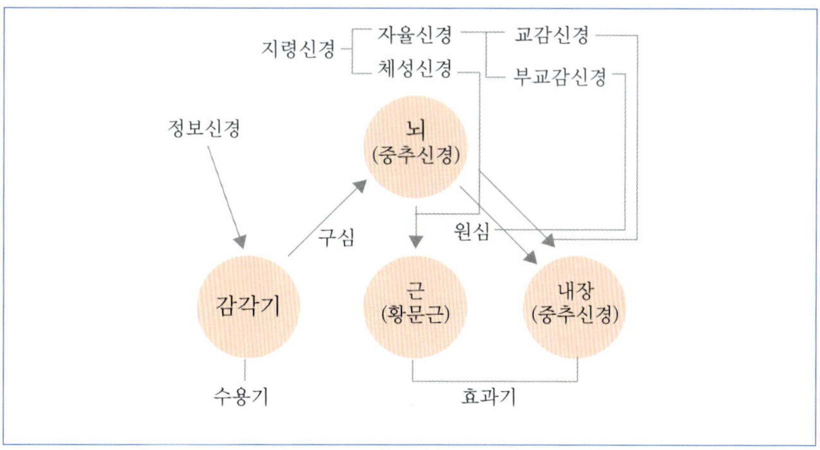

그림 6-2
신경의 전달 과정

2. 뉴런의 분류

뉴런은 구조와 기능에 따라 분류할 수 있으나 대부분 기능적으로 분류한다.

1) 구조적분류

뉴런은 세포체에서 뻗어나간 돌기의 수에 따라 다극성, 양극성, 단극성의 세 종류로 나누어 진다.

다극성 뉴런은 세 개 이상의 돌기를 가지고 있는데 사람들에게 가장 흔히 나타나며, 중추신경계 뉴런의 대부분을 차지한다.

양극성 뉴런은 두 개의 돌기를 가지고 있으며, 세포체로부터 서로 반대쪽으로 뻗어나가 하나는 수상돌기 또 하나는 축삭이 된다. 눈의 망막과 후각 점막에서 이들 뉴런을 찾아볼 수 있다.

단극성 뉴런은 하나의 돌기만을 가지고 있다.

2) 기능적 분류

기능적 분류는 신경 홍분을 전도하는 방향에 따라 뉴런을 분류하는 방법으로 감각 뉴런, 운동 뉴런, 연합 뉴련의 세 종류가 있다.

피부 또는 내장 기관의 감각 수용체로부터 중추신경계로 홍분을 전달하는 뉴런들은 감각 뉴런 또는 구심성 뉴런이라 한다.

중추신경으로부터 신체 말단에 위치한 효과기(근육, 선)로 홍분을 전달하는 뉴런을 운동 뉴런 또는 원심성 뉴런이라 한다.

그림 6-3
신경계의 계통분류

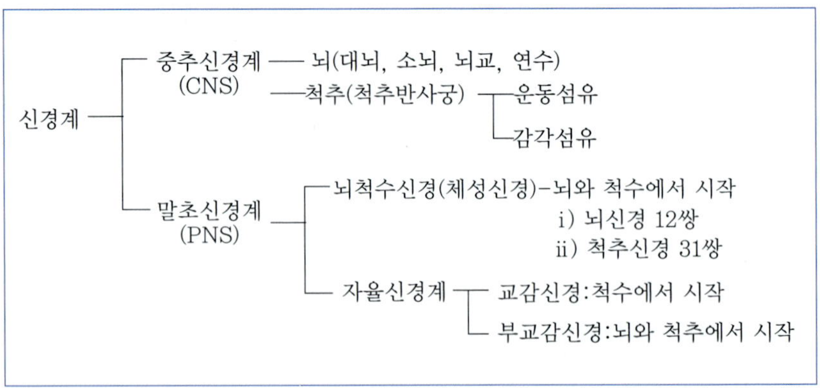

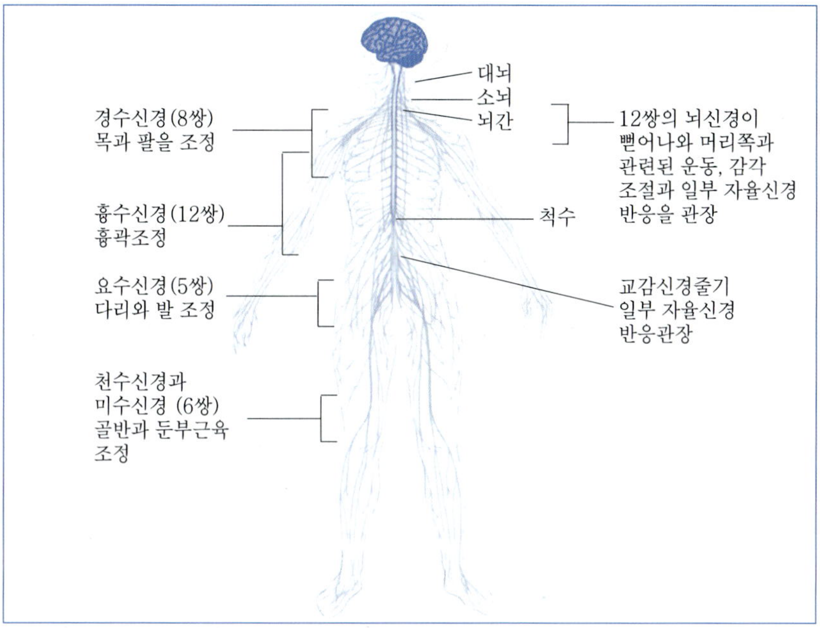

그림 6-4(a)
신경계의 구성

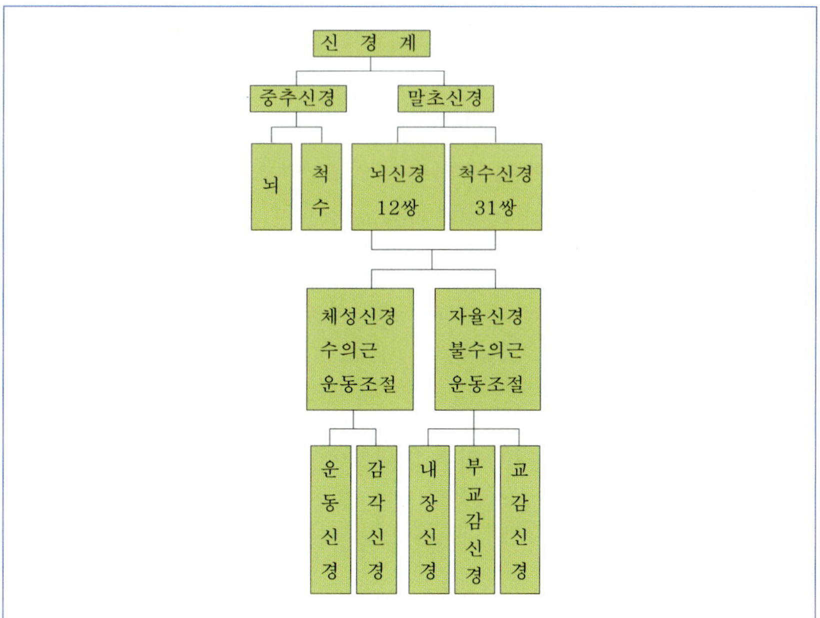

그림 6-4(b)
신경계의 구성

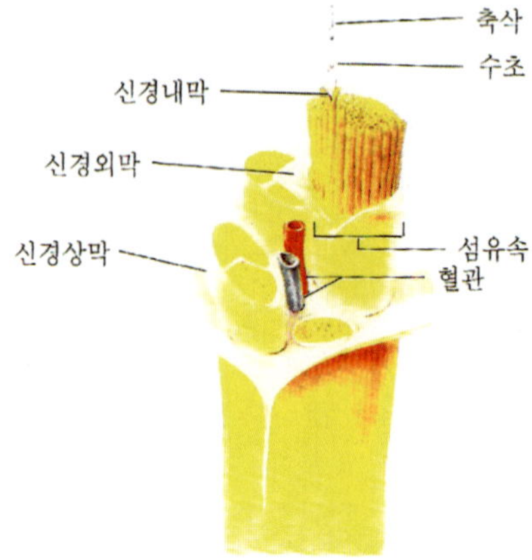

그림 6-5
신경의 구조

3. 신경계의 분류

우리 몸의 활동이 잘 통제되고 있는 것은 주로 신경계의 작용에 의한 것이며, 신경계의 기본 세포는 뉴런이다. 신경계는 중추신경계와 말초신경계, 자율신경계 등으로 구분한다.

중추신경계는 뇌와 척수로 구성되어 있고, 말초신경계는 뇌에서 직접 시작되는 뇌신경과 척수에서 시작되는 척수신경으로 구성되어 있다. 여기에는 말초에서 일어난 흥분을 중추로 전달하는 신경인 구심신경과 반대로 중추의 흥분을 말초로 전달하는 신경인 원심신경이 있다. 주로 운동, 감각 및 혼합 신경이다.

중추신경계는 뇌와 등쪽 전체를 차지하고 있는 척수로 구성된다. 중추신경계는 신경계의 명령 중추이며 통합체이다. 이것은 체내외에서 들어오는 감각 정보를 해석하고, 과거의 경험과 현재 상태에 근거하여 반응을 나타내도록 지시한다.

중추신경계 이외의 신경계 부분을 말초신경계라고 하며, 주로 뇌와 척수로부터 뻗어나오는 신경들로 구성된다.

척수신경은 척수와 신호를 주고받으며, 뇌신경은 뇌와 신호를 주고받는다. 이들 말초신경계는 신체의 모든 부분을 중추신경계와 연결하는 통로 역할을 한다.

4. 신경계통의 기능

신경계통은 체내외의 여러 변화를 인식하여 이들에 대하여 반응하고 한편으로는 사고, 기억, 감정의 기능적이고 구조적인 기틀을 마련하고 있다. 신경계통의 주요 기능은 다음과 같이 세분된다.

(1) 감각 기능

몸에 영향을 주는 변화를 인지하며 이러한 변화들에 대해 느껴지게 하는 기능이 곧 감각 또는 지각 기능이다.

(2) 개체에 적응하는 외부 환경의 현상 변화

개체가 조정, 순응해야 하거나 방어하는 것으로 즉각 대응한다. 여기에서는 시각, 청각, 미각, 후각 등의 특수 감각과 촉각, 통각 등이 포함된다.

(3) 조정 기능

중추신경계는 이를 적절히 통합하고 조절하여 운동신경을 통하여 골격근에 명령을 하게 된다.

1) 신경의 특수 기능

(1) 흥분성

수용기로부터 전달하는 신호의 결과 나타나는 것으로 빛 때문에 눈이 자극을 받고 소리의 파장으로 내이가 자극을 받게 된다.

(2) 전달 기능

자극과 신호가 신경섬유를 따라 중추신경에 전달된다

(3) 통합 기능

신경계는 자극으로 흥분을 일으키는 피자극성과 이 흥분을 중추로 전달하거나 중추에서 일어난 흥분을 말초로 전달하는 전도성이 있다.

그림 6-6
신경세포의 세 가지 형태

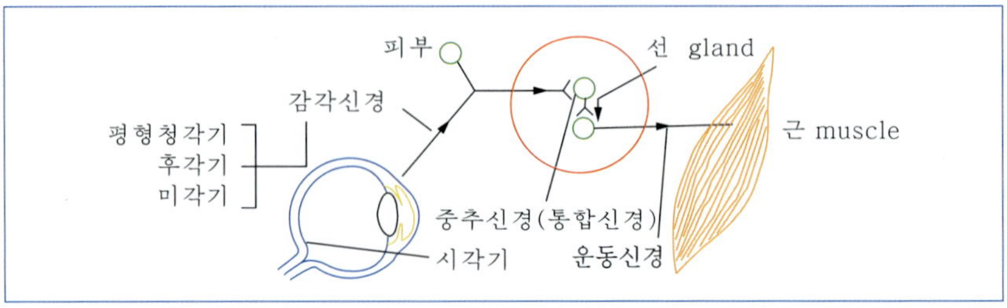

5. 신경 조직과 형태

1) 신경의 전달 과정

신체의 여러 부위에서 뇌로 들어오는 정보는 말초신경계의 감각신경, 즉 구심성신경에 의하여 전달된다. 감각신경은 다양한 감각 기관 또는 수용기로부터 뇌까지 구심성신경 또는 감각신경에 의하여 자극을 전달한다.

그림 6-7
자극에서 오는 신경 전달 과정

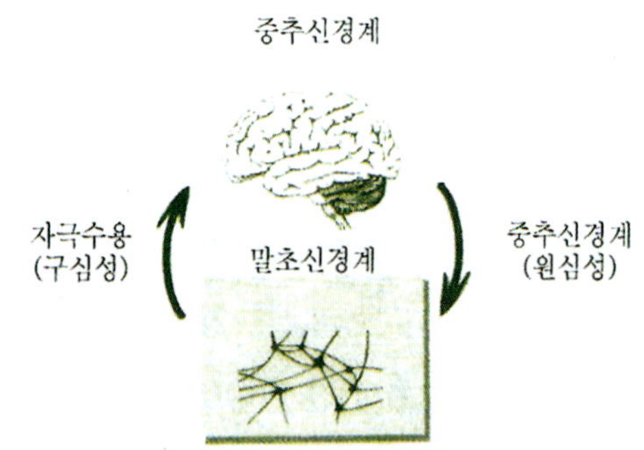

그림 6-8
연수와 신경계의 연계

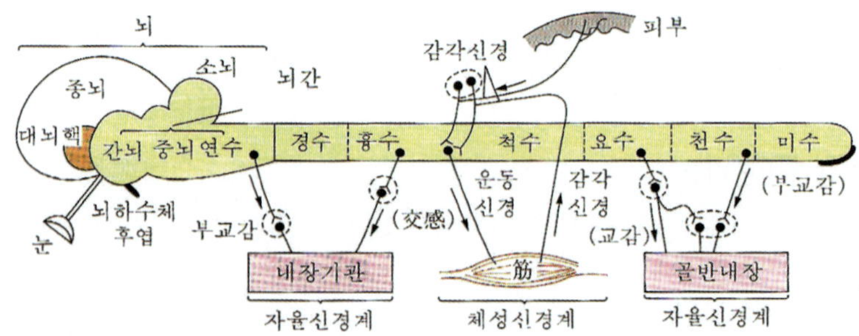

여러 감각 정보들은 뇌가 즉각적으로 주위 환경을 인식하게 한다. 뇌가 감각신경을 통하여 정보를 받으면 정보에 대한 판단을 하고 대응 방법을 결정하여 명령을 내린다. 뇌에서 운동이 일어나는 신체의 부위로 자극이 전달되는 작용을 한다. 뇌는 말초신경계의 원심성 신경 또는 운동신경을 통하여 신체의 여러 부위로 정보를 전달한다.

2) 신경 조직

신경 조직은 신경세포, 그 돌기 및 신경교와 혈관을 수반하는 결합 조직에 의하여 구성되고 있다. 신경세포에는 수상돌기 및 신경돌기라고 하는 두 종류의 돌기가 있다.

수상돌기는 일반적으로 짧고 보통 한개~ 몇 개가 있지만 흔히 수지상(樹枝狀)으로 끝나는 것이 많다.

축삭돌기, 신경섬유는 단순히 축삭이라고도 한다. 이러한 신경돌기는 각 세포에 한 개만 있으며 긴 것은 1m를 넘는다. 더욱이 신경돌기는 중추 신경계 내에서 여러 개의 가지로 갈라지고, 말초에서의 그 말단은 보통 세분되어 종말 분지로 된다.

신경돌기 : 모든 뉴런의 세포체로부터 세포체의 일부가 돌출되어 나오는 것을 신경돌기라고 한다. 뇌와 척수에는 신경세포와 돌기가 모두 있다. 반면 말초신경계는 대부분 신경돌기로만 구성되어 있다. 이런 신경돌기들의 다발

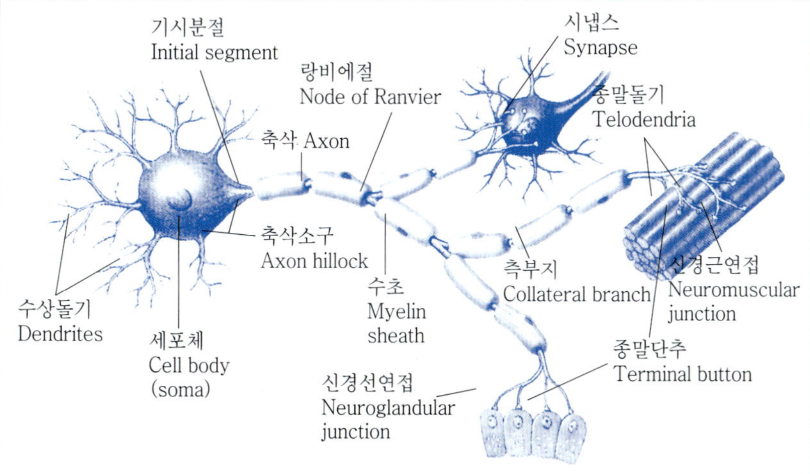

그림 6-9
신경원의 구조

을 중추신경계에서는 신경로, 말초신경계에서는 신경이라고 한다.

3) 신경세포의 형태

뉴런은 신경 조직의 기본 단위이며 신경원이라고 한다. 신경세포체와 그곳에서 나가는 모든 돌기로 구성되며, 신경 조직의 구조상의 단위인 동시에 자극에 반응하는 흥분성 및 이를 다른 조직에 전달하는 전도성을 지니고 있다.

뉴런은 신경세포 본체와 여기서 뻗어나온 한 개의 긴 축삭돌기와 비교적 짧고 많은 가지로 된 수상돌기로 이루어져 있다.

뉴런의 형태는 무척 다양하며 세포의 한쪽 끝에서 한 개의 긴 축삭돌기가 나와 있는 것과 세포체에서 축삭돌기가 나오면 바로 두 개로 나눠져 각각 별도의 방향으로 이르는 것이 있다.

신경세포에는 그 축삭돌기가 수초로 덮여 있는 유수 신경세포와 수초가 덮여 있지 않는 무수 신경세포가 있다.

수초는 지방질을 주성분으로 하고 있어 전기 저항이 높아 축삭돌기 주위에서 절연하는 역할을 한다.

Nissl 소체는 신경세포 체내에 호염기성으로 염색되는 과립으로, 일명 호반소체라고도 한다.

4) 시냅스(Synapses)

각 뉴런이 연쇄를 만드는 경우 길게 뻗힌 축삭돌기 말단에 가까운 부위에서 일반적으로 갈라져서 그 선단은 다른 뉴런의 세포체 또는 수상돌기에 접하고 있다. 이와 같이 신경세포의 말단이 다른 뉴런에 접하고 있는 부분을 시냅스라고 한다.

그리고 시냅스에 정보를 보내는 쪽의 뉴런을 시냅스 전 뉴런, 정보를 받는 쪽의 뉴런을 시냅스 후 뉴런이라고 한다. 하나의 뉴런에 많게는 수천 개의 시냅스가 있다. 뉴런이 골격근과 접하고 있는 부위는 시냅스와 본질적으로 같은 구조로 되어 있으며 이곳을 신경근 접합부라고 한다.

6. 신경 접합과 모양

1) 시냅스의 접속

신경세포에서 시냅스가 접속하는 부위에서는 홍분을 전달하는 쪽에 있어서는 끝 쪽에서 크게 늘어나서 생기는 150 ~ 200Å의 세포 간격, 즉 시냅스 열을 끊고 홍분을 받는 쪽의 세포막에 근접한다. 이와 같이 시냅스 막을 시냅스 전막이라고 하며, 전달 받는 쪽의 시냅스 막을 시냅스 후막이라고 한다.

2) 시냅스의 전도

뉴런과 뉴런 사이, 신경과 근의 접합부, 자율신경과 그 실행기 사이에도 홍분이 전해진다. 이는 홍분의 전달이라 하여 신경섬유에 있어서 전도와는 다른 기전에 의하여 이루어진다. 시냅스에서는 두 개의 뉴런이 상접되어 있는데 홍분을 전해오는 쪽을 시냅스 전 요소라 하고, 전해 온 홍분을 받는 쪽을 시냅스 후 요소라 한다. 시냅스에는 홍분 전달의 결과 시냅스 후 요소의 할동이 높아지는 것, 즉 홍분성 시냅스와 반대로 활동이 낮아지는 억제성 시냅스가 있다.

시냅스 전달에는 또한 다음과 같은 특징이 있다.

① 일 방향성 전달 : 신경섬유의 한 점을 자극하면 홍분이 양 방향으로 전해지는데, 시냅스에서는 전 요소에서 후 요소로 전해진 일 방향성이다.

② 시냅스 지연 : 시냅스의 홍분 전달에는 1m/sec 내외, 때로는 수 m/sec의 시간이 소요된다.

③ 반복성 지연 : 시냅스 전 요소가 1회 홍분하면 후 요소에 반복되는 임펄 스가 생긴다.

3) 흥분 전도의 3원칙

말초 감각세포가 자극에 대하여 흥분하면 이 흥분이 신경섬유를 거쳐 중추부에 도달되며, 중추부에서 내보낸 흥분도 신경에 의하여 말단 운동기관에 전달된다. 신경 조직은 신경이 흥분되어 전도하게 되면 전기적 반응을 나타냄으로써 자극을 전도하는 성질을 가지고 있다. 이와 같은 전도성 흥분에 대해서 아래와 같은 3원칙이 성립됨을 볼 수 있다.

① 쌍 방향성 전도 : 신경섬유의 한 점을 자극하면 흥분은 그 점에서 시작하여 두 방향으로 전도한다.
② 전열 전도 : 어느 섬유가 흥분하더라도 그 흥분은 반대 방향의 이웃한 다른 섬유에는 결코 옮기지 않는다.
③ 불감쇠 전도 : 섬유(축삭)의 직격이 일정하면 전도 속도는 전도하는 동안 변화하지 않는다.

7. 흥분 전도

신경세포와 같이 긴 축삭돌기를 갖는 세포에서 활동 전위가 발생되면 세포 전체의 막 전위가 일시에 변하지는 않고, 세포의 일부에서 발생되는 활동 전위가 축삭을 따라 전도되는데, 이것을 흥분 전도라고 한다.

신경 축삭돌기 막의 한 부위에서 활동 전위(電位)가 발생되면 그 부위와 바로 인접 부위 사이에 국소전류가 흐르게 되며, 인접 부위에서는 국소전류가 막 내부에서 외부로 흘러 막 전위를 넘게 된다. 이때 탈분극이 일어나 새로운 활동 전위가 생긴다.

이와 같이 하여 새로운 활동 전위가 축삭돌기에 의해서 연속적으로 일어나기 때문에 흥분은 전도된다.

1) 기능적 분류

기능적 분류는 신경 흥분을 전도하는 방향에 따라 뉴런을 분류하는 방

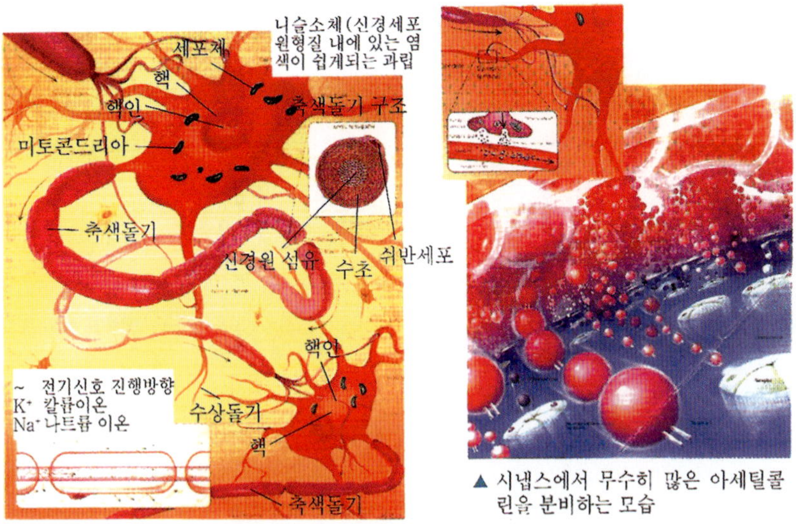

▲ 시냅스에서 무수히 많은 아세틸콜린을 분비하는 모습

신경세포들간의 자극전달은 시냅스에서 아세틸콜린이 분비되어 일어난다. 분비된 아세틸콜린이 수용체에 결합하면 전기가 발생하여 자극이 전달된다.

그림 6-10
신경세포의 연결 부위(시냅스)와 축색돌기의 구조

법으로 감각 뉴런, 운동 뉴런, 연합 뉴런의 3종류가 있다. 피부 또는 내장기관의 감각 기관으로부터 중추신경계로 흥분을 전달하는 뉴런들을 감각뉴런 또는 구심성 뉴런이라 한다. 수상돌기와 축삭의 두 가지가 있다.

2) 뉴런의 분류

뉴런은 구조와 기능에 따라 분류할 수 있으나 대부분 기능적으로 분류한다.

(1) 구조적 분류

뉴런은 세포체에서 뻗어나간 돌기의 수에 따라 다극성, 양극성, 단극성 3종류로 나누어진다.

다극성 뉴런은 세 개 이상의 돌기를 가지고 있다. 이들은 사람에게서 가장 흔히 나타나며, 중추신경계 뉴런의 대부분을 차지한다. 양극성 뉴런은 두 개의 돌기를 가지고 있으며, 세포체로부터 서로 반대쪽으로 뻗어나가 하나는 수상돌기 또 하나는 축삭이 된다. 눈의 망막과 후감점막에서 이들 뉴런을 찾아볼 수 있다. 단극성 뉴런은 하나의 돌기만을 가지고 있다.

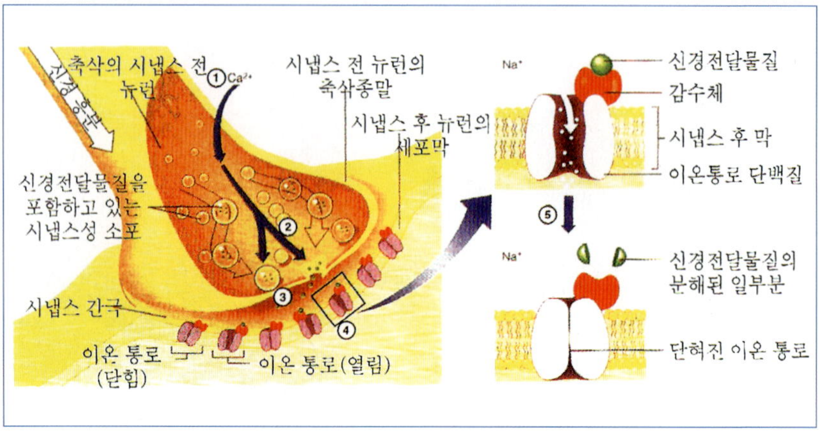

그림 6-11
아세틸콜린에 의한 신경 전달 기전

8. 신경 전달 물지과 신경 연접 전달

뉴런 상호간의 정보 전달은 시냅스 전도라 부르는 과정에 의해서 이루어진다. 이 과정은 충분한 양의 신경 전달 물질이 시냅스 전 뉴런의 시냅스 소포로부터 방출되었을 때 가능하게 된다. 따라서 신경 충격은 시냅스 소포에 저장되어 있는 신경 전달 물질이 시냅스 간 극으로 방출됨으로써 일어난다.

시냅스를 이루는 신경섬유의 말단은 원추형 및 곤봉 모양으로 크게 늘어나서 종말 단추를 형성하며, 기타 뉴런의 신경세포 또는 수상돌기에 접착하는 일이 많다.

가는 신경 말단은 도중에 군데군데 돌출되어 있으며 그 부푼 부위가 시냅스와 같은 기능을 한다.

9. 체성신경과 자유신경

신경계는 중추신경계(뇌 및 척수)와 여기서 생겨 온몸에 분포하는 말초신경계의 두 개 계통으로 구성되어 잇다. 말초신경의 신경섬유는 기능상 구심성과 원심성으로 구별된다. 구심성 신경섬유는 원칙적으로 끝쪽에서 각각 특수한 수용에 연락하고 내외 환경에서 접하는 정보를 중추신경계로 전달한다. 원심성신경은 그 갈라진 끝쪽에서 효과기로 연락하고 중추신경으로부터의 정보를 전달한다.

1) 체성신경계

체성신경계 및 자율신경계의 말초신경 부분은 뇌신경과 척수신경을 이루고 있다. 다시 말하면 체성신경계와 자율신경계의 구심성 및 원심성 신경이 뇌신경과 척수신경을 구성한다. 중추신경계는 주로 척수 및 뇌간에 분포되어 있으며 반사중추를 형성하고 있다.

- 중추신경계
  - 뇌, 척수 — 몸의 각 부에서 모아둔 정보를 받아서 처리한다.
- 말초신경계
  - 체성신경계
    - 감각신경, 운동신경 — 감각과 골격근으로 운동을 지배한다.
  - 자율신경계
    - 교감신경, 부교감신경 — 모든 내장의 활동을 지배한다.

그림 6-12
척수동물의 신경계

그러나 기타 대뇌반구, 시상, 소뇌 및 중뇌는 체성 운동 기능의 조절을 관여하며, 대뇌반구 및 시상하부는 내장 기능의 조절에 관여한다. 체성신경계와 자율신경계에 있어서 구심성신경의 신경세포는 신경절(지각성 뇌신경절 및 척수신경절)에 있다. 이들은 뇌간 및 척수 내에 있는 지각성 신경핵 및 척수후각에서 끝난다. 또한 원심성신경의 신경세포는 뇌간 및 척수 내에 있는 운동성 뇌신경핵과 척수 전각(체성신경계), 자율성 뇌신경핵과 척수 측각(자율신경계)에 있다.

체성운동신경의 축삭은 중추신경에서 효과기(골격근세포)까지 뻗어 있으며 축삭은 두껍게 수초화되어 있는 것이 특징이다. 체성운동신경은 축삭의 말단에서 아세틸콜린을 분비하는데, 이는 흥분성 작용을 나타낸다.

중추신경에서 나와 효과기에 이르기까지 자율신경계는 한 번의 시냅스를 이루는데, 시냅스를 이루기 전의 신경세포를 절전신경, 시냅스 부위를 신경절, 시냅스한 다음 효과기까지의 신경을 절후신경이라 한다.

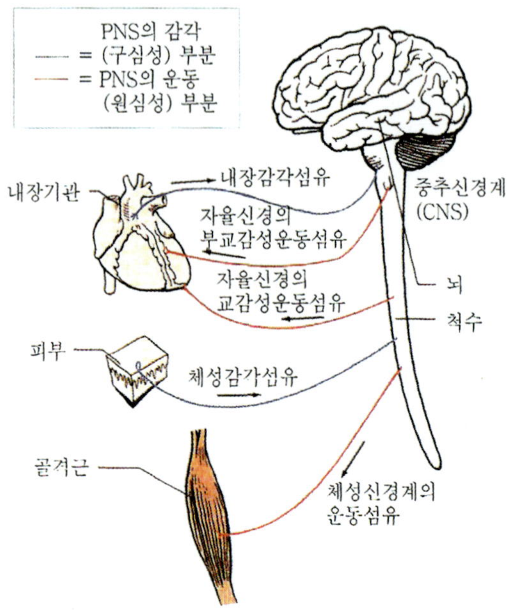

그림 6-13
신경계의 구성

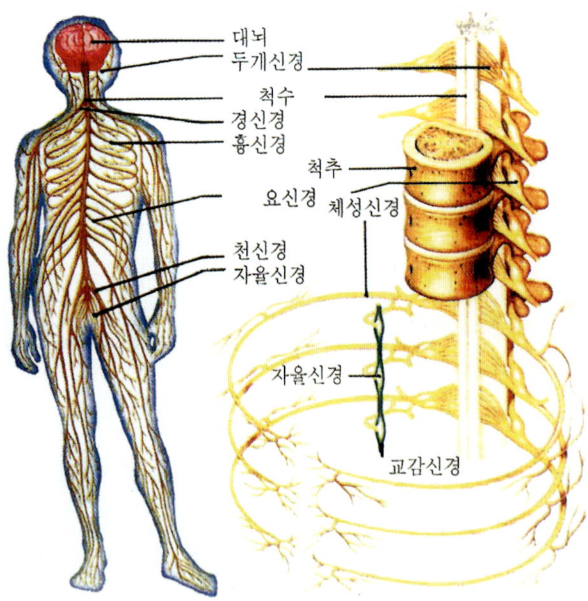

그림 6-14
중추신경계의 연관도

2) 자율신경계

(1) 자율신경의 기능

자율신경계는 교감신경 및 부교감신경계로 이루어진다. 교감신경계는 흉수와 요수의 척주로부터 나온다.

부교감신경은 중뇌, 교, 연수의 뇌신경핵과 척수의 측구에서 나온다. 이들 자율신경 말초에 대한 상위 중추는 연수와 시상하부에 있고 여기에서 양계가 통합된다.

자율신경계는 ① 내장 감각과 후각, 미각 등의 특수 감각을 받아들인 후 평활근, 심장근, 분비선, 그리고 골격근의 새분절근으로 전달하여 반사 효과를 일으킴으로써 내장 기능을 조절한다.

② 시상하부에 의한 내장기능, 체온, 내분비기능 조절에도 관여한다. 양쪽 신경계는 모두 구심성 신경, 원심성 신경 및 반사중추로 구성된다. 자율신경 효과 기관의 대부분은 교감신경과 부교감신경의 2중 지배를 받게되며, 교감신경과 부교감신경의 지배 효과는 반대이다. 이것을 길항성 지배라고 한다.

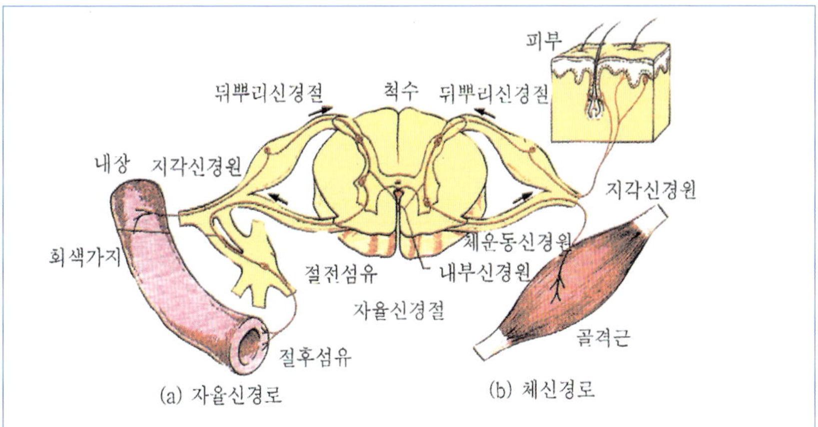

그림 6-15
척수로부터 자율신경과 체신경로의 전달 과정

교감 및 부교감신경계의 양 자극 효과를 평형하는 곳에 그 기관의 활동 상태가 유지된다. 따라서 지속 지배가 있는 기관에 있어서는 한쪽 활동이 약해지면 다른 쪽 활동이 보다 강하게 표면에 나타난다.

수용기로부터 중추신경을 거쳐 효과기로 연결되는 신경 경로를 반사궁이라 한다. 반사궁은 수용기, 구심로, 반사중추에서의 반사에 관여하며 여기서 구심성신경이 그 반사궁의 구심로로서 작용한다. 반사중추의 신경세포의 수는 신장반사를 제외하고 항상 한 개 이상이다. 원심성 신경섬유는 골격근, 심장근, 평할근, 분비선 등의 효과기에 연결된다.

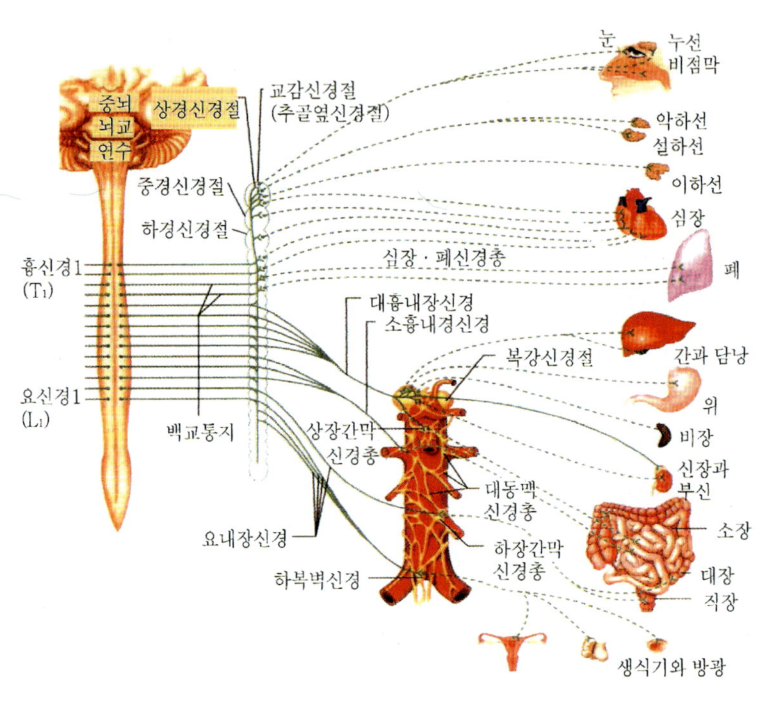

그림 6–16
자율신경계 모식도

표 6–1
자율신경 흥분에 대한 각 기관의 반응

계통	기관	교감신경	부교감신경	계통	기관	교감신경	부교감신경
감각기	동공 누선 모양체근	동공확대 미량분비 원점을위한이완	동공축소 대량분비 근점을위한이완	호흡기	기관지 선	확대 분비억제	축소 분비촉진
외피	한선 입모근	분비촉진 수축	영향없음 영향없음	순환기	심박동 관상동맥 말초혈관	증가 확대 수축	감소 수축
내분비	부신피질	분비촉진	영향없음	비뇨기	방광괄약근 방광배뇨근	수축 이완	이완 수축
소화기	타액선 평활근 소화선	소량분비 연동운동 억제 분비억제	대량분비 연동운동 촉진 분비촉진	생식기	남자생식기 자궁	사정 수축	발기 이완

(2) 자율신경의 구조

자율신경계는 중추신경계와의 연결 방식 및 형태상, 기능상 차이에 따라 12쌍의 교감 신경계와 8쌍의 부교감 신경계로 나눌 수 있다. 여기서 한쪽이 기능을 촉진시키면 다른 쪽은 기능을 억제시켜 서로 길항작용을 하여 내적 환경의 변화를 자율적, 반사적으로 조절하여 신체의 내부 환경의 항상성을 유지한다.

교감신경은 흉수에서 12쌍, 요수에서 3쌍이 시작되어서 이루어지는 15쌍의 신경으로, 하나의 절전섬유는 신경절에서 1~ 20개의 절후섬유와 시냅스로 연결되어 전신의 모든 부위로 분포되어 있는 특징을 지닌다.

부교감신경은 절전섬유가 간뇌에서 1쌍, 연수에서 4쌍, 천수에서 3쌍에서 시작되어 이루어지는 8쌍의 신경으로, 독립 형태가 아닌 뇌척수신경과 함께 나오다 지배 기관 근처에서 분리된다.

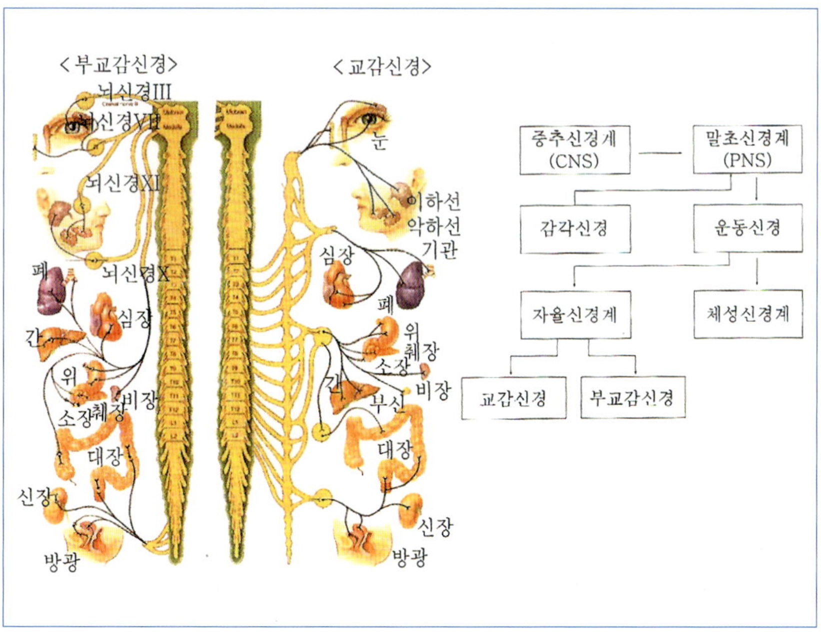

그림 6-17 신경계의 구조에서 말초신경계의 위치

3) 말초신경계

중추신경계(뇌와 척수)에서 몸의 다른 부위로 연결되는 신경이다. 말초신경계에는 뇌에서 나온 뇌신경(12쌍)과 척수에서 나온 척수신경(31쌍)이

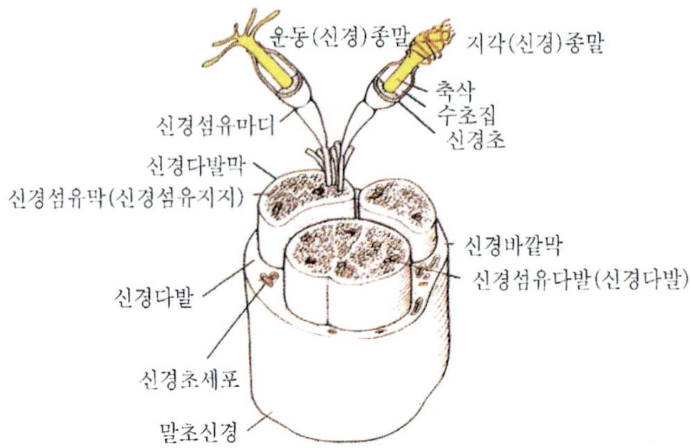

그림 6-18 말초신경의 구조

있고, 이 말초신경은 다시 체성신경계와 자율신경계로 나뉘어진다.

체성신경계는 중추신경을 피부와 근육에 연결시켜 주어 의식적인 운동을 하게 한다. 자율신경계는 뇌와 중추계신열을 직접 심장, 위, 창자, 그리고 여러 분비샘과 같은 내장 기관에 연결시키는 신경으로부터 무의식적인 운동을 일으킨다.

말초신경계는 신체에 있는 감각 기관으로부터 제공하는 여러 가지 자극을 중추신경계인 척수와 뇌로 보낸다. 중추신경계인 척수와 뇌로 보낸 정보가 통합, 조절한다. 그 후에 대한 반응으로 신체 각 부위의 골격근, 내장

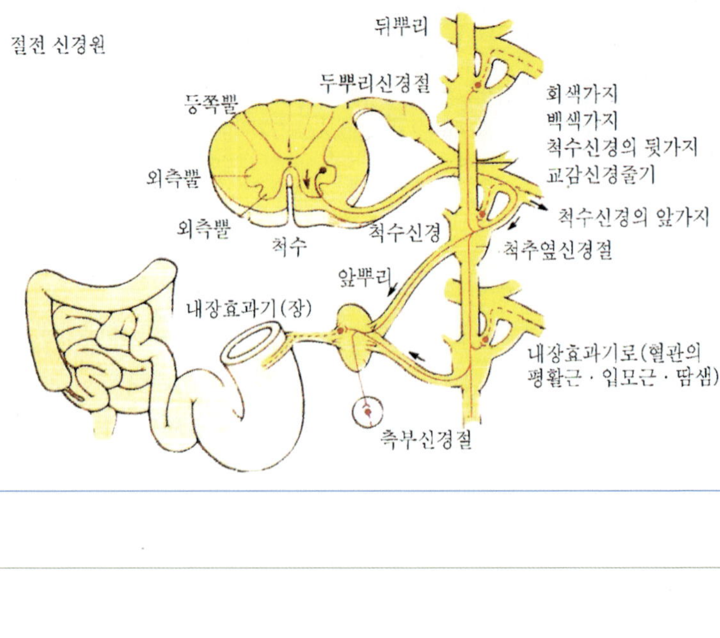

그림 6-19 말초신경의 구조와 신경 전달 경로

근 및 선조직의 변화를 초래하는 신경계이다.

말초신경계는 현실 세계와 중추신경계를 연결하도록 해주며 백질신경 다발을 통하여 몸의 각 부분에서 중추신경계로 하여금 정보를 받게 하고, 또한 그 중추신경계에서 내려진 결정을 수행할 수 있도록 해준다.

6-B. 뇌신경 Brain and Cranial Nerves

1. 고위 중추신경계(뇌신경)

신경을 자극해 각종 반사활동이나 정신작용을 하게 하는 총사령부는 뇌다. 뇌의 무게는 1.4kg이지만 표면적으로는 신문지 한페이지인 2200㎠에 불과하다. 뇌 속에는 140억 개나 되는 신경세포(뉴런)가 들어있다.

1) 뇌의 구조와 기능

뇌는 크게 대뇌와 능뇌로 나눈다. 대뇌는 다시 종뇌, 간뇌 및 중뇌로 나누고 뇌교, 소뇌 및 연수로 나눈다. 종뇌의 겉면은 좌우 양반구를 대뇌반구라고 하며 피질은 회백질, 수질은 백질로 되어 있다.

피부 쪽으로는 연막, 거미막, 경막과 두개골, 두피, 머리카락 등 일곱 겹의 보호막으로 싸여 있다.

뇌의 혈관과 뉴런 사이에는 뉴런 수의 4~6개의 그리아 세포가 있다. 그리아 세포는 뉴런의 지지와 물질 교환에 관여하며 일종의 통제소의 역할을 한다.

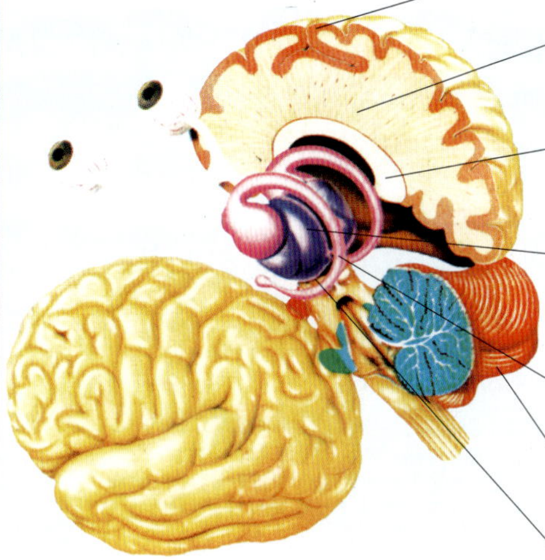

그림 6-20
뇌 구조의 해부적 단면

2) 대뇌 · 소뇌의 기능

뇌는 대뇌, 간뇌, 뇌교, 연수, 소뇌 등 5가지로 구성된다. 뇌간은 뇌와 척수 사이에서 정보를 중계할 때 모든 감각신경과 운동신경이 통과하는 뇌의 줄기로서 중뇌, 뇌교와 연수로 구성되어 있다.

대뇌의 8할은 두 개의 반구로 되어 있어서 왼쪽 반구는 논리적 사고, 언어능력 등 과학적 능력과 관계하며, 신체의 오른쪽을 통제한다.

오른쪽 반구는 공간적, 직관적인 예술성을 관계하며 신체의 왼쪽 신경과 연결되어 있다. 대뇌는 수질과 피질로 나뉘어지며, 회백질인 피질은 사고, 판단, 추리, 감정 등을 담당하고, 백색의 수질은 신경섬유에 의해 흥분의 통로 역할을 한다.

소뇌는 몸의 자세나 운동을 조절하며, 뇌 전체의 약 1할을 차지한다. 간뇌의 시상은 척수나 연수로부터 오는 흥분을 대뇌피질에 전달하며 시상하부는 체온, 호르몬의 농도와 식욕을 조절한다. 또한 뇌하수체를 조절하여 우리 몸의 평형을 유지하는 것을 돕는다. 연수는 하품, 기침 등의 반사중추가 모여 있고 심장박동, 호흡, 운동, 음식물의 연동운동을 관장한다.

3) 뇌의 분류

전 뇌간을 작용하는 특수화된 뉴런의 모임을 망상체라 한다. 망상체를 구성하는 뉴런은 거의 중추신경계 전 영역에서 영향을 받는다.

그림 6-21
뇌와 중추신경

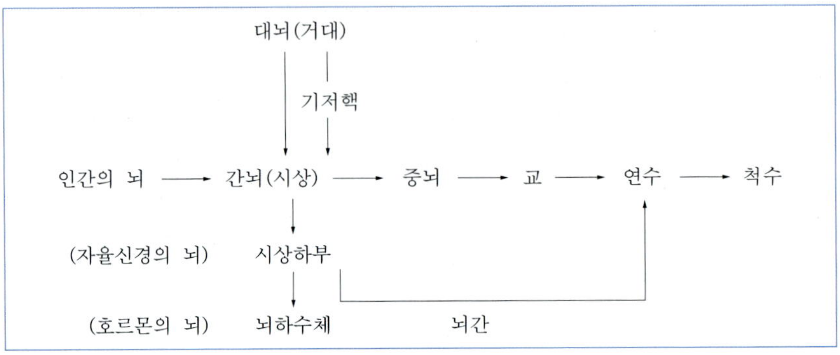

그림 6-22
뇌의 분류

- 뇌
  - 대뇌
    - 대뇌피질 (신경세포가 집중)
      - 신피질 : 지식, 의지, 감각활동을 담당
      - 구피질 : 기쁨, 슬픔, 사랑, 즐거움에 관련된 활동을 담당
      - 고피질 : 본능, 인상에 관련된 활동을 담당
      - (구피질, 고피질은 안쪽에 있으며, 표면에서 볼 수 있는 부분은 대부분 신피질)
    - 수질(신경섬유의 속)
  - 뇌간 : 대뇌와 신체 각부를 연결시켜 주는 일종의 중계소
  - 소뇌 : 움직일 때 신체의 발란스를 유지

2. 뇌간(Brain Stem)

뇌간은 위로부터 중뇌, 교, 그리고 연수로 이루어져 있다.

회백질은 척수와는 다르게 신경세포가 모여서 군데군데 핵을 이루면서 산재해 있다.

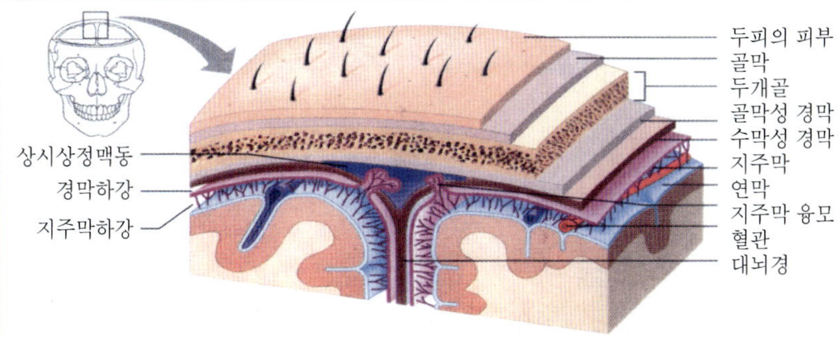

그림 6-23
뇌간의 구조

표 6-2
신경관의 분화와 유래물

구 분	1차 뇌포	2차 뇌포	유 래 물	신 경 관
뇌	전 뇌	종 뇌	대뇌반구 / 선조체 / 후뇌	측뇌실
		간 뇌	시상상부 / 시상 / 시상후부 / 시상하부	제3뇌실
	중 뇌	중 뇌	중뇌개 / 피개 / 대뇌각	중뇌수도
	능 뇌	후 뇌	소뇌 / 교	제4뇌실
		수 뇌	연수	
척수	척 수			중심관

1) 뇌교

뇌교는 중뇌와 연수 사이에서 소뇌의 앞에 위치한다. 연수에서 고위 파질층으로 가는 여러 섬유의 연락 장소가 되고 있으며 따라서 교의 거의 전부가 백질로 구성되어 있다.

일부 중요한 뇌신경의 핵들을 가지고 있다. 교복측부는 신경로 외에 대단히 많은 신경세포를 포함하여 교핵이라고 한다.

2) 중뇌

중뇌는 뇌교의 바로 위에 위치하며, 복측부와 배측부로 나눈다. 중뇌수로에 의하여 세로를 관통하는데 그 주위에 중심회백질이 있다.

3) 간뇌

간뇌는 대뇌에 이어지는 나머지 전뇌 부분으로 시상과 시상하부로 구성된다. 이 간뇌는 두 대뇌반구가 합쳐지는 중간, 즉 뇌량의 밑에 있다.

시상은 회백질로 구성된 부분으로서 후각을 제외한 모든 감각 자극들을 중계하는 곳이다.

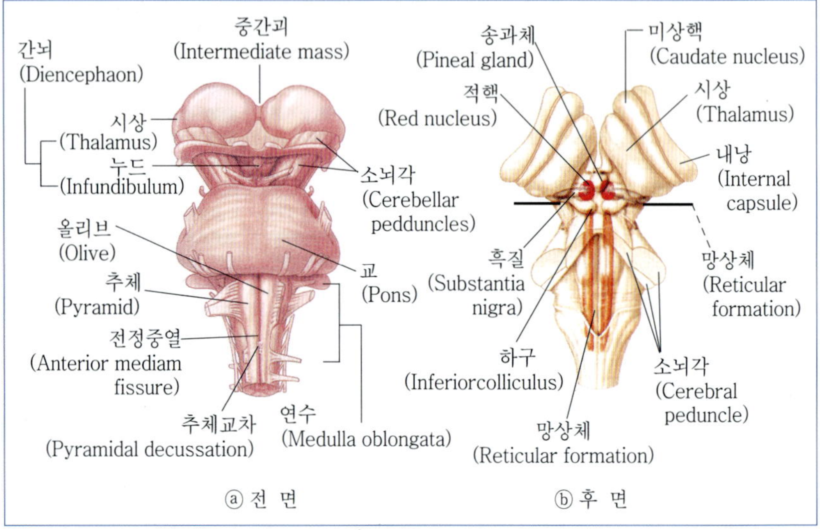

그림 6-24 뇌간의 전 · 후면 해부도

4) 망상체

망상체에는 척수에서 대뇌에 이르는 감각흥분의 상행로의 곁가지가 연결되고 있다. 의식의 유지 및 주의집중을 주관하는 세포들이 포함되어 있다.

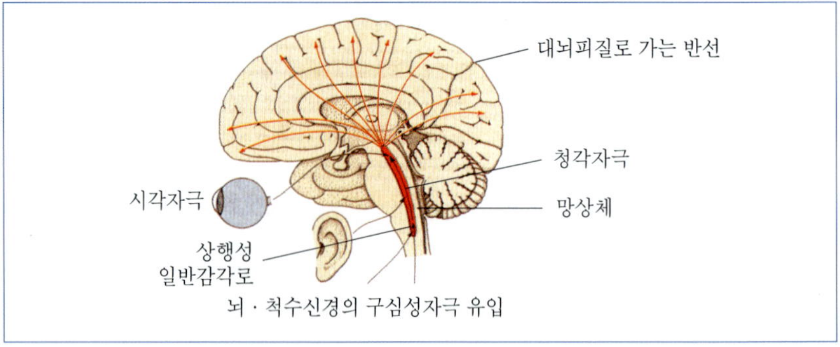

그림 6-25 망상체

3. 시상하부

시상하부는 시상의 바로 밑에 이어지는 부분인데, 여기서는 주로 행동과 감정표현에 따르는 말초자율신경의 조정을 하고 있다. 이 곳의 기능으로는 온도 조절, 신장에서의 수분 조절, 뇌하수체 분비 조절 등이 있다.

간뇌는 전뇌의 중심을 이루며 대뇌반구에 의해 둘러싸여 있다. 간뇌는 좌우 대칭으로 시상, 시상하부 시상하 영역으로 구성되어 있고 이들은 제3뇌실을 에워싸고 있다.

표 6-3 시상하부의 기능

기 능	내 용
교감 신경계의 활성화	• 부신수질로부터 카테콜라민 분비 통제 • 췌장 내분비계를 통해 혈당 수준 유지
체온의 유지	• 떨림 또는 발한(체온조절중추)
체내 삼투압의 조절	• 갈증과 음수행동 조절(음수중추) • vasopressin(ADH)의 분비
생식기능의 조절	• oxytocin의 분비(자궁수축 및 유즙분비) • 뇌하수체 전엽의 자극호르몬 조절(FSH, LH등)
음식물 섭취 조절	• 섭취중추, 포만중추
행동 및 정서의 조절	• 변연계와의 연계작용
수면과 각성상태 조절	• 망상체와의 연계작용(수면중추, 각성중추)
심장, 혈관운동에의 영향	• 연수에 있는 심장, 혈관 운동중추에 영향

4. 뇌신경

대부분의 뇌신경은 감각신경섬유와 운동신경섬유를 함께 가지고 있는 혼합성 신경이다. 특히 제3, 7, 9, 10 뇌신경은 부교감신경섬유인 자율신경 원심섬유를 포함하고 있다. 안구나 코, 귀에 연결된 신경은 거의 감각신경섬유로 되어 있고, 외안근을 지배하는 신경은 대부분이 운동신경섬유이고 일부 자기 감수성신경섬유를 함유하고 있다.

뇌신경은 모두 12쌍이 있으며 오른쪽, 왼쪽의 구멍을 통과하여 말초로 나온다. 제 1, 2 뇌신경 (1, 2)은 전뇌에 부착되어 있으며 그밖에는 뇌간에서 시작한다. 신체 전반에 퍼져 있는 미주신경을 제외하고 대부분의 뇌신경은 머리와 목을 지배한다.

시신경은 제2뇌신경, 삼차신경은 제5뇌신경, 얼굴의 표정을 지배하는 안면신경은 제7뇌신경, 청각이나 평형감각과 관계있는 청신경은 제8뇌신경에 속해 있다.

12쌍의 뇌신경은 뇌에서 나온다. 뇌에서 시작되어 두개골을 나와 목과 흉부, 복부로 내려오면서 골반장기를 제외한 모든 기관에 분포한다. 이 신경은 후두근육, 연구개, 인두의 근육운동도 맡고 있으며 모두 내장운동의 조정을 맡는다.

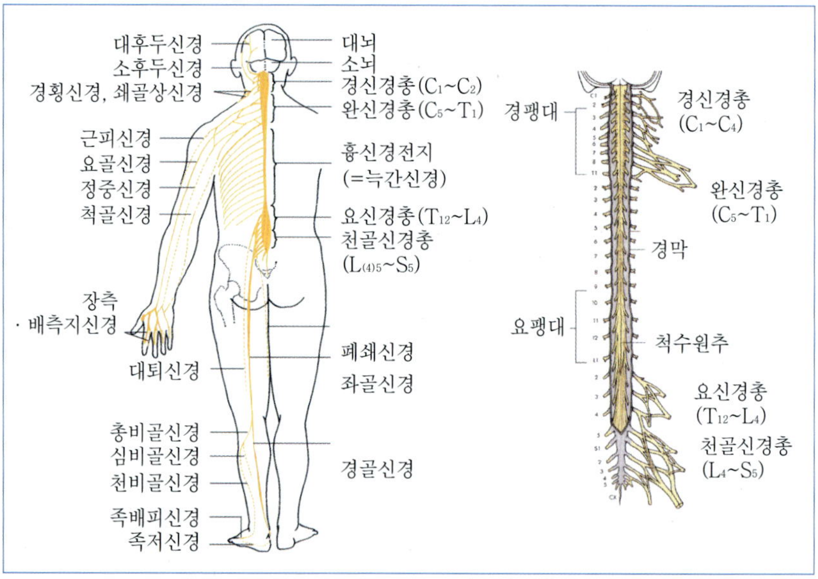

그림 6-26
뇌척수신경 개관과 신경계의 기본 모식도

5. 척주와 척수신경

척주는 척수관의 가운데에 있는 옆지름이 약 1cm인 둥근 기둥 모양의 기관으로, 각 척수간으로부터 좌우 한 쌍으로 하여 합계 31쌍의 척수신경이 나가고 들어온다. 척수는 분절구조를 갖고 있어서가 아니며 각 척수신경이 나오는 높이에 따라서 편의상 31개의 척수절로 나뉘어진다.

척주의 육안적 해부와 보호- 척수는 척추뼈에 둘러싸여 있으며 위로는 두개골의 큰 후두구멍에서 연수로부터 시작되어 갈비뼈 바로 아래 첫째

요추뼈까지 이어진다.

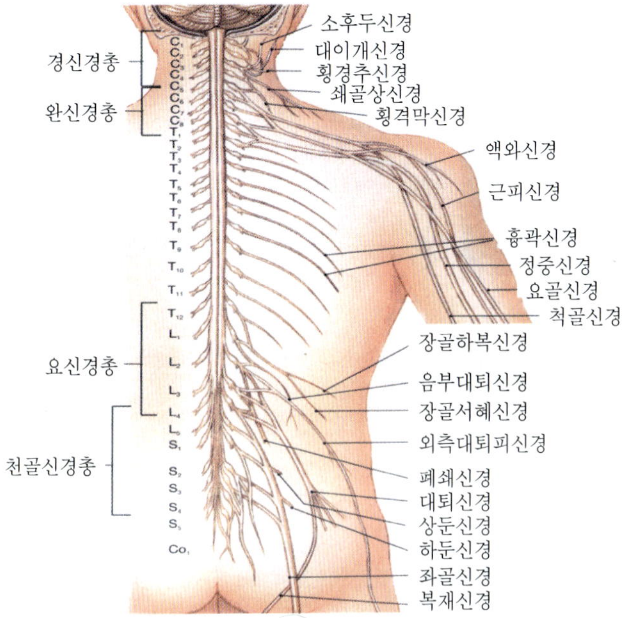

그림 6-27
척수신경과 신경총

길이는 약 42cm, 넓이는 약 1.8cm이며, 원기둥 모양으로 굵고 하얗게 번쩍인다. 척수는 대뇌로 감각을 전하고 대뇌로부터 운동 명령을 전달하는 양방향 전도로라고 할 수 있다.

1) 척수신경의 구성

척수신경은 경수에서 나오는 8쌍의 경신경, 흉수에서 나오는 12쌍의 흉신경이 있다. 척수에는 요수에서 나오는 5쌍의 요신경, 천수에서 나오는 5쌍의 천골신경, 미수에서 나오는 한 쌍의 미골신경의 합계 31쌍이다.

한 개의 척수신경은 골격근 및 근방추로 가는 원심성신경과 내장조직으로 가는 원심성신경(자율성신경의 절전섬유)이 있다. 또한 전근, 피부 및 근육으로부터 구심성신경이 있고 내장조직으로부터의 구심성신경을 포함하는 후근 등이 있다. 따라서 전근은 운동신경, 후근은 감각신경이라 한다.

31쌍의 척수신경은 각각 수많은 신경섬유를 가지고 있으며, 척수로부터 시작되어 머리와 목의 일부분을 제외하고 신체의 모든 부분을 지배한다. 척수신경은 모두 혼합신경이다.

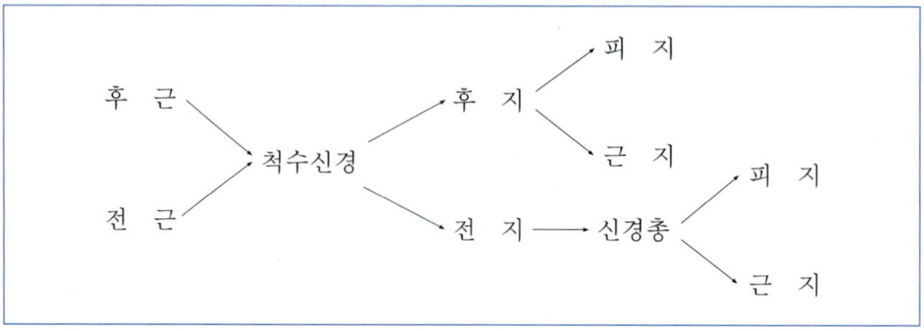

그림 6-28
척수신경의 분지

(1) 척수신경의 분포

각 척수신경은 척수와 연결되어 있는 배측신경근(배근)이나 후근과 복측신경근(복근) 또는 전근인 두 개의 신경근에 의해 연결되어 있다.

척수신경총

신경총의 구성 상태는 말초신경이 굵어지고 전달 속도가 빨라진다.

C_1~C_4의 전지 ——— 경신경총 ┐ 경완신경총
C_5~T_1의 전지 ——— 완신경총 ┘
T_1~T_{12}의 전지 ——— 늑간신경(신경총 아님)
T_{12}~L_4의 전지 ——— 요신경총 ┐ 요천골신경총
L_4~S_5의 전지 ——— 천골신경총 ┘
C_0의 전지 ——— 미골신경총
(S_2~S_4의 전지 ——— 음부신경총)

척수신경총에서 분지하는 신경섬유는 각 고유 명칭 존재
┌ 근지 : 운동지, 분지 중 근육에 분포하는 말초신경
└ 피지 : 감각지, 분지 중 피부에 분포하는 말초신경

6. 척수반사

1) 척수반사

체성반사는 척수에 의해 매개되므로 척수반사라 불린다. 체성감각계는 수용체에서 대뇌피질의 감각중추에 이르는 감각상 행로에는 3개의 뉴런이 포함된다. 1차 뉴런의 세포체는 후근신경절, 2차 뉴런의 세포체는 척수의 후각 또는 연수에 위치하며, 3차 뉴런의 세포체는 시상에 위치한다.

2) 척수의 운동기능

척수에는 수영기와 골격근의 사이를 특이하게 결합하는 많은 수의 신경회로가 준비되어 있다. 상위의 운동중추는 이 척수의 고유한 신경기구를 이용하여 운동을 시켜서 척수를 조절한다.

운동계는 자극에 대해 몇 단계의 제어기구를 가지고 있는데, 대부분 고위 단계의 기능에 의해 하위 단계의 기능이 억제된다.

골격근이 늘어나면 이 근은 반사적으로 수축한다. 이 반사를 일으키는 자극은 근육을 신장하게 하는 것으로 이 반사의 반응은 신장되는 근의 수축이다.

7. 굴곡반사

1) 굴곡반사의 기능

피부, 근육, 관절 등의 심부조직에 꼬집거나 열 등의 해로운 통각 자극을 주면 그 쪽의 팔꿈치, 무릎, 다리에 있어서의 굴근이 반사적으로 수축한다. 이것을 **굴곡반사**라고 한다. 굴근의 수축에 의하여 다리 전체를 침해상 자극으로부터 멀어지려고 하는 반사이므로 **방어반사**(도피반사)라고도 한다.

굴곡반사는 유해 자극이 가해지면 자극으로부터 멀어지려는 방어반사이다. 손가락을 바늘에 찔렸을 때 일어나는 반응이 좋은 예이다.

2) 굴곡구조

굴곡반사를 일으키는 구심성 II,III,IV 그룹을 이하의 가는 섬유로 일관하여 굴곡반사 구심성 섬유라고 한다.

척수에는 그 표면을 백질부가 덮고 내부의 횡단면에서는 H자형을 이루는 회백질이 있으며 후각에는 후근섬유로 끝난다. 백질은 세로로 달리는 유수섬유로 형성되어 있고 전색, 후색, 측색으로 된 척수색을 만든다.

또한 굴곡반사에 있어서는 굴곡반사 구심섬유는 척수안에서 길항근(신근)을 지배하는 운동 뉴런을 억제하는 억제성 개재 뉴런을 흥분시켜 신근의 이완을 일으킨다.

또한 굴곡반사를 일으키는 자극이 강하며 자극 쪽에 다리의 굴곡과 동시에 반대 쪽의 다리에서는 신근 그룹이 모두 수축하여 다리를 뻗는 반사운동이 일어난다. 이것을 교차신전반사라고 한다.

척수, 뇌간, 시상하부 각 레벨에는 내장기능 조절의 중추가 있다. 척수와 뇌간의 것을 자율신경반사의 1차 중추이다. 중추는 또한 상위의 중추인 사상하부, 대뇌변연계, 소뇌 및 대뇌피질에 의한 조절을 받는다.

표 6-4
척수반사 중추

관운동중추	교감신경	척수전체	고환근반사중추	운동신경	L_1~L_2
땀중추	교감신경	척수전체	슬개건반사중추	운동신경	L_2~L_4
모중추	교감신경	척수전체	알켈리스건반사중추	운동신경	L_2~L_4
동공확대	교감신경	C_8~Th_2	척수생식중추	부교감신경	S_1~S_4
내장촉진중추	교감신경	Th_1~Th_4	척수항문중추	부교감신경	S_2~S_4
벽반사중추	운동신경	Th_8~Th_{12}	척수방광중추	부교감신경	S_3~S_4

8. 체성신경계와 뇌신경

체성신경계는 피부감각, 심부감각 등의 체성감각 등이 있다. 또한 시각, 청각, 가속감각 등의 특수감각을 기본으로 귀, 눈을 포함하는 골격근에 반사효과를 일으키게 된다. 이 신경계 운동기능의 조절에 관여하며 대뇌피질의 기능에 의한 운동기능에도 관여한다.

뇌신경(III 동안신경, IV 안면신경, V 미주신경) 중에 포함되어 뇌에서 나오는 자율신경계의 절전섬유는 각 뇌신경 소속신경절(모양체신경절, 악구개신경절, 턱밑, 혀, 신경절, 치아신경절)을 두부부교감신경이라 한다.

표 6-5
뇌신경계의 분포와 작용

번호	명 칭	분 포	작 용
1	후각신경	뇌의 아랫면에서 나오며 비강내의 후각부에 분포	지각계 : 후각
2	시 신 경	뇌의 아랫면에서 안혈로 들어가며 망막에 분포	지각계 : 시각
3	동안신경	대뇌와 교에서 나와 안혈로 들어가며 안근에 분포	운동성 : 안근의 운동 부교감성 : 동공 축소
4	활차신경	동안신경 바깥측에서 나와서 안혈(眼血)로 들어가며 토사근에 분포	운동성 : 안근의 운동
5	3차신경	교의 양쪽에서 나와 얼굴 피부, 머리의 점막 저작근에 넓게 분포	지각성 : 머리, 얼굴의 피부지각 혀의 미각, 구강, 비강의 지각 운동성 : 씹는 운동
6	외전(外轉) 신경	교(橋)와 연수사이에서 나와 안혈의 오직근에 분포	운동성 : 안근의 운동
7	안면신경	교와 연수사이에서 나와 안면근에 분포 일부는 혀, 땀샘, 침샘에 분포	운동성 : 표정운동 : 지각성 혀의 미각 부교감성 : 땀, 타액의 분비
8	내이(內耳) 신경	교와 연수사이에서 나와 내이에 분포	지각성 : 청각, 평형감각
9	설인신경	연수 상부에서 나와 구강, 인두, 턱밑샘에 분포	운동성 : 연하 지각성 : 미각, 인두의 지각 부교감성 : 타액 분비
10	미주신경	연수 상부에서 나와 경부, 심장, 기관, 폐, 식도, 위, 비장, 신장, 소장, 대장 등에 분포	부교감성 : 심장, 위, 식도, 장, 기관 등의 운동
11	부 신 경	연수 상부에서 나와 후두, 경부의 근에 분포	운동성 : 흉쇄유돌근, 승모근의 운동
12	설하신경	연수의 양쪽에서 나와 혀의 분포	운동성 : 혀의 운동

9. 연수

뇌의 가장 아래 부위로 뇌교와 척수 사이에 위치하는 신경조직이다. 척수와는 뚜렷한 경계가 없이 연결되어 있고 구조적으로도 척수와 유사한

그림 6-29
연수의 횡단면(하올리브핵 기준)

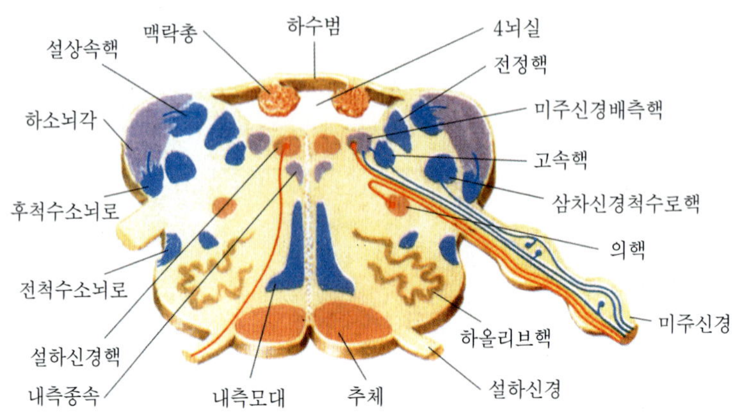

그림 6-30
뇌신경의 분포

뇌신경은 뇌에서 12쌍이 뻗어나와 두개골을 통과해 머리, 목, 몸통 부위로 분포하게 된다. 대부분의 뇌신경은 감각과 운동을 모두 담당하게 되며 앞쪽에서 뒤쪽으로 순서대로 신경의 번호가 붙여지게 된다. 뇌시경은 말초신경에 속한다.

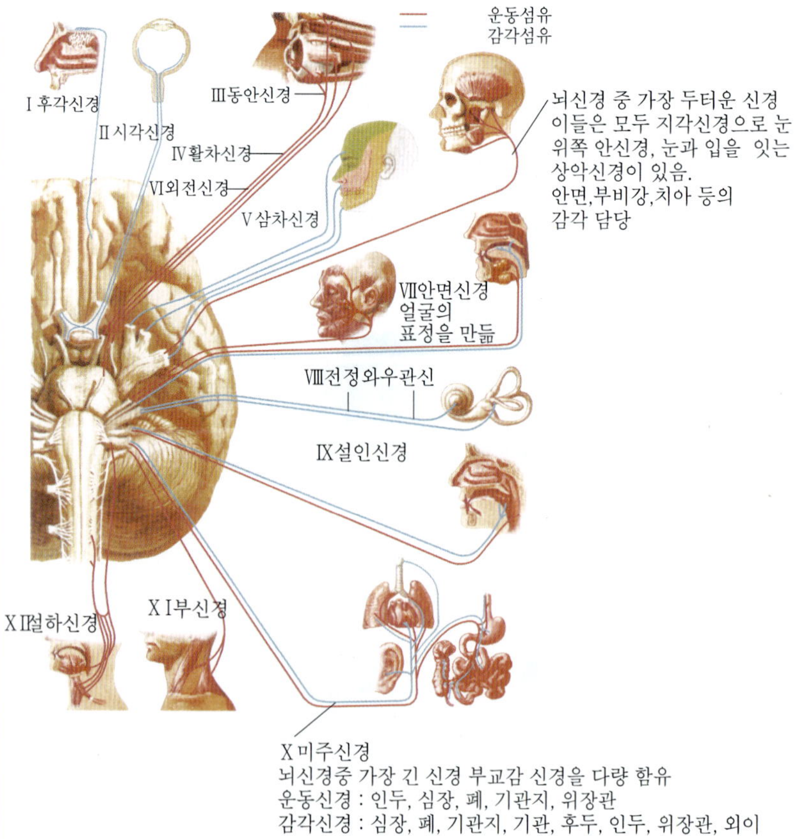

데, 중앙에는 회백질이 있으며 이를 백질로 감싸고 있다.

연수에는 많은 뇌신경의 핵이 존재하여 제제 9(설인신경), 10(미주신경), 11(부신경), 12(설하신경) 뇌신경이 시작되며, 백질과 회백질이 혼합된 망상체가 존재한다.

망상체에는 자율신경의 중추에는 호흡, 심장, 위액 및 타액분비, 연하, 구토, 각막반사, 정신적 발한중추 등이 존재하는데, 이를 생명중추라고도 한다.

연수의 양쪽에는 1쌍의 평대된 추체가 존재하는데, 그 내부에는 운동전도로인 추체로가 뻗어 있으며, 대부분 신경섬유의 추체로 교차가 일어나 뇌의 좌우신경을 상호 교차 시켜 척수와 연결해 줌으로써 몸의 반대쪽을 조절하게 한다.

10. 신피질

1) 신피질의 기능분화

신피질은 기능적으로 운동영역 및 연합영역으로 분류된다. 운동영역은 근육운동을 조절하고 감각영역은 감각성 자극을 처리하며 연합영역은 고도의 통합작용 및 창조작용에 관여한다.

<table>
<tr><th colspan="5">대뇌피질의 구분</th><th colspan="2">삶을 위한 분담상태</th></tr>
<tr><td>새로운 피질</td><td>신피질계</td><td>신피질</td><td>의식사고영역</td><td>보다 좋게 살기 위한 영역</td><td>적응행동과 창조행위를 함</td><td>지각, 사고, 판단, 의지, 감성 등 고등정신 활동을 하는 부위</td></tr>
<tr><td rowspan="2">오래된 피질</td><td rowspan="2">대뇌변연계</td><td>구피질</td><td>잠재의식</td><td>건강하게 생존하기 위한 영역</td><td>본능행동과 정동행동을 함</td><td>구체적으로 식욕, 성욕, 수면 등의 본능이나 또는 쾌, 불쾌와 같은 정동(情動) 등 원시적인 것을 담당하는 부위</td></tr>
<tr><td>고피질 뇌간 척수계 포함</td><td>무의식 영역</td><td>생존하는 상태를 받드는 영역</td><td>조절작용과 반사활동을 함</td><td>호흡, 분비, 심장의 박동 등 생존하기 위한 최저한도의 일을 담당하는 부위</td></tr>
</table>

표 6-6
대뇌피질 작용의 분담

2) 대뇌피질의 기능

대뇌 기능은 모든 정신적인 기능과 주로 운동, 감각, 내장 기능을 담당하고 있다. 즉 기억, 상상, 경험, 감각, 정서 등을 바탕으로 행동을 결정하며, 어떤 자극에 의해 얼굴의 혈관이 확장 된다. 또는 수축하여 공포를 느낄 때는 창백해지고 흥분 시에는 붉어진다.

그림 6-31
대뇌피질의 기능 부위

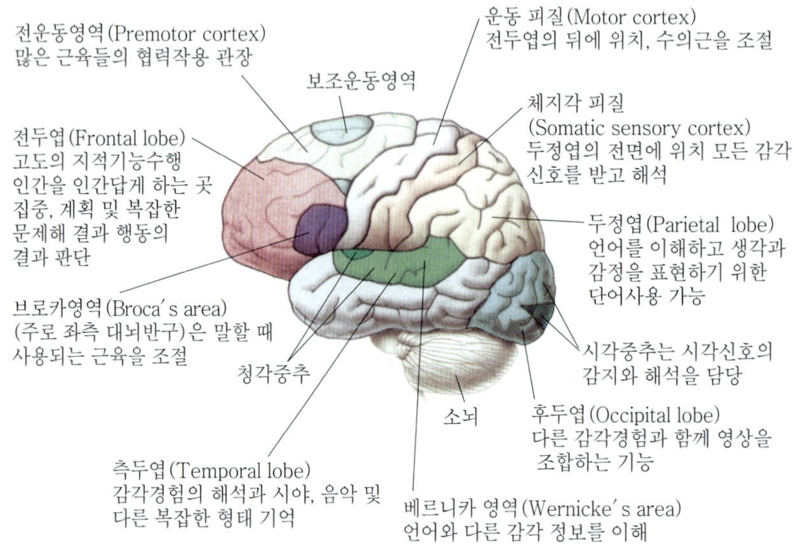

표 6-7
대뇌피질의 기능

뇌간 · 척수계	방사활동, 조절활동
대뇌변연계	본능활동, 정동활동
신피질계	적응활동, 창조활동

그림 6-32
대뇌피질의 관련 범위(a)
통합계의 기능분담(b)

(a)
대뇌피질
- 감각영역
- 연합영역
  - 감각연합영역 : 지각 · 인각 · 판단 (총합적분영역)
  - 기억 : 사고 의지 · 창조 · 감정
  - 운동발생영역
  - 전운동영역
- 운동영역

(b)

뇌간 · 척수계	반사활동, 조절활동
대뇌변연계	본능활동, 정동활동
신피질계	적응활동, 창조활동

11. 삼차신경

지각부와 운동부의 혼합신경으로 뇌신경 중 가장 크다. 지각부는 머리 및 안면의 대부분에 분포하며 운동부에는 심두근, 저작근, 탁설골근을 지배한다.

능뇌에서 출발한 삼차신경 지각근은 특수 골수체부의 삼차신경 압점 위에 커다란 삼차신경과 설악신경이 연결되어 다시 눈신경, 상악신경, 하악신경으로 나누어 진다. 운동근은 삼차신경과 설악실경으로 나뉘어진다. 운동근은 삼차신경절하면의 내측을 따라 나아가 하악신경과 합쳐진다.

신경통이 일어나는 부위별로 살펴보면 3차신경통(주로 아랫입술이나 아래턱 그리고 콧등이 아프다), 설인신경통(혀의 안쪽에서 귀에 걸쳐 날카로운 통증이 퍼진다), 늑간신경통(갈비뼈에 붙어 있는 신경에 발작적으로 심한 통증이 온다), 좌골신경통(허리에서 엉덩이와 넓적다리, 그리고 종아리까지 이어지는 통증이 온다) 등이 있다.

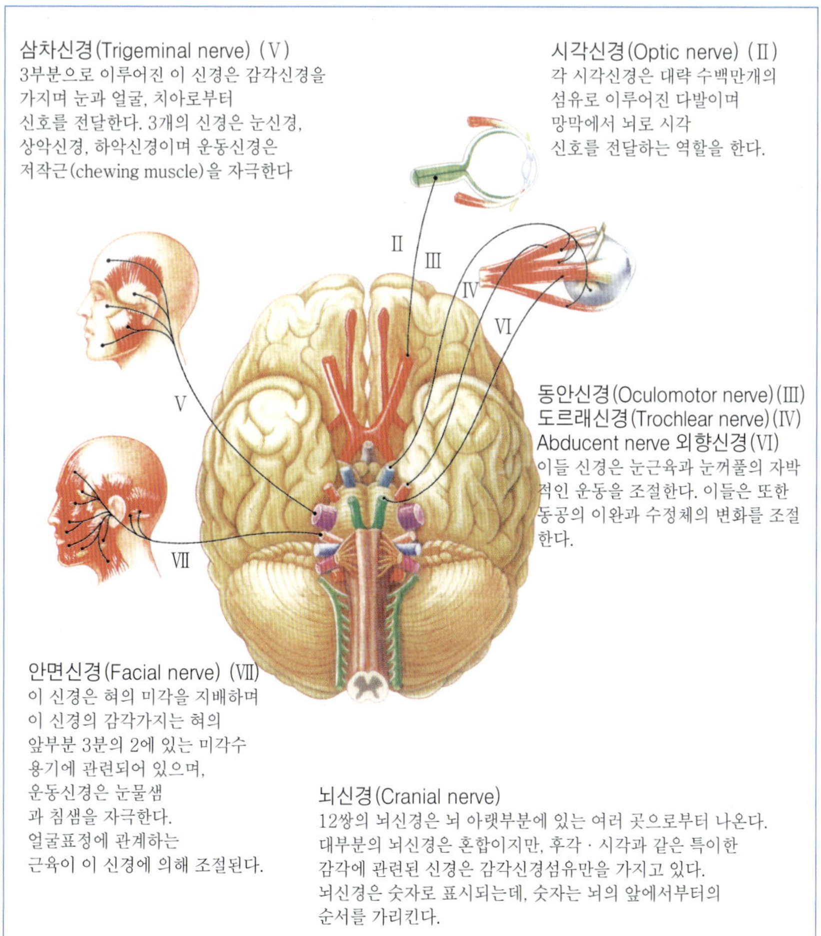

그림 6-33
눈과 관련된 여섯개의 주요 신경

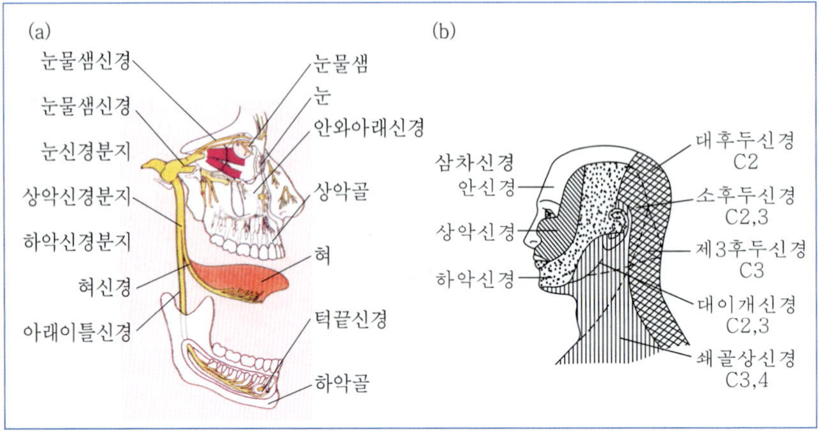

그림 6-34
삼차신경과 안면신경의 해부적 구조와 신경전달경로

12. 미주신경

뇌신경 중 유일하게 뇌와 목 아래의 부분까지 지배하는 신경이다.

기능은 혼합신경-인두와 후두에 있는 연하와 관련된 골격근을 지배하는 신경을 제외하고 거의 모든 운동신경은 부교감성 원심신경이다. 부교감성 운동섬유는 심장, 폐, 내장기에 공급되며, 심박과 호흡, 소화계 작용을 조절한다.

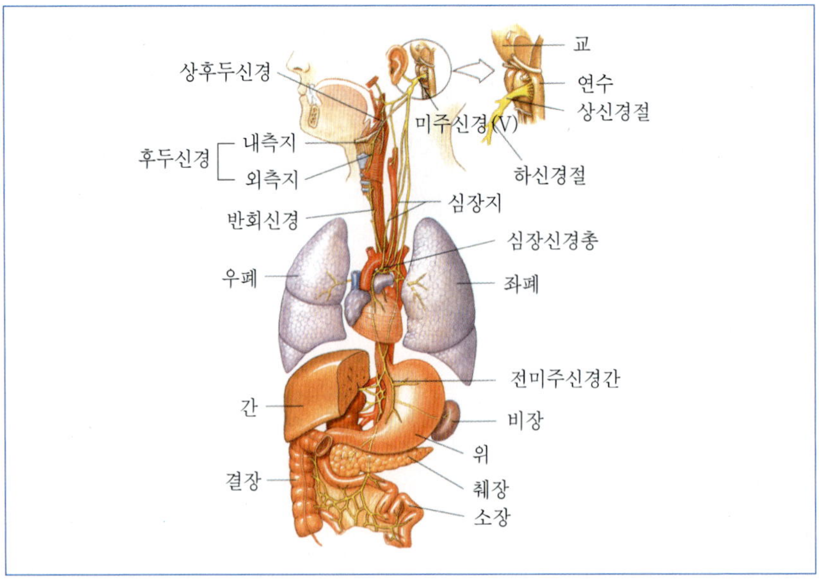

그림 6-35
미주신경의 신경분포도

13. 부신경

유일하게 뇌신경근과 척수근이 합쳐진 것으로 뇌신경근은 뇌기능이 연수의 외측으로부터 기시하며 척수근은 척수의(C4-C5) 상부에서 나온다.

뇌신경가지는 미주신경섬유와 융합되어 후두와 인두는 연구개에서 운동섬유에 전달한다.

1) 삼차신경

가장 큰 뇌신경이다. 교에서부터 얼굴까지 뻗어 있고 세 개로 나누어진다. Trigeminal은 3개라는 뜻이다(안신경, 상악신경, 하악신경 분지). 얼굴의 주된 감각신경으로 촉각, 온각, 통각의 감수체로부터 구심성 흥분을 전달한다. 이 3분지의 감각 뉴런의 세포체들은 큰 삼차신경절에 위치한다. 하악신경가지는 저작근에 신경을 전달하는 운동섬유를 포함한다.

표 6-8
삼차신경과 연관되는 신경경로와 기능

	안신경	상악신경	하악신경
기원과 경로	얼굴에서부터 상안와열을 통해 뇌교로 주행한다.	이 신경은 정원공을 통해 얼굴에서 뇌교로 주행한다.	난원공을 거쳐 두개골을 통과한다.
기능	앞이마, 상안검, 코, 비강점막, 각막과 누선의 감각 흥분을 전달한다.	비강과 구개, 윗니, 뺨, 윗입술 하안검의 감각신경을 전달한다.	미뢰를 제외한 혀의 전방, 아랫니, 뺨, 측두부의 감각 흥분을 전달한다. 저작근에는 운동섬유가 있으며, 저작근의 고유수용체섬유를 통해 흥분이 전달된다.

14. 소뇌

소뇌는 교의 뒤쪽에 위치하고 있는 대뇌 다음으로 큰 신체운동계의 중요한 기관이다. 소뇌는 양쪽의 소뇌반구로 구성되고 그 사이는 충부에 의해 연결되며, 두 쌍의 섬유다발인 소뇌각에 의해 각각 교뇌에 부착되어 뇌교와 많은 신경섬유를 교환하고 있다. 소뇌는 깊고 뚜렷한 열에 의해 전엽, 후엽, 소절편엽의 3엽으로 나뉘어지는데, 이중 전후엽은 운동 기능과 관련이 깊고 소절편엽은 평행기능과 연관이 있다.

소뇌피질은 3층으로 되어 있어 바깥쪽으로부터 분자층, 퍼킨제 세포층, 과립층으로 되어 있다.

1) 소뇌에 의한 운동기능의 조절

소뇌의 중요한 기능은 수의운동의 협조 및 자세의 유지이다. 소뇌는 그 지령에 따라 대뇌피질 및 뇌간의 상위운동신경의 흥분성을 조절하고 있다. 일체 각 부위의 골격근의 활동은 협조시켜 운동이 원활하게 이루어지게 한다. 또한 소뇌에는 운동학습 기능이 있고 숙련된 운동을 하는 데 관여하고 있다.

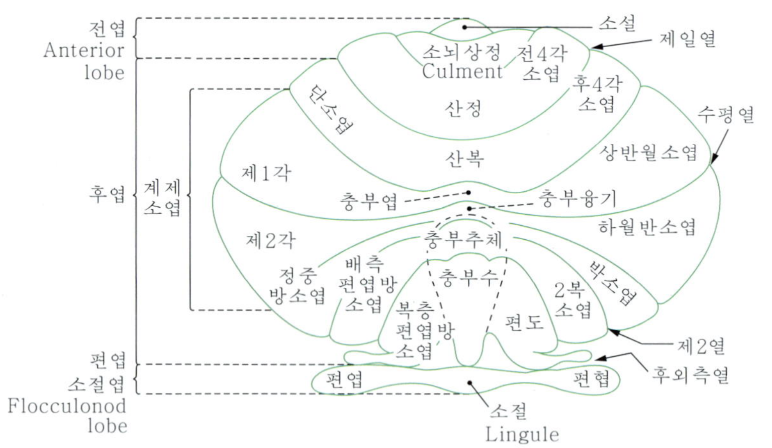

그림 6-36 소뇌의 구분

15. 대뇌

대뇌는 뇌에서 가장 큰 부분으로서 전체 뇌의 약 7/8가량을 차지하며 전뇌 중에서도 대부분이 이 대뇌이다.

대뇌는 좌우가 대칭인 2개의 반구로 구성되어 있고 표면에는 많은 주름이 잡혀 있는데, 홈이 패인 곳을 구 또는 열이라고 부르며 홈 사이의 볼룩 솟은 부분은 회라고 한다.

중심구와 외측구를 경계로 전두엽, 측두엽 및 후두엽이 있다. 이들이 차지하는 면적은 전두엽이 전체의 40%, 두정엽과 측두엽이 각각 21%, 후두엽이 17% 가량 되며 각각 같은 이름의 두개골 밑에 내재되어 있다. 회백질부분 중에 피질에는 많은 신경세포가 있어 각종 중추역할을 한다.

대뇌피질은 가장 고위 중추이고 생명을 유지하는데 중추신경계에서 가장 중요한 부분의 하나이다. 대뇌피질은 두개강의 약 2/3를 차지하고 전후로 깊은 도랑이 있어 좌우 2개의 반구로 구분되며, 이 도랑을 종열이라고 한다.

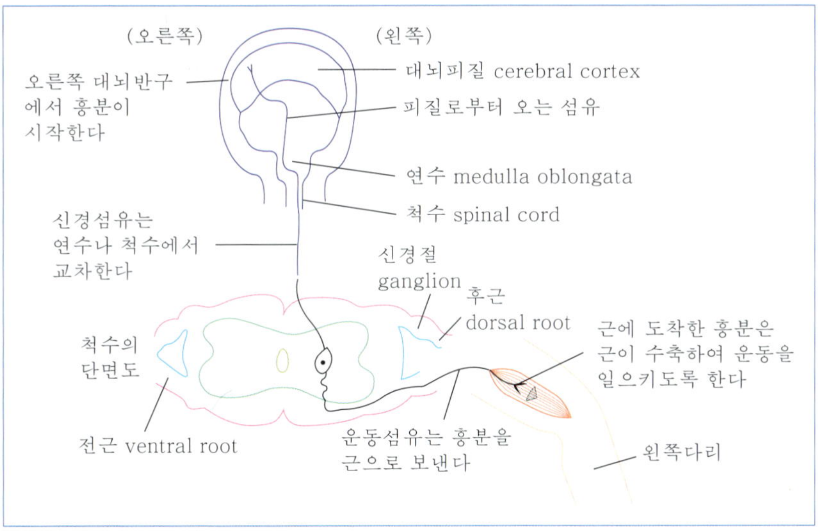

그림 6-37 대뇌피질과 관련된 신체 부분

1) 대뇌의 영역

(1) 운동영역

운동중추는 골격근의 수의운동을 지배하는 주체로 중추와 무의식적 운동이나 긴장을 지배하는 추체외계로 중추가 있다.

(2) 감각영역

일반 감각을 느끼는 복합신경 기능은 신경섬유, 척수, 연수, 뇌교, 중뇌, 시상부, 대뇌피질에서 이루어 진다. 이 감각 영역에서는 주로 피부의 일반 감각인 온각, 냉각, 촉각 및 압각 등의 감각흥분이 감지된다.

(3) 청각영역

주로 소리의 높고 낮음, 소리의 조율 등을 나타낸다. 그 밖에 여러 가지 감각을 통합하여 무엇인가를 인식케 하기도 한다.

2) 변연계

변연계는 후뇌에 속하는 피질과 편도체 등의 영역으로, 기능적으로 후각과 관계가 있다. 그 외에도 시상하부의 자율기능의 조절, 성감 같은 원시적 감각, 쾌락과 불쾌감 등이 감정의 형성에 중요한 의의를 가지고 있다.

시상하부 및 변연체에 의하여 통화되는 기능에는 섭식 행동, 성 행동, 체온조절, 감정 행동, 하수체저엽 호르몬의 분비 조절 등이 있다.

(1) 자율신경의 중추

시상하부는 뇌간과 척수의 자율신경중추를 조절하여 체내의 불수의적인 신경 활동을 조절한다.

(2) 감정 반응과 행동의 중추

인간의 희노애락, 고통 및 심지어는 성적인 욕망도 시상하부의 신경핵이 관련되어 있다. 시상하부는 또한 이러한 감정을 자율신경을 통해 신체적으로 표현하는 것을 중재한다.

(3) 체온조절중추

시상하부는 피부와 대뇌에 위치한 온도수용체로부터 정보를 받고 시상하부로 공급되는 혈액의 온도를 감지하여 체온을 조절한다.

(4) 수분 및 갈증 조절

체내 수분이 농축되면 시상하부에 위치한 삼투감수체가 활성화되어 뇌하수체후엽에서 항이뇨 호르몬을 분비한다.

16. 수막

수막은 중추신경을 보호하기 위해 뇌와 척수를 싸고 있는 3겹의 공통피막으로 외층인 경막, 중간층인 지주막, 내층인 연막으로 구성된다.

경막은 가장 외막으로 두껍고 질긴 섬유성막이며 혈관이 풍부하다. 경막은 2층의 구조를 하고 있는데 가장 바깥쪽인 골막층은 혈관이 많이 분포되어 있고 두개강의 내면을 덮는 골막으로 옮겨지며, 한쪽은 뇌막층은 중추신경의 피막을 이룬다.

지주막(또는 거미막)은 중간막으로 1장의 얇은 막이며 고유혈관은 없고 신경의 분포가 적다. 연막은 가장 얇으나 혈관이 풍부한 내막으로 뇌실질의 표면에 밀착되어 있다.

연막의 주름은 제3뇌실과 제4뇌실의 뒤쪽인 측뇌실의 안쪽으로 들어가 맥락조직을 이루고 혈액이 풍부한 맥락총을 형성하여 뇌척수액을 분비한다. 뇌척수액은 뇌실 및 지주막하강에 분포하는 체액으로서 림프와 같은 투명한 액상물질이다. 여기에는 약간의 단백질, 포도당 및 Ca^{2+}과 다량의

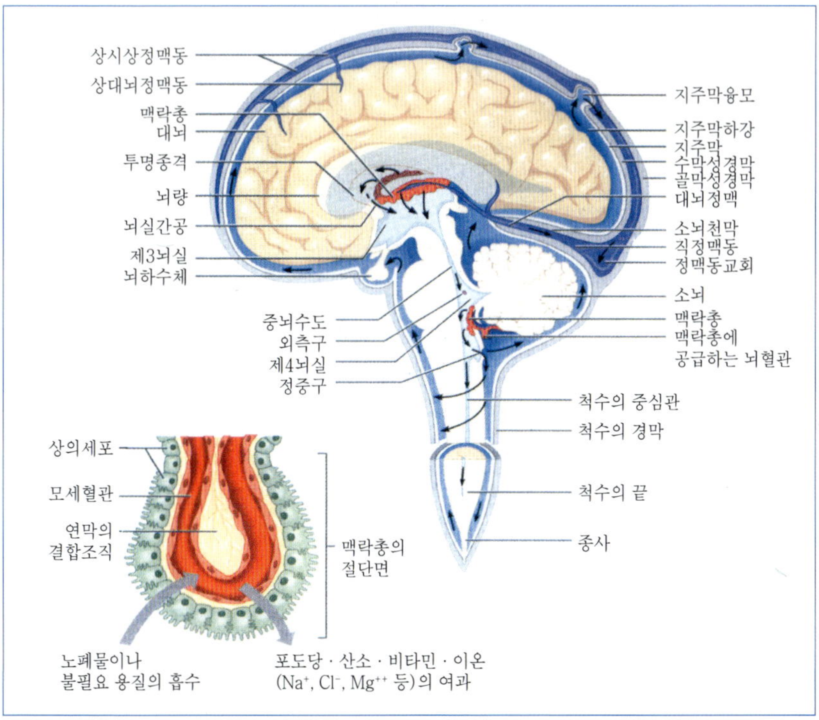

그림 6-38 뇌척수액의 연관되는 해부도

Na^{+}가 함유되어 있다.

이러한 저류부위 사이는 서로 연결되어 있기 때문에 내압은 일정한 수준으로 유지된다.

*간뇌: 전뇌의 중심을 이루며 대뇌반구에 의해 둘러싸여 있다. 간뇌는 좌우 대칭으로 사상, 시상하부 시상하부 영역으로 구성되어 있고 이들은 제3뇌실을 에워싸고 있다.

17. 기저핵

각 대뇌반구의 백질 깊숙이 한 무리의 핵들이 위치하는데 이를 기저핵이라고 한다.

대뇌반구 수질부 안에 있는 백질부에 신경핵들이 집단을 이루고 있는 회백질 덩어리를 기저핵(대뇌에 있을 때 대뇌핵)이라고 한다. 대뇌핵은 미상핵, 렌즈핵, 대상핵, 편도체 등 네 쌍이 있다. 기저핵은 추체외계의 억제기능과 관련이 깊다. 또한 소뇌와 함께 신체 운동과 자세 조정에 관여하는 많은 반사활동을 통합하고 있다.

1) 섭식행동의 조절

먹고 마시는 행동의 기본은 척수 및 뇌간수준의 섭식반사이다. 섭식반사는 음식물의 인지 등과 같은 감각자극에 의하여 작동된다. 섭식은 시상하부에서 변연계는 공복감 또는 만복감의 형성을 관할함으로 이 반사를 조절한다.

동물의 시상하부 복안쪽 핵을 파괴하면 음식물이 생기는 한 계속 먹으므로 비만이 되며, 반대로 전기자극을 하면 섭식을 중지한다.

만복중추는 섭식 후의 혈중포도당이 상승하여 만복감을 형성하고 공복중추를 억제하며 섭십을 종료시킨다.

정동이라 함은 사랑, 미움, 유쾌한, 분노, 즐거움, 슬픔, 놀람 등 주관적 감정(마음)을 말하며 이 행동을 정동행위라고 한다.

6-C. 감각기관 Sensory Organ

1. 감각기관의 종류

감각은 각종 감각기에 적합한 에너지 형태를 갖는 자극이 가해질 때 생기며, 보통 감각기는 자극에 반응하여 활동전위라고 불리는 전위변화를 일으키게 된다. 이렇게 내외 환경의 자극을 받아들이는 감각기에 발생된 임펄스는 구심성 신경을 통하여 대뇌의 감각중추에 이르고, 거기서 감각으로서 인식된다.

감각의 종류에는 시각, 청각, 평형감각, 미각, 후각, 피부감각, 심부감각, 운동감각 등이 있다. 감각의 질을 식별하는 것을 지각이라 하고, 지각되어진 것이 무엇인가 인식하는 작용을 인지라고 한다. 감각은 개입하는 감각신경계나 자극의 소재에 의해서도 분류된다.

1) 체성감각

(1) 고유수용기

신체 운동에 관여하는 감각기로 근수축 및 이완을 담당하는 근방추, 건의 장력을 감지하는 골지 건수용기와 관절의 위치 및 운동을 감지하기 위한 관절 주위의 신경종말 등이 있다.

(2) 내장수용기

몸의 내장이나 혈관 등의 내장기관의 변화를 감지하기 위해 혈관벽, 폐, 연수, 시상하부 등에 분포하는 감각기이다.

그림 6-39
감각기능의 전달과정

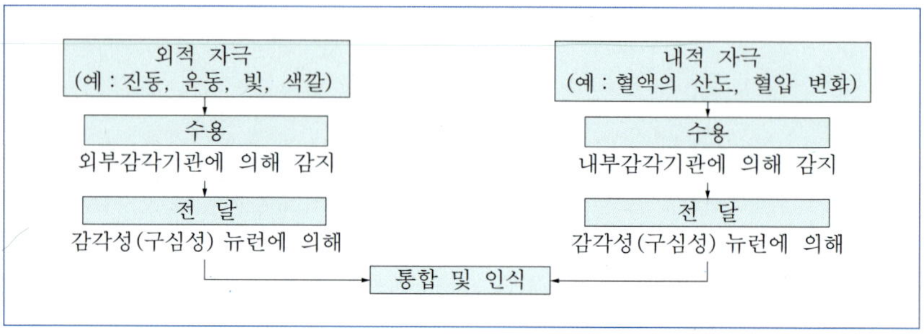

표 6-9
수용기 위치에 따른 분류와 기능

외계수용기(exteroceptor)		내계수용기(interoceptor)	
원격 수용기 (distance receptor)	접촉 수용기 (contact receptor)	자기 수용기 (proprio receptor)	내장 수용기 (visceral receptor)
눈, 귀, 코로서 인체와 떨어진 곳의 상태를 알려준다.	미뢰, 피부, 점막 등으로 체외의 상태를 알려준다.	근, 건, 관절 등에 있어서 인체부위의 위치를 알려준다.	내장에 있는 감각기관으로서 체내의 상태를 알려준다.

2. 감각의 분류

감각의 분류 방법은 여러 가지가 있는데 그 한 예를 표 13-3에 나타내고 있다. 이 중에서 특수감각은 뇌신경에 의하여 정보전달이 이루어지고 체성감각은 체성신경에 의하여 정보가 전달된다. 내장감각은 자율신경은

표 6-10
일반감각과 특수감각의 종류와 기능

감각의 분류		감각의 종류와 감각기
일반감각	체성감각	통각(자유신경종말) · 촉각(마이스너소체) · 압각(파치니소체) · 온각(루피니소체) · 냉각(크라우제소체) 근신전(근방추) · 건신전(골지 건수용기)
	내장감각	동맥혈압(대동맥궁, 경동맥궁) · O_2 분압(경동맥소체, 대동맥소체) CO_2 분압(연수) · 혈압(시상하부) · 폐확장(폐, 미주신경) 등
특수감각		시각(눈) · 청각(귀) · 후각(코) · 미각(혀) · 회전(반규관) · 평형(내이 전정기관)

구심성신경에 의하여 전달된다.

일반감각기관은 온도, 동통 압력 및 접촉 등의 감각을 받아들이는 기관이며 전신에, 특히 피부에 주로 분포되어 있다. 특수감각기관은 일반감각기관에서 할 수 없는 시각, 청각, 후각 및 미각을 담당하는 눈, 코, 귀 및 혀를 말한다.

대뇌피질의 1차 감각영역에 도달하는 정보는 2차 감각영역 및 연합영역을 거쳐 지각하게 된다. 여기서 과거의 지식에 비추어 인지하며 필요에 따르는 행동을 일으킨다. 그러나 감각정보로서 수용기의 감각정보는 대뇌피질에 도달하여 감각시키지 않고 뇌간 척수반사를 일으켜 자세 또는 운동 장기활동을 조절을 한다.

자극 ↓ 감각기 → 신경계(감각신경) → 중추 → 신경계(운동신경) → 작동기 ↑ 반응

그림 6-40
감각기관의 반응이 신경에 전달되어 반응하는 과정

표 6-11
감각의 종류와 기관별 외계와 내계 수용기 분류 방법

<table>
<tr><th rowspan="2">감각의 종류</th><th rowspan="2">감각기관(수용기)</th><th rowspan="2">수용세포</th><th colspan="4">분 류</th></tr>
<tr><th colspan="2">감각신경계</th><th colspan="2">자극의 소재</th></tr>
<tr><td>시 각
청 각
후 각</td><td>눈(망막)
귀(와우, 코르티기관)
코(취상피)</td><td>원추, 간체
유모세포
후세포</td><td colspan="2" rowspan="3">특수감각
(뇌신경계)</td><td>원격
수용기</td><td rowspan="4">외계수용기</td></tr>
<tr><td>미 각</td><td>혀(미뢰)</td><td>미각세포</td><td rowspan="2">접촉
수용기</td></tr>
<tr><td>평형감각(회전운동)
평형감각(직선운동)</td><td>삼반규관(편형)
전정기관(평형판)</td><td>유모세포
유모세포</td></tr>
<tr><td>촉(압)각
온 각
냉 각
통 각</td><td></td><td>메르켈촉각소체
모근종말
마이스너소체
파치니소체
루피니소체
크라우제소체
자유신경종말</td><td>표면
감각</td><td rowspan="2">체성
감각
(체성척수
신경계)</td><td>접촉
수용기</td></tr>
<tr><td>근신장
관절의 위치</td><td></td><td>근방추, 근망추</td><td>심부
감각</td><td>자기
수용기</td><td rowspan="2">내계수용기</td></tr>
<tr><td>혈 압
혈액중 산소,
이산화탄소 분압
폐의 팽만
소화관의 팽만</td><td>경동맥동, 대동맥궁
경동맥체, 대동맥체
폐실질
소화기의 벽
시상하부</td><td>압수용 세포
화학수용세포
미주신경종말
신경종말</td><td colspan="2">내장감각
(내장신경계)</td><td>내장
수용기</td></tr>
</table>

3. 감각신경의 성질

사람은 인체의 외부의 현황에 적응하는 환경의 변화를 받아들여 느낄 수 있는 능력을 가지고 있다. 이 느낌은 외적인 신경을 통해 중추로 전달되어 감지되는 것으로써 이러한 기능을 맡은 것이 지각(또는 감각)신경이다.

이 지각신경에는 자극을 전달하는 긴 경로인 신경섬유가 있어야 된다. 그 밖에도 지각을 받아들이는 지각신경섬유의 종말인 수용기를 갖고 있어 이를 간직하고 있는 기관을 감각기관이라고 부르고 있다.

즉 지각신경종말인 이 감각기에서 받아들여진 자극은 신경섬유를 타고 뇌에 이르러 실제로 감각을 느끼게 되는 것으로서 사람에게는 크게 두 가지 종류의 수용기로 나눌 수 있다. 그 하나는 간단한 구조의 수용기로 되어 있는 일반감각기관이다. 또 하나는 비교적 복잡한 수용기와 신경경로를 가진 특수감각기관이다.

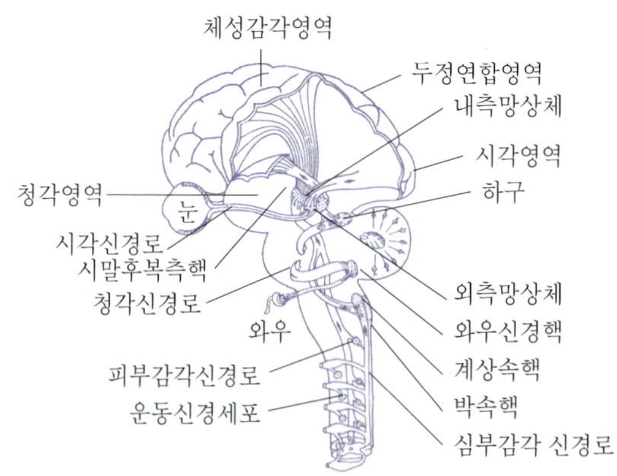

그림 6-41
신체의 감각영역별로 신경 전달되는 배치 분포도

4. 피부감각

피부감각(또는 표면감각)은 피부, 피부와 관계된 점막, 피하 및 피하점막에 존재하는 감각기로 촉각 · 압각 · 온각 · 냉각 및 통각으로 나눌 수 있다. 이들 감각들은 몇 가지의 특수한 감각세포와 수용기에 의해서 일어난다. 감각의 분류 방법은 여러 가지가 있는데, 그 한 예를 표 6-12에 나타내고 있다. 특수감각은 뇌신경에 의하여 정보전달이 이루어지고, 체성감각은 체성신경에 의하여 정보가 전달되며, 내장감각은 자율신경에 관한 구심성신경에 의하여 전달된다.

1) 피부감각의 종류

피부가 갖고 있는 감각은 네 종류이다. 따뜻하고 찬 느낌과 닿거나 눌리는 느낌, 아픈 느낌 등이 그것이다. 이러한 감각들이 온 피부에 펴져 있는데 냉온(冷溫)을 감지하는 신경종말은 20만 개나 된다. 이밖에 촉각 및 압각을 담당하는 신경종말은 약 50만 개 정도, 아픔을 느끼는 신경종말은 300만 개 정도 분포되어 있다. 그렇다고 이러한 감각들은 어느 위치, 어느 기관에나 균등하게 분포되는 것이 아니고 몸을 지킨다는 목적에 따라 모여 있는 위치와 감각 개수가 달라진다.

표 6-12 피부감각의 종류에 따른 신경전달경로

감각	수용기	자극	1차 신경원	2차 신경원	3차 신경원	비고
촉각	마이스너 소체	피부의 기계적 압력	척수 혹은 뇌신경	박속 및 설상속	시상에서 대뇌피질로	가벼운 압력 수용기 모양의 변화를 일으킴
압력	파치니소체	피부의 기계적 압력	척수 혹은 뇌신경	박속 및 설상속	시상에서 대뇌피질로	강한 압력이 수용기 모양의 변화를 일으킴
온각	감각종말 루피니소체	온도를 내림, 특히 37~40℃ 사이	척수 혹은 뇌신경	척수 시상로	시상에서 대뇌피질로	-
냉각	감각종말 크라우제 소체	온도를 내림, 특히 15~20℃ 사이	척수 혹은 뇌신경	박속, 설상속, 척수소뇌로	시상에서 대뇌피질, 척수에서 소뇌로	신체위치, 근의 긴장도
동통	자유신경 종말	신경의 과도한 자극, 긴장, 압력으로 유리신경종말을 강하게 자극시킴	척수 혹은 뇌신경	박속, 설상속, 척수소뇌로	시상에서 대뇌피질, 척수에서 소뇌로	신체위치, 근의 긴장도
운동감각	근, 건	긴장, 신장 혹은 운동수용기	척수 혹은 외신경	박속, 설상속, 척수소뇌로	시상에서 대뇌피질, 척수에서 소뇌로	신체위치, 근의 긴장도
합성감각	-	화학적, 기계적	-	-	-	-
내장감각	-	자극, 건조시킴	-	-	-	대부분 미주신경에 의해 전도됨

2) 피부감각의 전달

수용기는 피부 안에 점으로 있는 나성(裸性) 신경종말 끝쪽이 팽대하는 신경종말 및 피복성 신경종말 등 여러 가지 형의 감각종말이다. 또한 감각신경은 모포의 주위에도 있다.

그러나 기능적으로 각 신경종말은 다만 한 종류의 피부 자극을 수용한다. 이러한 수용기가 있는 부위는 피부 표면상에서 촉각, 온각, 냉각, 통각 등의 감각점으로 식별된다.

압각은 피부에 이상을 일으킬 때에 생기며 촉각은 압각보다 약한 것으로 자극이 더욱 약하고 지속적일 때에는 약한 감각을 일어나게 한다.

촉각 · 압각의 역치는 얼굴 특히 코 및 입술, 혀에서는 작고 손가락, 배, 가슴, 그리고 팔 및 다리로 갈수록 커진다.

촉점 및 압점의 밀도도 신체의 부위에 따라 다르고 가장 치밀한 코 및 손가락에 촉각세포가 100개/㎠임에 반하여 대퇴부에서는 11～13개/㎠이다. 촉각, 압각의 식별능을 측정하는 척도로서 두점 판별점이 있다. 이것은 피부의 두점에 가해지는 자극을 두점으로 느끼는 최소거리이며 손가락 끝 및 혀에서는 최소(2～3mm)이나 입술, 코, 뺨, 발가락, 배, 가슴, 등, 팔, 다리(60～70mm)의 순으로 커진다.

3) 감각신경의 종말

인체의 곳곳에 흩어져 있으면서 체모의 기저 부위에 모여 있는 자율말초신경은 통증과 압박감을 기록할 수 있다.

(1) 마이너스 소체

털이 없고 민감한 부위인 입술, 손가락 끝, 유두에 많이 분포하고 촉각소체근이라 불리기도 한다. 이 수용체는 접촉에 식별력을 가지고 털이 있는 피부에서 모근신경총이 하는 것과 같이 털이 없는 피부에서 가벼운 촉감을 수용하는 역할을 한다.

(2) 크라우제소체

크라우제소체는 점막이 많이 분포하므로 점액피부소체라고도 불리운다.

(3) 파치니소체

이는 거대층판소체라 불리며 피부 밑의 피하조직과 진피내 깊이 흩어져 있다. 이들은 강한 압력에 자극 받는 기계수영체이나 첫 번에 가해진 압력에만 반응한다. 따라서 파치니소체는 진동(작동-정지하는 압력 자극)을 감지하는데 가장 적절한 수용체이다.

(4) 루피니소체

진피, 피하조직, 관절낭 안에 위치하며, 편평한 피막에 의해 싸여 있는 수상돌기종말 흡입기를 가지고 있다.

POINT

부러진 수상돌기를 결합조직이 싸고 있는 타원형의 작은 소체이다. 진피의 유두 내에 있으며, 특히 손과 발, 입술, 혀의 점막 등에 많이 분포되어 있다.

- 파치니소체 : 압각수용기로 층판소체라고도 하는데, 피하와 장막하 및 소성결합조직 내의 깊은 곳에 위치한다.
- 크라우제종구 : 냉각 수용기로 몸 전체에 널리 퍼져 있다.
- 루피니소체 : 온각 수용기로 피하조직 내에 분포하고 있으며, 모양은 난원형이다.

4) 피부절 및 근절

척수의 각 분절(척수절)로 들어가는 체성구심성 섬유와 피부지배 영역과의 사이에는 대응하는 것이 있다. 이 관계를 **피부절**이라고 한다. 혈관, 땀, 입모근을 재배하는 자율신경의 섬유는 피부의 감각을 전하는 체성구심성 섬유와 한 개의 신경속을 이루고 있으며(피지라고 함), 이러한 분절도 피부절에 일치한다.

그림 6-42
감각신경의 종말

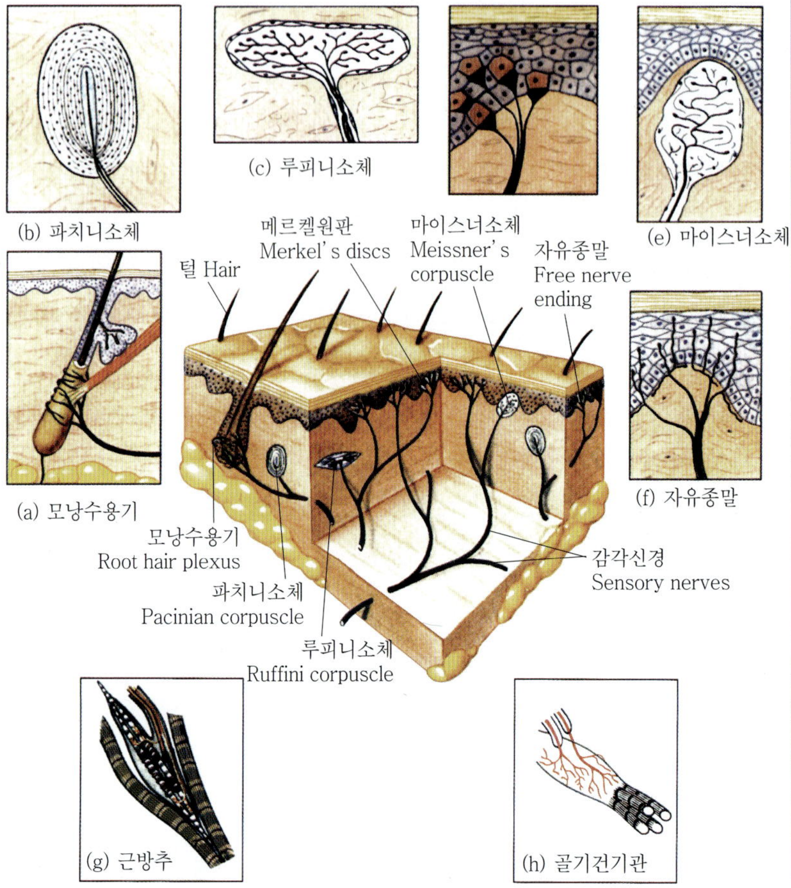

또한 근에 대한 운동신경 분포도 분절적으로 되어 있는데 이것을 근절이라고 한다. 심부감각에 관한 구심성 섬유는 운동신경 섬유와 한 개의 속을 이루고 있다.

(1) 피부분절

척수신경의 피지에 의해 신경지배를 받는 피부를 피절이라 한다. C1을 제외한 모든 척수신경은 위치에 따른 피부를 지배한다. 체간에서 피절은 척수신경이 나오는 지점과 수평을 유지하고 있다.

(2) 요골신경

요골신경은 완신경총 중 가장 큰 신경가지로 후신경속에서 나온다. 이 신경은 요골신경구를 따라서 상완골을 감싸듯 팔꿈치의 외측상과를 돌아 전방으로 주행(走行)한다. 이곳에서 요골의 외측면을 따라 손으로 가는 배지와 후방으로 수행하는 심지로 나뉜다. 이 신경은 상지의 뒤쪽 피부에 분포한다. 운동신경지는 상지의 모든 신근의 신경을 지배한다. 요골신경은 팔꿈치를 신전시키고 전완을 회외시키며 팔목과 손가락을 신전시키고 엄지손가락을 외전시킨다.

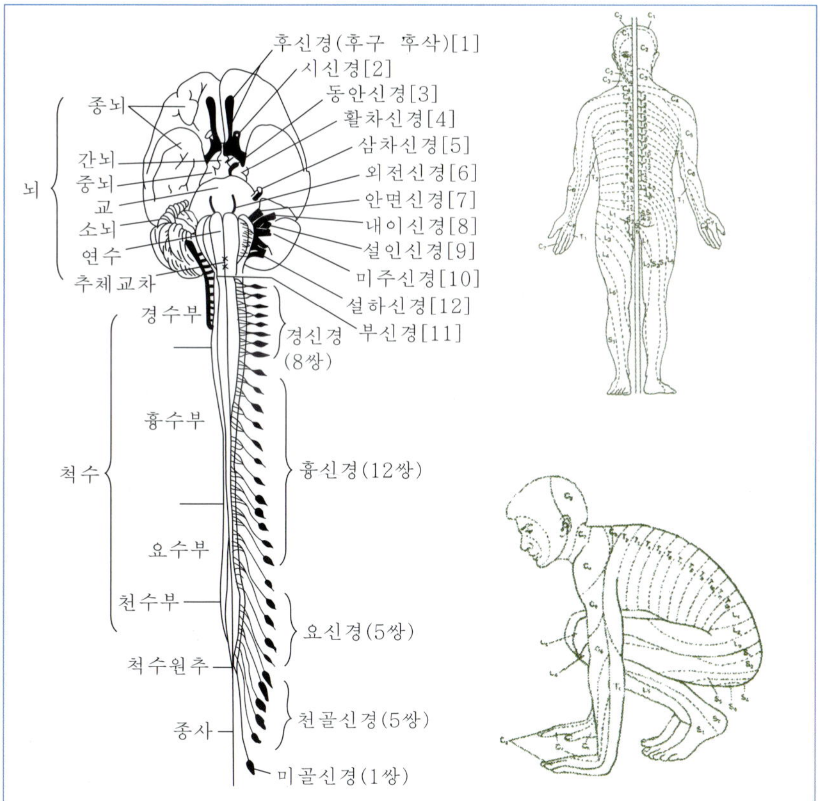

그림 6-43
척수신경과 피부 분절

5. 통각

통각은 피부나 관절, 피부 밑의 심부 및 내장 등 신체의 거의 모든 곳에서 자유신경종말을 감지하는 것이다. 특히 통각이 민감한 곳은 각막, 고막, 손끝, 손, 안면 등이며 촉점에 비해 밀도가 높다. 온각, 냉각, 촉각, 압각 등의 자극이 몹시 심해지면 모두 통각이 된다.

유해 자극이 가해지면 먼저 찌르는 듯한 통각이 일어나고 그 후에 화끈거리는 참기 어려운 통각이 느껴진다. 망치가 발가락 위에 떨어진 순간은 날카롭고 위치가 분명한 통증을 느끼고, 그 후에는 통증이 가셨다가 맥박성인 느린 아픔이 발 전체에 퍼져서 발 전체가 아프게 느껴진다.

통각은 무수신경의 자유신경종말 또는 그 신경총에 의한 것으로, 뇌를 제외한 피부와 심부내장 등 거의 모든 조직에 분포한다. 통각은 신체를 보호하기 위한 생리적 감각으로 1㎠ 안에 100~200개 정도 분포하며 손 끝, 안면, 각막, 치수 등에서 예민하게 느껴진다.

통각은 수용기에 필요 이상의 유해 자극이 가해질 때 피부조직의 손상으로 히스타민, 세로토닌 등의 화학물질이 유리되어 나타난다. 그 밖에도 강한 기계적 자극, 화학적 자극, 열 자극 등에 의해서도 발생하여 불쾌감

그림 6-44
통증의 전달과정과 장기상만성

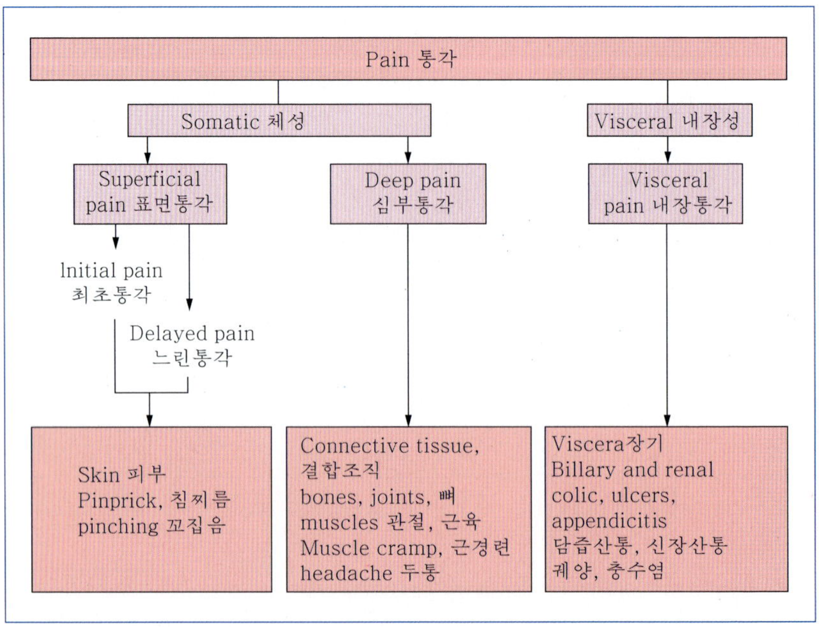

을 주거나 소화기, 호흡기, 순환기 계통의 기능을 변화시킨다.

통각은 체성통각과 장기통각으로 구분되는데, 체성통각은 다시 피부에서 일어나는 피부통각과 근육, 골격, 관절, 결합조직 등에서의 심부통각으로 나누어 진다.

한편, 피부통각에는 초기통각과 지연통각이 있다. 여기서 초기통각은 A섬유에 의해 빠르게 강하지만 지속시간이 짧게 나타나는 통증으로 신체일부에 나타나는 자통(또는 표면통)이다. 지연통각은 무수신경인 C섬유에 의한 느리면서 화끈한 작열통(또는 심부통)이다.

6. 심부감각

심부통각은 근육, 건, 관절, 골막에서 생기는 둔하고 가벼운 통증이며 피부의 통증과 달리 그 국소는 뚜렷하지 않다. 수용기는 자유신경종말이다. 여러 가지 강한 에너지 자극에 의하여 흥분되는데, 특이한 적당 자극은 없고 이러한 것은 신경종말을 자극하는 화학물질이 유리된다고 하는 공통성을 갖는다. 키닌 및 히스타민 외에 근수축에 의한 근육통은 발통(發痛)물질이 관계하며 이 때 일어나는 통증은 가까운 골격근의 반사성 수축을 일으킨다.

1) 내장감각

내장감각은 내장의 상태를 중추로 알리는 내장구심계는 생체의 개체유지 및 종족유지에 극히 중요한 기능을 한다.

수용기로부터의 구심성 신경은 척수 및 뇌간의 중추에서 원심성 신경으로 바뀌어 반사를 일으킨다. 한편 수용기로부터의 감각정보가 구심계를 통하여 대뇌피질까지 달하여 지각되는 경우 갈증, 오심, 대변 · 소변의 신호, 성 감각 등의 장기감각 및 내장통각으로 된다.

내장통각은 일반적으로 통증 부위가 명확하지 않으면서 불쾌감을 일으켜 구토 등의 자율신경성의 증상을 수반한다. 또한 자주 방산하며 다른 부위와 관련하는 통증의 감각을 일으킨다.

그림 6-13
내장감각의 일반감각과 신체에서 감지상태

정 상	병 적	일반감각
요의, 변의, 성감, 상쾌감, 불쾌감, 피로, 권태감, 기아감, 갈증, 포만감	오한, 발열감, 어지럼, 구토	상쾌감, 불쾌감, 피로감, 기아감, 갈증, 포만감

2) 관련통

관련통이라 함은 내장장기로부터의 통증이 발통자극이 가해지는 곳이 아니라 체성조직의 일정한 부위로 투시하여 느껴지는 현상이다. 이 통증은 체성 심부조직으로부터의 통증에도 경험된다. 이 관련통은 내장자극을 받아들이는 척수분절로 체성투사되는데 내장통과 중복되는 것도 있다. 또는 떨어진 곳에 감각되는 것도 있는데, 후자를 방산통(放散痛)이라고 한다.

3) 연관통

연관통은 유해자극이 가해진 신체 부위의 인접 부위나 멀리 떨어진 피부에서 느끼는 것으로, 협심증의 경우에는 흉곽, 왼팔의 안쪽 표면 아래에서 통증을 느끼게 된다.

4) 투사통

투사통은 감수체가 직접 유해 자극을 받지 않고도 구심신경로의 어느 한 부위가 자극을 받으면 말초에서 일어난 것으로 느끼는 통증이다. 이때에 척수신경이 압박을 받는 경우에 그 척수신경의 지배 영역의 말단에서 느껴지는 통증이다.

5) 환상통

환상통은 뇌에 부정확하게 투시되는 통각으로, 신체가 절단되었다 하더라도 절단 부위에 남아 있는 몇 개의 뉴런이 계속해서 보내는 신경 전달을 신체 끝에서 보내는 신호로 해석해서 절단 부위의 통증으로 느낀다.

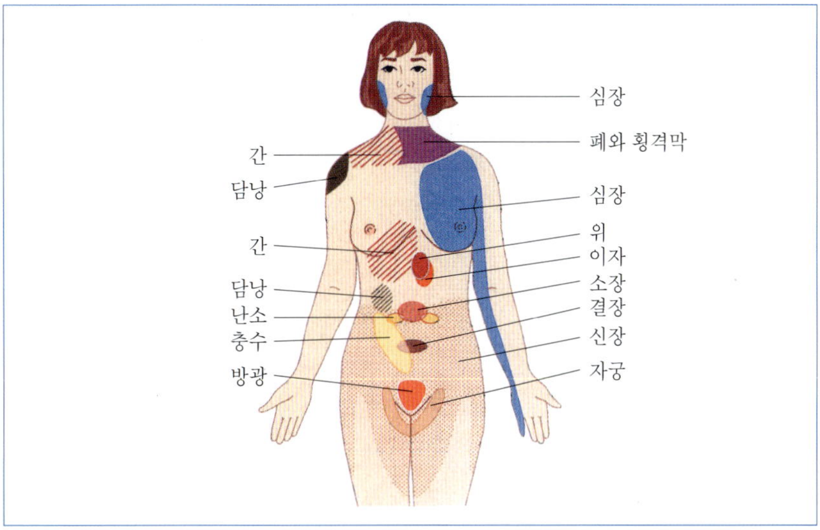

그림 6-45
내장기관의 연관통 부위

그림 6-14
내장통각신경과 연관통

장 기		신경과 중추 분포	연관통부위
심 장		심장신경(교감신경) T1~5	심전부, 완내측
간 장		내장신경(교감신경) T6~9	좌흉부, 좌견갑부
담 낭			
위			위부
소 장			제부(臍部)
대 장		전동맥총(교감신경) T12~L1	치골상
S자결장		골반신경총(부교감신경) S2~4	골반 · 항문
직 장			
신 장		소내장(小內臟)신경(교감신경) T11~12	요부 · 서경하부
		상요(上腰)신경지(교감신경) L1	
수뇨관		상요신경지(교감신경) L1~2	요부 · 서경하부
방 광	체	상하복신경총(교감신경) T11~L1	치골상
	경(頸)	골반신경총(부교감신경) S2~4	회음 · 음경
요 관	체	하복부신경총(교감신경) T12~L1	치골상 · 배요하부
	경	골반신경총(부교감신경) S2~4	회음

7. 온도감각

온도수용기에는 온수용기 및 냉수용기의 두 가지 모양이 있다. 온수용기는 피부 온도보다 높은 온도에 반응하고, 냉수용기는 낮은 온도로 반응하며 적당한 자극은 온도 그 자체가 아니고 수용기에 대한 열의 공급 속도 및 방향이다.

양 점의 분포는 촉각 압점(壓占)에 비하여 대단히 드물다. 가령 온점은 얼굴 및 손가락에 1～4개/㎠이고 기타 부위에는 1개 이하이며, 또한 냉점은 코에 8～12개/㎠이고 가슴에 9～13개, 손바닥에 2～4개 정도이다.

그림 6-46
인체의 체온과 맥박의 측정부위

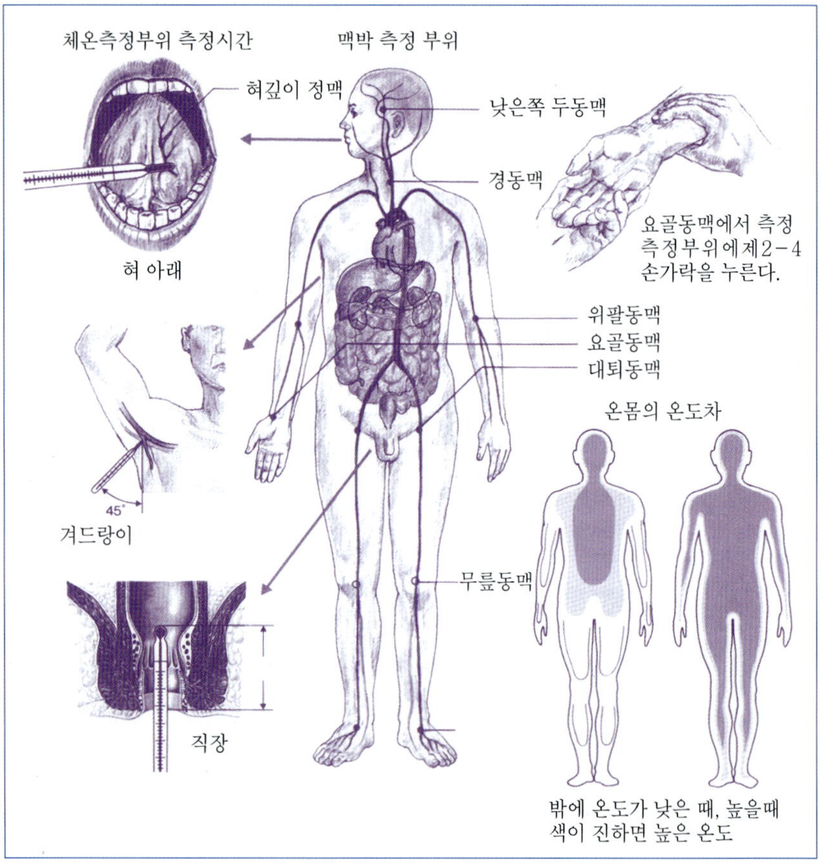

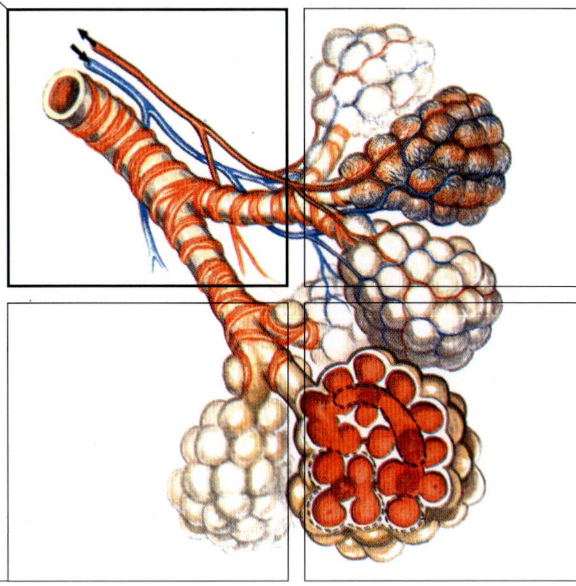

제 7 장

호흡계
(Respiratory System)

AESTHETIC ANATOMY & PHYSIOLOGY

1. 기도와 폐의 구조와 기능
2. 기도와 폐
3. 폐의 구조와 호흡과정
4. 외호흡과 내호흡
5. 호흡운동
6. 폐환기
7. 가스의 교환
8. 혈액에 의한 산소 및 이산화탄소의 수용과 운반
9. 호흡의 신경조절

7. 호흡계 Respiratory System

우리 몸에 필요한 산소를 섭취해야 하고 산화과정의 결과로 생성된 이산화탄소를 배출하는 기능을 한다.

폐포의 수는 정상인의 경우 약 3억 개 정도로서 이 표면적을 다 합치면 피부면적의 40배 정도(약70~80㎡)가 된다. 폐포의 바깥쪽은 명주실보다 가는 혈관이 그물처럼 싸고 있고 폐포와 혈관 사이에는 얇은 막이 있어 산소와 탄산가스가 교환되는데, 폐포의 면적이 크다는 것은 그만큼 가스교환을 원할하게 해주기 위한 것이다.

1. 기도와 폐의 구조와 기능

1) 호흡기의 구조

호흡기는 공기교환이 이루어지는 폐(lung)와 몸 밖에서 폐까지의 외기도, 입이 통로가 되는 호흡기도의 두 부분으로 크게 나눌 수 있다. 여기서 비강, 후두, 기관, 기관지 등이 이러한 호흡기도에 속한다. 한편 기관지점막의 내면은 섬모로 되어 있어, 부착된 이물(異物)이나 분비물은 섬모 운동에 따라 구강 쪽으로 밀어낸다.

인간의 호흡계는 폐로 공기를 정화(filter)하고 전달하는 영역으로 구성되어 있으며, 폐포(alveli)라 부르는 미세구조적 공기주머니에서 가스교환이 일어난다. 호흡계를 구성하고 있는 중요 요소는 코(nose), 비강(nasal cavity), 인두(pharynx), 후두(larynx), 기관(trachea), 세기관지(bronchial tree), 그리고 폐 자체를 포함하여 이루어져 있다.

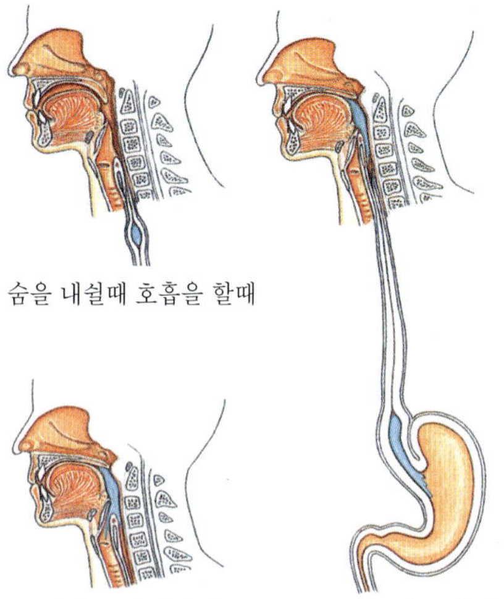

그림 7-1
상기도와 코 인후 및 후두의 기능

표 7-1
기도 및 폐의 분류

- 기도
  - 상기도
    - 비강(nasal cavity)
    - 인두(pharynx)
    - 후두(larynx)
  - 하기도 — 접촉대
    - 기관(trachea)
    - 기관지(bronchus)
- 폐
  - 세기관지
  - 종말기관지, 호흡기관지, 폐호흡관, 폐포 — 기관교환대
    - 종말기관지
    - 호흡기관지
    - 폐호흡관
    - 폐포

2) 비강, 인두 및 후두

비강은 호흡기계에서 공기와 처음 접촉하는 곳으로 공기를 적당히 가온(加溫), 가습(加濕)하고 또한 공기 중에 있는 먼지를 제거하는 일도 한다.

우선 콧털에서 큰 입자의 먼지나 세균을 걸러내고 비갑개에 발달한 끈

그림 7-2
비강 주위의 교통 관계

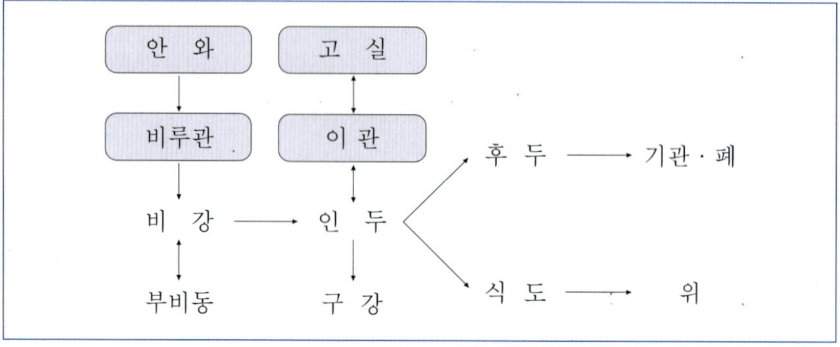

끈한 점액층에서 라소자임(lysozyme)이 점액과 함께 작은 세균들을 파괴, 용해시킨다.

고유비강(nasal cavity proper)은 내면이 점막으로 덮여 있는 비전정 후방의 넓은 부위로 바깥쪽 벽에는 조개껍질 모양의 돌출물인 상, 중 및 하비갑개(superior middle & inferir nasal concha)가 있으며, 각 비갑개의 아래쪽에는 부비동과 비루관이 열리게 하는 도랑인 상, 중 및 하비도(superior middle & inferir nasal meatus)가 형성되어 있다.

인두는 비강에 계속되는 기도(氣道)로서 구강에도 연결되어 음식물의 통로가 되기도 한다. 인두 밑의 끝부분에는 앞뒤로 움직이는 후두개가 있어 음식물이 여기를 지나갈 때는 뒤로 움직여서 후두의 입구를 닫아 음식물이 기관으로 들어가지 못하도록 한다.

비강(nasal cavity)은 비중격(nasal septum)에 의해 오른쪽과 왼쪽으로 나누어지며 앞 부분에는 비모(코털, vibrissae)가 많이 나 있어 먼지나 큰 이물질을 제거하며, 내면은 원주섬모상피로 된 얇은 점막으로 이루어져

그림 7-3
상부 호흡기의 구조

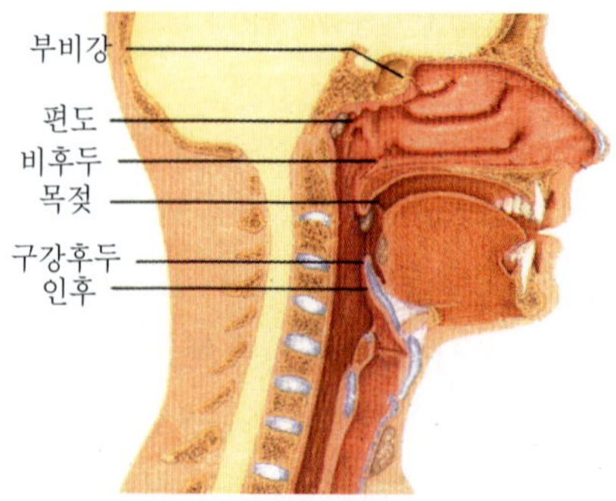

있다. 점막에는 점액을 분비하는 비선(nasal gland)과 많은 혈관이 분포되어 있어 작은 이물질 제거, 수분 조절과 온도 조절 작용을 한다.

또한 비강의 상단 부분에는 후각상피(olfactory epithelium)가 있어 기도로서의 역할뿐만 아니라 감각의 기능도 지닌다.

한편 부비동(paranasal sinus)은 비강을 형성하는 안면골 속의 빈 공간으로 내부에는 공기가 들어 있으며 흡입하는 공기의 가온, 가습 작용과 공명으로 발성을 도와준다.

2. 기도와 폐

생명 유지를 위한 호흡을 담당하는 기관이 폐(허파)이다. 오른쪽과 왼쪽 한 쌍으로 된 폐는 갈비뼈라는 바구니 속에 심장을 오른쪽과 왼쪽에서 길이는 대략 25cm 정도로 모양은 원추형이다.

기관지가 폐문으로부터 폐로 들어오면 그대로 폐 속에서 연속하여 아래의 뒤쪽으로 갈려져 나가고 하엽에서 하엽기관지로 이어진다. 이 갈라지는 과정에서 상엽기관지가 나뉘어 상엽에 이른다.

또 오른쪽 폐는 상(supeior), 중(middle), 하엽(inferior lobe) 등 세 부분으로 왼쪽 폐는 상, 중엽으로 나누어지며 폐를 잘라보면 스폰지 같은 조직 사이에 크고 작은 혈관들이 무수히 뒤엉켜 있다. 기관에서 갈라져 폐로 들

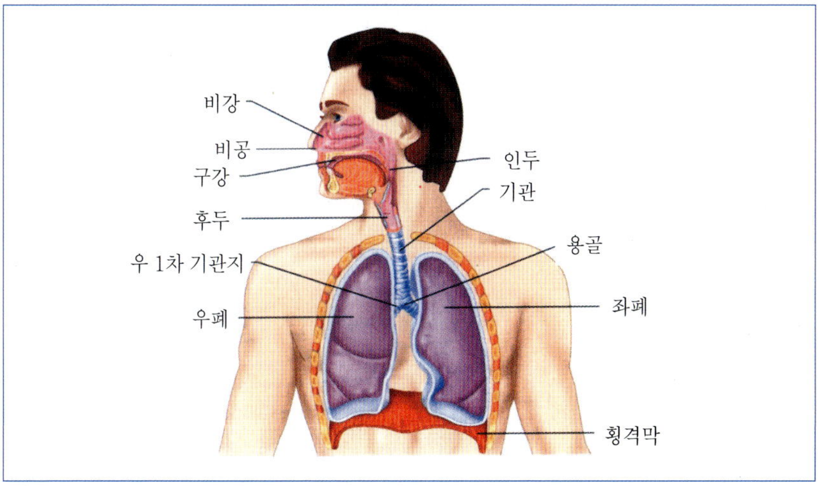

그림 7-4
호흡계 구조

어간 기관지는 20~27번 정도 두 갈래로 나눠지면서 가지를 쳐 나가는데 끝부분에 가면 폐포관이 있다. 여기에는 폐포 허파꽈리라고 하는 직경 0.1~2㎜ 정도의 작은 공기주머니가 마치 포도송이처럼 달려 있다.

그림 7-5
폐포와 혈관분포

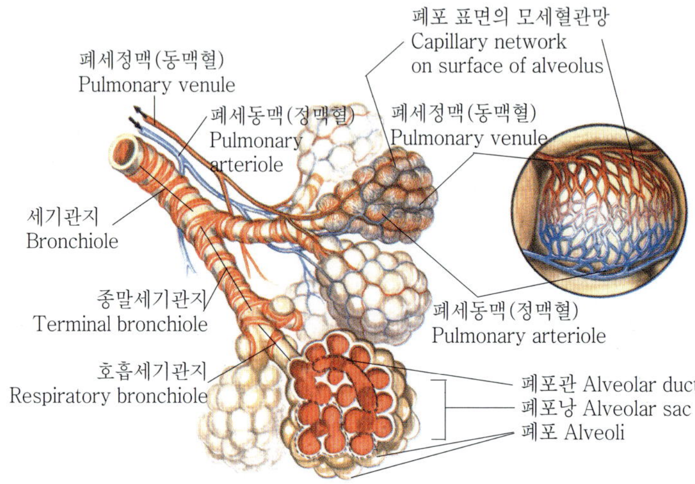

3. 폐의 구조와 호흡과정

순환계는 폐포에서 가스와 혈류가 접촉함으로써 폐포 모세혈관 안에서 혈액에 산소를 보급하고, 이산화탄소를 배설하는 기능이 중요하다. 동맥에는 혈액이 조직으로 순환되고, 조직에서 환류하는 정맥혈은 폐동맥을 거쳐 폐포 모세혈관으로 보내진다.

호흡의 목적은 산소를 마시고 이산화탄소의 배출이라는 가스교환을 한다. 가스교환은 외호흡인 경우에는 폐포, 폐모세혈관이고, 내호흡인 경우는 혈액과 조직과 폐포 사이에서 일어난다.

산화과정에 필요한 산소를 섭취해야 하고 산화과정의 결과로 생성된 이산화탄소를 배출해야 하는데, 생체가 산소를 섭취하고 이산화탄소를 배출하는 것을 호흡이라 한다.

호흡의 과정은 둘로 나누어지는데 하나는 외호흡 혹은 폐호흡이라고 해서 공기가 폐까지 들어오고, 또 폐에서 나가는 과정이다. 또 다른 하나는

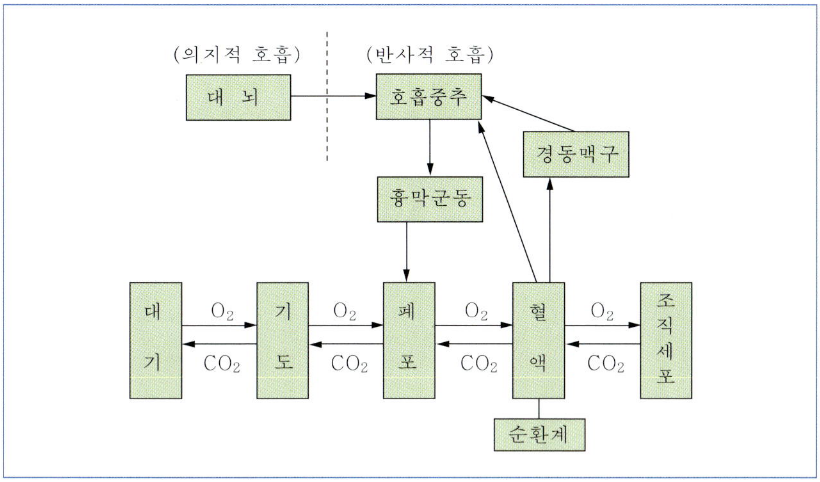

그림 7-6
밖에서 산소가 들어가는 과정과 CO_2가 배출되는 순서

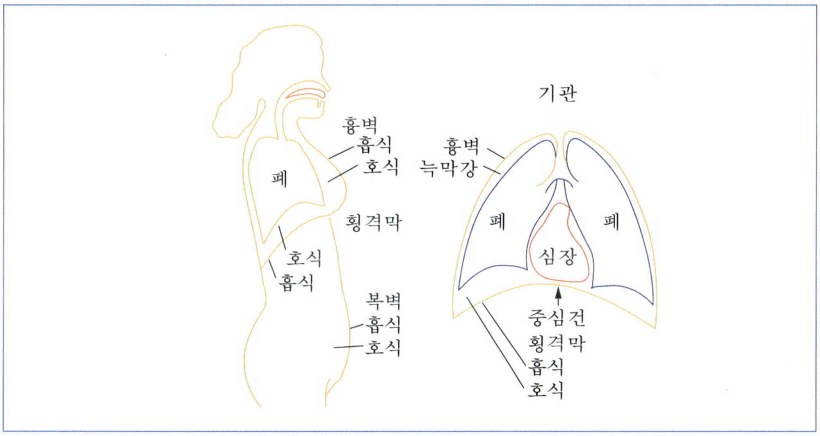

그림 7-7
폐에서 흡식과 호식하는 동적인 상태

내호흡, 혹은 세포호흡이라 하는데, 이는 몸 안에서 O_2, CO_2가 운반되고 또 대사작용으로 인한 기체가 세포로부터 이동되는 과정이다.

호흡기는 공기 교환이 이루어지는 폐와 체외에서 폐까지의 외기도, 입이 통로가 되는 호흡기도의 두 부분으로 크게 나눌 수 있는데 비강, 후두, 기관, 기관지 등이 이러한 호흡기도에 속한다.

한편 기관지점막의 내면은 섬모로 되어 있어, 부착된 이물이나 분비물은 섬모운동에 따라 구강 쪽으로 밀어내는데 이를 재채기라 한다.

4. 외호흡과 내호흡

호흡은 외호흡(extra-respiration)과 내호흡으로 구분된다. 외호흡은 대기와 폐포 사이의 기체 교환으로 혈액에 산소를 공급하고 대기로 이산화탄소를 배출하는 과정이다. 내호흡은 혈액과 조직세포 사이의 기체 교환으로 세포에 산소를 공급하고 혈액으로 이산화탄소를 배출하는 과정으로 조직호흡이라고도 한다.

1) 호흡의 단계 구분

① 폐포 공기와 혈액 사이의 가스 교환 ② 혈액에 의한 산소 및 이산화탄소 운반 ③ 혈액과 조직세포 사이의 가스 교환 ④ 조직세포의 산소 이용과 이산화탄소 생산의 과정으로 구분된다. 이중 앞의 두 과정이 외호흡이고 뒤의 두 과정이 내호흡이다.

그림 7-8
사람이 호흡하는 과정

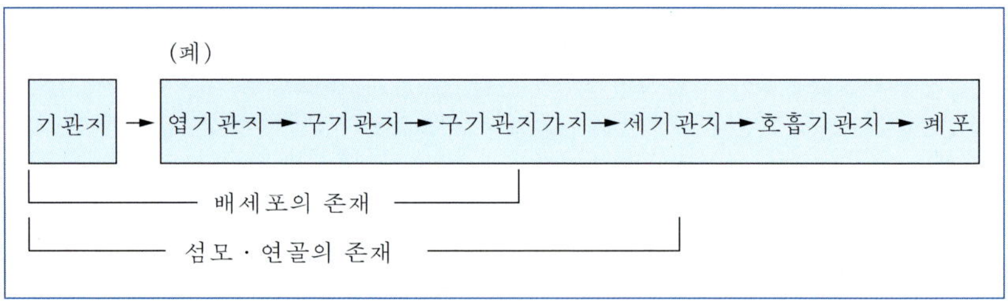

2) 외호흡

폐가 담당하고 있는 외호흡은 폐에서는 폐포에서 모세혈관으로 산소를 공급하고 모세혈관에서 폐포로 이산화탄소를 확산시키는 작용이 일어난다.

3) 내호흡

내호흡은 세포가 혈액으로부터 산소를 얻어 소모하는 대사 결과 생성된 이산화탄소를 혈액으로 유리하는 작용으로 세포호흡이라 한다. 내호흡은 근육 내의 에너지 공장인 미토콘드리아에서 이루어지며 이산화탄소는 혈액을 통하여 다시 폐로 이동하여 체외로 배출된다.

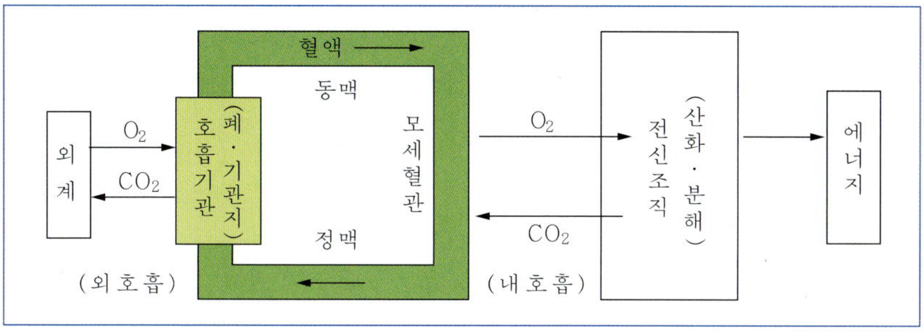

그림 7-9
외호흡과 내호흡의 관계

5. 호흡운동

호흡은 공기를 폐 속으로 도입하는 흡식과 폐 속의 공기를 외부로 배출하는 호식이 주기적으로 일어나는 것이다. 여기서 폐포(폐) 내압과 대기압의 차에 의해 공기가 이동된다. 흉곽을 확장시키면 폐도 같이 확장되므로 폐포내압이 대기압보다 낮아져 흡식이 일어난다. 흉곽의 크기를 변화시키는 호흡근육에는 횡경막과 외간근이 주축이 되는데 횡경막(골격근)이 수축되면 횡격막이 아래로 내려가면서 호흡운동으로 산소가 혈액 속으로 들어간다.

외호흡의 가스 교환은 폐포에서 이루어 지지만 폐를 확대 혹은 축소시켜 폐내의 공기를 받아들이는 호흡운동은 폐의 힘으로 행해지는 것이 아

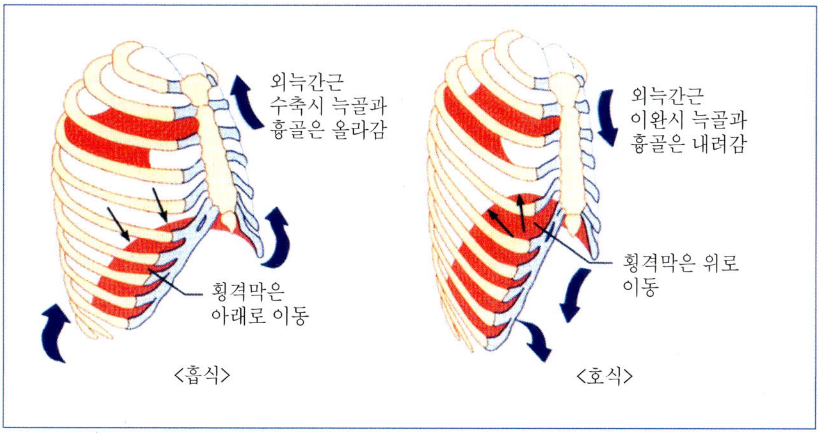

그림 7-10
호식 · 흡식할 때의 횡격막의 형태

니라 폐를 수용하고 있는 흉곽과 횡격막의 작용에 의해서 타동적으로 행해진다. 즉 흉곽과 복부근육의 장력이 횡격막을 위로 밀어주면 공기가 밖으로 나가게 되고, 숨을 들이마실 때는 가슴 속이 확장되어 압력이 낮아져서 폐가 확장되어 외부 공기가 들어온다. 이때 흉곽의 운동에 의한 호흡을 흉식호흡, 횡경막의 운동에 의한 것을 복식호흡이라 한다.

1) 호기

호기는 정상 호흡 시에 수동적으로, 안정 시에 호기가 일어난다. 폐와 흉벽(chest walls)은 탄성(elastic recoil)을 지니고 있어 흡기 시에 팽창된 후 다시 평형 상태로 되돌아가게 된다.

2) 흡기

횡격막이라 불리는 큰 돔 모양의 근육판이 항아리 모양의 고무막과 같은 작용을 한다. 이 근육이 복부와 흉부 사이의 공기압을 분리시킨다. 흡기 중에는 횡격막 근육이 수축함에 따라 평평해지면서 복부쪽을 향해 아래 방향으로 움직인다.

이 동작은 흉강을 확장시키고 잡아 늘인다. 계속적으로 폐 속의 공기를 확장하고 그 폐의 내부압력은 대기압 아래로 약간 감소된다. 흡기 동작의 크기에 의한 흡기 정도에 따라 코와 입을 통해 빨아들인 공기는 폐를 확장한다.

6. 폐환기

1) 폐 용적의 분류

폐 용적은 일반적으로 네 가지의 용적(volumes)과 네 가지 용량(capacities)으로 구분한다.

안정시의 호흡에서 폐로 들어가는(또는 나가는) 공기의 양을 1회 환기량(tidal volume) 또는 1회 호흡량이라 하며 약 500*ml*이다. 1회 환기량에 1

분간의 호흡수(성인의 12~20회/분)를 곱하면 1분간의 환기량을 구할 수 있으며 이것을 분시환기량이라고 한다. 안정시의 호식 후에 다시 노력하며 뿜어내는 공기의 양을 예비호기량(expiratory reserve volume, ERV)이라 하고, 안정시 흡식 후에 노력하여 빨아들이는 공기량은 예비흡기량(inspiratory reserve volum, IRV)이라고 한다.

최대한으로 호식을 하더라도 기도에 남는 공기도 있는데, 폐 안에 남은 공기의 양을 잔기량(약 1200*ml*)이라고 한다.

2) 호기폐활량

성인 남자의 폐활량은 약 3.8 *l* 이고, 성인 여자가 약 2.6 *l* 이다. 최대로 숨을 들어 마신 후에 가능한 한 급속하게 숨을 내쉴 때 1초간에 어느 정도 내쉬는가를 측정한다. 이 폐활량에 대한 비율을 구한 값을 시간폐활량 또는 1초간의 호기폐활량(FEVI)이라고 한다.

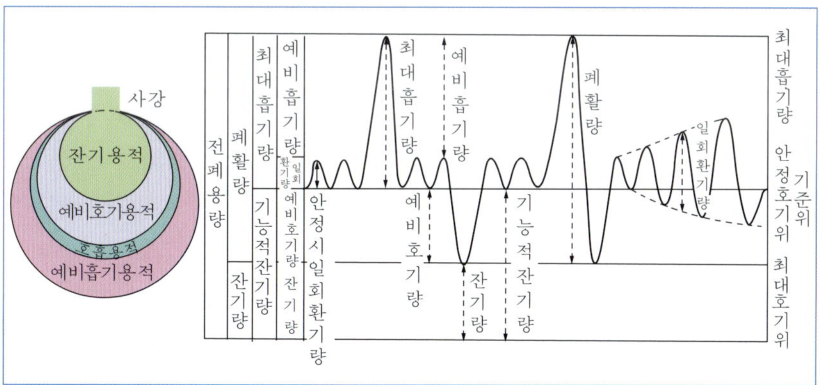

그림 7-11
폐에서 호흡하는 폐활량의 분포곡선

3) 폐포환기량 및 사강

안정상태에서 호흡을 할 때 1회 환기량 약 500*ml*의 공기가 모두 폐포로 들어온다. 그 중에서 약 150*ml*는 기도에 머물며 호식시에 그대로 나온다. 혈액과의 사이에서 가스 교환이 되는 곳은 폐포로서 기도에서는 가스 교환을 하지 않으므로 실제로 호흡에 관여하는 것은 폐포로 들오가는 공기뿐으로 그 양을 폐포환기량(alvelar ventilation volume)이라고 하고, 기도에 남는 공기량을 사강량(死腔量, dead space)이라 한다.

1회 환기량 - 사강량 = 폐포환기량

1회 환기량은 의식적으로 변할 수 있으며 병적 요인으로 변화할 수도 있다. 예를 들어 1회환기량 1000*ml* 로 호흡한다고 하면,

1000*ml* - 150*ml* (사강량) = 850*ml*

4) 폐포내 기체 교환

폐포로 들어가는 공기 중에 포함된 산소는 폐포를 에워싸고 있는 모세혈관으로 확산되며 혈액에 의하여 조직으로 운반된다. 여기서 조직의 모세혈관으로부터 조직액으로 확산하고 마지막으로 세포막을 통과하여 세포 안으로 들어가 소비된다. 안정시에 인체 중의 세포가 소비하는 산소의 양은 1분에 200~250*ml* 정도이다.

폐에 담을 수 있는 최대의 공기량을 총폐용량이라고 한다. 성인 남자의 경우 보통 5000~6000cc가 되며 일반적으로 정상 생활을 할 때에 성인이 한 번에 들이마시는 공기량은 약 500cc 정도된다. 이 양은 전체 폐활량의 1/10 정도밖에 안 되고, 운동을 할 때 호흡량이 증가하게 된다. 호흡량의 조절은 몸 속의 산소농도, 이산화탄소가스 농도와 pH(수소이온 농도) 변화에 따라서 조절되며, 이들의 변화는 중추 및 말초수용체에서 감지하고 있다.

그림 7-12
폐포에서 기체가 교환되는 환기량

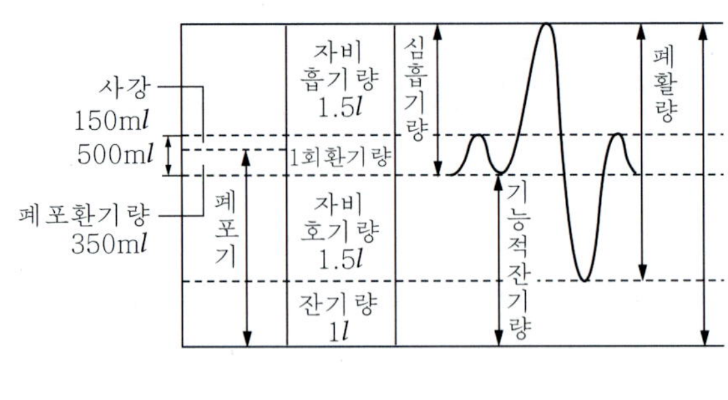

7. 가스의 교환

1) 호흡의 기능

숨을 들이마실 때에는 가슴 속이 넓어지면서 공기가 들어가고 내쉴 때는 횡격막이 올라가면서 가슴 속이 좁아져 폐가 수축되어 공기가 빠져나온다.

호흡의 목적은 밖으로부터 산소를 몸 안으로 받아 들여 인체를 구성하는 세포에 공급하고 세포에서 생산된 이산화탄소를 몸 밖으로 배출하는 데 있다.

2) 폐포에서의 산소 교환

폐포의 바깥쪽은 명주실보다도 가는 혈관이 그물처럼 싸고 있고 폐포와 혈관 사이에는 얇은 막이 있어 산소와 이산화탄소가 교환되는데, 폐포의 면적이 크게 되어 있는 것은 가스 교환을 원활하게 해주기 위한 것이다.

기도를 통해 폐포까지 도달한 산소는 확산이라는 물질적인 과정에 의해 폐포막을 뚫고 이와 접해 있는 혈관으로 들어가 적혈구 내의 혈색소(헤모글로빈)와 결합함으로써 심장(우심실)에서 보낸 온 탄산가스가 많은 정맥혈을 산소가 많은 동맥혈로 바꾼다.

폐포 사이의 작은 구멍에는 기포가 있어 공기가 서로 유통한다.

8. 혈액에 의한 산소 및 이산화탄소의 수용과 운반

1) 산소의 운반

폐포에서 폐포막을 지나 혈액에 들어온 산소는 다시 적혈구의 막을 지나 적혈구 안에 있는 헤모글로빈과 결합하여 산화헤모글로빈이 된다.

동맥 혈액에 있는 산소가 조직으로 퍼져서 산소의 부분 압력이 내려가면 적혈구 속의 산화헤모글로빈은 분해한다. 분리된 산소는 혈장에 퍼지며 혈장의 산소 부분 압력을 올린다.

2) 이산화탄소의 운반

안정시 성인의 조직에서 산화로 생산되는 이산화탄소는 한 시간에 약 200㎖이다. 생산된 이산화탄소는 물과 작용하여 탄산을 형성한다. 탄산은 약한 산이지만 이것이 축적되면 혈액의 pH가 내려가게 된다. 그러므로 탄산이 축적되지 못하게 조직에서 이산화탄소는 혈액을 통하여 폐로 운반되어야 한다. 조직에서 형성된 이산화탄소는 그 부분 압력의 차이로 조직에서 정맥혈로, 정맥혈에서 폐포로 퍼지게 된다.

그림 7-13
산소(O_2)와 이산화탄소(CO_2)의 교환 경로와 순화과정

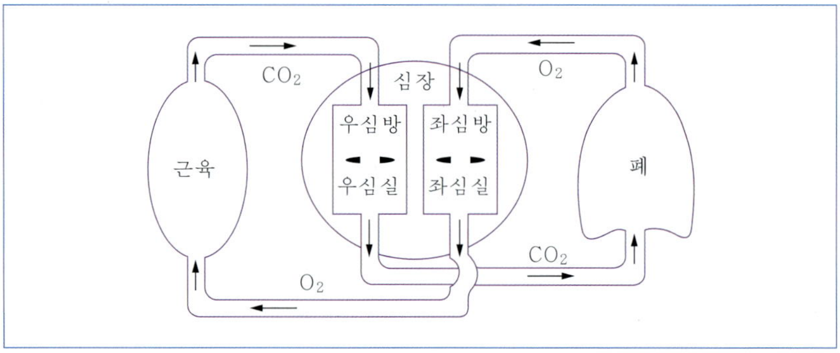

3) 호흡의 증가와 산소부채

운동을 하면 호흡이 증가된다. 이것은 근활동에 의해거 증가된 산소의 수요를 충족시키려는 심장과 폐 반응의 일종이다. 산소는 근수축에 직접 이용되지 않으나, 회복 과정에서 산소가 소모되고 고에너지인 화합물이 다시 만들어진다.

그러나 신체 운동이 심해지면 호흡 증가로 공급되는 산소량이 산소 요구량을 충족시키지 못하는 상태가 계속되며 운동이 끝난 후에도 호흡 증가 상태가 얼마 동안 계속하여 부족한 산소를 보충한다. 이러한 산소 부족 상태를 산소부채(oxygen debt)라고 한다.

운동 후 회복기에 높은 산소 요구가 일어나는 것은 체내에 축적된 젖산(lactic acid)을 산화하기 위해서이다. 산소부채 상태에서는 젖산이 혈액 속에 축적되어 혈액이 산성으로 된다.

(1) 호흡의 조절

늑간근이나 횡경막은 무의식적으로 수축과 이완을 되풀이하며 수면 중이라 할지라도 호흡운동을 하여 산소를 체내로 섭취하면서 이산화탄소를 체외로 배출한다. 이것은 연수에 호흡중추가 있어서 이 중추의 흥분이 늑간신경과 횡경막신경을 통하여 늑간근과 횡경막에 전달되기 때문이다.

9. 호흡의 신경조절

호흡운동의 조절에는 ① 경동맥동(經動脈洞)반사 ② 대동맥반사가 관계하고 있다. 결국 경동맥과 대동맥의 혈압이 상승하면 경동맥동과 대동맥의 압수용기가 반응하여, 반사적으로 혈압을 내림과 동시에 호흡중추에 작용하여 호흡운동을 억제한다. 이외에 수면, 열자극, 정신적 흥분 등도 반사적으로 호흡운동에 영향을 준다.

혈액에 있는 CO_2는 직접 호흡조절중추를 자극해서 호흡운동을 조절하

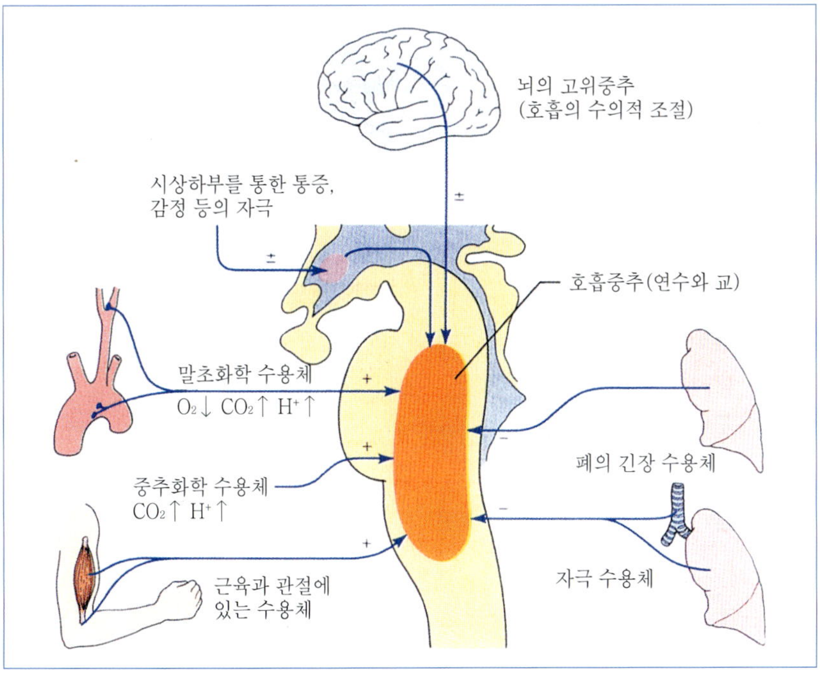

그림 7-14
호흡기 신경지배

고, 산소는 대동맥체(arotic body), 경동맥체(carotid body)에 있는 화학감수체(chemo-receptor)에서 호흡조절중추로 흥분을 보내서 호흡운동을 조절한다.

① 폐가 부풀어 오르면 ② 폐포벽의 신전(伸展) 수용기가 흥분하고 ③ 미주신경을 거쳐 흡식중추. 지속성 흡식중추를 억제하며 ④ 흡식근의 활동을 정지시켜 ⑤ 호식근이 활동하여 호식이 일어난다.

한편 ① 폐가 수축하면 ② 폐포벽의 신전(伸展) 수용기의 흥분을 억제하고 ③ 호식중추를 억제하여 ④ 호식근의 활동을 정지시켜 ⑤ 흡식근이 활동하여 흡식이 일어난다.

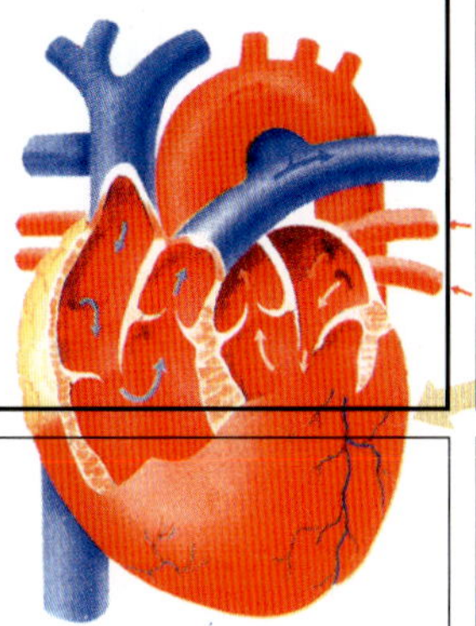

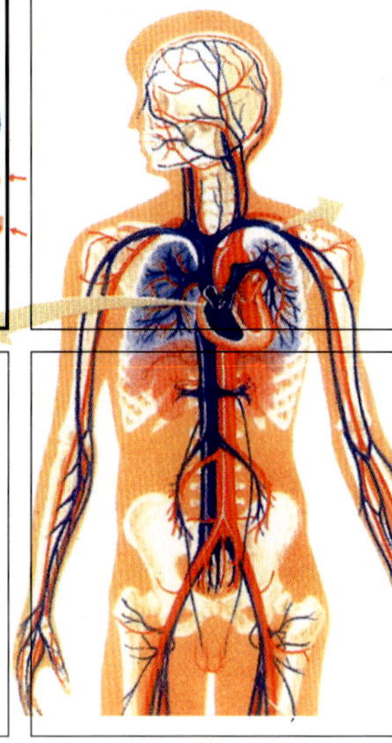

AESTHETIC ANATOMY & PHYSIOLOGY

제 8 장

A 혈액

1. 혈액의 일반적 기능
2. 혈액의 조성과 구성
3. 적혈구
4. 헤모글로빈
5. 이산화탄소의 운반
6. 백혈구
7. 혈소판
8. 혈액의 응고
9. 혈장
10. 혈액형
11. 면역방어

B 심장과 순환계

1. 심장의 구조와 성상
2. 심장의 자극전도계
3. 박출량
4. 심장주기
5. 심음과 심주기의 용적 변화
6. 혈액의 순환
7. 혈관의 기능
8. 혈관
9. 림프계

8-A. 혈액 Blood

혈액은 호흡기능을 도와 산소를 폐로부터 각 조직으로 옮기고 각 조직에서 나온 이산화탄소를 폐로 운반한다. 한편 소화기관에서 흡수한 영양물질을 각 기관과 조직세포로 운반한다. 생성된 노폐물을 신장, 폐, 피부 및 장 등의 배설기관을 통해 배설시킨다. 또한 체내에 들어온 이물질이나 세균 등에 대처하는 식균 및 항체 생성기능을 한다.

1. 혈액의 일반적 기능

1) 운반 기능

(1) 영양소의 운반

소화관에서 흡수된 영양소나 대사산물을 혈액의 순환에 따라 온 몸에 운반

(2) 가스의 운반

폐에서 산소를, 말초에서 이산화탄소를 받아 그 운반을 한다.

(3) 배출의 기능

이산화탄소, 대사산물 등을 폐나 신장으로 운반

(4) 체온의 조절

혈액은 체내의 열발생기에서 열을 받아들여, 온 몸을 돌면서 체표면의 혈관에서 열을 발산시킨다.

(5) 호르몬의 운반

내분비는 신체 각 부위의 활성에 필요한 호르몬을 합성하며, 혈액은 합성된 호르몬을 표적기관으로 운반한다.

2) 면역작용

혈장 중에는 여러 가지 면역물질이 포함되어 있으며, 백혈구의 식균작용 등에 의해 항상 세균 등의 감염으로부터 몸을 보호한다.

혈장(plasma)중 γ-globulin에 함유되어 있는 항체로써 면역기능을 하여 그밖에 독소(toxin), 박테리아(bacteria), 바이러스(virus) 등으로부터 생체를 방어한다.

3) 지혈작용

일반적으로 출혈이 있으면 혈액 중에는 여러 가지 혈액응고인자(coagulation-factor)가 있어서 혈전을 형성하여 지혈이 이루어진다.

2. 혈액의 조성과 구성

혈액에는 적혈구(erythrocyte), 백혈구(leukocyte), 혈소판(platelet) 등의 세포 성분과 이들을 부유시키고 있는 액체 성분인 혈장(plasma)으로 구성되어 있다. 세포 성분은 대부분이 적혈구로서 보통 혈액량의 45%에 해당되며 나머지 약 55%가 혈장으로 혈구량의 전체 혈액량에 대한 백분율을 헤마토크리트(hematocrot)라고 한다.

혈액량은 체중의 약 8%에 해당되며 그중 80%가 수분이다. 예를 들어 체중 70kg인 남자의 혈액량은 5.5kg이 된다.

혈액 중에 남자는 평균 500만 개/㎣, 여자는 450만 개/㎣의 적혈구가 들어 있고 적혈구의 37%는 혈색소인 헤모글로빈으로 되어 있다.

혈액의 성분은 표 8-1과 같이 구분된다.

표 8-1 혈구의 구성

종류	수(mm^3)	기 능	형 성	파 괴
적혈구	4.5 ~5.5백만	산소 및 탄산가스 운반	적골수(골수조직)	간, 골수, 비장 등 혈관의 내면을 덮고 있는 세망내피 세포에 의해 탐식
백혈구	5,000 ~9,000	생체방어 : 면역 • 호중성 백혈구에 의한 탐식 • 림프구에 의한 항체형성	적골수, 태생기 림프구는 흉선서 증식, 출생후 림프구, 단핵구는 림프구조직에 증식	확실히 알지 못하나 탐식기능에 의해 파괴되기도 함
혈소판	20~30만	혈액응고	적골수	확실치 않음

그림 8-1 혈액의 성분

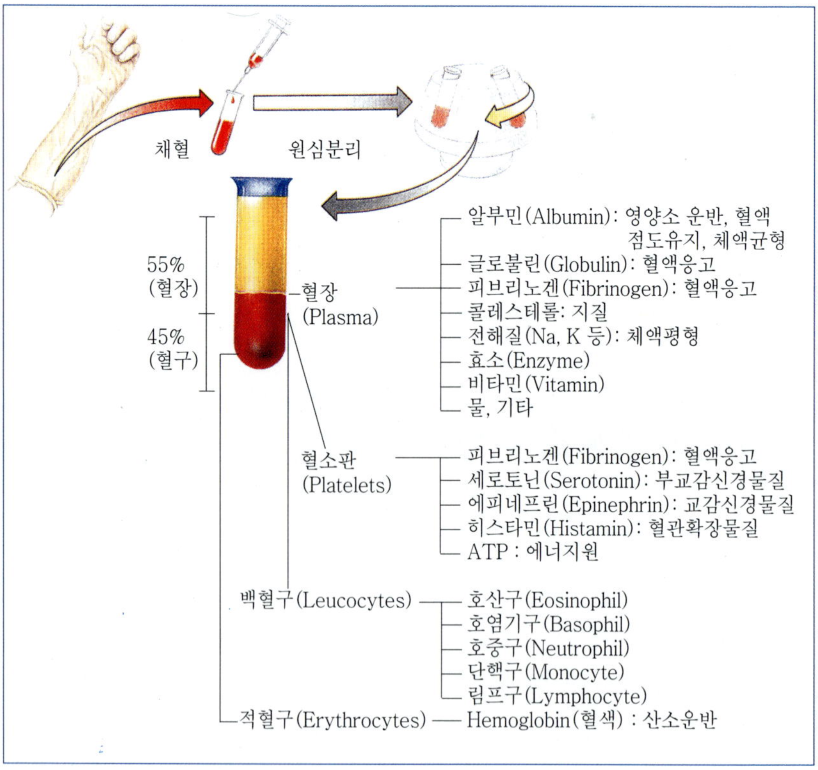

3. 적혈구

1) 적혈구의 구조 및 혈색소

혈액의 유형성분에는 적혈구(erythrocyte : Red blood cell,RBC), 백혈구 및 혈소판 등이 있다. 백혈구 중에서 림프구(lymphocyte)를 제외하고 모두가 골수 내에 있는 골수모세포(mycloblast - hemocytoblast)가 분열하는 과정에서 분화되어 만들어진다. 혈구가 수명을 다하거나 부족하면 혈액 내에 일정한 숫자가 채워지도록 골수에서 생상 보충한다.

적혈구는 조혈기관에서 생산될 때에는 핵이 있으나 혈액 내로 나오기 직전에 핵이 유출되어 성숙세포에는 핵이 없고 원반 모양이다.

- 유형성분
  - 적혈구 : 남자 약 500만개/mm^3, 여자 약 450만개/mm^3
  - 백혈구 5,000~8,000mm^3
    - 무과립성 백혈구
      - 림프구 : 20~40% —항체산생
      - 단핵구 : 2~8%
    - 과립성 백혈구
      - 호염기구 : 0.5~1.0% —감염방어 · 이물처리
      - 호산구 : 1~4%
      - 호중구 : 50~70%
  - 혈소판 20~50만개/mm^3 —— 혈액응고(출혈저지)

그림 8-2
혈액의 구별과 조성성분 구성별 기준치

4. 헤모글로빈

1) 헤모글로빈의 기능

헤모글로빈(hemoglobin)은 산소를 호흡하는 단백질로 적혈구 중에 많은 양이 있다. 이때에 혈액이 폐로 보내져 많은 양의 산소를 포함한 공기와 접촉하면 헤모글로빈은 산소분자(O_2)와 결합한다.

헤모글로빈과 산소가 결합한 후 혈액이 신체의 구석구석으로 흐르면서 산소가 적은 곳에 도달되면 헤모글로빈은 산소를 신체의 어떠한 구석에

있는 세포도 호흡을 할 수 있다.

2) 적혈구의 수명

적혈구 세포들은 만들어진 후에 대략 120일간의 수명을 다하고 마지막으로 분해될 때까지 순환계 안을 약 30만 번 돈다. 1초에 300만 개의 비율로 새로운 적혈구 세포들이 골수에서 만들어져 파괴된 적혈구들로 교체한다. 모세혈관에 흡수된 적혈구들은 혈류 속으로 보내진다.

수명이 다한 적혈구는 간이나 지라에서 파괴되지만 골수의 조혈기관에서 파괴된 만큼의 적혈구를 새로 만들어 보충하기 때문에 혈액 내의 적혈구 수는 항상 일정하게 유지된다.

그림 8-3
혈액의 조성

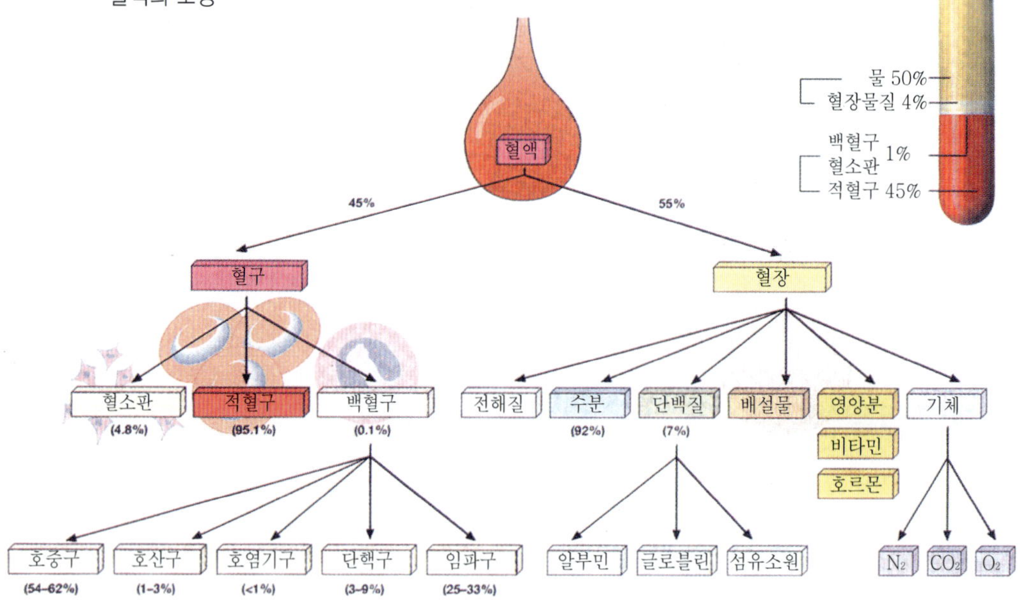

3) 조혈기관 및 적혈구의 파괴

조혈기관은 골수, 비장, 림프절, 위, 간, 세망내피 세포 및 순환 중인 혈액 등을 들 수 있다. 골수에서는 호중구, 호산구, 호염기구, 적혈구 및 혈소판을 생성하고 적혈구의 주요 성분인 혈색소를 합성한다.

비장은 림프구를 생성하며 면역기능도 갖고 있다. 비장은 또 비정상 적혈구나 수명이 다한 적혈구를 파괴한다. 림프절에서는 림프구를 생성한다.

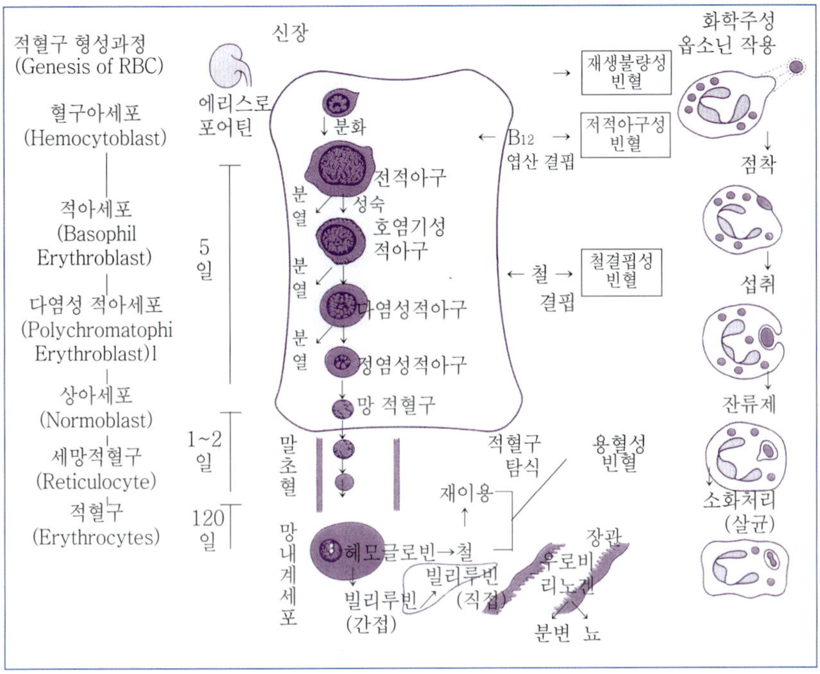

그림 8-4
혈액의 조성과 작용

5. 이산화탄소의 운반

1) 일산화탄소 혈색소

일산화탄소의 독성은 일산화탄소가 헤모글로빈, 미오글로빈과 결합하여 각각 일산화탄소 혈색소와 일산화탄소 미오글로빈을 형성하여 조직에 산소 공급을 못하는 데 있다. 일산화탄소는 조직의 호흡효소의 하나인 cytochromeoxidase와도 결합하여 그 작용을 방해한다.

일산화탄소가 혈색소와 결합하는 모양은 산소가 결합하는 것과 같다.

2) 혈액에서의 이산화탄소 운반

산소와 마찬가지로 적은 양의 이산화탄소가 결합하여 운반되고 많은 부분이 물과 결합하여 중탄산염(bicarbonate)의 형태로 폐로 운반된다.

6. 백혈구

1) 백혈구의 종류

혈액 중의 백혈구(White blood cell; WBC, leukocyte)는 적혈구보다 수가 적으며 혈액 1㎣ 중에 6000~9000개 정도가 된다. 백혈구는 그 세포체 안에 특수한 과립을 가지고 있는 과립백혈구(granulocyte)와 과립을 가지고 있지 않은 무과립백혈구(agranulocyte)로 나뉘어진다.

백혈구는 핵이 있으며 적혈구보다 약간 큰 둥근형이다. 백혈구는 세포질 내의 과립 유무에 따라 분류되는데, 호중성구(neutrophil)와 호산성구(eosinophil) 및 호염기구(basophil)는 과립이 있기 때문에 과립백혈구(granular leucocyte)라고 하며, 림프구(lymphocyte)와 단핵구(monocyte)는 과립이 없기 때문에 무과립백혈구(agranular leucocyte)라고 한다. 이러한 백혈구는 적혈구와 달리 혈관벽을 빠져나와 조직 내를 유주하며 식작용으로 신체를 방어하는 기능이 있는데, 특히 림프구는 T-cell과 B-cell로 분화되어 신체의 세포성 면역과 체액선 면역을 주관한다.

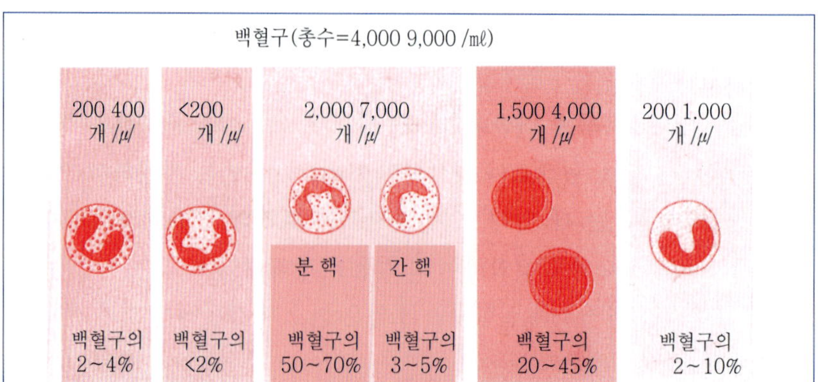

그림 8-5
백혈구의 분류

표 8-2
백혈구의 종류와 기능

과립여부	혈구명	크 기	비 율	수 명	주요 기능
과 립 백혈구	호중성구	11μm	59%	10일	강한 식균작용, 급성 염증시 증가
	호 산 구	11μm	2.5%	10일	알레르기질환, 기생충 감염시 증가
	호염기구	10μm	0.5%	10일	헤파린, 히스타민 함유, 혈액응고 방지
무과립 백혈구	림 프 구	8μm	34%	2~3일	면역반응, β, γ- 글로불린 생산,
	단 핵 구	15μm	4%	200일	강한 식균작용, 만성 염증시 증가

※ 참고 : 백혈구의 특징은 7~15μm 크기의 세포로 아메바 운동과 식균작용이 있으며 또한 적혈구와 다르게 핵이 있다.
혈구의 숫자 - 중성구 > 림프구 > 단핵구 > 호산구 > 염기구
혈구의 크기 - 백혈구 > 적혈구 > 혈소판

2) 백혈구의 수명과 파괴

백혈구의 수명은 신체의 방어 요구와 백혈구 종류에 따라 몇 시간에서부터 20일까지 매우 다양하며, 과립백혈구가 무과립백혈구보다 수명이 짧다. 과립백혈구의 평균 수명은 약 14일이지만 감염이 있을 때는 훨씬 짧아진다. 백혈구 중 많은 수가 100일에서 200일 동안 생존하며, 또한 파괴되거나 죽은 백혈구는 거식구에 의해 해리된다.

3) 백혈구와 생채방어

백혈구 가운데 림프구는 표 8-2에서 중요 기능을 살펴보면 특이적인 방어기구을 갖고 있다.

림프구는 B세포와 T세포로 분류된다. B세포는 골수에서 온 것이고, T세포는 B세포와 마찬가지로 골수의 림프구 간세포에서 유래되지만, 그 뒤 흉선에 들어가 분화되기 때문에 T세포라고 한다.

7. 혈소판

혈소판은 거대핵세포(megakaryocyte)의 파편으로 지름이 2~4μm인 미세한 무핵소체이다. 평균체적이 7μ3 정도이며 수는 약 3000,000/㎣ 정도로서 수명의 반감기는 1주일이고 핵이 없다.

Serotonin, ADP, Ca2+, K+ 및 thromboplastin 등을 함유하고 있다. 따라서 혈소판은 여러 가지 기능이 있으나 주작용은 지혈 및 혈액응고에 관여하는 일이다.

8. 혈액의 응고

기본적으로 모라비츠의 응고기전에 의하여 설명하고자 한다. 즉 트롬보플라스틴(tromboplastin)이 유출되고 Ca^{2+}이 있을 때에 유액이 흐르면서 프로트롬빈(prothrombin)에 작용하여 활성의 트롬빈(thrombin)으로 바뀐다. 트롬빈은 다시 혈액이 흐르는 중에 피브리노겐(fibrinogen)을 피브린(fibrin)으로 변화시킨다.

9. 혈장

혈장은 물이 약 90%이고 단백질이 약 7%이며, 그 외 각종 무기염류와 효소 및 면역물질, 소화관에서 흡수한 영양분, 세포의 대사산물인 노폐물, 내분비선에서 분비된 호르몬 등이 포함되어 있다.

혈장단백질은 알부민(albumin) 60%, 글로불린(globulin) 36%, 피브리노겐(fibrinogen) 4%의 비율로 구성되어 있는데, 알부민은 삼투질 농도에 관여한다. 글로불린은 면역과 Fe, Cu와 같은 특수물질의 운반에, 그리고 피브리노겐은 혈액응고에 관여한다.

10. 혈액형

사람의 혈액형(blood type)을 A형, B형, O형, AB형의 네 종류로 나누는 것을 ABO식 혈액형이라 하며, 혈청에서 발견된 항체의 반응에 기초를 두고 혈청학적으로 분류되었다.

적혈구 표면에 있는 항원을 응집원이라 하며 A와 B의 두 종류가 있다.

A와 B 두 가지 응집원을 모두 가지고 있는 혈액을 AB형, 두 가지 응집원을 모두 가지고 있지 않은 혈액을 O형, A형 응집원만 가지고 있는 혈액을 A형, B형 응집원만 가지고 있는 혈액은 B형이다.

11. 면역방어

1) 생채방어 과정

면역이란 예전에는 '재감염을 면한다' 라는 개념이었으나 면역반응은 병원미생물 뿐만 아니라 각종 단백질, 다당류, 지방질의 비경구적 침입으로도 일어나기 때문에 이물질 침입에 대한 방어반응이라고 할 수 있다. 그러나 면역반응이 관여함으로써 장애를 일으키는 즉시형 과민반응이나 알레르기(allergy)라고 하는 현상이 있기 때문이다.

표 8-3 신체방어기구의 종류

항원(antigen)	외부에서 침입하는 각종 독성물질이나 세균을 말한다.
항체(antibody)	항원에 대항하기 위해서 체내에서 만들어 내는 물질이다.
보체(complement)	항체는 항원을 무력화시키기는 하지만 완전히 사멸시키지는 못한다. 항체와 결합된 항원을 사멸시키는 물질을 말한다.
림프구(lymphocyte)	T림프구 : 흉선에서 만들어지는 림프구로 항원을 직접 죽이는 세포를 비롯, 네 종류가 있다. B림프구 : 점액 주머니에서 만들어지는 림프구로 항체를 만들어낸다.
림프절(lymph node)	림프구를 생산, 보관하기도 한다.
림프관	림프구의 통로가 된다.
골수, 비장, 흉선	림프구를 생산, 저장하기도 한다.
백혈구, 식세포	항원을 파괴한다.

2) 인체의 방어기능과 자체 치유능력

생명체는 생명 유지를 위하여 유해물질의 감염과 침입을 방지할 수 있는 특유의 방어기능을 갖는다. 감염원이 인체에 침입하지 못하도록 우리 몸을 둘러싸고 있는 제2차 방어선인 피부가 이를 막아내지 못하면 면역계의 세포가 이를 막아내고 열이 오르는 것으로 항균 효과를 나타낸다.

그림 8-6
비특이적 저항
(Nonspecific defenses)

물리적장벽	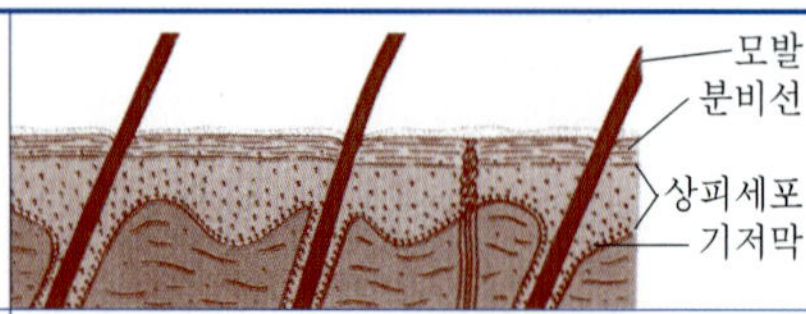	• 털, 상피세포, 소화기 · 호흡기 · 비뇨생식기의 점막, 피부의 다양한 분비선 • 일부 병원체의 접근과 침입을 방지
식세포작용		• 소식세포(호중구 호산구), 대식세포 • 조직과 체액으로부터 병원체와 세포 부스러기를 제거
면역감시기구	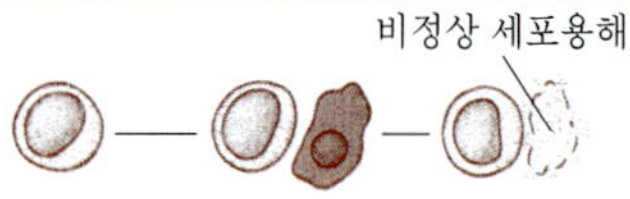	• Natural Killer세포는 비정상적인 항원의 존재에 민감 • 암세포, 특이적 항원을 사멸

8-B. 심장과 순환계 Cardiovascular System

순환계는 여러 가지의 조절기전을 통하여 온 몸의 각 기관에 필요한 혈액이 지나치게 많거나 부족하지 않도록 일정량을 공급한다. 예를 들면, 활동하는 순환이란 혈액이 심장으로부터 나와 정해진 혈관을 순환하며, 다시 심장으로 들어가는 것을 말한다.

순환계의 가장 중요한 역할은 우리 몸의 각 조직에 필요한 혈액을 계속해서 공급하는데 있다.

1. 심장의 구조와 성상

1) 심장의 구조

순환계의 중심 기관인 심장은 끊임없이 펌프 작용을 하여 혈액을 혈관계로 내뿜어 보내는 곳이다. 자신의 주먹만한 크기로 무게가 약 300g 정도인 심장이 있다.

오른쪽 왼쪽 두 개의 심방과 두 개의 심실로 나뉘어져 있다. 심장은 네 개의 방으로 구성되어 있는데 앞쪽에 있는 큰 두 개의 방을 심실이라 하고, 그 뒤쪽에 있는 두 개의 방을 심방이라 한다.

심장에서 우심방, 우심실은 정맥피가, 좌심방, 좌심실은 동맥피가 흐른다. 우심방과 좌심방 사이에는 심방중격이 있고, 양쪽 심실 사이에는 심실중격이 있어서 혈액이 섞이지 않도록 하고 있다.

그림 8-7
심장의 외형(후면)

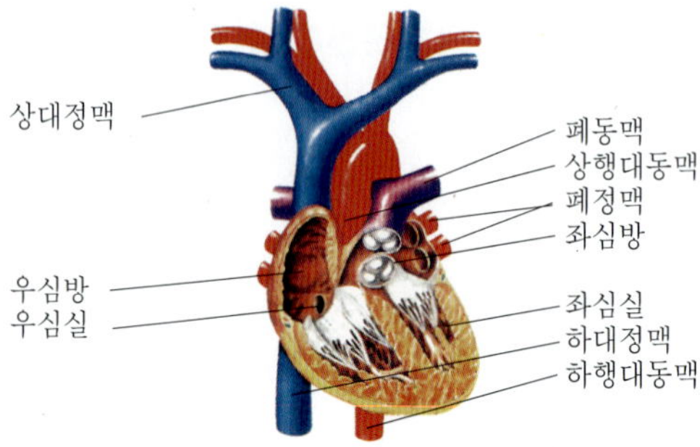

그림 8-8
심장내면의 구조

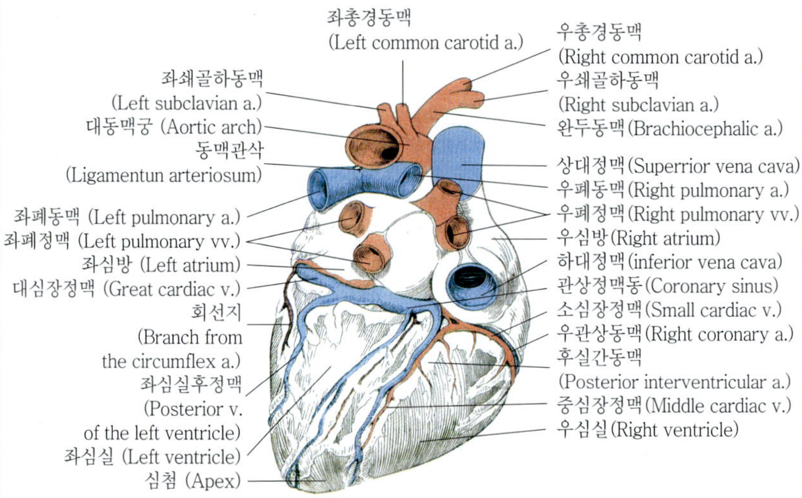

2) 심장근

심장근의 두께는 각 방의 압박이 가해지는 것과 직접적인 관계가 있다. 좌심실은 폐를 제외한 몸 전체에 혈액을 펌프질해야 하므로 가장 두꺼운 벽을 가지고 있고, 심장의 다른 세 개의 방이 받는 저항보다 더 많은 저항을 받는다.

내부는 정막성 심낭으로 되어 있는데 이는 심장 표면을 덮는 심외막에 이어져 있다. 심장의 내부는 2방 2심실로 나뉘어져 있는데, 우심방과 우심실 사이에는 세 개의 판으로 되어 삼천판이라고 한다.

좌실방과 좌심실 사이에는 두 개의 관으로 되어 이첨판 혹은 승모판이라고 불리는 판막이 있다. 심장근의 두께는 약 7~12mm이고 심장의 중추는 연수에 있다.

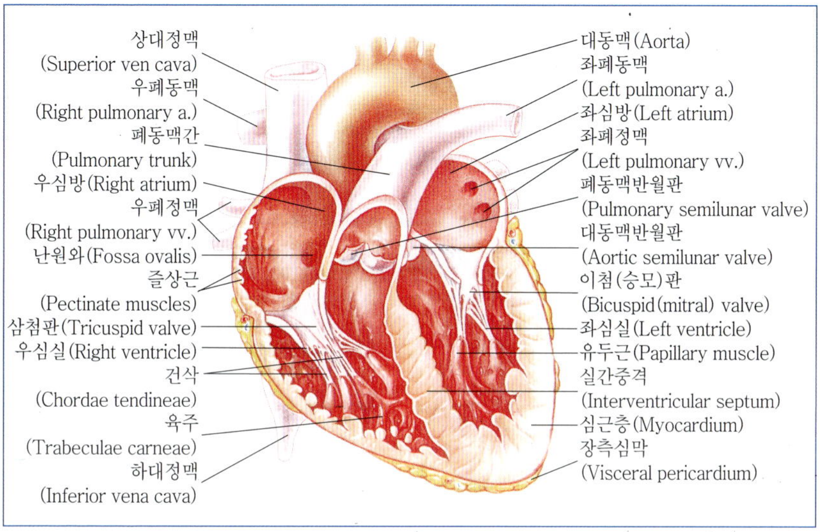

그림 8-9
심장의 미세구조

POINT

1. 심장의 판막
   역류방지, 혈류로 열리고 닫힘
2. 심장벽
   (1) 3층구조
   - 심외막 : 장막(얇고 투명)
   - 심근층 : 좌우 2부분(심중격), 심실 · 심방(방실판)
   - 심내막 : 내피세포층(섬유결체조직)

   (2) 2심방 2심실
   - 우심방 : 상 · 하대정맥, 관상정맥 등
   - 좌심방 : 좌우 각각 2개의 좌우 폐정맥

심장근은 섬유 또는 세포는 개재판에 의해서 끝과 끝이 자동적으로 서로 연결되어 있다. 이 특징은 하나의 섬유가 수축할 때 모든 섬유가 수축하는 근섬유로 작용을 한다.

심장근의 특성은 평활근과 골격근의 양쪽 성질을 모두 갖고 있다. 또한 생리학적 특성으로서 흥분성, 율동성, 자동성 등을 가지고 있다. 율동성과 전도성은 심장펌프 기능을 가지며 흥분성, 수축성 및 장력은 심장근의 수축성에 대해 특이성을 나타낸다.

3) 심장근의 성상

심장은 개체가 멎는 순간까지 일정한 심박속도로 수축운동을 함으로써 혈액을 펌프질하고 있다. 이와 같이 수축운동과 심박속도를 지속할 수 있는 것은 심장이 특수한 근육조직으로 이루어져 있기 때문이다.

전도성과 흥분성은 다른 근육에도 구비되어 있다. 그러나 심장펌프로서의 기능은 심장판막이라는 얇은 근육막의 조그마한 조직구조와 기능으로 갖추어져 있다.

혈액은 대동맥을 통해서 소동맥까지 흐르고 모세혈관 직전의 소동맥지류까지 흐른다. 모세혈관으로부터 혈액은 정맥을 통하여 소정맥, 그리고 대정맥을 통하여 우심방까지 되돌아간다.

그림 8-10
심장구역별 정맥과 동맥의 위치

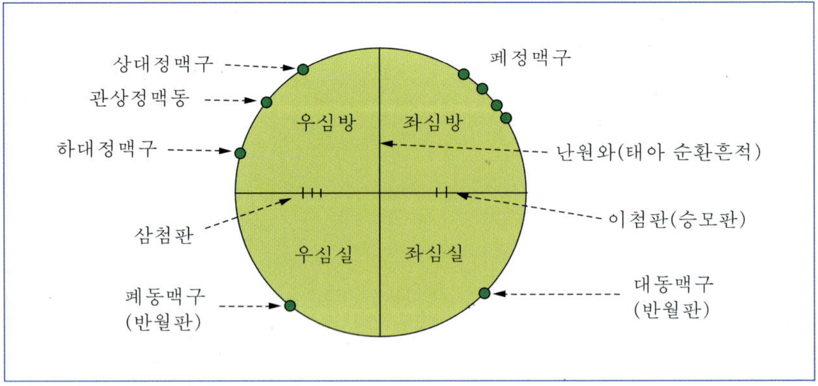

폐순환계는 말초조직에서 우심방으로 돌아온 정맥혈 속에는 노폐물이 많이 들어 있다.

폐는 탄산가스가 많은 정맥혈을 공기 중의 산소와 교환해서 맑고 깨끗한 피를 만든다. 폐의 작은 주머니 같은 폐포가 집합된 폐포벽에는 모세혈관이 그물눈처럼 분포되어 있어서 호흡을 함에 따라 공기와 접촉되기 쉽

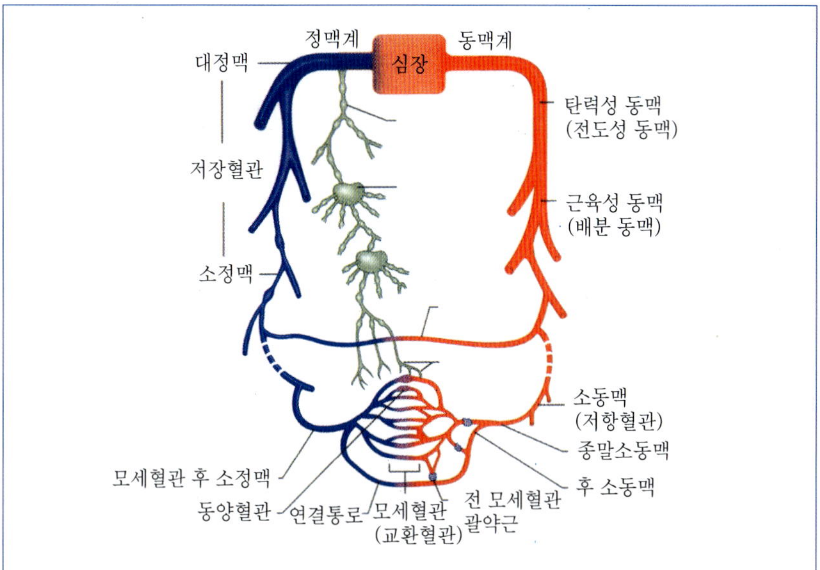

그림 8-11
심장에서 온몸으로 혈액이 순환되는 연결통로 과정

도록 되어 있다.

이러한 순환조절은 ① 혈액량 및 혈압을 조절하는 혈관운동의 조절, ② 혈액량을 늘리거나 줄이는 심장기능의 조절, ③ 신장에서 체액량 및 혈장 삼투압을 조절한다. 이렇게 순환이 전신적으로 이루어진다.

순환계의 생리는 크게 분류하여 대순환, 폐순환, 림프순환의 세 가지가 있다. 대순환계에서는 박출펌프로서의 심장, 중요한 저항계로서의 말초 순환, 가스 교환계로서의 모세혈관, 그리고 정맥계로 구별된다. 이러한 모든 계가 상호 밀접하게 관계되어 순환계의 항상성을 보전하도록 작용하는 것이다.

POINT

1. • 좌 · 우 심방 : 혈액을 받아들이는 내강
   • 좌 · 우 심실 : 혈액을 내보내기 위한 내강
   • 우심방 · 심실 : 폐심장, 소순환 심장
   • 우심방 · 심실 : 체심장, 대순환 심장
2. 심장 내 혈액 순환
   우심방 → 우심실 → (폐) → 좌심방 → 좌심실

4) 혈액순환

폐순환에서 체순환하는 경로를 각 장기별로 어떻게 돌아가는지 살펴보면 아래와 같다.

① 심장은 규칙적으로 수축운동을 통하여 혈액순환의 원동력이 된다.
② 심장으로부터 방출된 혈액이 동맥으로 들어가고, 심장에서 멀어짐에 따라서 점점 많은 가지로 동맥으로 갈라지면서 가늘어져 모세혈관이 된다.
③ 모세혈관에서 혈액과 조직 사이에 영양물 및 노폐물의 교환이 이루어진다.
④ 모세혈관은 차례로 여러 혈관이 모여서 굵어지며, 정맥이 되어 심장으로 되돌아간다.

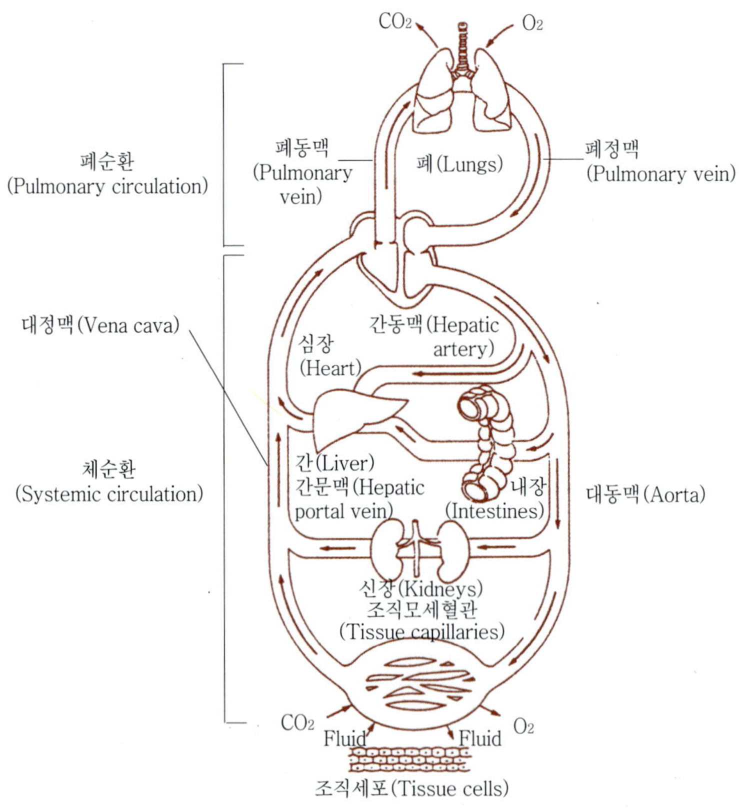

그림 8-12
폐순환에서 체순환까지 장기별 기능

5) 체순환

우리 몸에서 혈액이 어떻게 체순환 되는지 살펴보면 아래와 같다.

① 체순환이란 좌심실에서 나온 혈액이 전신으로 흘러가서 체세포에 산소나 영양물질 등을 공급하고 노폐물을 받아서 우심방으로 돌아오는 것이다.

② 체순환은 대순환이라고도 불리우는데, 좌심실의 수축력이 그 원동력이 된다.

③ 좌심실에서 대동맥으로 밀려나간 혈액이 동맥, 소동맥을 거쳐 모든 기관과 조직 속의 모세혈관을 흐른 후 소정맥, 정맥, 대정맥을 통해서 우심방에 이르는 과정으로 신체의 전체를 돌게 되는 순환이다.

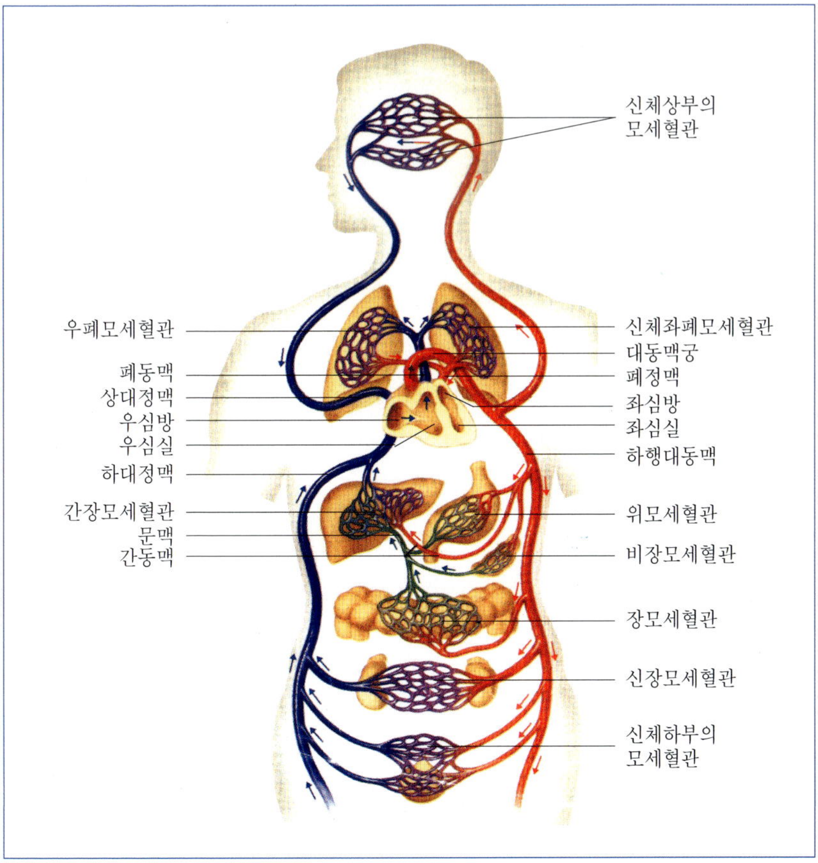

그림 8-13
심장에서 박출된 혈액이 동맥과 정맥에서 체순환되는 순환도

6) 문맥순환

2회의 모세혈관을 거치는 순환으로 간문맥, 시상하부- 뇌하수체 문맥계 등에서 볼 수 있다. 일반적으로 모세혈관에서 물질교환을 마친 혈액은 정맥을 통해 직접 심장으로 돌아온다. 이렇게 소화기관의 조직을 거친 정맥혈들은 모여서 문정맥을 이루어서 간을 거쳐 해독, 영양소의 전환 및 저장들의 기능을 수행한다. 여기서 다시 간정맥으로 모여서 하대정맥으로 통하여 심장으로 간다.

2. 심장의 자극전도계

심장벽 내층에서 심막과 심장근층의 사이에 특수한 근섬유가 그물 모양을 이루고 있고, 이들이 심장근조직에 연속됨으로 인하여 일정 부위에 일어나는 흥분은 심장근 전체에 전달된다. 이 장치를 자극전도계라고 하며 동방계 및 방실계로 나뉘어진다.

동방계는 우심방의 내면으로 상대정맥의 개구부 부근에 동방결절이라고 하는 결절이 있다. 이 결절에는 결절근세포의 가는 특수 심장근섬유가 불규칙적인 그물 모양을 이루고 탄성섬유에 풍부한 다량의 결합조직과 많은 신경섬유, 그리고 신경세포가 있다.

전도계를 구성하는 특수 심장근섬유는 이 결절로부터 좌우 심방의 내면에 분포하고 점차 보통의 심장근섬유로 옮겨진다. 이 결절은 자발적으로 탈분극되고 재분극되어 심장에 내부적인 자극을 공급한다. 심장근을 관통한 자극의 전도를 위한 일반적인 통로는 그림 8-14에 있다.

우심방에서 관상 정맥동의 개구부 부근에 방실결절이 있다. 이 결절은 동방결절과 같은 구조를 구비하여 여러 가지 방향에서 심방의 근섬유가 진입된다. 방실계를 구성하는 특수 심장근섬유는 방실결절에서 일어나며 방실속이라고 하는 섬유고리를 통하여 심실중격 근성부의 상연으로 나와 다시 좌우 2각으로 나뉘어진다.

여기서 좌우 심실의 내막 밑에서 갈라지면서 아래쪽으로 가며 퍼킨제 섬유로 되고 좌우 심실벽에 분포되어 있다. 그 말단은 특수 심장근섬유가

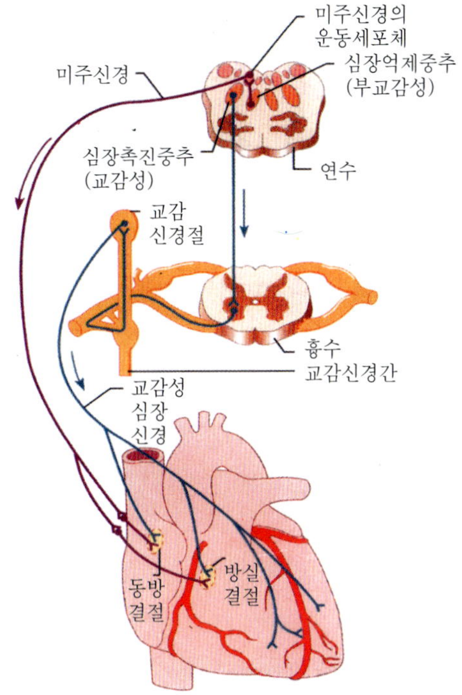

그림 8-14
심장의 운동

망상을 이루고 심장근섬유와 연락한다. 이와 같이 방실속은 심방벽과 심실벽을 결합하여 심방으로부터의 흥분을 심실에 전도하는 것이다.

3. 박출량

박동량은 심장이 한 번 박동할 때에 박출되는 혈액의 양으로 조절되며, ① 심장으로의 정맥혈 회귀, ② 심실 팽창성, ③ 심실 수축성, ④ 대동맥 또는 폐동맥 압력의 네 가지 요인에 의해 결정된다.

①과 ②는 심실의 충만 능력에 영향을 미친다. 즉 많은 혈액이 심실을 위해 이용되고, 압력으로 심실이 가득 채워진다. 이에 반해 ③과 ④는 심실을 비우도록 하는 심실의 능력에 영향을 미친다.

혈액은 분출되는 힘과 더불어 동맥으로 흘러들어가는데 대한 압력이 있다. 이들 요인들은 증가하는 운동 강도에 반응하여 박출량의 변화를 조절한다. 박출량은 심장이 1분 동안에 동맥 내로 밀어내는 혈액량이다.

안정시에는 부교감신경계가 심장근을 지배한다. 안정성 정상적인 심박수는 60~85회/분이다. 심장근은 신경자극이 독립된 심장근 자체의 수축률을 가지고 있다.

동방결절은 신경계 또는 호르몬 자극이 없이도 대략 분당 80~95회 수축을 할 수 있다. 여기서 심방과 심실은 각각 분당 60회, 분당 20회 수축한다. 그러므로 동방결절은 전 심장의 박동수와 리듬을 유지한다. 이러한 이유로 동방결절을 심장의 박동조절기라 한다.

충격은 동방결절에서 시작이 되면, 우심방 위의 심방 중앙에 위치한 방실결절로 특수한 경로에 의해 확산된다. 방실결절로부터의 충격은 방실다발을 통해 특수한 전도체 섬유인 퍼킨제 섬유까지 신속하게 퍼진다. 퍼킨제 섬유는 정상적인 심장근보다 속도가 대략 6배 정도 더 빠르게 우, 좌심실로 충격을 전달한다.

방실결절은 심실로 들어간 후에 오른쪽 다발과 왼쪽 다발 분지로 갈라져 있다. 양쪽 다발 분지에 도달하면 각 분지는 심장근을 직접 수축하도록 하는 많은 작은 퍼킨제 섬유분지로 나누어져 있다.

그림 8-15
동방결절로부터 심장의 자극과 전도

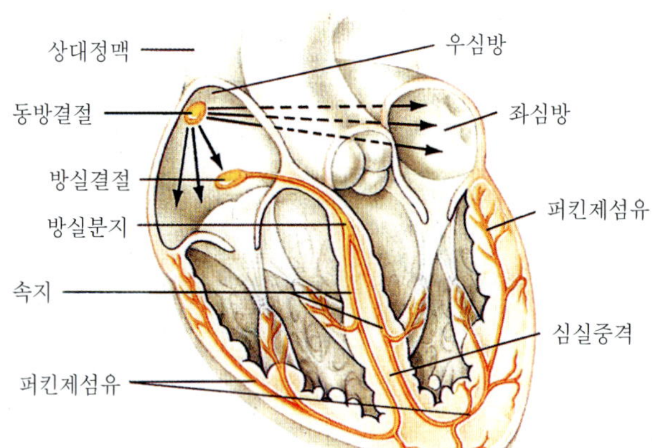

4. 심장주기

심장주기는 심장의 수축과 이완의 반복과 관련이 있다. 심장의 수축 단계가 **수축기**이고, 이완 단계가 **이완기**라고 한다. 심장이 수축을 시작할 때부터 이완기를 거쳐 다시 수축기가 시작되기 전까지를 **심장주기**라고 한다.

심장은 두 단계의 펌프 활동을 한다. 좌우심방이 동시에 수축하여 심방의 혈액이 심실로 흘러 심방이 비워지게 된다. 심방 수축 후 약 0.1초 동안 심실이 수축하며, 체순환과 폐순환 모두로 혈액을 전달한다. 안정시 수축기에 심실이 수축하여 심실에 있는 혈액의 2/3가 분출되며 심실에는 1/3의 혈액이 남아 있게 된다.

건강한 성인 남자의 경우, 안정시 1분에 70번의 심장박동이 있다. 그러므로 심장의 1주기는 약 0.8초(60(초)÷70(회))이다. 심장주기는 심방수축기, 심실수축기 및 심실확장기의 3기로 나누어진다. 심장주기별 길이는 그림 8-16과 같다.

1) 1회 박출량의 조절

1회 박출량을 규정하는 요소에는 심장근의 수축력, 심박동수, 정맥 환류량 및 말초혈관의 저항이 있다.

심박동수가 증가하게 되면 1회 박출량도 증가하게 된다. 매분 100회 이상으로 박동수가 증가하면 확장기가 단축되고 심실의 충만량이 감소되어 1회 박출량은 감소하게 된다.

(a)

심 장 주 기	길 이 (초)
심 방 수 축 기	0.11
심 실 수 축 기	0.27
심 실 확 장 기	0.42
계	0.80

(b)

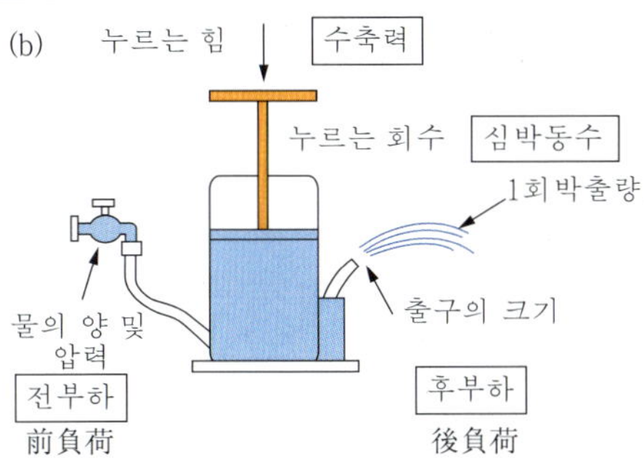

그림 8-16 심장주기별 길이와 심장 펌프 모형

5. 심음과 심주기의 용적 변화

1) 심음

심장수축에 따라서 판막의 개폐, 혈액의 유통 같은 기계적 현상은 판막, 혈액, 심장벽의 진동을 수반하고 신체표면에서 소리로 들을 수 있다. 심음(心音)은 청진기를 이용하거나 귀를 직접 가슴에 대고 들을 수 있으며 심실수축기 초에 '뚝', 수축기 끝에 '딱' 으로 들린다.

청진기로 심음을 청취하면 판막이 열리는 소리는 들리지 않는다. 그 이유는 판막이 서서히 열리므로 잡음을 내지 않기 때문이다. 판막이 닫힐 때는 갑작스러운 압력 차의 영향으로 판막의 구성 부분과 주위의 혈액이 진동하여 흉부의 모든 방향으로 전도되는 소리를 낸다.

2) 심내압 및 용적의 변화

심장주기는 심방의 전기적 흥분(심전도상의 P파)에 의하여 시작된다. P파에 의해 조금 느리게 심방의 수축이 일어나며 심방압이 올라가기 시작한다. 방실판도 열려져 있어 이 때에 정맥을 저쳐 심장으로 되돌아오는 혈액은 직접 심실로 흘러들어 심방수축 개시 전에 심실에 가득 차고 나머지 1/4의 혈액은 심실로 들어간다. 또한 심방수축에 따라 방실판, 벽 등이 진동하여 네 가지 심음이 발생된다. 이 기간을 심방수축기라고 한다.

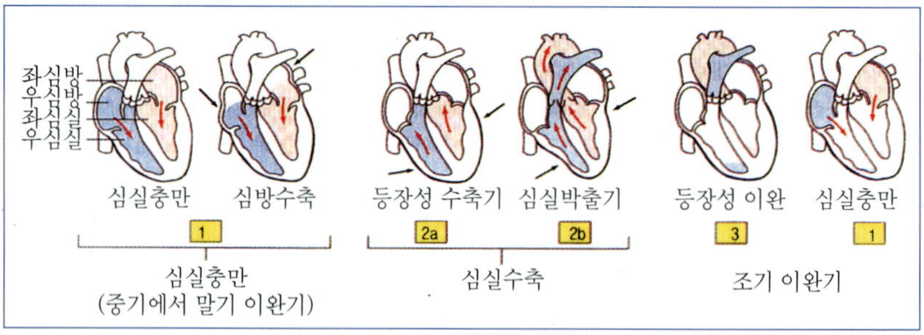

그림 8-17 심장주기

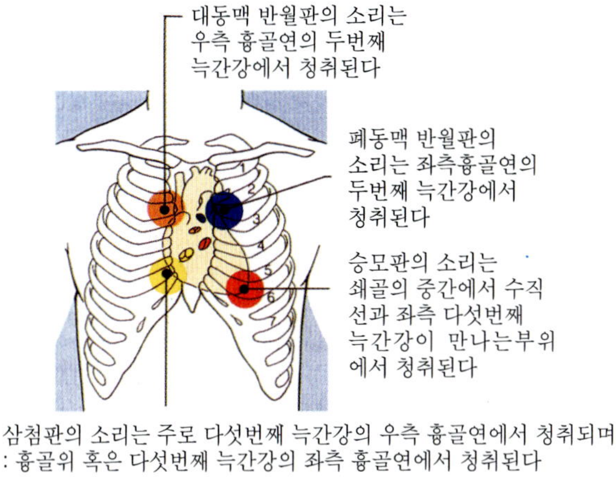

그림 8-18
심음의 고동소리를 들을수 있는 위치

6. 혈액의 순환

혈액은 혈관계 사이를 계속 일정한 방향으로 흐르는데 이것을 혈액순환이라 한다. 심장은 펌프 작용을 하고 혈관은 파이프 작용을 한다.

심장이 수축하고 이완하는 사이에 혈액은 우리 몸 속에서 계속 흐르면서 산소와 영양소를 공급하고 노폐물을 거두어 간다.

혈액순환계는 대순환(체순환)과 소순환(폐순환)으로 나뉘어 진다.

① 체순환계 : 좌심실 => 대동맥 => 소동맥 => 조직(모세혈관)
가스교환(=> 동맥혈,-> 정맥혈)) 소정맥-> 대정맥-> 우심방

② 폐순환계: 우심실 > 폐동맥 > 폐(모세혈관)
가스교환(=> 동맥혈,-> 정맥혈)]=> 좌심방

폐는 작은 주머니 같은 폐포가 집합된 것으로 폐포벽에는 모세혈관이 그물처럼 분포되어 있어서 호흡을 함에 따라 공기와 접촉되기 쉽도록 되어 있다. 폐 속에 들어간 공기에서 모세혈관 쪽으로 산소가 들어가고 대신에 모세혈관에서 탄산가스가 폐포 속으로 빠져나와 공기 중에 섞여 날숨과 함께 나온다. 이렇게 가스 교환이 된 동맥혈은 폐정맥을 통해서 좌심방으로 들어간다.

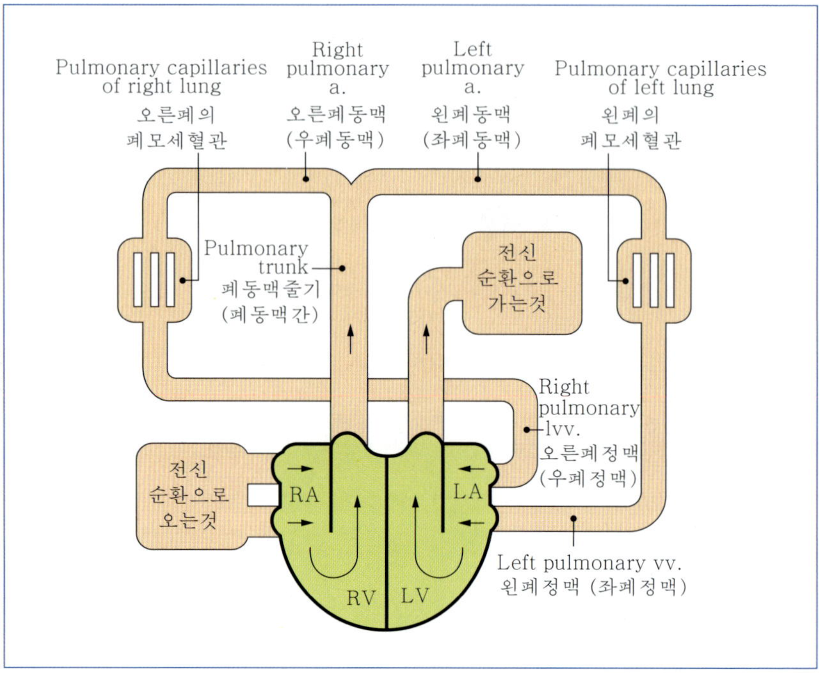

그림 8-19
체순환과 폐순환이 되는 순서와 과정

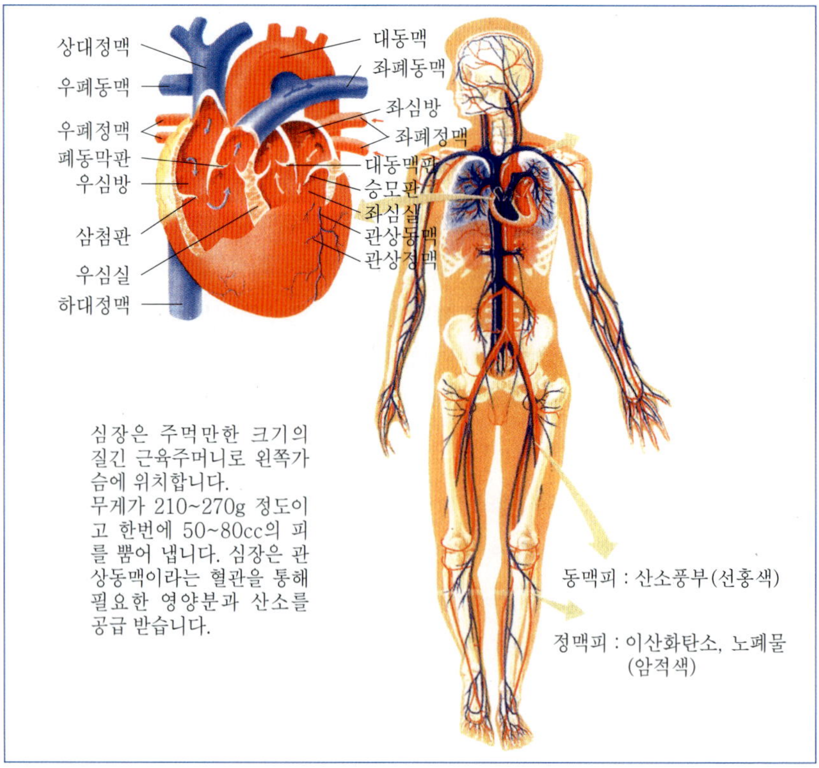

그림 8-20
심장에서 동맥의 피와 정맥의 피가 돌아가는 입체적인 그림

7. 혈관의 기능

혈관은 혈액을 운반하는 통로로서 크게 동맥, 정맥 및 모세혈관으로 구분한다. 즉 심장을 중심으로 해서 말단 조직으로 흐르는 혈액의 통로가 되는 것이 동맥이며, 폐동맥을 제외하고는 산소를 많이 함유한 혈액을 운반하게 된다.

동맥도 크기에 따라 심장과 연결된 가장 굵은 동맥을 대동맥, 여기서 가지를 쳐서 나온 혈관을 동맥이라고 하고, 다시 아주 가늘어진 것을 세동맥(직경0.5mm이하)이라고 하며, 이것이 다시 나뉘어져 모세혈관이 된다.

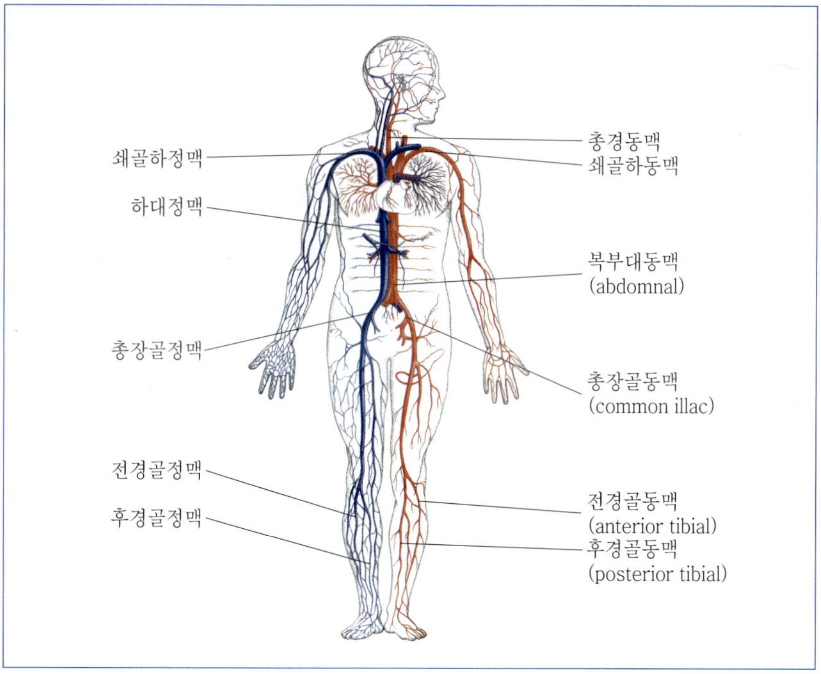

그림 8-21
전신의 동맥 분포도

1) 혈관의 종류

심장에서 조직까지의 굵은 혈관을 동맥이라 하고, 조직세포 사이에 분포된 가는 혈관을 모세혈관이라 하며,모세혈관이 모여 심장으로 되돌아오는 혈관을 정맥이라 한다. 이러한 혈관들은 혈액이 흐르는 통로가 될 뿐만 아니라 혈류의 속도, 혈액의 분배 등을 조절한다.

동맥은 탄력성이 강한 근육막으로 되어 있어서 높은 혈압에도 견딜 수 있으며, 정맥은 동맥에 비해 얇고 탄력성도 낮으나 군데군데 판막이 있어 혈액이 역류를 막는다. 모세혈관은 한 층의 상피세포들로 이루어진 가늘고 얇은 혈관(직경3~10㎛)으로 체내 곳곳에 분포되어 있다.

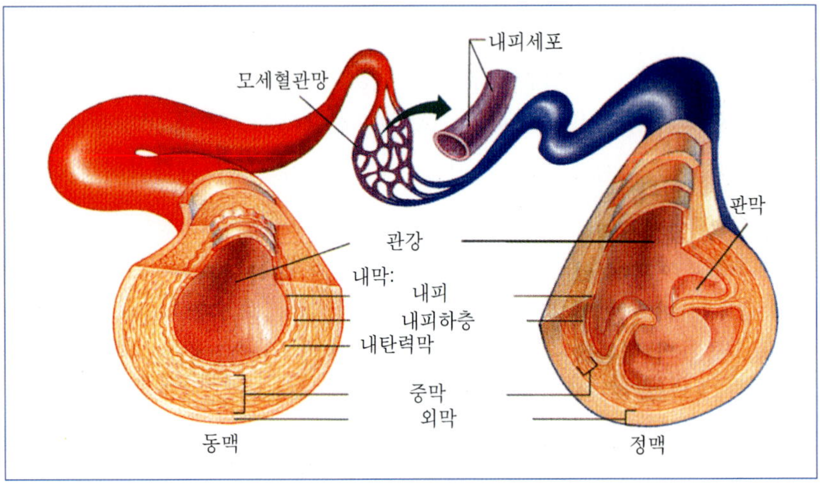

그림 8-22
혈관의 동맥과 정맥의 구조

2) 동맥

동맥은 조직에 산소가 풍부한 혈액을 공급하는 고압력의 관으로 결합조직과 평활근의 층으로 구성되어 있다. 이러한 혈관의 벽은 매우 두꺼워서 동맥혈과 주위의 조직 사이에 가스 교환이 발생하지 않는다.

좌심실로부터 매우 탄력있는 대동맥을 통하여 펌프된 혈액은 소동맥(세동맥)을 경유해서 신체의 전 부분으로 분배된다.

3) 정맥

정맥계는 신체의 말초 또는 원위부에서 모세혈관으로부터 시작되어 심장으로 되돌아오는 혈관들을 말한다.

정맥은 같은 크기의 동맥에 비교하면 관벽이 얇고, 내공이 넓다. 또한 동맥에 비교하면 탄성섬유와 평활근섬유가 적다. 따라서 정맥은 탄력성이 좋지 않지만 동맥에서는 혈관벽의 탄력성이 강하다.

8. 혈관

1) 혈압 조절의 매커니즘

혈관은 심장이 수축하는 힘에 의해 일정한 방향으로 순환하게 되는데, 이때 혈관 속을 흐르는 혈액이 혈관벽에 주는 압력을 **혈압**이라고 한다.

혈압은 정상적인 사람에게도 여러 가지 조건에 따라 변화한다. 즉 체위, 식사, 운동, 감정, 기온의 변화 등에 따라 수시로 변화한다. 여기서 쾌적한 환경(실온 20C, 습도 60%)에서 위를 비우고 안정된 상태로 측정한 혈압을 기초혈압이라 한다.

2) 혈압 판정기준

심장이 혈액을 대동맥으로 밀어내고 있기 때문에 수축기에는 혈압이 높고 확장기에는 혈압이 낮아지는데, 혈압이 가장 높은 값을 수축기 혈압 또는 최고 혈압이라 부르며, 가장 낮은 값을 확장기 혈압 또는 최저 혈압이라고 부른다.

안정시의 정상 혈압은 각각 120mmHg/80mmHg이며 최대 혈압 및 최소 혈압의 차를 맥압이라고 하는데, 정상값은 40mmHg이다.

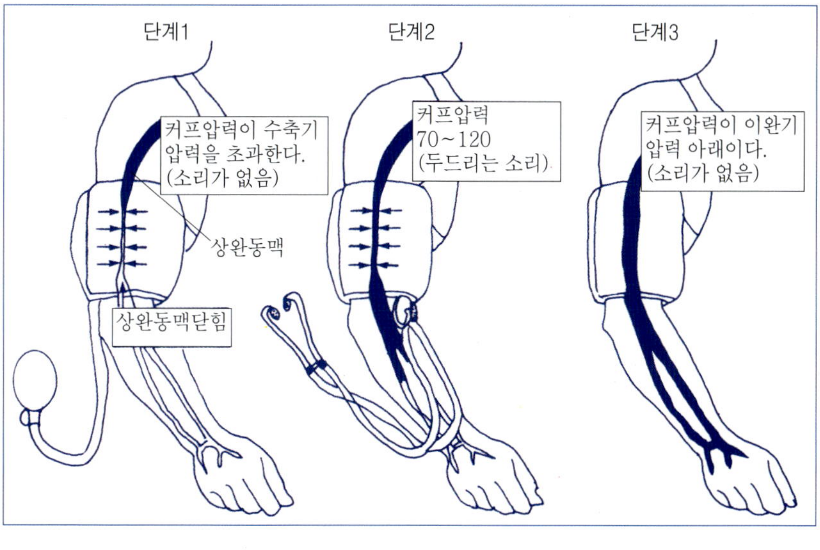

그림 8-23
청진방법에 의한 상완동맥에서의 혈압측정

기준점은 보통 우심방 수준의 상완동맥이다. 수축기 혈압은 심장의 작용과 심실 수축시 동맥벽에 대한 긴장의 평가를 제공한다. 심장이 이완되고 동맥판이 닫히는 것 같이 동맥계의 탄력적 반동은 다음의 혈액 피동까지 말단부에 안정된 혈류를 유지하기 위해 계속적인 압력을 제공한다.

건강한 동맥들은 내부를 이동하는 혈액의 압력을 감당할 수 있는 근육질의 두꺼운 벽으로 이루어져 있다.

인체의 체표면 근처에 분포하는 동맥들로부터 심장 박동을 진동으로 느낄 수 있는 부위이다. 머리 부위에서는 척측두동맥.청경동맥.후두동맥 및 안면동맥에서 느낄 수 있으며, 상지에서는 상완동맥, 요골동맥, 액와동맥에서 감지할 수 있고 하지에는 대퇴, 슬와, 후경골, 족배동맥의 **맥박점**이 있다.

이러한 저항혈관의 용량은 혈관 순환을 통한 혈류의 조절을 위해 빠르고 효과적인 방법을 제공하기 위해 내부의 지름을 변화시킨다. 이러한 재분배 기능은 운동을 할 때 혈액이 활동 근육으로 전환될 수 있기 때문에 중요하다.

상, 하지의 정맥에는 혈액의 역류를 방지하는 목적에서 판막이 있다. 내강이 넓어서 다량의 혈액을 저장할 수가 있으므로 용량혈관이라 부르기도 한다.

정맥과 동맥과 평행하게 배열되어 있지만 동맥보다 수효가 더욱 많으며 일정 시점에서는 동맥보다 더 많은 혈액(대략 70%)을 담고 있다. 정맥의 피는 상당히 낮은 압력을 받으며 정맥은 동맥보다 혈관벽이 얇고 더 많은 피를 담고 있다.

3) 모세혈관

모세혈관은 얇고 가는 혈관이다. 큰 동맥과 정맥은 내압이 수천mmHg까지 지탱할 수 있으나 한 층의 벽으로 된 모세혈관에서도 20~100mmHg의 높은 내압이 유지되고 있다.

조직에 영양물을 공급하고 세포의 노폐물을 거두어 들이는 1차적 기능이 모세혈관에서 수행되고 있다. 모세혈관벽에는 수용성 물질들을 통과시킬 수 있는 간질액이 있는데, 간질액의 구조에 따라 모세혈관을 3종으로 구분한다.

모세혈관을 통하여 혈류 속도는 아주 느려서 (0.3mm/sec) 대동맥에서

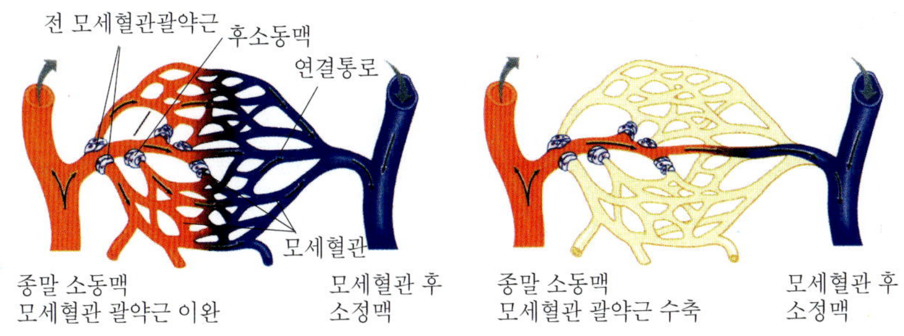

그림 8-24
모세혈관망

의 속도(210mm/sec)에 비하면 700분의 1에 불과하다. 인체내 모세혈관의 총 수효는 약 400억 개나 되며 물질교환에 이바지하는 총면적은 1000㎡에 이른다. 모세혈관은 한층의 내피세포만으로 되어 있고, 이들 세포 사이로 백혈구가 드나든다. 또 혈액 중의 산소나 영양분은 내피세포의 벽을 통해서 조직 안으로 보내지고, 조직에서 만들어진 CO_2나 기타 세포의 노폐물은 모두 혈관으로 들어오게 된다.

4) 혈관

내막의 가장 내층은 내피세포라고 하는 단층의 편평상피로 덮여 있다.

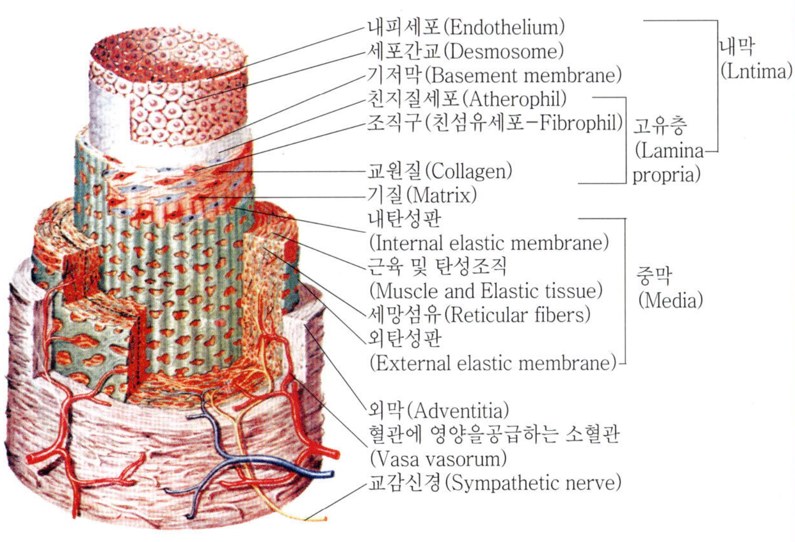

그림 8-25
관상동맥의 구조

내피세포는 혈관의 긴 축방향으로 배열하는 세포로서 핵은 편평한 타원형을 이룬다. 내피세포는 외부 바깥쪽에는 탄성섬유를 혼합한 섬유상 결합조직(내피하층)이 있다. 내막의 가장 바깥층에서는 특히 탄성섬유가 조밀하게 모여서 탄성막을 형성하여 내탄성막이라고 한다.

동맥의 중막은 두텁고 잘 발달되어 있다. 또한 중막의 바깥층, 즉 외막에 접하는 곳에는 많은 탄성섬유로 된 외탄성막이 있다. 외막은 소섬유성 결합조직으로서 탄성섬유가 혼합되며 이 섬유는 주로 종주한다. 외막의 바깥은 뚜렷한 경계가 없이 인접한 결합조직으로 옮겨진다.

대동맥과 이에 다음 가는 동맥은 두껍고 탄성이 풍부한데, 이를 탄성혈관계라 한다. 심장수축에 따라 혈액이 방출되면 동맥벽은 확대되고 혈액이 밀려들어 온다. 혈액의 유출이 도중에 끊겨지면 혈관은 탄성으로 인하

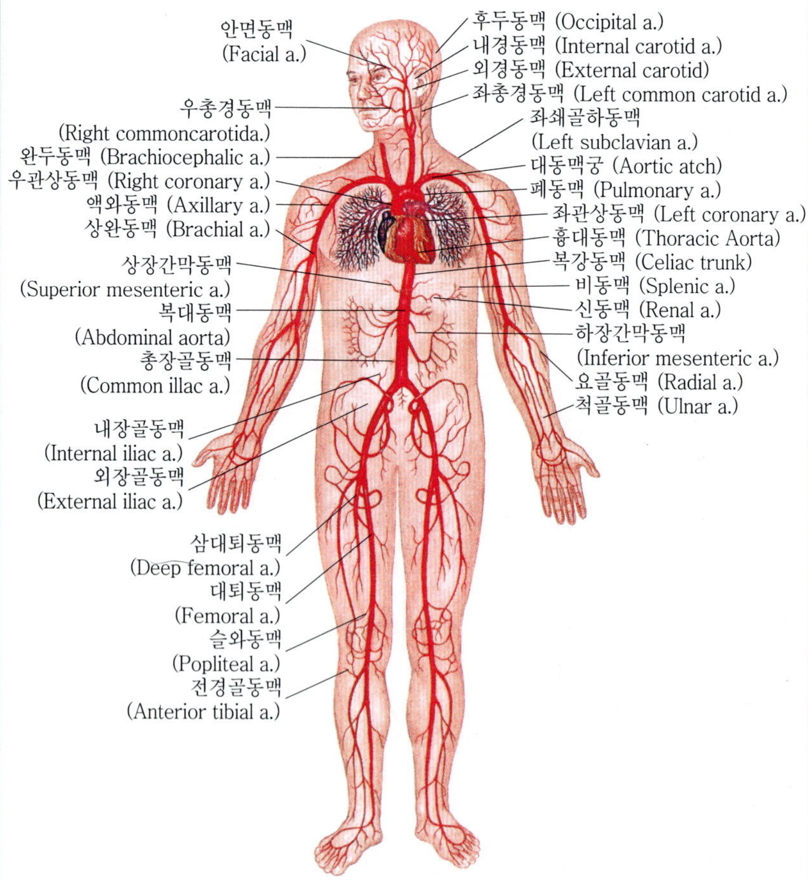

그림 8-26
동맥의 순환

여 원상태로 회복되면서 모아 놓은 혈액을 말초로 보낸다. 즉 이 부분의 동맥은 펌프의 공기실과 같은 작용을 한다.

혈관계는 심장에서 뿜어내는 혈액을 온 몸에 순환시켜서 O_2, CO_2, 영양소, 노폐물, 호르몬 등 여러 물질을 운반한다. 생체 내부 환경의 항상성 유지를 위해서 중요한 역할을 하고 있다.

혈관은 중추의 명령에 의해 스스로 굵기를 조절함으로써 혈액 공급과 혈류 속도를 자동 조절하는 기능도 가지고 있다.

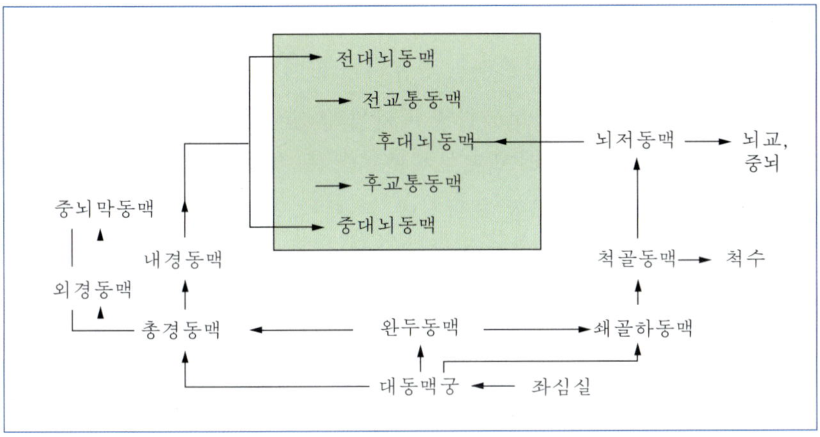

그림 8-27
혈액순환이 온 몸으로 동맥이 흐르는 순환도

9. 림프계

혈관처럼 온 몸에 퍼져 있는 기관에는 림프계라는 것이 있다. 림프액은 거의 무색으로 빨간색의 강렬한 인상을 주는 혈액에 가려져 있지만, 혈액의 뒤처리부터 침입자를 잡아내는 보초의 역할까지 다양한 업무를 수행하고 있다. 림프계의 큰 임무 중 하나는 혈액을 통해 조직으로 흘러나온 단백질과 체액을 흡수해 다시 혈액에 보충해 주는 일이다. 그 때문에 각 조직에 그물같이 깔려 있는 림프계가 림프액의 형태로 회수, 정맥까지 운반해준다.

동 · 정맥과의 압력차에 의해 모세림프관에서 림프액 등을 흡수하고 근육의 운동 등에 따라 한쪽으로 흘러 우림프관과 좌림프총관에 모이게 된다. 사지의 림프관에는 판막이 붙어있어 역류가 안 되고 일방통행만 하게 되어 있다.

1) 림프계의 구조

림프계는 림프관과 림프절로 되어 있다. 가장 작은 림프관은 림프모세관이라고 한다. 림프모세관은 끝이 막혔으며, 상당히 투과성이 크다는 점에서 혈관과는 다르다.

일반적으로 체액은 간질공간을 떠나 혈액으로 들어가기보다는 혈액이 떠나 간질공간으로 쉽게 들어간다. 여기에서 초과된 체액은 림프모세관으로 들어가고, 보다 큰 림프관을 경유하여 혈액순환으로 되돌아간다. 또한 소량의 단백질은 혈액 모세관을 떠나서 간질액으로 들어간다. 이 단백질은 그 때 간질액으로부터 림프모세관으로 들어간다.

큰 림프관은 내피, 평활근, 교원질의 3층으로 구성되어 있다. 큰 림프관에 있는 평활근은 림프가 이동하는 것을 돕는다. 림프관 속에는 림프의 역류를 예방하는 판막이 있다.

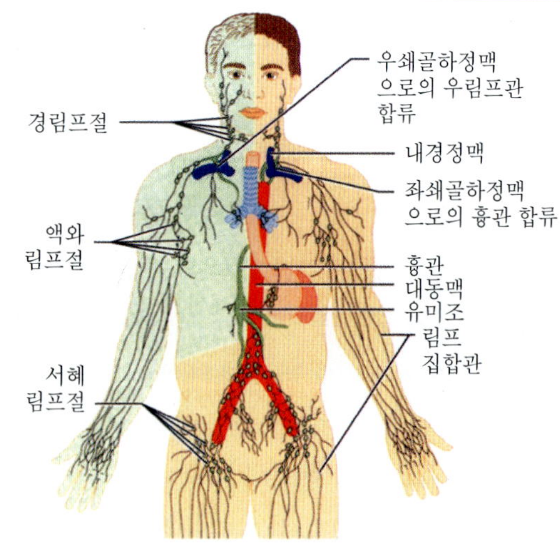

그림 8-28 인체에 림프가 분포된 위치와 순환과정

2) 림프절

림프관은 최소한 두 개 이상의 림프절을 통과하게 된다. 림프절은 림프

조직으로 구성되어 있고 겉은 섬유성의 피막으로 싸여 있다. 림프절의 크기는 작게는 1mm에서 크게는 3cm 정도의 쌀알 또는 콩알만하다. 인체에는 600개 정도의 림프절이 있는데, 약 160개는 목 부위에 분포되어 있다. 그 밖에도 서해부, 겨드랑이, 무릎 안쪽, 팔 안쪽 등에 분포되어 있다.

림프절은 외부에서 들어온 세균이나 병원균, 염증으로부터 발생한 찌꺼기 또는 산물들이 혈액순환으로 들어가지 못하도록 미리 여과함으로써 우리 몸을 보호하고 있다. 그래서 우리는 흔히 염증 또는 감염이 일어난 곳의 림프절 주변이 부어 있거나 단단해 진 것을 볼 수 있다.

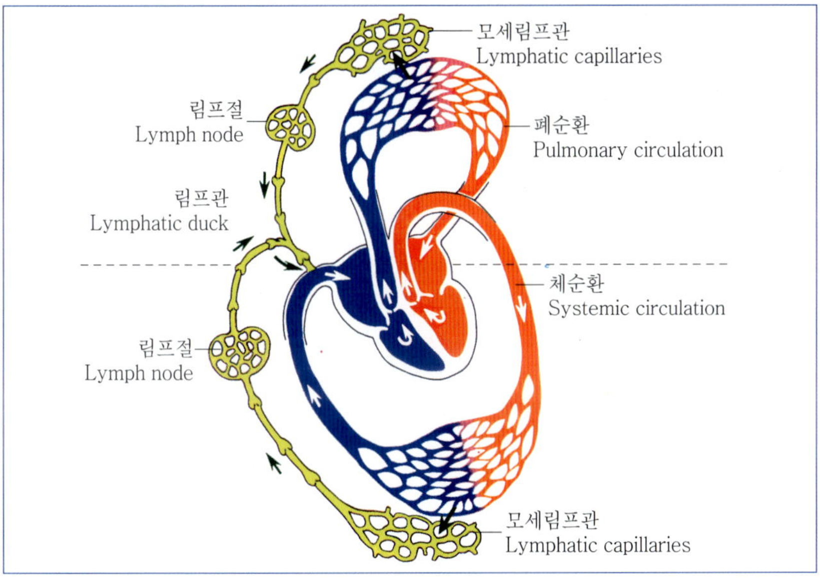

그림 8-29 폐순환과 체순환으로 림프계 순환 과정의 배치도

3) 조직의 내부와 혈류의 내부에 있는 림프계

인체의 모든 연한 조직은 림프액이라고 불리는 액체 속에서 기능을 발휘한다. 이 제2의 순환계는 체액을 정화시키는 데 중요하다. 림프선들은 비장과 함께 박테리아를 걸러내고 질병과 싸우는 림프구를 생성한다.

림프계는 영양분과 노폐물의 수송뿐만 아니라 지방의 소화에도 중요하다. 림프계는 인체 전체의 액체 균형을 유지한다.

그림 8-30
림프절의 내부 미세구조

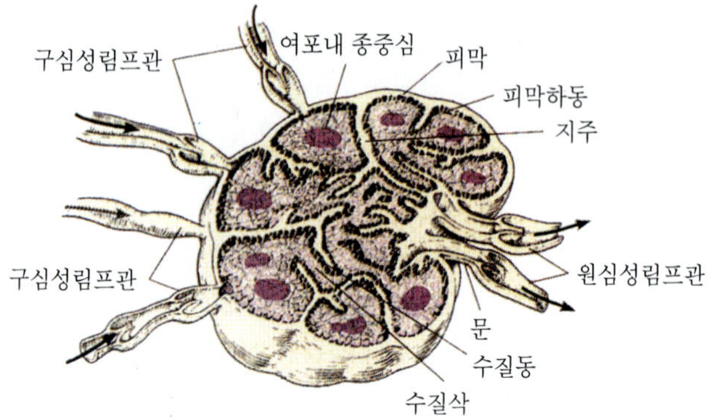

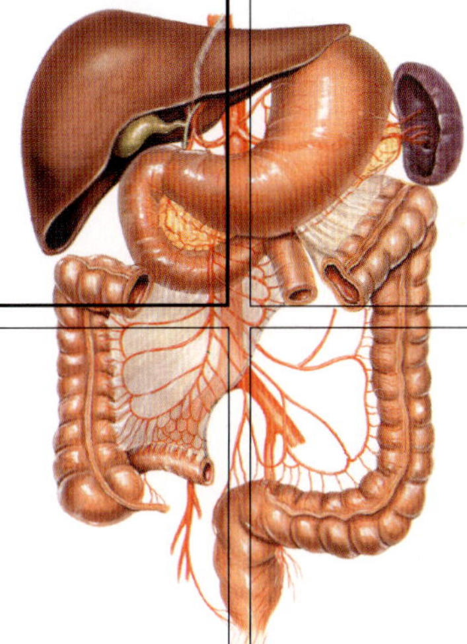

제 9 장

AESTHETIC ANATOMY & PHYSIOLOGY

A 소화계

1. 소화기계의 구조와 기능
2. 소화기관별 생리작용
3. 영양소별 소화기전
4. 위에서의 소화
5. 소화호르몬
6. 소장에서의 소화
7. 대장에서의 소화
8. 간
9. 췌장에서의 소화
10. 담도계

B 에너지 대사와 영양

1. 에너지 대사
2. 물질대사
3. ATP 생성과정
4. 에너지 대사량의 측정
5. 에너지 소요량
6. 영양소의 연소
7. 3대 영양소의 중간대사

9-A. 소화계 Digestive System

사람이 식품을 섭취했을 때 음식물을 몸에서 흡수되기 쉬운 상태로 변화시키는 작용을 소화라고 한다. 식품이 소화되는 과정을 보면, 먼저 단단한 음식물을 잘게 부수어서 타액과 혼합하여 위로 보낸다. 그러면 위장에서는 연동운동으로 음식물이 옮겨져 기계적 소화운동과 소화효소에 의하여 영양소를 분해시키는 화학적 소화를 한다. 또 대장에 이르면 장내세균에 의하여 소화가 잘 안 된 섬유소를 소화시키는 소화현상이 일어난다.

1. 소화기계의 구조와 기능

1) 소화기의 기능

소화는 입에서부터 시작하여 항문에 이르는 긴 관 안에서 일어나는데 이 부분을 소화관이라고 부르며, 이것은 다시 구강, 식도, 위, 소장, 대장으로 구분된다. 또한 소화관 밖에 있으면서 소화 및 흡수과정에 필요한 물질을 생산하여 소화관에 공급하는 소화 부속기관에는 타액선, 간, 췌장, 담낭 등이 있다.

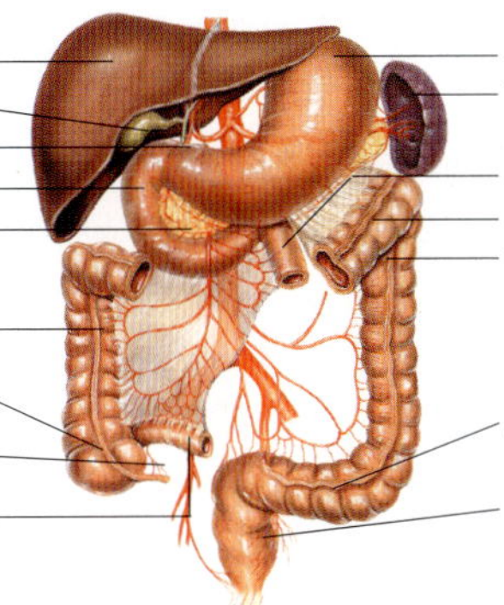

그림 9-1
소화기계의 구조

2) 음식물은 어떻게 소화되어 흡수되는가

소화란 섭취한 음식물 중의 영양소를 그 최소 구성 단위까지 분해하여 소화관벽을 통과할 수 있는 상태로 변화시키는 것이며, 소화관 벽을 통하여 점막 상피세포로 받아들여 혈액 혹은 림프액 안으로 흡수된다.

소화기의 역할을 설명하면 아래와 같다.

① 음식물과 수분을 섭취하고 소화 과정에서 형성된 부산물(노폐물)을 배설한다.

② 고분자 물질인 음식물을 분해하여 소화관벽을 통과하여 흡수될 수 있는 저분자 물질로 분해한다. 소화 방법에는 화학적 소화와 물리적 소화가 있는데, 화학적 소화는 소화효소에 의한 것이고 물리적 소화는 음식물을 씹는 운동, 위, 소장의 평활근의 교반에 의한다.

③ 저분자 물질로 소화된 영양물은 주로 소장에서 흡수된다. 이렇게 소장 등에서 흡수된 영양소는 체세포로 직접 흡수되거나 간 등에서 대사되어 이용 가능한 상태로 된다.

3) 소화의 장기별 생리적 기능

음식물을 섭취한 후 이것이 흡수되기 시작하는 시간은 인간에 있어서는 약 2시간 후이며, 식후 9시간이 지나면 내용물은 거의 전부가 대장까지 도달하는 동안에 대개 흡수된다. 그런데 소화관이라고 하여도 위에서는 알

코올은 비교적 잘 흡수되고 포도당과 염류는 약간 흡수되며, 그 외에는 거의 흡수되지 않는다. 그러나 소화된 영양소의 대부분은 소장을 지나는 동안 거의 완전히 흡수되어 버린다. 소장벽은 그 표면에 있는 많은 융모에 의하여 흡수 면적이 현저히 크다.

2. 소화기관별 생리작용

입에서 시작되는 음식물의 파쇄 작용은 소장에서 완료된다. 음식물이 위에서 십이지장으로 들어가면 십이지장은 소화운동을 끝내는데 필요한 화학물질의 방출을 위해 네 개의 기관을 자극한다.

소장의 이 부분, 즉 십이지장은 위산의 피해를 입지 않기 위해 점액을 다량 분비한다. 십이지장은 또한 소화 물질의 방출을 위해 간, 췌장, 그리고 담낭을 자극하는 각종 호르몬도 만들어 낸다.

담낭에서 나오는 담즙과 췌장에서 나오는 알칼리성 췌액은 산을 중화시킨다. 췌장과 소장이 분비하는 각종 소화효소는 음식물을 인체가 이용할 수 있는 단일원소 성분으로 분해한다.

탄수화물은 포도당으로, 단백질은 아미노산으로 변한다. 지방질도 또한 체내에 흡수되기 전에 부분적인 소화가 이루어진다. 이들 물질은 대부분

표 9-1 소화기 부위에 따른 소화의 과정

기 관	기계적 작용	생리 과정
구강(치아 및 혀)	저작	음식물을 잘게 부수고 침과 섞어 삼키기 쉽도록 일정한 크기로 만드는 운동
인두	연하	음식 덩어리를 위로 옮기는 운동
식도	연동	평활근이 위에서 아래를 향해 연속적으로 수축됨으로써 음식물을 밀어내린다.
위	휘저음 연동	연동에 의해 위 내용물이 닫혀 있는 유문으로 밀려갔다가 옆으로 밀리는 움직임 일정한 간격으로 일어나며 음식물을 십이지장으로 보냄
소장	휘저음 연동	내용물이 장액과 골고루 섞이게 하고 점막에 고루 닿게 함 내용물을 계속 아래로 밀어냄
대장	강한 연동	보통 식후에 내용물을 S상 결장 및 직장으로 이동시킴
직장	강한 연동	배변

흡수가 끝나고 회장 끝 부분에 와서는 소화가 되지 않은 섬유소와 소량의 수분만이 남아 마침내 배설된다.

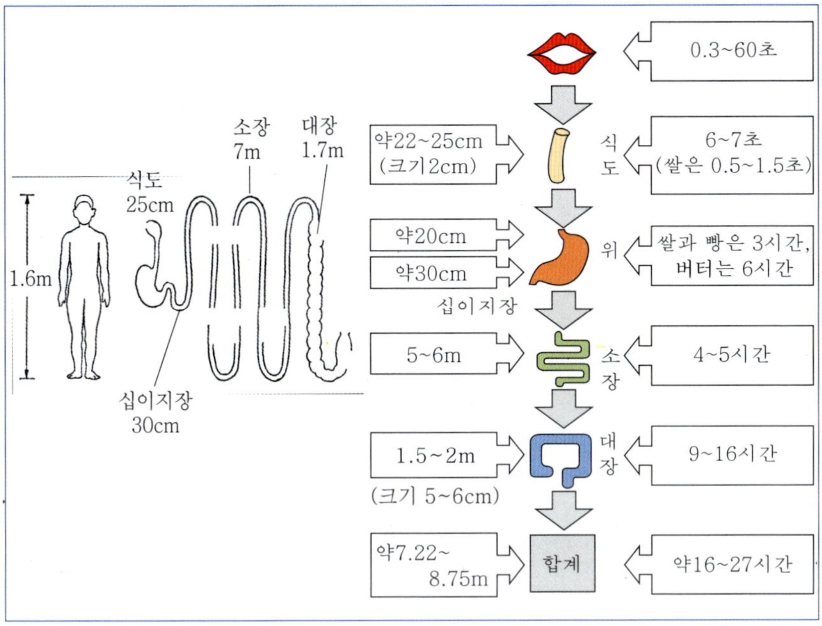

그림 9-2
음식물이 소화되는 모든 과정

1) 소화액분비의 기전

소화액이 분비되려면 소화선세포가 흥분되어야 한다. 타액, 위액, 췌장, 담즙 등의 소화액은 다음과 같은 자극에 의해 분비된다.

(1) 신경성의 자극

식욕이나 이에 따른 미각, 후각, 청각 등의 감각이 구심성의 저극이 되어 중추에 전달되고, 중추로부터 원심성 자극이 미주신경을 통하여 타액, 위장, 췌장선 세포 등을 자극하여 소화액을 분비한다. 이것은 조건반사에 의하여 일어난다.

(2) 음식물의 소화관벽 접속 자극

음식물이 소화관 내에 들어가면 그 자극에 의하여 소화액이 분비된다. 그리고 이 때 음식물의 종류에 의해서 분비량이 늘거나 줄어든다.

(3) 소화관 호르몬의 자극

위액은 gastrin, 췌액은 secretin에 의하여 각각 분비가 촉진된다. 이 소화관 호르몬 분비는 신경성 자극, 음식물의 관벽 접촉에 의하여 일어나는 일이 많다.

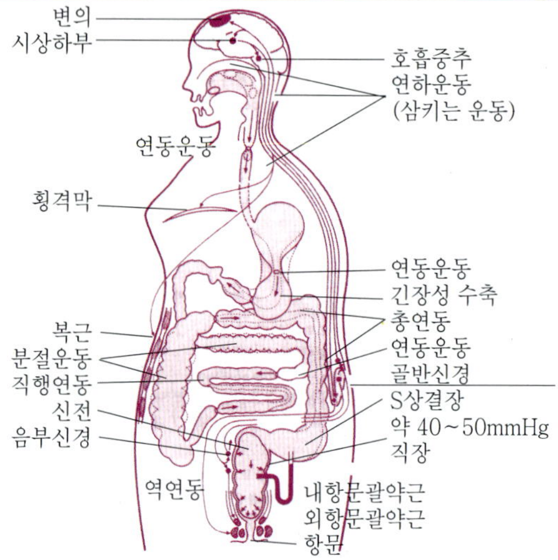

그림 9-3 소화기 장기별 신경과 호르몬 운동

3. 영양소별 소화기전

1) 영양소

음식물의 소화는 소화효소의 질서있는 작용에 따라 진행된다. 대부분의 효소는 타액, 위액, 췌장액 속에서 분비되어 소화작용을 한다. 정상 세포에서 생산하는 소화효소는 장액 내에는 분비되어 소화작용을 한다. 장상피세포에서 생산하는 소화효소는 장액 내에는 분비되지 않고 그 쇄자연(刷子緣) 및 세포 안에 있으며 거기에서 작용한다. 효소의 소화작용을 돕는 것으로는 위액 중의 염산, 담즙 중의 담즙산염 및 장액이 있다.

그러나 소장의 흡수능력은 십이지장, 공장, 회장 등 그 부위에 따라 뚜렷한 차이가 난다. 이것은 주어진 물질 분자 구조, 소장의 소화능력 등 많은 인자의 복잡한 작용의 종합적인 결과로써 흡수 부위가 결정된다.

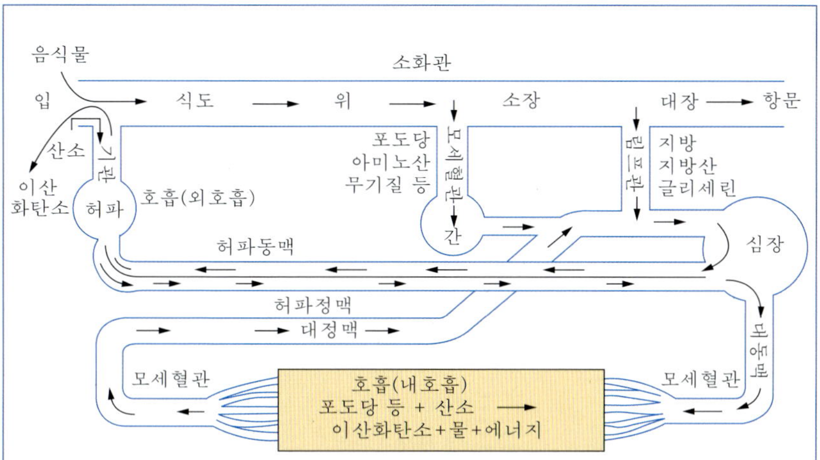

소화관에서 소화되어 체내에 섭취된 음식은 내호흡에 의해 에너지로 바뀐다.

그림 9-4
음식물이 에너지가 되기까지

2) 단백질 효소의 분해

단백질의 소화는 위에서 분비되는 펩신에 의하여 펩톤 및 프로테오스로 분비됨으로써 시작된다. 췌장액 중의 단백질 분해효소인 트립신, 키모트립신, 카르복시펩티다제 등은 모든 단백질을 펩톤 및 프로테오스로 분해한다.

트립신 및 키모트립신은 폴리펩티드 분자 내부의 펩티드 결합에 작용하고 카르복시펩티다제는 카르복시 및 아미노기가 있는 폴리펩티드에 작용한다. 이러한 효소가 췌장선단 세포 안에 단백질을 소화하는 것을 방지하기 위하여 각각 트립시노겐, 키모트립시노겐, 프로카르복시라제라고 하는 불활성화형으로 분비되어 소장 안에서 활성화된다.

단백질 분해는 췌장선에서 분비되는 여러 종류의 효소의 작용으로 남아있는 트리펩티드로 디펩티드는 아미노산으로 분해된다. 이러한 유리 아미노산 생산과정은 장관내강에서 이루어지지만 대부분은 소장상피세포의 쇄자연 안에서, 또한 세포 안에서도 이루어진다. 즉 아미노산의 마지막 소화는 소장내 쇄자연 상피세포의 세포질에서 이루어 진다.

그림 9-5
영양소의 흡수 부위

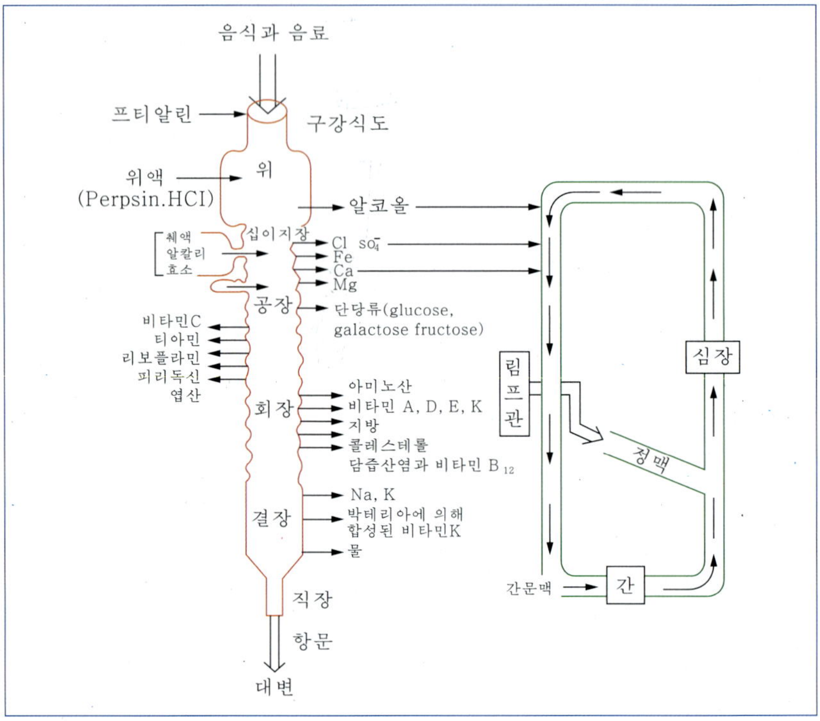

4) 지방질의 소화

음식물의 지방질로서는 중성지방이 가장 많다. 지방의 소화는 십이지장에서 담즙산염이 지방분자의 큰 집합체를 유화하여 지방분자를 분리함으로서 시작된다. 이어서 췌장에서 분비된 리파아제는 각각 지방분자를 지방산과 글리세롤 및 글리세라이드로 분해한다. 글리세라이드는 글리세롤과 한 개 또는 두 개의 지방산이 결합한 것으로 각각 모노글리세라이드, 트리글리세라이드라고 한다.

4. 위에서의 소화

1) 위의 구조와 기능

위점막에는 관상선인 위선이 있어 하루에 약 2000ml의 위액을 분비하며 음식물을 소화시킨다. 위액은 물, 점액, 무기질, 효소와 염산으로 되어 있다. 위저와 체부에 있는 벽세포가 염산을 분비하고 위 전체의 점막에 널리 퍼져 있는 점액성 부세포는 분비하며 주세포는 소화효소인 펩시노겐을 분비한다.

위의 기능은 다음과 같이 요약할 수 있다.

① 소화된 음식물이 장관으로 이동되기 전까지의 저장고이다.
② 위액을 분비한다.
③ 위 근육의 운동에 의해 위 내용물을 위액으로 교반(각반)하고 잘게 부순 후에 십이지장으로 이동하기에 알맞게 만든다.
④ 물, 알코올 등을 흡수한다.

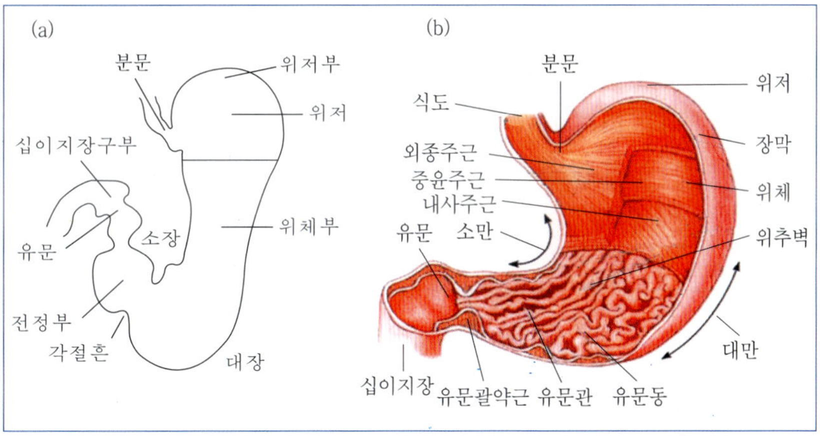

그림 9-6
위와 위벽의 구조

2) 위액

위액을 분비하는 자율신경에 의한 신경성 조절과 체액성 호르몬에 의한 조절로 이루어지고 있다. 특히 미주신경 자극은 소화효소가 많은 위액을, gastrin에 의한 자극으로 염산이 많은 위액을 분비한다. 또한 교감신경 자극에 의해서도 유문선의 작용이 촉진되며 반드시 교감 및 부교감신경 작용만이 길항적인 것은 아니다. 이와 같이 그 자극이 달라짐에 따라 위액성상이 각각 다르다.

5. 소화호르몬

1) 소화 호르몬의 특징

소화 호르몬의 분비원은 기저부에 미세한 과립을 갖게 되는 기저과립세포이다. 다른 내분비선과 달리 덩어리를 이루지 않고 소화관 상피조직 안의 외분비세포에 끼어 흩어져 있다.

가스트린 분비세포가 위 유문부에 주로 있고 세크레틴 및 콜레시스토키닌의 분비세포는 주로 십이지장 및 소장 위쪽에 있다. 이러한 세포의 대부분은 소화관 내경면에 미세한 융모를 가지며, 때문에 내강으로부터의 자극을 직접 받아서 분비물을 방출한다.

분비되는 호르몬은 반드시 대순환으로 들어갈 필요는 없고 문맥영역 내에서 작용하는 것으로 생각된다. 따라서 소화 호르몬은 소화관 점막(주로 위, 십이지장 및 소장 상부)에 흩어져 있는 내분비세포에서 생산된다.

여기서 주로 섭취되는 식물과 그 소화관의 자극에 의하여 혈액 중에 분비되어 인접하는 소화장기(위, 소장, 간, 췌장, 담낭)에 작용한다. 여러 장기의 소화액의 분비 및 운동기능을 조절하는 것은 펩티드 호르몬이다.

표 9-2 위선의 종류와 분비액의 기능

종 류	부 위	선 세 포	분 비 액	기 능
분문선 (cardiac gland)	분문부	부세포 (mucous cell)	점액	점막보호
위저선 (fundic gland)	위저부, 위체부	1) 주세포 (chief cell)	pepsinogen	단백의 소화작용
		2) 부세포 (mucous cell)	점액	점막보호
		3) 벽세포 (parietal cell)	HCl 0.4~0.5% pH 1.0~1.5	pepsinogen 활성화, 산성, 단백 소화를 돕는다.
유문선 (pyloric gland)	유문부	부세포 (mucous cell)	점차 약해진다.	점막보호

	분비되는 호르몬	분비되는 부위	작용	
촉진성 호르몬	가스트린	위 아래 부분	위운동 원활, 위산 분비 증가, 점액 분비세포 성장	위와 장 성장 호르몬의 작용 인슐린 분비 촉진
	콜레시스토키닌	소장 위쪽	위에서 음식물 이동을 느리게 함, 영양분 소화 흡수 증가, 담즙 분비 증가, 췌장 효소 분비 증가	
	세크레틴	소장 위쪽	췌장에서 중조 분비 증가 (위산 중화)	
억제성 호르몬	소마토스타틴	위와 소장 위쪽	위장관 소화작용, 영양분 흡수와 저장을 억제, 가스트린, 콜레시스토키닌 분비 억제, 미주신경(부교감) : 분비 억제 / 내장신경(교감): 분비 촉진	

표 9-3
위와 소장에서 분비되는 호르몬

6. 소장에서의 소화

1) 소장의 구조와 기능

소장은 위 유문부에서 계속되는 관상부로서 복강 내를 실행되며 오른쪽 배쪽에서 대장과 연결된 5~6m의 기관이다. 위쪽부터 십이지장(약 25cm),

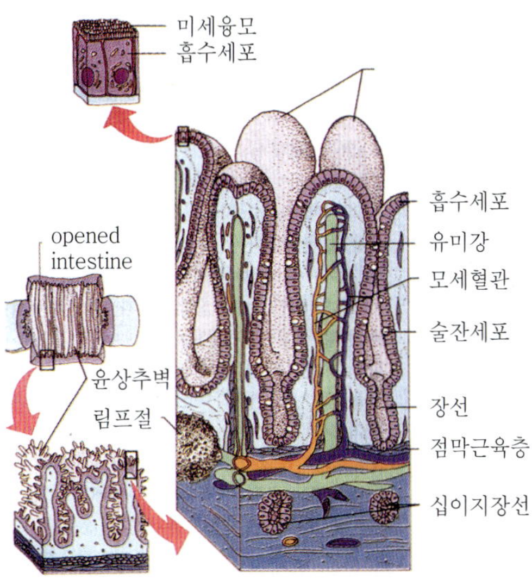

그림 9-7
소장벽의 미세 구조의 단면도

공장(소장의 약 2/5를 차지) 및 회장으로 나누어진다.

공장 및 회장은 소장관막에 의해 복벽 뒤에 잡아 올리고 안벽에는 다수의 윤상이 있고 결막의 표면에는 무수히 많은 융모가 있다. 또한 점막 아래의 근층간에는 신경총이 있어 지각, 연동, 소화액의 분비 등을 지배한다.

2) 영양소가 체내로 흡수되는 과정

소장은 매일 약 9.5리터의 음식물, 액체 및 체내 분비물을 처리한다. 충분한 영양소가 체내에 흡수되려면 음식물은 수없이 많은 소장세포와 접촉해야만 한다. 주름치마의 주름처럼 둥근 모양을 한 소장 내벽에는 융모라 불리는 손가락 형태의 미세한 돌기가 무수히 분포되어 있다.

융모는 하나하나마다 중심 부분의 림프관과 장액을 분비하는 바닥에 있는 장선, 그리고 산소를 실은 신선한 피를 끌어들이고 영양이 풍부한 피를 옮기는 모세혈관망과 혈관으로 구성되어 있다.

영양소는 융모막을 뚫고 혈관이나 림프관으로 들어간다. 여기서부터 지방질 영양소는 림프조직을 통해 운반되고, 혈관내의 포도당과 아미노산은

그림 9-8
소화관에서 각종 영양소가 흡수되는 순서와 기능

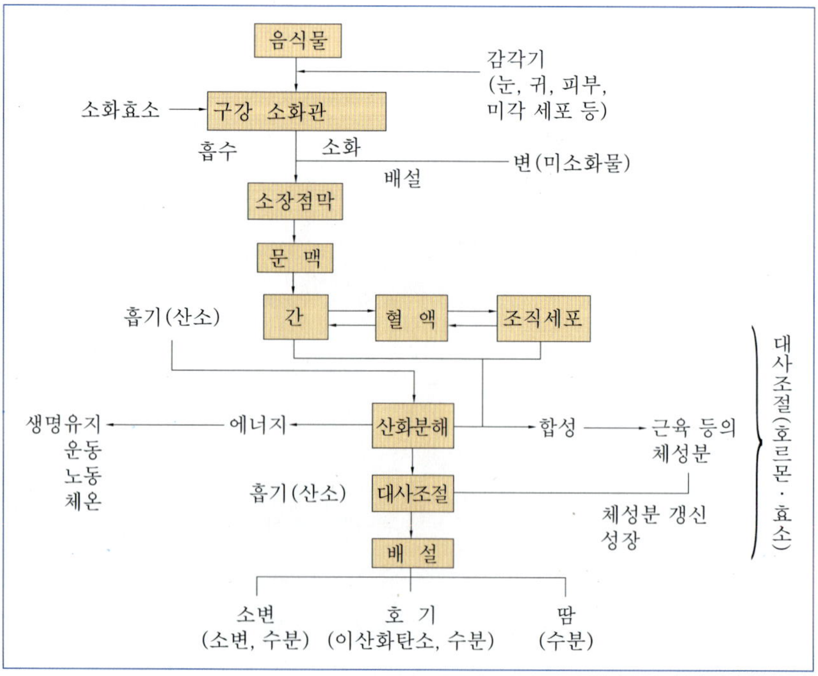

문맥을 지나 간장으로 운반된다.

소장점막면은 흡수에 적합한 구조와 운동성을 가진다. 점막은 다수의 주름을 형성하여 표면적을 확대하며, 특히 십이지장과 공장에서는 약 3배가 된다. 융모에는 혈관, 림프관이 풍부하게 분포되어 있고 융모근의 신축에 의해 흡수물질이 운반된다.

7. 대장에서의 소화

대장은 소화관의 종말부로서 소장보다 크고 길이는 약 1.5m이며 맹장, 결장(상행, 횡행, 하행, S상 결장) 및 직장으로 나누어 진다. 대장의 점막에는 단순한 장선이 있어 진한 알카리성(pH 8.4정도)의 대장액을 분비한다.

대장액은 점액이 많고 소화효소는 전혀 없으며, 대장의 작용은 점막의 보호와 점막표면을 윤활성으로 하여 내용물의 이송을 원할하게 한다.

대장액의 분비는 기계적 자극, 골반 신경자극, pilocarpine의 투여에 의해 촉진되고, 교감신경 흥분제 또는 atropine 같은 부교감신경 차단제 투여로 억제된다.

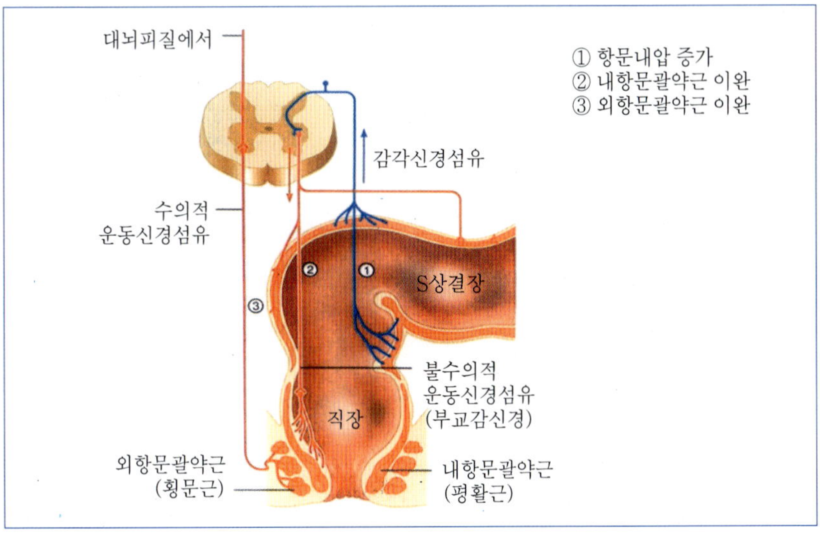

그림 9-9
대장의 구조와 내용물의 이송 시간

1) 대장의 운동

대장의 운동은 소장과 마찬가지로 율동운동과 연동운동이 있고, 율동운동은 주로 분절운동이다. 기능적으로는 횡행결장이 중간부에서 가까운 쪽과 먼쪽의 결장으로 나누어져 이 경계부에는 항상 윤상의 수축이 보인다.

특히 근측결장에는 분절, 연동운동이 뚜렷하며 상행결장, 맹장에는 역연동도 하고 있다. 여기서 생물학적 소화와 물을 흡수하게 된다. 먼쪽 결장에서는 물의 흡수에 의해 점차 내용의 고형화가 이루어진다. 횡행결장 이하의 연동은 24시간에 1~2회 한다. 그러나 식사를 하면 횡행결장으로부터 S장 결장에 걸쳐 급격히 강한 연동운동을 일으켜 위결장 대장반사에

POINT

대장은 길이 약 1.5m, 지름이 7.5cm인 굵은 관으로 맹장, 결장, 직장으로 구성되어 있다. 영양분의 흡수는 거의 일어나지 않으며 수분을 흡수해 고형화된 변을 만드는 역할이다.

- 맹장 : 회장이 대장으로 연결되는 회맹구에서 하방으로 뻗은 관
- 결장(상행, 횡행, 하행, S상 결장) : 맹장의 끝에서 시작해 직장에 이름
- 직장 : S상 결장에서 하행하여 항문에 이름

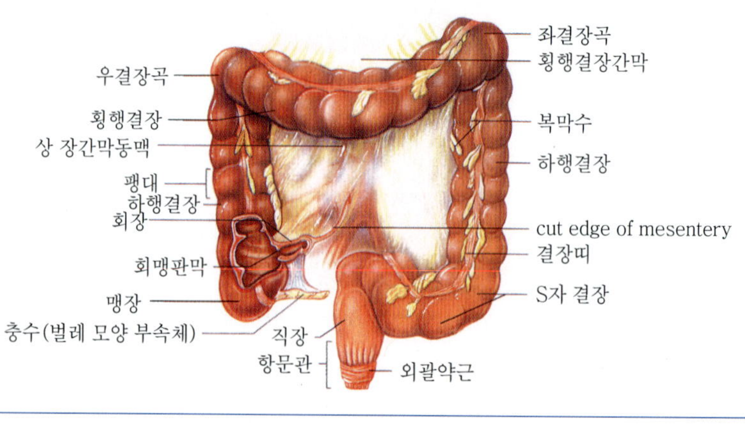

그림 9-10
대장의 구조

의해 결장의 내용물이 직장으로 옮겨진다.

대장의 내용물 이송시간은 음식물의 성질, 대장의 운동기능, 흡수능력 혹은 정신적 상태에 따라 다르나 대개는 시간에 따라 주기적으로 이루어진다. 대장의 운동도 소장과 마찬가지로 장관벽의 자동성에 따라 이루어지며 자율신경의 지배를 받는다.

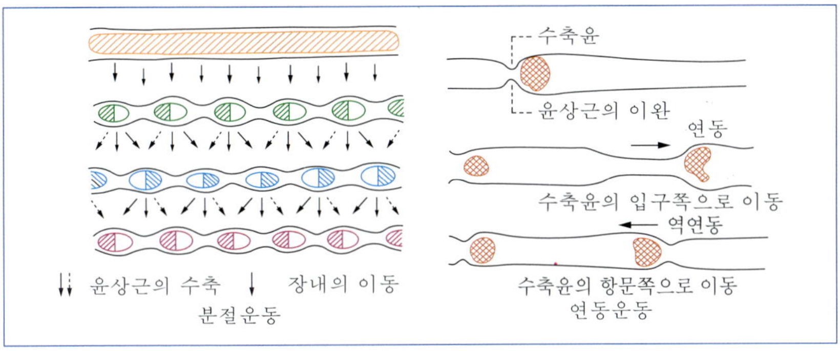

그림 9-11
분절운동과 연동운동

부교감신경계는 횡행결장 중앙부 부근에까지 미주신경이 분포해서 운동을 촉진시키는 작용을 한다. 교감신경은 횡행결장까지 상장간막 신경총에서의 절후신경이 하고, 그 아래쪽에는 하장 결막 신경절에서 나온 하장간막신경과 하복신경이 분포해서 운동을 억제시키는 작용을 한다.

8. 간

1) 간의 구조

간은 오른쪽 횡격막의 아래에 있고 우엽, 좌엽, 미상엽, 방형엽의 네 개의 엽으로 나누어진다. 중량은 남자가 약 1.4kg이고 여자는 1.2kg이다. 조직은 무수히 많은 간소엽과 소엽의 결합조직으로 된 실질 장기이다. 간소엽은 간세포색 및 모세담관과 모세혈관이 간정맥을 중심으로 방사상으로 모아진 육면체의 구조를 하고 있다.

간동맥은 다른 장기와 달리 두 개의 특징이 있다. 그 하나는 문맥과 간동맥 두 개의 유입 혈관으로 되는 것이고 다른 하나는 모세혈관상에 상당

그림 9-12
간의 미세구조

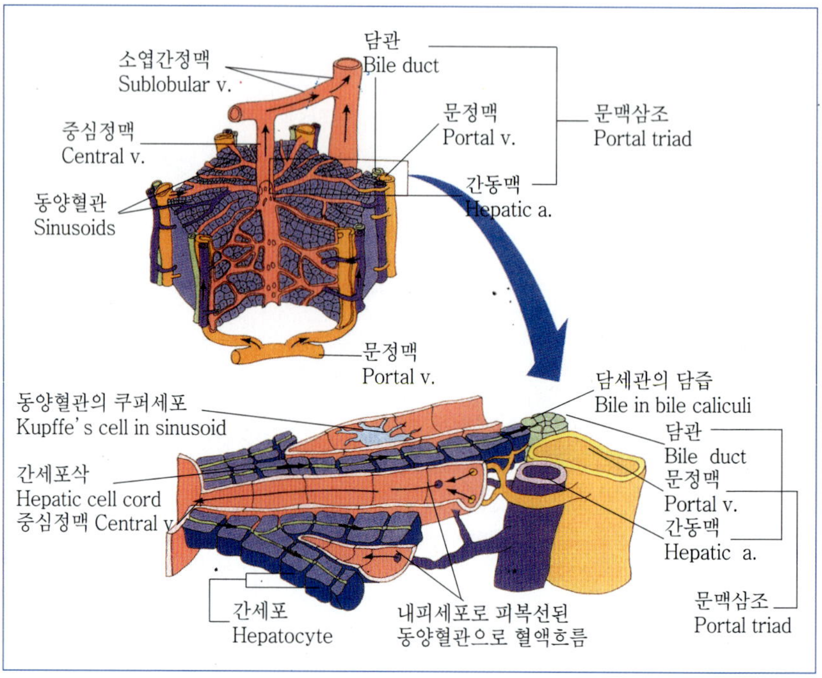

하는 부분이 간유동이라는 특수구조를 가지고 있다.

소화관 및 비장을 경유하는 문맥과 간의 영양혈관으로서의 간동맥은 간문을 들어간 후에 간세포색 주위에 모세혈관망(간류동, 유정맥동이라고 함)을 형성한다. 그 후 중심정맥을 거쳐 유출혈관인 간정맥에 이르러 하대정맥에 연결된다. 간유동은 간세포와 접하여 있고 혈액과 간세포 간의 물질교환의 장소가 된다.

2) 간의 기능과 대사

우리가 섭취하는 음식물이 위와 장에서 소장, 흡수되어 문맥을 통해서 들어오게 되면 간은 이들 영양소들을 원료로 해서 합성, 분해, 전환시켜 우리 몸이 필요로 하는 여러 가지 형태의 물질을 만들어 내며, 저장시켰다가 나중에 필요할 때 사용한다.

간이 맡고 있는 기능 중에서도 가장 중요한 것은 영양분을 대사, 저장하면서 간과 온 몸에 필요한 영양분을 알맞게 나눠 주는 것이다. 이와 같은 기능이 탄수화물, 단백질, 지방대사이다.

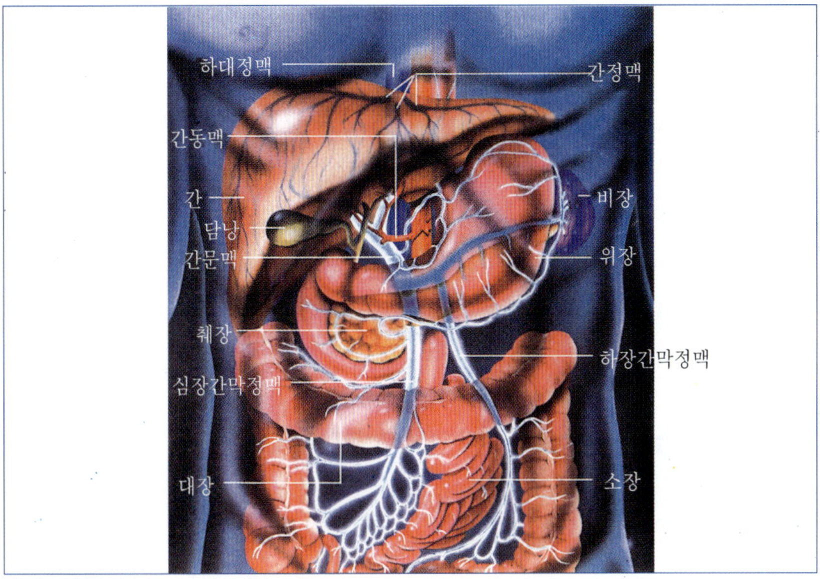

그림 9-13
간과 소화기관

간은 담즙산을 생산하고 노폐물의 일종인 담즙 색소를 제거하는 역할도 맡고 있다. 담즙산은 간세포에 의해 콕에스텔로부터 생성되어 담도를 따라 내려가 당낭에 저장되었다가 소장으로 분비되어 지방이나 지용성 비타민의 소화흡수를 돕는다.

간의 주요기능

1. 혈당 조절작용 : 섭취된 포도당 중 약 60%를 간내 Glycogen으로 저장한다.
2. 기능성 주요 단백 합성 : 알부민 생산, 지질운반 단백합성, 주요 단백 효소 등
3. 지질대사 작용 : 지방산, Lipoprotein, Phosphoilpids, Cholesterol 합성
4. 호르몬대사 작용 : 스테로이드대사(성호르몬 등)
5. 비타민대사 작용 : 활성화(Vitamine B_1, B_6 등), 저장(Vitamine A, D, B_{12} 등)
6. 해독작용 : 암모니아, 약물, 독소 등을 산화, 환원, 포합, 가수분해작용으로 해독
7. 담즙 생성/분비 작용 : 지질성 물질 이동, 미세담도 청소, 담석생성 억제, 용해

9. 췌장에서의 소화

췌장액은 그 속에 고농도의 HCO_3을 함유함으로써 위로부터 넘어온 음식물의 산도를 중화시켜 HCl이나 펩신의 의한 duodenal mucosa의 손상을 방지시켜 준다. 또 다른 효소인 α-amylase, lipase 및 trypsin과 같은 주요 소화효소를 다량 포함하고 있기 때문에 타액이나 위액 속의 효소와는 달리 정상적인 소화 및 흡수에 결정적인 역할을 한다.

10. 담도계

간은 지장의 소화흡수에 꼭 필수적인 담즙을 생성하고 분비하는 한편 흡수되는 영양소의 전환 및 저장에 관여한다. 담낭은 간에서 끊임없이 생성 분비되는 담즙을 저장, 농충하고 필요에 따라 배출한다.

그림 9-14
담즙 배설로

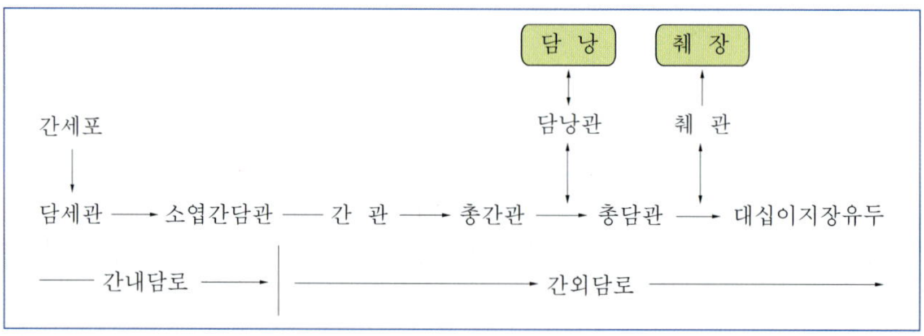

1) 담즙의 조성

담즙액은 97%가 수분이며 담낭에서 5~10배로 농축된다. 주요 유기물질은 담즙산염 및 담즙색소이며 췌장액과 비슷한 알카리성 전해질에 용해된다. 담즙의 황금색은 담즙색소에 의한 것이다. 대부분 빌리루빈으로서 골수, 비장, 간, 림프절 등에 있는 망상내피계에서 적혈구가 파괴되고 혈색소가 방출되어서 만들어진다. 이 빌리루빈은 간접형 빌리루빈이라고 하며 신장의 사구체로부터 여과되지 않기 때문에 소변으로 나오지 않는다. 이 액은 알부민과 결합하여(알부민 결합 빌라루빈) 혈액으로 되어 간으로 운반된다.

담즙산이 간세포 안에서 글루쿠론간과 결합하면 친수성의 글루고구론산과 빌리루빈으로 된다. 이것을 직접형 빌리루빈이라고 하며 신장의 사구체에서 여과되어 소변으로 나오게 된다.

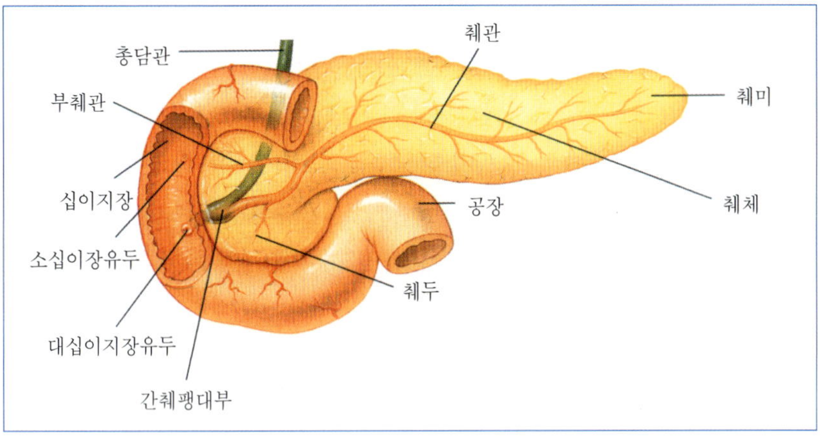

그림 9-15
십이지장의 구조

2) 담도계의 기능

식사 후 시간이 지나면서 소화기의 활동이 떨어지는 상태에서는 oddi 괄약근이 닫혀 있어 담즙은 담낭에 저장된다. 이 사이에 담즙의 수분이 흡수되어 담즙은 농축되며, 담낭담즙이 된다.

식사할 때에는 oddi 괄약근이 이완하여 십이지장 점막으로부터 분비되는 소화호르몬 콜레시스토키닌이 당남을 수축시키고 담즙은 십이지장으로 배출된다.

3) 담즙의 소화작용

담즙은 담즙색소 및 담즙산염, 콜레스테롤, lecithin 및 무기염 등을 포함하는 알칼리성 액체이다. 담즙은 다음과 같은 기능을 가지고 있다.

① 지방의 소화를 촉진시킨다. 담즙산의 그 염류는 표면활성 친수성이 커서 지방을 유화시키고 리파아제의 작용을 받기 쉽게 한다.

② 지방의 흡수를 촉진시킨다. 담즙산은 지방산과 미셀을 형성하여 수용성의 복합체를 만들고 지방산의 흡수를 촉진시킨다.

그림 9-16
담즙산염의 대사

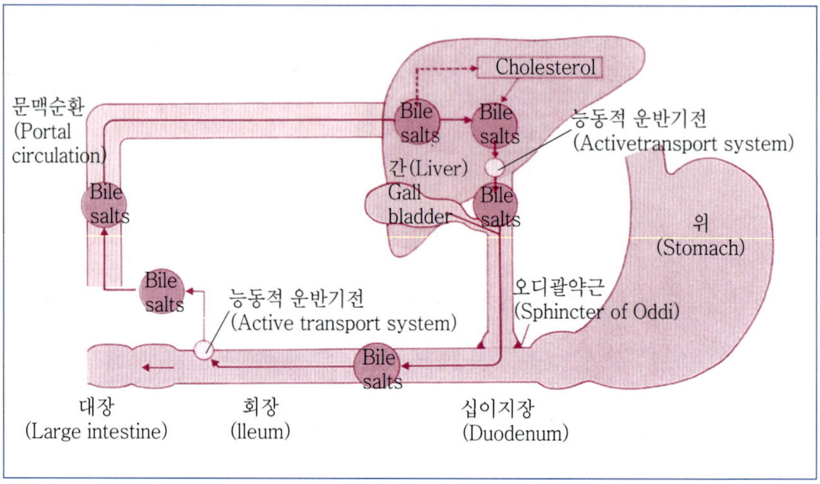

9-B. 에너지대사와 영양 Energy Metabolism & Nutrition

1. 에너지대사

우리는 항상 에너지를 소비하여 생명 활동을 유지하고 있다. 에너지대사는 소화관에서 소장이 영양소를 흡수한 다음 신장에서 요를 생성하는 것이다. 사람이 생명을 유지하기 위하여 몸 안에서 이루어지는 모든 활동을 대사(metabolism)라고 하며 이때 에너지를 필요로 한다.

인체의 활동에 필요한 에너지는 섭취하는 음식물로부터 얻고 있다. 음식물 가운데 탄수화물, 단백질, 지질 등 고분자 물질로 분해되면서 에너지를 방출한다. 인체는 이 에너지를 생명 활동에 이용한다.

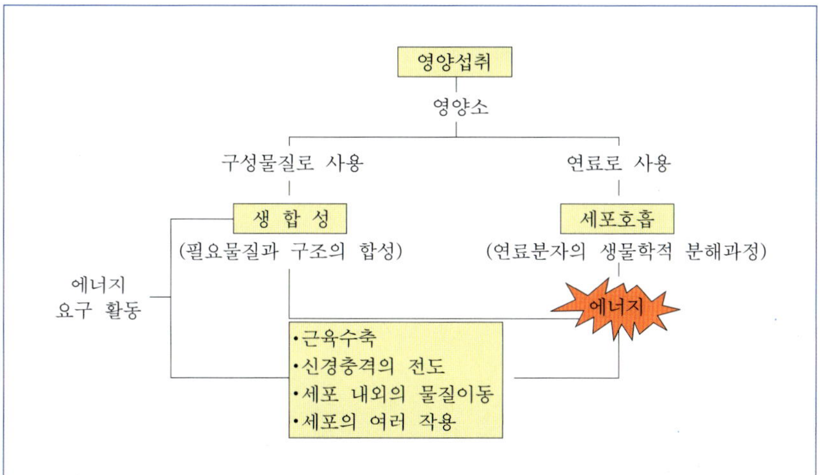

그림 9-17 영양 섭취를 하여 에너지로 전환되는 과정

2. 물질대사(metabolism)

모든 생물에서 일어나는 화학반응들은 영양, 생장, 세포의 보수 및 이용할 수 있는 형태로의 에너지 전환 등에 필수적으로 작용한다. 생물의 모든 화학적인 작용을 통틀어 **물질대사**라 부른다. 물질대사 반응은 모든 생물에서 지속적으로 일어나는데, 그러한 반응이 정지하면 생물은 죽게 된다.

영양소가 물, 탄산가스, 질소화합물로 완전 산화하여 에너지를 얻는 과정을 **이화작용**(catabolism)이라고 한다. 또한 남은 에너지를 고에너지 인 산화합물의 형태로 하는 것을 **동화작용**(anabolism)이라고 한다. 또한 남은 에너지를 간단하게 분자인 탄수화물, 단백질, 지방 등의 형태로 생체 안에 저장하는 과정을 동화작용이라 한다.

생물을 이루고 있는 개개의 세포는 항상 새로운 물질을 얻고, 다양한 화학적 방법으로 물질을 변화시켜 새로운 세포 성분을 형성한다.

표 9-4 영양소의 동화 및 이완작용

	동화작용	이화작용
음식물	일시적인 과잉은 인슐린이 있을 때 간세포에 의해 글리코겐으로 변화된다. 필요할 때까지 간과 골격근에 저장되었다가 포도당으로 다시 변화된다. 신체의 에너지 요구량 이상의 과잉은 지방 조직으로 변화되어 신체의 여러 지방 저장소에 저장이 된다.	인슐린이 있을 때 산화되어 에너지와 대사산물을 방출한다 (4.1kcal/g). $C_6H_{12}+6O_6H \rightarrow$ 에너지 $+6CO_2 6H_2O$
지방	지방 조직이 형성되어 신체 내의 지방 저장소에 저장이 된다.	① 지방산 ↓ (간의 케톤체 생성) ↓ (조직:구연산회로) 에너지 (9.3kcal/g) $+CO_2+H_2O$ ② 글리세롤 ↓ (간의 당 신생) 포도당
단백질	일시 과잉은 간과 골격근에 저장된 조직단백질, 혈중단백질, 효소 등으로 합성된다.	간에서 탈아미노화되어 암모니아를 생성(요소로 전간에서 탈아미노화되어 케톤산 생성 산화되거나, 포도당이나 지방으로 전환된다)

3. ATP 생성과정

모든 생물이 생명 현상을 유지하기 위해 일으키는 에너지대사에 직접 관여하는 것은 ATP이다. ATP는 광합성의 명반응 과정과 호흡 기질이 분해되는 과정에서 ADP와 무기 인산이 결합하여 생기며 이때 많은 양의 에너지를 화학에너지로 간직하게 된다.

음식물의 분해에 의한 화학적 에너지는 그림 9-18과 같이 일단 고에너지인 인산화합물로 변하여 필요에 따라 그것을 이용하는 방법으로 얻고 있다. 이러한 방법으로 생체가 밖으로부터 영양을 섭취하여 생명 활동을 하며 식품을 인체 내에서 소화시켜 에너지를 생성시켜 활동하게 한다.

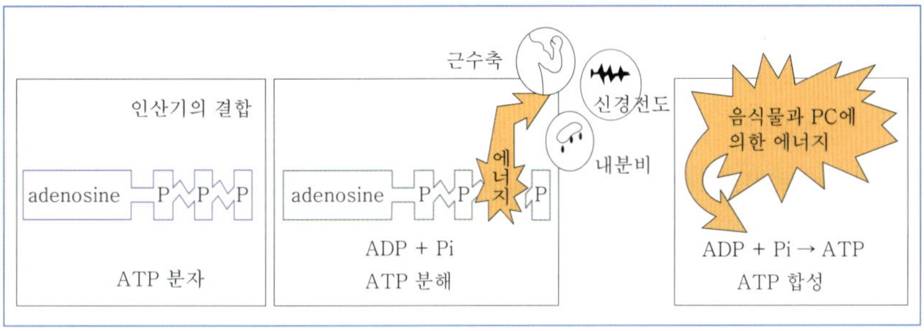

그림 9-18
ATP의 화학적 구조와 합성분해 과정

일반적으로 연료 공급으로 문제가 되는 것은 ATP 생산을 위하여 쓰여지고 있는 3대 영양소로서 당질, 지질, 단백질이다.

한편 근육이 활동을 계속할 수 있도록 충분한 ATP를 공급하여야 하며 에너지대사율을 높이는 능력이 뛰어나야 한다. 에너지대사 능력을 높이려면 우선 적절한 산소와 영양분이 수송되어야 한다. 대사 과정 가운데 생성되는 부산물을 즉시 제거하여 세포 내의 환경을 평형되게 유지할 수 있어야 한다.

1) 화학에너지

화학에너지(chemical-energy)는 생명 현상을 유지하는 데 필수적인 것으로 이는 체내에 섭취된 탄수화물, 지방 및 단백질 등의 음식물이 일련의 단계적인 반응에 의하여 산화됨으로서 공급된다. 즉 음식물의 산화반응이 진행됨에 따라 화학에너지가 방출되며 최종적인 부산물로 이산화탄소와 물이 형성된다. 이와 같이 큰 분자가 작은 분자로 분해되면서 화학에너지가 유리되는 반응을 이화작용이라고 한다.

4. 에너지대사량의 측정

1) 각종 에너지대사

사람이 소비하는 에너지는 주로 두 가지이다. 하나는 체외에 대하여 작용하는 에너지이고, 다른 하나는 체내에서 여러 가지의 작용에 사용되는 에너지이다. 외부에 대해서 아무런 일을 하지 않아도 내부에 대해서는 일정한 일을 하고 있다.

일정한 체온을 유지하는 일, 심장의 박동과 호흡운동이나 신장이 끊임없이 혈액을 여과하는 작용이나 모든 세포나 조직에서의 대사 회전에 사용되는 에너지 등 생존하기 위하여 필요한 대사가 있다. 이 대사를 **기초대사**(basal metabolism)라 한다.

외부에서 에너지의 소비가 없는 상태로서 열평형이 유지될 때의 에너지 방출량을 말한다. 완전한 정신 및 육체적 안정 상태에서 음식물을 섭취한 후 12~14시간에 20~25℃의 쾌적한 실온에서 생산방출되는 에너지량으로 생명의 유지에 필요한 최소한의 양이다. 기초 대사량은 동물의 종류에 관계없이 체표면적 1㎡당 약 1000kcal가 된다.

기초대사는 대사활동을 하고 있는 세포의 양에 따라 그 상태가 다르므로 체표 면적당 열량도 변동한다. 기초대사에 영향을 미치는 요소에는 다음과 같은 것들이 있다.

① 연령에 따른 영향 : 성인의 기초대사 기준치는 연령에 의한 차이가 극히 적고 거의 일정한다.

② 성의 영향 : 같은 체표 면적을 갖는 성인 남녀의 기초대사량을 비교하면 여자는 남자에 비해 약 10% 정도 낮다.

③ 체격 : 체중이나 신장이 같아 체표 면적이 같더라도 체격이 다르면 기초대사량 역시 다소 다르다. 근육이 잘 발달되어 있는 사람은 열의

생산량과 기초대사량이 크다.

④ 체온의 영향 : 기초대사량은 계절에 따라 다소 차이가 있다. 겨울은 춥고 체온이 손실되는 양이 많아 그것을 보충하기 위해 열 생산이 왕성하여 기초대사가 크다.

⑤ 여성 생리의 영향 : 여성호르몬 분비의 주기성 변화가 기초대사에도 영향을 준다. 여자의 기초대사는 생리 중에 최저가 되며, 그 후 차츰 증가해 생리 2~3일 전에 최고가 된다.

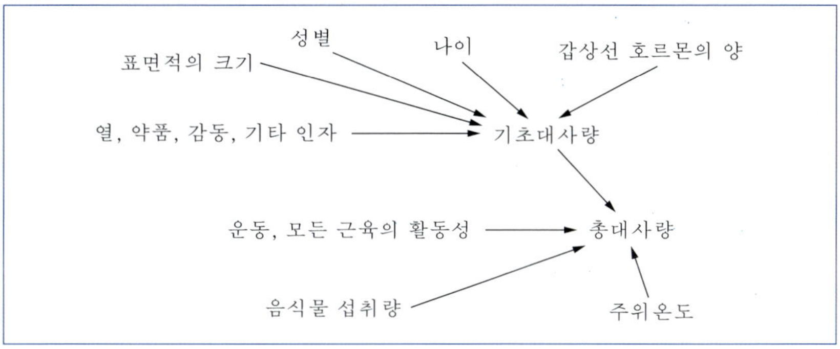

그림 9-19 기초대사와 영향을 주는 인자

2) 활동대사

여러 가지 활동에 따른 에너지대사를 활동대사라 한다. 여기서 활동이란

① 노동뿐 아니라 여러 가지 가사 노동, 여가 이용에 따른 동작 등 모든 활동이 포함된다.

② 각 활동마다 단위 시간당의 에너지 소비량을 미리 측정해두면 각각의 활동에 따른 시간만 조사함으로써 활동에 따른 에너지 소비량을 알 수 있다.

5. 에너지 소요량

에너지 소요량은 생명 유지에 필요한 기초대사량, 생활 활동에 필요한 활동대사량, 음식물 섭취에 필요한 특이동적 작용(SDA)을 합한 것이다.

생활활동지수는 1일 활동대사량이 기초대사량의 몇 배에 해당하는가를 가리키는 지수이다. 이 지수는 동래 활동할 때의 에너지를 실제로 측정하여 얻은 에너지대사율(RMR)과 생활시간조사에서 산출한 값이다.

생활활동지수 X를 기초대사량에 곱한 Bx가 생활 활동에 필요한 활동대사량이라 할 수 있다.

1) 에너지 소비량

일상생활을 할 때의 에너지 소비량은 인간의 활동 상황에서 생활활동지수 x를 정하고, 다음과 같이 산출한다.

A : B+Bx+1/10A = A[A : 10/9(1+X)×B]
B : 1일 기초대사량 X : 생활활동지수
Bx : 1일 생활활동에 사용되는 에너지
1/10A : 1일 특이동적 작용에 사용되는 에너지

생활활동지수는 특이동적 작용이 빠진 에너지 소비량을 기초대사에 소비되는 에너지와 그렇지 않은 부분으로 나눌 수 있다.

그림 9-20
소비 에너지의
사용내역과 계산법

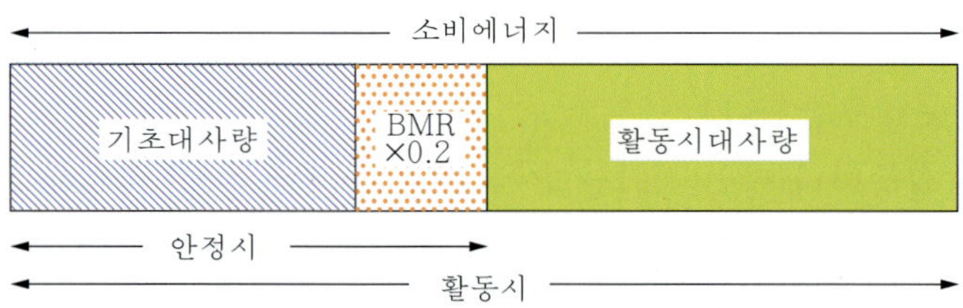

안정시 대사량=1.2 ×기초대사량(BMR)
활동시 대사량=활동시 총대사에너지−안정시 대사에너지

$$\text{에너지 대사율(RMR)} = \frac{\text{활동시 대사율}}{\text{(BMR)}}$$

2) 에너지 소요량 산출법

에너지 소요량은 생명 유지에 필요한 기초대사량, 생활 활동에 필요한 활동대사량, 음식물 섭취에 필요한 특이동적 작용 에너지(SDA)를 합한 것이다.

BMR은 기초대사율, RMR은 휴식대사율, EMR은 운동대사율을 나타낸다. BMR은 운동 프로그램을 통하여 상당히 증가시킬 수 있다. 예를 들면 체중 70kg인 성인 남자의 하루 칼로리 소비량은 연 2800kcal 대사율에 따라 구분하였다. 특이동적 작용 에너지에 의한 대사량은 평소의 식사에는 약 7~8% 이지만 안전을 위하여 조금 여유를 두어 약 10%로 잡고 있다.

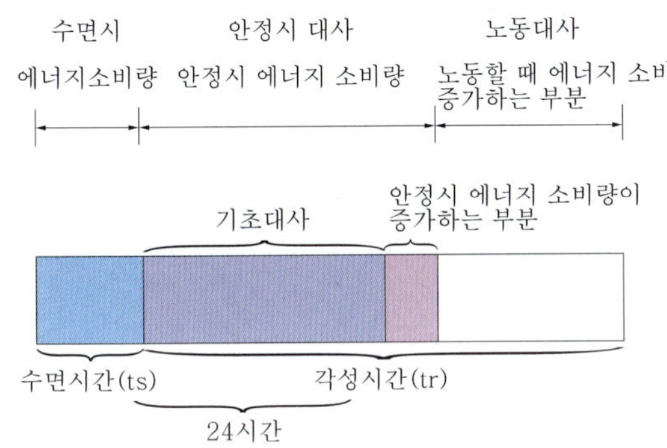

그림 9-21
사람의 24시간 에너지 대사의 소비량과 시간

6. 영양소의 연소

1) 분해 및 합성대사

생명체의 세포 내에서는 각종 효소를 촉매로 하는 수많은 화학반응이 일어나는데, 이것을 통틀어 대사라고 하며, 이것은 크게 분해대사와 합성대사로 나눌 수 있다. 대사 과정은 많은 효소가 조직적으로 작용하는 세포의 활동이라고 할 수 있으며, 이것은 다음과 같은 중요한 역할을 한다.

① 영양소의 분해에 의한 에너지의 생산
② 세포 성분의 합성에 필요한 전구물질의 생성
③ 전구물질로부터 단백질, 지장질, 핵산, 다당류 및 기타 세포 성분의 합성. 일반적으로 연료공급으로 ATP 생산을 위하여 쓰여지고 3대 영양소로서 당질, 지질, 단백질이다.

2) 에너지대사와 영양

모든 생물들은 운동, 물질대사, 성장, 생식 등의 생명 활동을 유지하기 위해서 많은 물질과 에너지를 필요로 한다. 사람은 생명의 유지와 건강한 생활 유지를 위해 음식을 섭취하는 것을 영양이라고 하고, 그 목적을 위하여 섭취하는 물질을 영양소(nutrient)라고 한다.

3) 영양소의 작용

영양소는 체내에서 여러 가지 기능을 갖지만 신체의 조직 구성, 열량 공급, 생리기능 조절의 주요 3대 작용을 한다.

신체의 조직은 크게 유기물과 무기물로 구성되는데, 물과 단백질이 대부분이며 지질, 탄수화물, 무기질 등이 있다. 이들은 근육, 골격, 혈액 및 신체의 구성 물질을 보충하면서 성장과 체력 유지를 위해 일생 동안 필요로 한다.

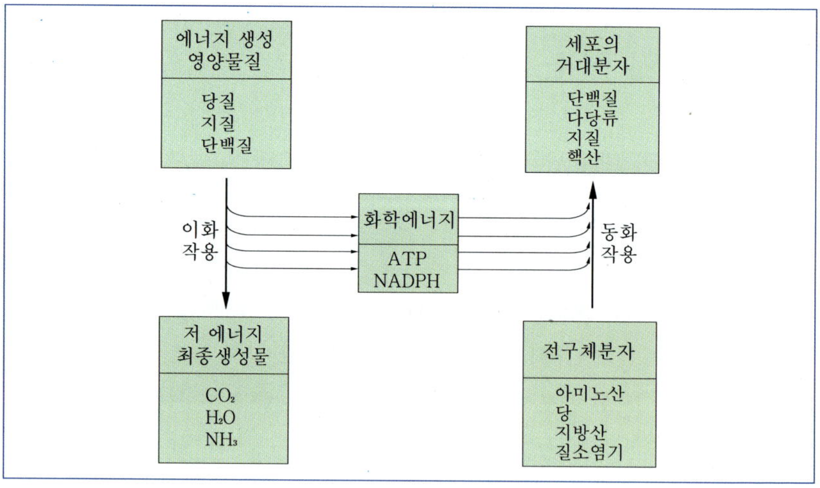

그림 9-22
이화 및 동화작용 사이의 에너지 관계

4) 1일 에너지 소비량

에너지 소비량을 계산하는 방법으로써 일반적으로 실행하고 있는 방법은 1일의 생활 활동을 시간적으로 추적, 기록하는 것을 행동 시간 조사법이다. 이 time study에 의한 행동별 소비 시간과 행동별 소비 에너지에서

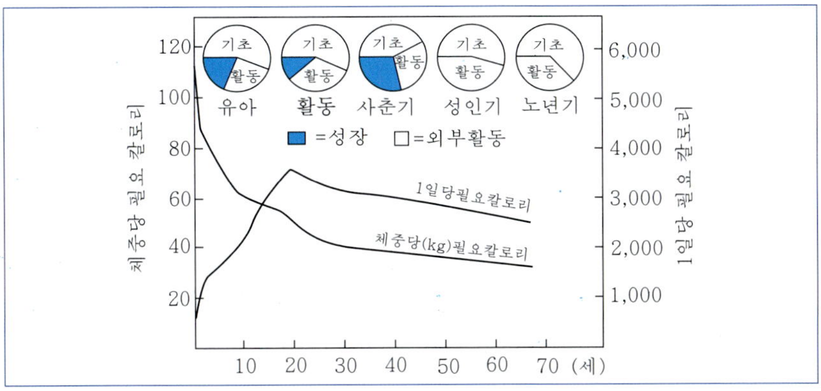

그림 9-23
일생의 칼로리의 상대적 이용가치 변화

하루의 총소비 열량이 산정된다.

하루에 필요한 기초대사량은 성인 남자가 1400~1500kcal, 성인 여자는 1000~1200kcal 정도이다. 그러나 체격, 체질, 계절, 영양 상태 등에 따라 기초대사량은 달라진다.

표 9-5
일생의 칼로리의 상대적 이용가치 변화

기초대사량	생명유지에 필요한 각성시의 최저에너지 소비량 (식후 12~15시간, 실온 18~20℃)
특이동적작용	식물섭취에 대한 대사항진작용 단백질로 볼 때 30%, 지방으로 볼 때 4%, 탄수화물로 볼 때 5%, 혼식으로 평균 10% 증가
에너지 대사율	순수한 노동으로 볼 때에 필요한 에너지량이 기초대사량의 몇 배에 해당하는가를 나타낸 지수

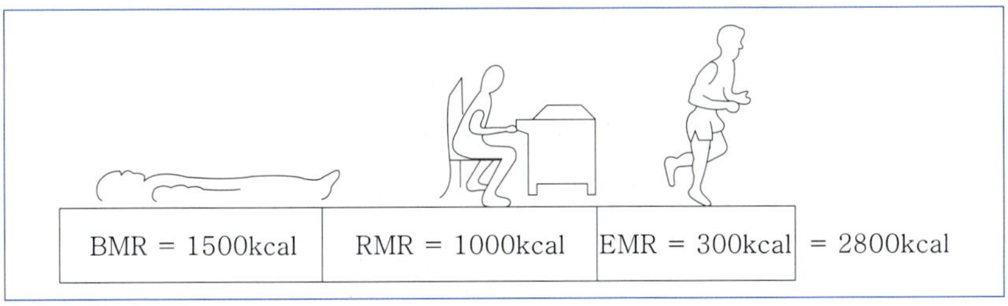

그림 9-24
체중 70kg 남자의 1일 전체소비량

7. 3대 영양소의 중간대사

우리는 보통 하루 3회 식사를 하는데 소화의 생리기능과 그에 따르는 대사기능은 각 식사에 따라 두 개로 나누어 진다. 즉 생리기능에는 음식물의 소화에 관계하여 소화기와 대사기능으로 구분된다. 또 대사기능에는 소화된 영양소의 흡수과정으로 구분해서 흡수기와 공복기로 구분된다.

1) 분해 및 합성대사

생명체의 세포 내에서는 각종 효소를 촉매로 하는 수많은 화학반응이 일어나는데, 이것을 통틀어 대사라고 하며, 이것은 크게 분해대사와 합성대사로 나눌 수 있다. 대사과정은 많은 효소가 조직적으로 작용하는 세포의 활동이라고 할 수 있으며, 이것은 다음과 같은 중요한 역할을 한다.

① 영양소의 분해에 의한 에너지의 생산
② 세포 성분의 합성에 필요한 전구물질의 생성
③ 전구물질로부터 단백질, 지방질, 핵산, 다당류 및 기타 세포 성분의 합성

일반적으로 연료공급으로 문제가 되는 것은 ATP 생산을 위하여 쓰여지고 있는 영양소 중에 3대 영양소로서 당질, 지질, 단백질이다.

그림 9-25
영양소가 몸안에서 에너지 대사

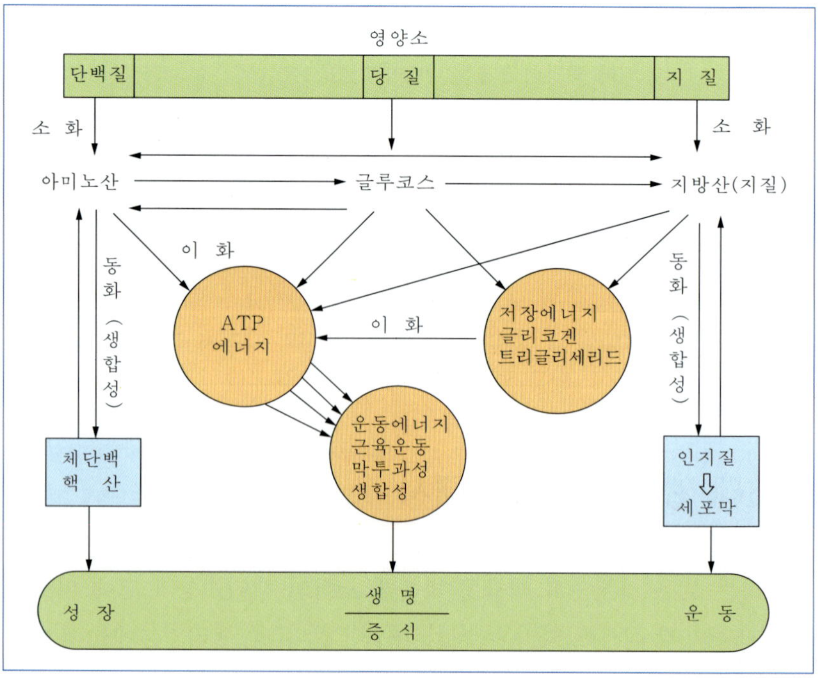

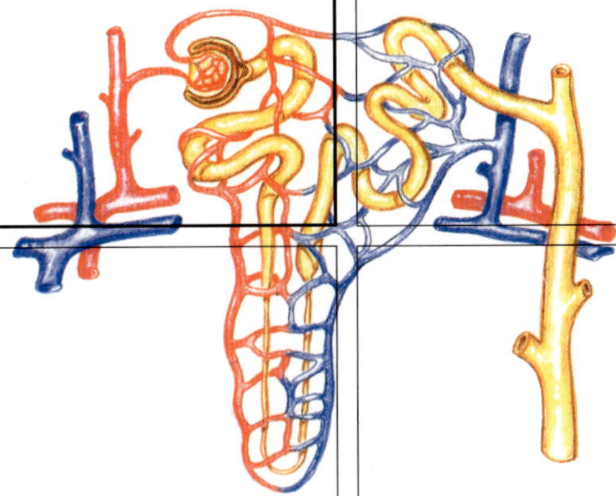

제 10 장

비뇨기계
(Urinary System)

1. 신장의 개요
2. 신장의 구조
3. 세뇨관 재흡수
4. 신장의 기능
5. 신장의 여과기능
6. 체액
7. 수분의 체내 조절
8. 체온조절

AESTHETIC ANATOMY & PHYSIOLOGY

10. 비뇨기계
Urinary System

1. 신장의 개요

신장은 배설기능 이외에도 중요한 조절기능을 갖고 있다. 우리가 먹고 마시는 음식과 음료수의 양이 매일 일정하지 않아도 몸 속의 수분과 염분의 양을 항상 일정하게 유지시켜 준다.

또 혈액의 산성도 및 전해질의 농도를 조절하여 모든 세포들이 최적의 상태에서 활동할 수 있는 주위 환경을 만들어 준다. 이외에도 신장은 혈압을 조절하고 조혈호르몬을 분비하여 적혈구의 생성을 촉진해 준다. 신장의 주된 역할은 생체의 내부 환경을 항상 일정하게 유지하는데 기여한다.

인체를 구성하는 세포는 세포외액으로부터 영양소 및 산소를 얻어 대사하고 대사의 최종 산물을 세포외액으로 방출한다. 세포외액은 세포의 생활 환경이므로 그 삼투압 또는 수소이온 농도 등 물리 화학적 현상을 유지

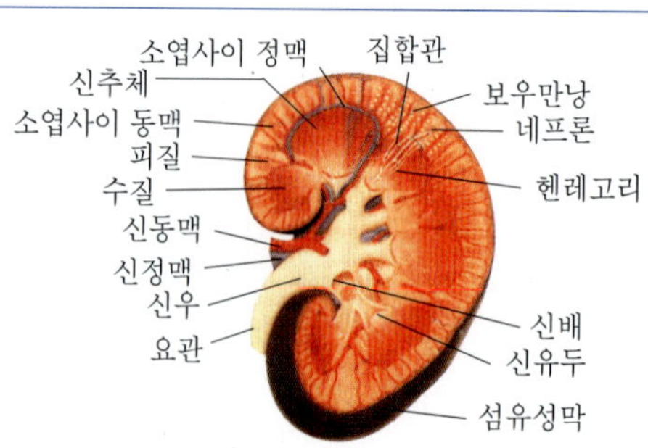

그림 10-1
신장 구조의 내면

하는 것은 세포의 생존에 있어 대단히 중요한 일이다.

신장은 신장으로 들어가는 혈액을 여과하고 그 여과액의 구성에 맞게 필요에 따라 양 및 질적으로 변화시켜 소변의 형태로 신우 및 요관으로 배출된다.

2. 신장의 구조

신장은 척추의 좌우에 위치하며 신장의 무게는 약 300~350g이며, 강낭콩 모양을 하고 있다. 신장은 양쪽 중간 방향으로 서로 마주보는 대칭 관계를 갖는다. 안쪽에는 신문이 있어 신장으로 출입하는 혈관, 신경, 림프관이 통과한다. 또 신문에는 신장에서 방광으로 요를 운반하는 요관이 있다.

모든 체액은 신동맥을 통하여 혈액을 공급받으며, 신장의 펌프기능에 의해 보내어지는 혈액의 약 20%가 신장으로 들어와서 이 중의 약 1/1000은 소변이 되고 나머지는 거의 재흡수된다. 신피질에는 배설 작용을 하는 세포인 네프론이 있고, 그 수는 양쪽 합하여 약 200만 개이다. 한 개의 네프론은 한 개의 사구체와 이를 둘러싼 보우만주머니, 그리고 세뇨관으로 구성된다.

세뇨관은 위치에 따라 근위세뇨관, 헨리의 고리, 원위세뇨관, 집합관 등으로 나뉘어 지는데, 사구체와 보우만주머니를 통하여 걸러진 액체 속에서 단백질 등 신체에 필요한 물질이 재흡수된다.

- 신장
  - 신소체 (말피기소체)
    - 사구체 – 수입동맥이 50개의 고리를 만들어 하나의 모세혈관덩어리 → 수출동맥을 만듦 → 세뇨관을 둘러 쌓여있음
    - 보우만주머니 – 사구체의 모세혈관 덩어리를 둘러싸고 있음
  - 세뇨관
    - 근위세뇨관 – 보우만주머니에 연결되어 있고 기묘하게 꼬부라져 있으며 피질에서 수질부분으로 박혀 있음
    - 헨리의 고리
    - 원위세뇨관

그림 10-2
신장의 기능적 분류와 작용

표 10-1 신장의 해부적 크기와 생리적 기능

신장의 크기	길이	11cm	길이	요관	30cm
	폭	6cm		요도(남)	20cm
	두께	3cm		요도(여)	4cm
신장의 무게		140g	수분의 함량	몸의	60%
네프론의 수		100만개		혈액(최대)의	83%
네프론의 총 길이		80km		지방(최소)의	10%
시간당 신혈류량		72ℓ	요중 분비된 분비물(고체)		50g/day
신장에 유입되는 혈압		75mmHg	1회 요량	300~400mℓ	
총 혈액을 여과하는 시간		30min	요의 pH	4.8~7.8	

3. 세뇨관 재흡수

세뇨관에서의 재흡수에는 두 가지가 있는데, 하나는 주로 근위세뇨관에서 삼투압을 이용한 재흡수이고 다른 하나는 원위세뇨관에서 이루어지는

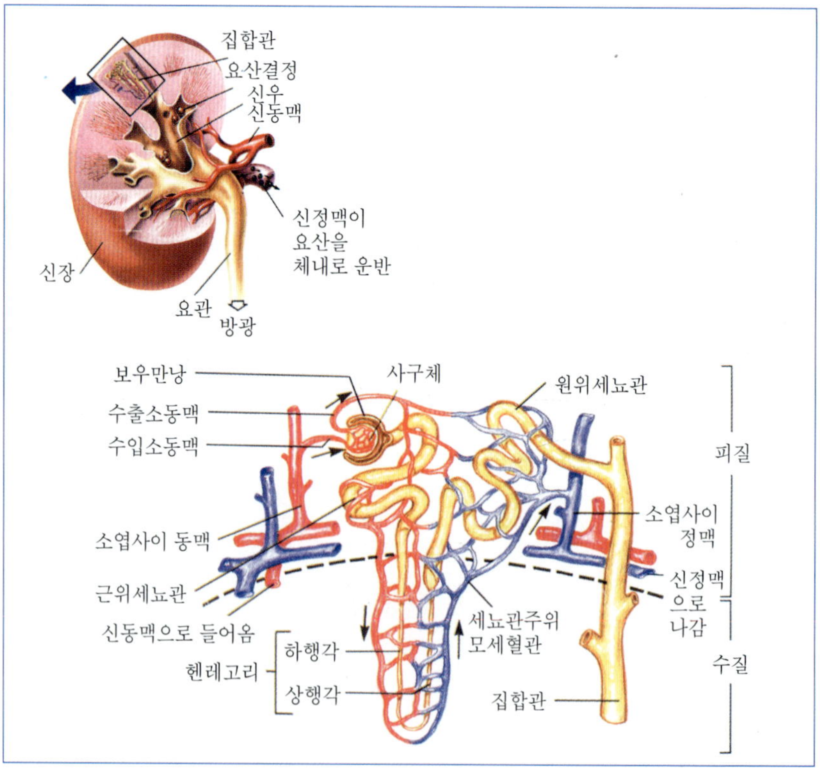

그림 10-3 네프론의 미세구조와 세뇨관의 여과과정

재흡수이다. 근위부에서는 포도당이 완전히 재흡수되며, 칼륨, 나트륨, 아미노산의 대부분도 재흡수된다. 요소는 40~60%가 재흡수되며, 수분과 염류는 원심부에서 재흡구된다. 세뇨관에서는 막대한 양의 물질들의 재흡수가 일어난다. 사구체에서 여과된 180 l 의 여과액 중 179 l 가 흡수되고 나머지 1 l 만 소변이 되어 배설된다. 재흡수는 능동적 흡수, 수동적 흡수 및 호르몬의 작용에 의하여 일어난다.

표 10-2
신장의 부위별 여과 이동물질의 종류와 기능

부 위	기 능	이 동 물 질
사구체	여과	물, 혈장단백 같은 교질을 제외한 거의 모든 물질
근위세뇨관 및 Henle's loop	능동운반에 의한 재흡수, 수동운반에 따른 확산에 의한 재흡수, 삼투압에 의한 의무적인 수분 재흡수	Na^+, 포도당, 아미노산 등 영양소 $C\ell^-$, HCO^-_3, 물
원위세뇨관 및 집합관	능동운반에 의한 재흡수, ADH조절에 의한 조건적 수분 재흡수, 확산에 의한 분비, 능동운반에 의한 분비	Na^+, 물, 암모니아(NH_3), K^+, H^+ 및 일부 $H_2PO^-_4$

1) 집합관에서의 물의 재흡수

집합관으로 들어오는 관내액은 사구체 여과량의 약 15%이며 여기에서 재흡수되는 수분량은 혈액 중의 바소프레신 농도에 따른다. 바소프레신 분비가 있을 때에는 사구체 여과량의 14% 이상이 집합관에서 재흡수되며 약 0.3%가 요소로 배출된다.

한편 바소프레신이 혈액 중에 없을 때에는 집합관벽의 세포는 물을 통과하기 곤란하므로 원위세뇨관에 이르는 동안 저장으로 된 관내액은 그대로 신우로 나와 저장뇨가 배설된다.

4. 신장의 기능

신장은 대사산물인 노폐물과 독소를 배출하며 체내의 체액량을 정상으로 유지하도록 하고 전해질 양과 삼투압 농도를 조절하며 산-염기 평형을 유지하기도 한다. 이 외에도 신장은 혈압을 조절하고, 조혈 호르몬을 분비하여 따라서 신장은 생체의 내부 환경을 항상 일정하게 유지하는 역할을 한다.

한편 신장을 통한 생리적 기능을 살펴보면 다음과 같다.

① 체액의 항상성 유지 : 세포는 외부로부터 끊임없이 영양소의 섭취와 대사과정에서 생성된 노폐물을 제거하게 된다. 대사하는 과정에서 세포외액이 항상성 유지에 있어 염분과 수분의 섭취된 것을 몸에서 배설의 균형을 유지한다.

② 대사산물과 이물질의 배설 : 대사 반응 최종 산물을 만들어 내며 만들어진 최종 산물 중 필요한 것은 체내에 이용되고 노폐물은 신장을 통해 배설된다.

③ 혈압 조절 : 신장은 나트륨 함량 조절에 의한 혈압을 조절하는데 관여하고 있다.

그림 10-4
전신을 지배 · 조절하는 비뇨기계

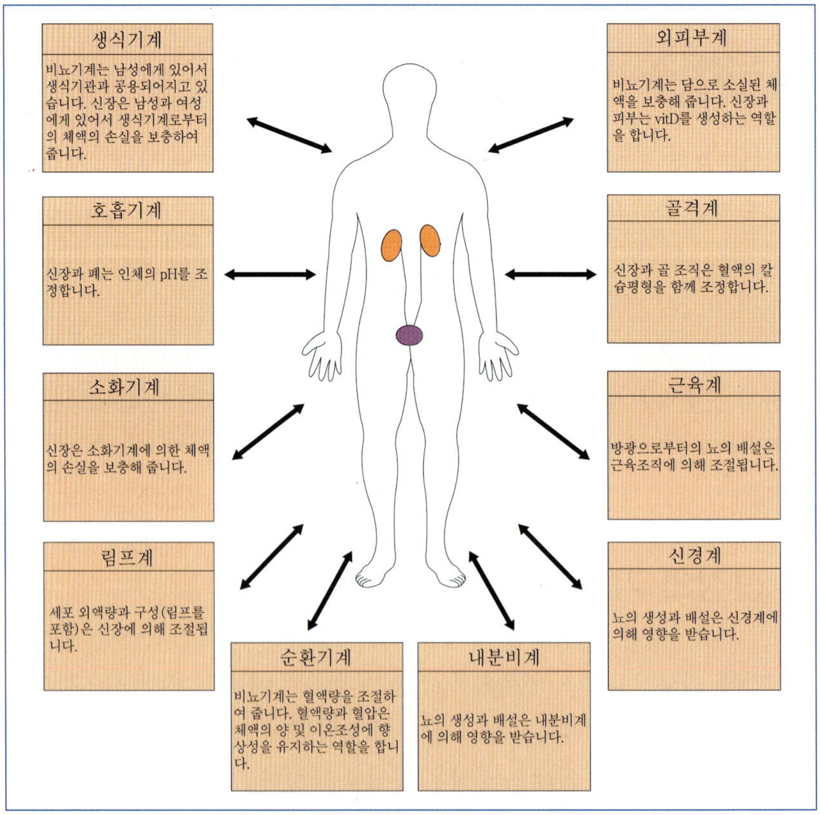

1) 사구체의 여과율

사구체의 여과율은 전체 네프론에 의해 1분간 생성되는 사구체 여과액의 총량으로 110(여)~125(남) *ml* 정도이다. 따라서 신장은 1일에 혈장량의 60배, 총 체액량의 4배에 해당하는 180 *l* 정도를 여과시킨다.

여과율은 직접 측정이 불가능하여 신장이 여러 가지 물질을 제거할 수 있는 능력을 통해 간접적으로 알 수 있다. 일정 시간 내에 요로 배설되는 어떤 물질이 몇 *ml*의 혈장에 포함되어 있는가를 나타내는 값을 청소율(또는 제거율)이라 하고 단위는 *ml*/min이 된다.

$$\text{청소율} = \frac{\text{물질의 요 배설률(농도}\times\text{1분간 소변량)}}{\text{물질의 혈장 중 농도}}$$

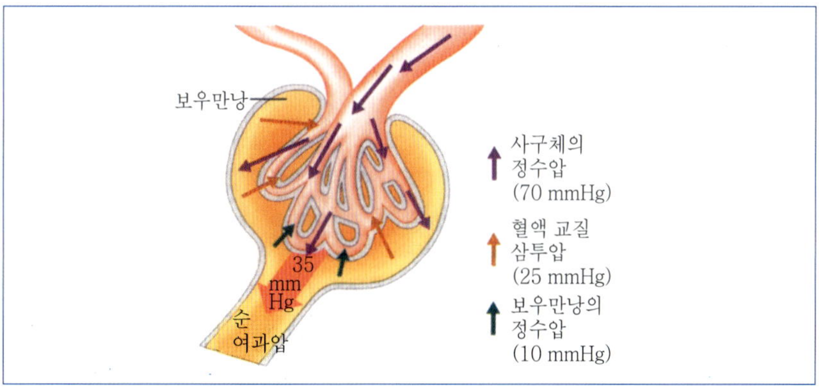

그림 10-5
사구체의 여과압

2) 세뇨관의 기능

집합관은 피질에서 수질로 향하여 신우에 연결된다. 수출동맥으로 되어 신소체를 나온 혈관은 다시 모세혈관으로 바뀌고 근위세뇨관, 원위세뇨관을 둘러싸며 직혈관으로 되어 수질 안에 깊이 들어가 다시 되돌아가는 것도 있다. 모세혈관은 모여서 궁상정맥으로 되고 다시 신정맥으로 되어 신장에서 나간다.

신소체와 그에 연속되는 세뇨관은 신장에 있어서 소변을 생성하는 기능적 단위로서 이것은 네프론(신단위)이라고 한다. 좌우의 신장에는 각각 약 100만 개의 네프론이 있다. 소변은 사구체 여과액이 세뇨관 집합관을 흐르는 사이에 여과액 성분의 일부가 관벽에서 재흡수되거나 혈액의 성분 및 관벽의 세포가 생산하는 물질이 관 안으로 분비되어 생성된다,

즉 심장에서 보내는 혈액의 1/4정도가 신장으로 들어가 분당 120㎖ 정도의 혈액이 사구체에서 여과된다. 이것은 다시 세뇨관을 지나가는 동안 불필요한 물질들을 걸러서 소변으로 배설하고 몸에 필요한 물질들을 재흡수해서 신체에 되돌려 준다.

그림 10-6
사구체의 미세구조

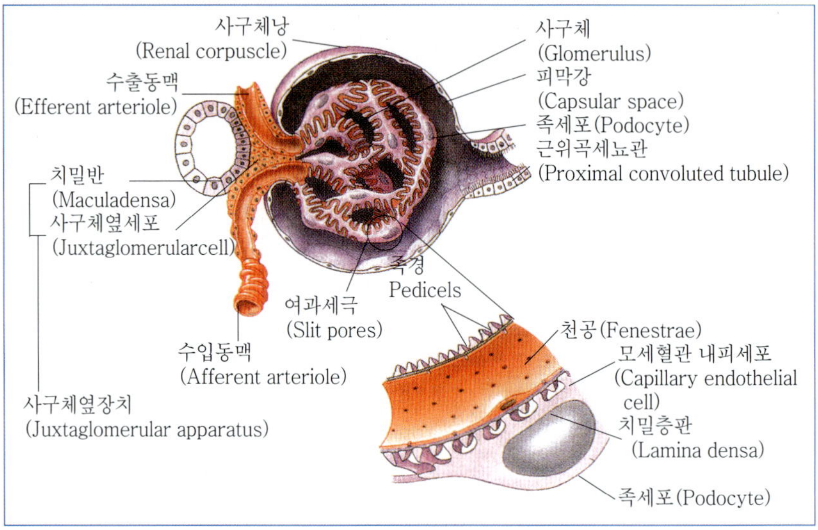

3) 요 생성과 조절

요는 신장을 통과하는 혈액의 혈장 성분이 여과, 흡수, 분비의 과정을 거쳐서 생성된다.

(1) 여과

요 생성의 첫 단계인 여과 과정은 신동맥이 가늘어져 사구체의 모세혈관을 이룬다. 사구체 여과는 일반적인 모세혈관의 혈압은 15~20mmHg 정도인데 반해 사구체 모세혈관의 혈압은 70mmHg가 되어, 그 큰 압력에 의해 많은 물질을 여과시킨다.

여과 과정은 모세혈관의 투과성에 의해 결정된다. 사구체의 모세혈관

은 혈구와 혈장단백질을 제외하고는 대부분을 여과시켜 H_2O, Na^+, K^+, Cl^-, 포도당 및 요소와 같은 작은 물질을 보우만주머니로 이동시키는데, 이를 원뇨(또는 사구체 여과액)라고 한다.

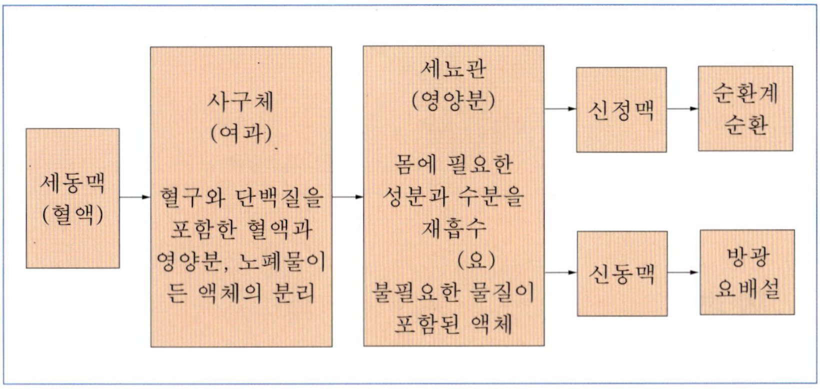

그림 10-7 노폐물 배설

5. 신장의 여과기능

1) 사구체의 구조

사구체 여과량은 1일 약 180 *l* 정도가 되며 전신 혈장량의 50배 이상으로, 인체의 전체 수분량의 4배에 상당한다. 이 만큼의 수분량이 그대로 소변으로 배설되면 인체는 몇 시간이면 완전히 말라 버리게 될 것이다. 그러나 사구체에서 여과되는 혈장량의 99% 이상은 세뇨관 및 집합관에서 혈액으로 재흡수되므로써 소변으로 배설되는 것은 1일 약 1.5 *l* 로 1% 정도가 된다. 소변의 형성 과정에 있어 신장의 부위별 기능을 보면 표 10-4과 같다.

표 10-3 정상 소변의 생리적 성상

양(24시간)	약 1500㎖ 섭취하는 수분의 양, 땀의 양에 따라 변화된다.
색깔	밀짚색깔, 배출량이 적으면 색깔이 진하며, 섭취하는 음식의 영향을 받는다.
냄새	고여 있으면 암모니아 카보넷 형성에 의해 암모니아 냄새가 난다.
비중	1.015~1.030 새벽뇨가 가장 높다.
pH	평균 6(4.8~7.5). 채식을 많이 하며 알칼리화되며 산도가 높아진다.

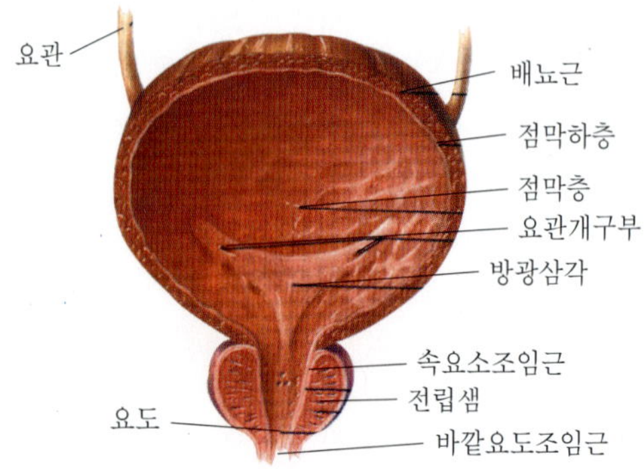

그림 10-8
배뇨의 조절

6. 체액

1) 체액과 수분

우리 몸의 수분은 체중의 약 60%에 해당되며 양으로는 대략 30 *l* 정도가 된다. 체액은 세포 내에 약 40%인 약 20 *l* 이나 된다. 세포에 포함된 체액은 거의 변동이 없으며 (±10%), 변동폭이 심해지면 세포가 파괴된다. 따라서 조직간에는 약 15%에 해당되는 약 7.5 *l* 의 물과 혈장 중의 약 5%에 해당하는 2.5 *l* 의 물만이 수분대사에 영향을 미치고 있다.

7. 수분의 체내 조절

1) 물의 생리작용

물도 인체에서 중요한 영양소로서 체내에서 여러 가지 역할을 한다. 물이 몸 안에서 수행하는 중요한 역할을 살펴보면 아래와 같다.

(1) 용매

섭취한 음식물을 용해하고 희석함과 동시에 액화시켜 소화되기 쉬운 상태로 만들어 소화관 안에서 쉽게 흡수되고 이동하기에 알맞는 상태가 되도록 한다.

(2) 각종 영양소의 운반과 노폐물의 운반

음식물을 통해 섭취된 영양소를 혈액을 통해 조직과 세포 안으로 운반하고 대사과정에서 만들어진 노폐물을 몸 밖으로 방출하도록 한다.

(3) 체온조절

대사 과정에서 과량 생산된 열이나 몸 안에서 발생되는 열은 신속하게 체표면으로 보내어 정상 체온을 유지한다. 또 방산되어야 하는데, 이때 수분이 증발하면서 기화열로 사용되어 지도록 조절한다.

(4) 세포의 형태 유지

단백질이나 당질을 콜로이드 상태로 유지하게 하며 원형질의 활동을 원할하게 하고 세포체의 형태를 자연스럽게 유지할 수 있도록 해준다.

표 10-4 성인의 수분 보급원과 배설

수분의 보급원	수 분 량 (mℓ)	수분의 배설	수 분 량 (mℓ)
액 체 음 료	1,100 ~ 1,400	소 변	900 ~ 1,500
고 형 식 품	500 ~ 1,000	증발작용 { 피부	500 ~ 600
대 사 수	300 ~ 400	증발작용 { 호흡	400 ~ 500
		대 변	100 ~ 200
합 계	1,900 ~ 2,800	합 계	1,900 ~ 2,800

2) 수분의 배설과 섭취량과의 관계

수분의 보급원과 배설에 관한 상황은 표 10-4에 나타난 바와 같이 액체음료, 고형 음식, 대사수분이다. 수분의 배설 과정은 소변으로 40~50%, 피부를 통한 증발로 15~30%, 허파를 통한 증발로 10~20%, 대변으로 5~10%가 배설된다.

수분의 흡수는 대단히 빠르며, 곧장 혈관에 들어가 신장으로 이송되고 여기서 수분은 용매로서 노폐물을 용해하여 소변으로 배설된다. 건강한 성인은 1일 900~1500*ml*의 수분을 소변으로 배설하며 노폐물이 몸 안에 보류되지 않는 한도 안에서 최소 1일 300~500*ml*의 수분을 배설시키지 않으면 안 된다. 수분 섭취량은 바로 소변의 배설량에 반영된다.

표 10-5
배설기관 및 배설물

배설기관	배설물질	배설기관	배설물질
신장	질소성 산물(urea) 독소(toxins), 물 전해질, 색소, 호르몬 등	폐	CO_2 물
한선(땀샘)	물, 무기염(mineral salts) 소량의 질소성 산물	장	소화산물 : 섬유소 대사산물 : 담즙, 색소 등

피부에서 배설되는 수분은 두 가지 형태가 있다. 하나는 발한이고, 다른 하나는 사람이 의식하지 못하는 가운데 피부 표면에서 발산하는 불감증설이다.

불감증설은 피부와 허파에서 일어나는 기체로 발산하는 것이다. 그중에 약 90%가 수증기이고 10% 정도가 CO_2이다. 보통의 생활을 하고 있을 때 불감증설로 손실되는 수분량은 체표면적 1m^2당 1일 평균 약 0.6 *l* 이다. 하루 동안 피부를 통해 증발되는 수분은 500~600*ml*로 약 55%이며, 허파를 통해 증발되는 수분은 1일 400~500*ml*로 약 45%이다. 그리고 이 때의 체온 발산은 약 300kcal 나 된다. 타액, 소화기 분비액, 췌장액, 담즙, 림프액 등의 분비액이 하루에 분비되는 양도 상당하나 거의 재흡수되고 대변을 통해 배설되는 수분의 양은 1일 100~200*ml*에 불과하다.

3) 수분의 대사

물은 우리 몸으로부터 네 가지 경로를 통해 유실된다. 피부를 통한 땀으로의 발산되거나 호흡을 통한 폐로부터의 배출된다. 또 소변으로 배설되는 수분은 신장으로 배설되며 아울러 변으로 배설된다. 그리고 최종산물을 배설하기 위하여 24시간에 약 600*ml*의 수분이 필요하다(의무적인 요구량).

인체의 60% 정도가 수분으로 구성되어 있기 때문에 만약 신장이 하루에 걸러내는 수분 중 상당량을 배설한다면 사람은 심한 탈수 현상으로 위험하게 된다.

세뇨관은 1% 정도의 수분에 노폐물을 농축시켜 소변으로 만들어 요관

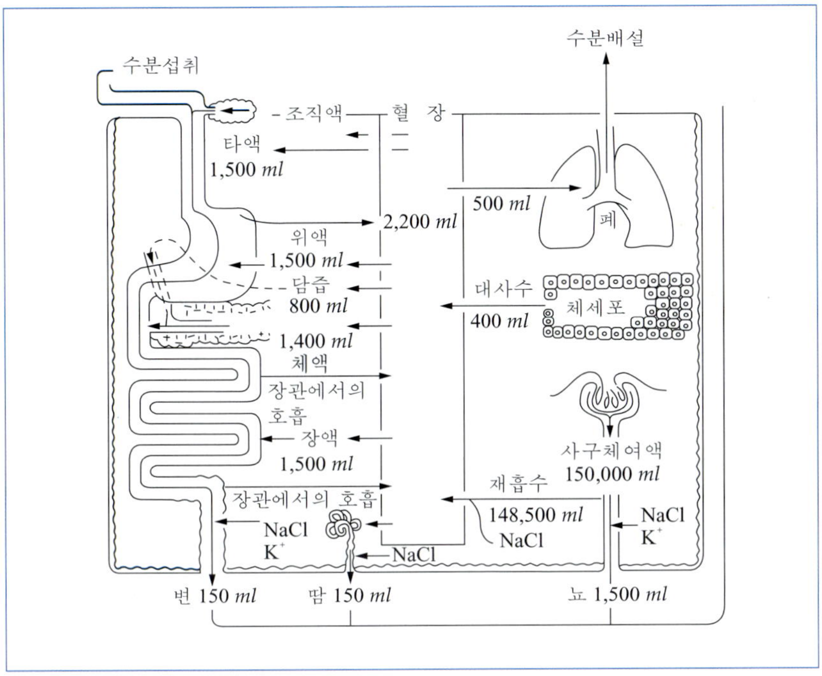

그림 10-9
수분의 섭취와 배설 과정

으로 보내고 99% 이상의 수분은 재흡수시켜 수분을 일정하게 유지 시켜준다. 한편 당, 나르륨, 칼슘 등의 전해질과 비타민, 아미노산 등의 영양소들을 재흡수시켜 다시 활용하도록 분류하는 일도 맡고 있다.

4) 수분손실

수분은 체내의 항상성을 유지시키기 위해 섭취한 동시에 일정량을 손실하는데 피부, 폐, 신장, 소화관 등을 통한 배설로 이루어진다.

수분의 1일 배설량은 1일 섭취량 만큼인 2500*ml* 정도이며 소변 1500*ml*, 대변 100*ml*, 땀 200*ml* 및 폐와 피부를 통한 불감적인 증발 수분은 700*ml*를 배출하게 된다.

5) 수분의 조절

체내 수분의 균형을 위해서는 적당량의 수분 섭취와 배설에 의하여 이루어져야 하지만 조건에 따라서 일정할 수가 없어서 여러 가지 기전을 통해서 항상성을 유지한다.

섭취한 물의 양이 많은 경우 피부, 폐, 대변 등으로 손실되는 수분양의 변동이 없다면 소변의 배출량이 많아지지만 땀으로 배출되는 양이 늘어나면 소변량은 줄어들게 된다. 또한 섭취한 수분의 양이 적어도 소변의 배설량을 줄여서 체액 손실을 억제한다.

체내에 수분이 부족하면 시상하부의 삼투수용기가 자극을 받아 갈증을 느끼게 된다. 이때에 뇌하수체 후엽에서 항이뇨호르몬(ADH)을 방출토록 하여 원위세뇨관과 집합관에서 물의 재흡수가 증가된다. 이로 인해 배출되는 요의 양을 감소시켜 수분 손실이 억제되고 체액의 삼투 농도가 일정해진다.

6) 체액의 조성

생체 내의 물은 몸 속에 여러 물질이 녹아 있는 상태의 용액으로 있으며 이를 체액이라 한다. 인체 내의 수분은 혈액이나 림프액과 같이 세포 밖의 물과 세포 안에 있는 물로 나누어 전자를 세포외액, 후자를 세포내액으로 구별한다.

체내의 나트륨과 칼륨은 체액 속에 용해되어 있는데, 나트륨은 세포외액에 많고 칼륨은 세포내액에 많다. 세포가 정상적인 활동을 하려면 나트

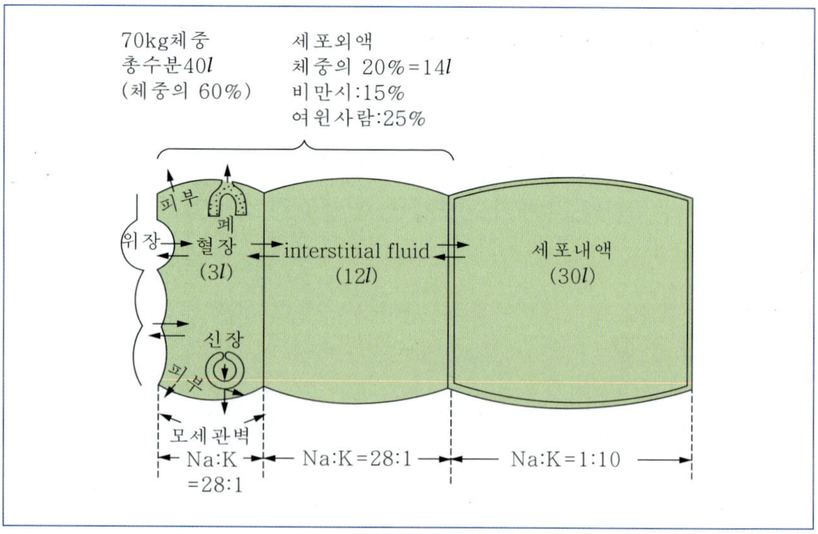

그림 10-10 체액의 조성

륨과 칼륨의 농도가 잘 조화되어 일정한 비율을 유지해야 한다.

세포내액은 세포내에 함유된 수분으로써 세포막에 의해 세포외액과 분리된다. 세포외액은 세포 외에서 세포를 둘러싸고 있는 액체로서 세포가 필요로 하는 산소 및 영양물질을 외부 환경으로부터 받아서 세포에 공급해 준다. 여기서 세포 내에서 생성된 노폐물을 체외로 배출되게 함과 동시에 전해질 농도, PH, 삼투질 농도 등을 일정하게 유지시킴으로써 세포의 기능을 원활하게 한다(그림 10-11).

세포외액은 다시 간질액과 혈장으로 구분되는데, 간질액은 또 조직액이라고도 하며, 세포와 세포 사이에서 세포를 직접 둘러싸고 있는 액체이다.

7) 수분의 평형과 유지

인체의 수분은 세 구분으로 존재한다. 각 칸막이는 반투명의 막에 의해서 분리되어 있고, 이 막을 통해서 체액이 자유롭게 교환한다. 혈액은 혈관계의 모든 부분에 있는 액체, 즉 동맥, 정맥 및 모세혈관 혈액을 포함한다. 혈관은 혈액과 세포간질액을 분리시키고 있다.

세포간질은 세포에 영양급원이 되기 위해서 세포막을 통과해서 세포로 들어간다. 세포간질액은 완충지대로서의 역할을 한다. 즉, 세포간질액량은 혈액과 세포내액량의 변화를 막기 위하여 변동된다. 한 구분에서 다른 구분으로 액체가 이동하는 데는 분리된 막 양쪽에 있는 농축된 무기질에 의해서 크게 지배된다.

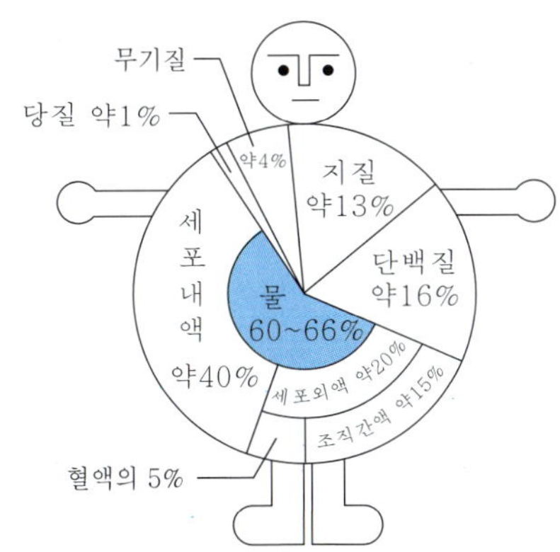

그림 10-11 인체의 체액의 구성과 조성분포도

혈액은 심장 및 혈관 속에 한정되어 위치하는데 반해 조직액은 세포와 세포 사이, 즉 세포간질 속에 위치하면서 세포와 모세혈관 사이의 물질교환을 맡고 있다. 정상적인 성인이 하루(24시간)에 배설하는 소변량은 1000(1200)~2000*ml* 정도이다. 그러나 피부와 폐, 대변으로 수분을 많이 잃게 되면 소변량은 적어진다. 또한 단백질이 많은 음식을 섭취하면 요소가 많이 형성되기 때문에 이를 배설하기 위하여 수분이 더 필요하게 된다.

8) 수분섭취 조절

신체는 계속 소변을 통하여 상당량의 수분을 잃을 뿐 아니라 그 외에도 피부와 폐, 대변으로 수분을 잃는다. 그러므로 몸은 음료, 음식 중에 들어있는 수분, 음식물이 산화하여 형성된 수분 등에서 잃어버린 수분을 보충한다. 생체에서 수분 균형은 섭취와 배출의 조절로 유지되는데 경우에 따라서는 평형이 깨져서 수분의 불균형이 일어난다.

적당한 양의 물 섭취를 확보하기 위한 자연적인 표현으로 혀와 인후 뒷부분이 건조해지므로 느끼게 되는 것이다.

탈수는 물의 균형에서의 변화 이상의 뜻을 함축하고 있다. 여기에는 항상 전해질 균형에 있어서의 변화도 따른다. 만일 물의 공급을 제한하거나 물을 많이 손실할 때에는 물의 손실률이 전해질 손실률을 능가한다. 세포외액이 농축되면 삼투압이 높아져 세포로부터 세포외액으로 물을 끌어낸다. 이러한 상태는 세포내 탈수라고 불리며, 심한 갈증과 메스꺼움을 동반한다. 심한 설사나 구토가 있으면 체액 손실이 따르므로 물의 섭취량은 증가되어야 한다.

그림 10-12
수분의 섭취 조절

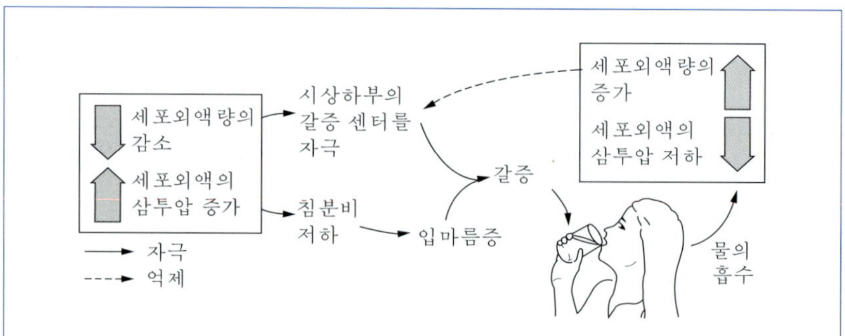

이때 아무리 물을 공급하여도 장에서의 물 흡수가 이루어지지 않으면 그대로 토하거나 설사를 하게 되어 물의 보충은 이루어지지 않는다. 체액의 보충이 없더라도 폐나 피부를 통한 물의 배출은 계속되므로 탈수현상을 일으키게 되며 피부나 입술 등이 건조한 모습을 보이고, 심하면 생명을 잃게 된다. 이러한 경우에는 흔히 정맥을 통하여 생리적 식염수 등을 공급함으로써 잃은 체액을 보충하도록 한다.

9) 땀샘의 기능

땀샘에는 에크린 땀샘과 아포크린 땀샘의 두 종류가 있다. 이 중에서 더 중요한 것은 에크린 땀샘으로 배꼽이나 입술 언저리, 성기 일부를 제외한 신체 모든 부위에 퍼져 있다. 에크린 땀샘이 땀을 내보내는 정도는 제각기 달라서 어떤 구멍에서는 아예 땀이 나오지 않는다.

땀샘은 진피에서 시작하여 12m 길이의 가느다란 관이 코일 모양으로 표피까지 이르며, 그 끝은 지름이 0.3mm보다 작은 깔때기 같은 구멍이다. 땀을 분비하는 것과 땀을 흘리는 것은 별개의 과정이다. 즉 땀샘의 분비 자리에서 땀이 만들어지는 것과, 표피로 옮겨지는 과정은 서로 다른 메

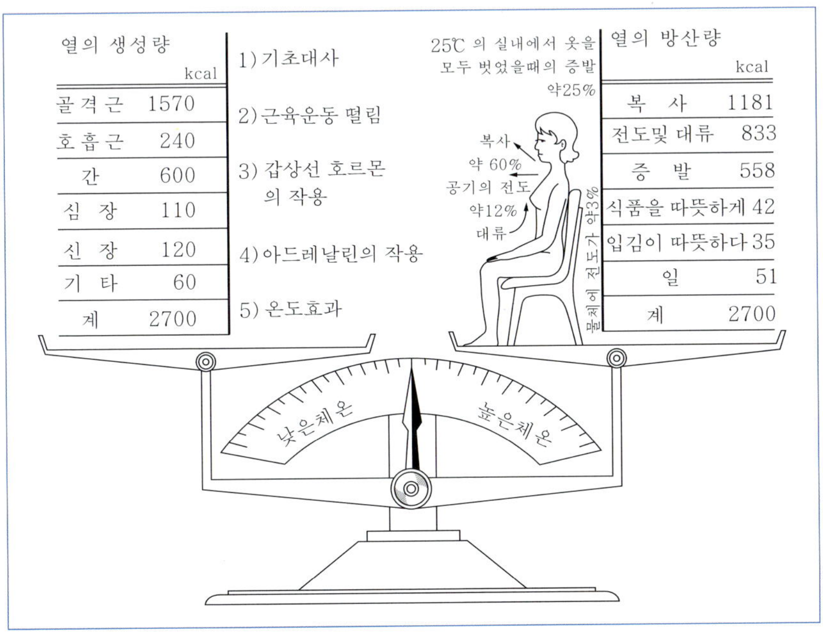

그림 10-13
체열의 평형

커니즘으로 진행된다.

땀이 나자마자 박테리아를 걸려 없애주면 냄새는 생기지 않는다. 땀의 냄새는 아포크린 땀 때문에 나는 것이다. 체취는 겨드랑이나 성기처럼 아포크린 땀샘이 있는 곳에서 많이 난다. 마늘, 양파 같은 음식물의 성분이 피부를 통해 나와 냄새가 나기도 한다.

인체 내에서 열 생산에 관여하는 주요 인자는 근육운동에 의한 발열, 간과 심장에서의 열 생산 등이 있다. 근육운동을 할 때 에너지의 80%는 열로 전환되고 나머지는 20%만이 기계적 운동으로 소비된다. 열의 방출 경로는 보이지 않는 전자파의 형태인 적외선에 의한 복사, 주위 공기의 전도 및 대류, 땀 등의 배설물을 통한 증발 등을 통해 이루어진다.

8. 체온조절

사람은 일정한 체온(약37℃)을 유지해야만 하는 항온동물이다. 인체는 주위 환경의 온도 변화에 따라 체내의 열을 발산하거나, 열의 소모를 억제 또는 생산함으로써 체온을 유지한다. 우리가 살기 위해서는 외부로부터 에너지원인 영양소를 섭취하고 대사를 촉매하는 효소는 모두 온도에 민감하므로 체온의 영향을 많이 받게 된다. 특히 인체를 구성하고 있는 일부 단백질은 44℃를 넘으면 열 응고를 하기도 하므로 높은 체온은 생명을 위협하기도 한다.

1) 체온측정

체온은 겨드랑이, 입 속, 항문에서 주로 측정한다. 그러나 인체의 온도는 균일하지 않고 측정 부위에 따라 약간씩 다르다. 간 및 운동 중의 근육 등 대사가 왕성한 부위는 체온이 높고 뼈, 피부 등은 낮다. 혈류가 그 조직 및 장기간의 온도 차이를 평균화하도록 활동하지만, 일반적으로 몸 안의 온도가 높고 바깥쪽은 온도가 낮다.

인체의 체온은 각(shell) 부분과 심(core) 부분의 온도로 나눈다. 이 각과 심의 비율은 고정된 것은 아니고 환경 온도가 변하면 그 비율도 변한

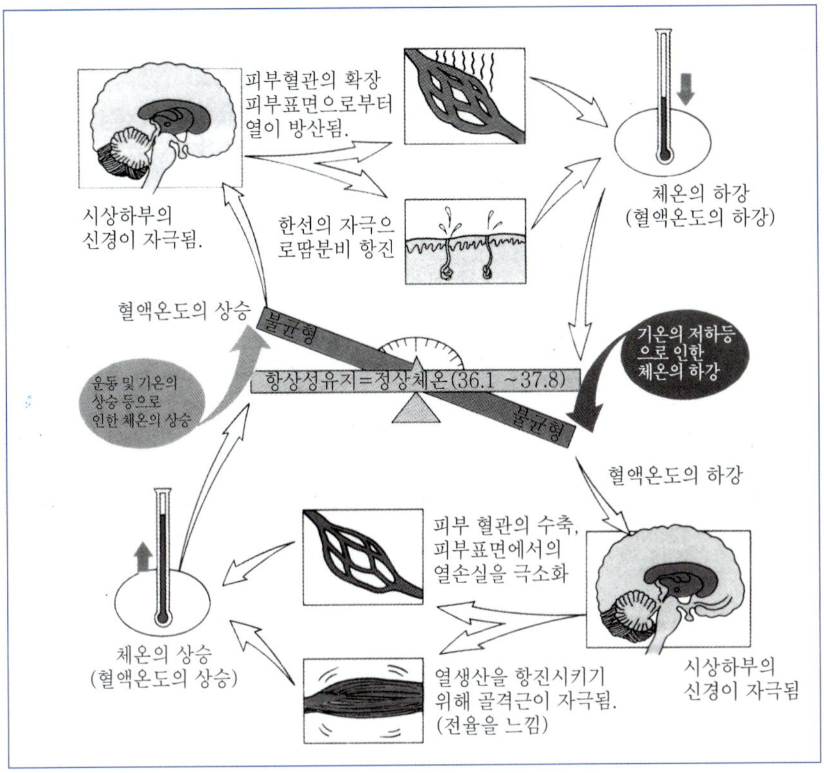

그림 10-14
체온조절

다. 그러나 그림 10-13에 나타난 바와 같이 환경 온도가 변화되더라도 심부분의 온도는 대체적으로 37℃에서 잘 변하지 않는다.

임상적으로는 통상 심 부분의 온도, 즉 신체 심부 온도를 체온으로 규정하고 있다. 겨드랑이 온도는 5~10분 이상 측정해야 하고, 0.1℃ 오차를 문제로 하는 미열 측정의 경우에는 30분 이상의 측정을 요한다.

체온은 보통 겨드랑이에서 측정하여 36~37℃이지만 신체의 부위에 따라 조금씩 차이가 있다. 신체 각 부위의 온도는 피부 온도를 제외하고는 항상 일정하게 유지된다.

만약 체온이 급격히 떨어지면 체세포의 신진대사도 떨어지며, 또 급격히 올라가면 신진대사도 항진되어 건강한 생활을 영위할 수 없게 된다. 체온을 항상 일정하게 유지하기 위해서는 체열의 생성과 발산의 균형이 이루어져야 한다.

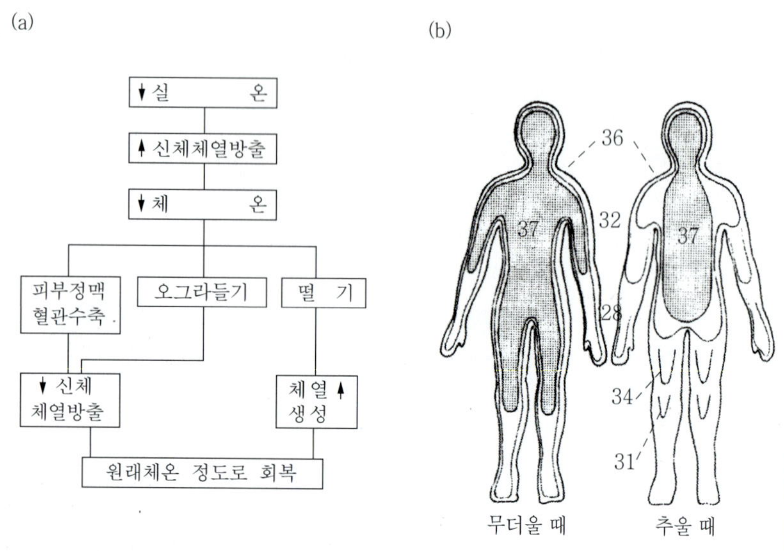

그림 10-15
체온유지를 위한 항상성 조절계와 안정시 인체의 체온 분포

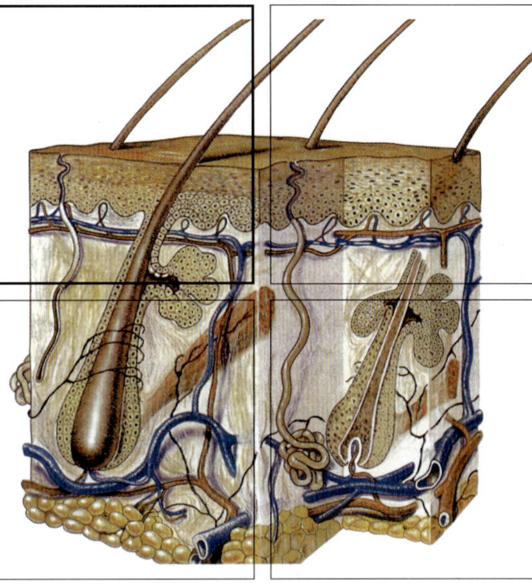

제 11 장 피부와 모발 (Skin and Hair)

1. 피부
2. 체모와 조갑
3. 시각
4. 청각
5. 후각 및 미각

AESTHETIC ANATOMY & PHYSIOLOGY

11. 피부와 모발
Skin and Hair

1. 피부

1) 피부의 특징

피부는 인체를 가장 외부에서 둘러싸고 있는 조직이다. 피부는 우리가 흔히 인식하듯 단순한 '살껍질' 이 아니고 손톱, 발톱, 머리카락에서부터 기름덩어리인 피하지방까지를 포함하는 거대한 조직이다.

피부는 신체의 내부로부터 수분, 혈액의 중요 물질이 외부로 나가는 것을 막는다. 외부로부터 신체에 가해지는 여러 가지 손상으로부터 신체를 보호한다.

인체의 장기 중에서 가장 큰 장기는 피부이다. 피부의 두께는 연령, 성별, 신체 부위에 따라 다르나 평균 1.44㎜이다. 피부는 표피, 진피 및 피하지방층의 세 가지 층으로 구성되어 있는데, 서로 유기적인 관계를 유지하며 피부의 기능을 수행한다.

우리의 피부는 27일마다 새로운 피부로 교환된다. 피부 1cm에는 약 100개의 땀샘과 3.6cm인 신경, 10개의 털주머니, 수백 개의 신경말단, 90cm 정도의 혈관이 들어 있다. 우리 몸의 땀샘은 약 200만 개로서 하루에 약 250ml의 땀을 흘린다.

2) 피부의 구성

피부(cutanous)는 표피(epidermis)와 진피(dermis)의 2층으로 되어 있다. 표피는 겉에서부터 각질층(corneum), 과립층(granulosum), 유극층(spinosum), 기저층의 4층으로 나누어진다. 진피의 바로 위에 있는 기저층에서 각질형성 세포가 분열을 일으켜 증식하여 차차 바깥에서 밀려 올라가면서 유극층, 과립층, 각질층을 형성하게 된다.

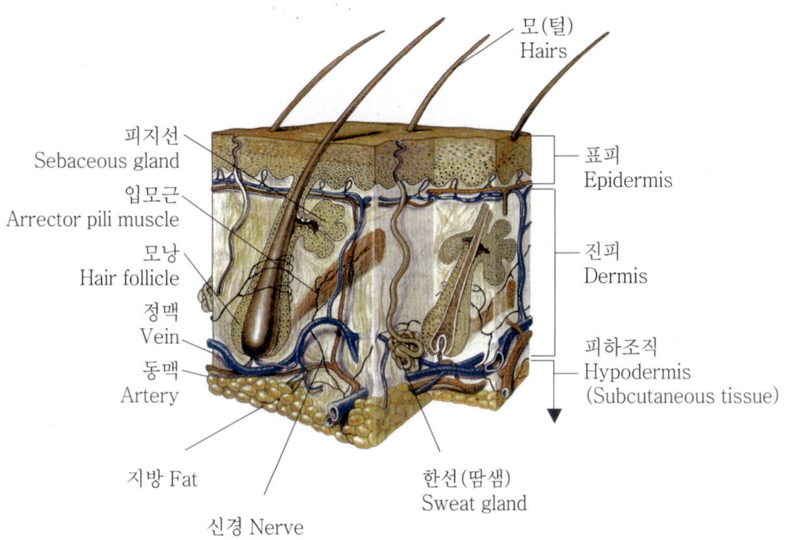

그림 11-1
피부조직구조

진피는 眞(참 진), 皮(가죽 피)라는 뜻으로 말 그대로 '진짜 피부다운 피부' 라는 뜻이다. 또한 영어로는 dermis라는 뜻으로서 표피[epi(上)+dermis(진피)]와 피하조직[hypo(下)+dermis(진피)]의 말과 비교할 때에 역시 피부의 기준점은 진피(眞皮, dermis)라는 것을 알 수 있다. 진피의 가치는 바로 모든 피부의 생성점이라는 것이다.

진피는 인체의 약 15~20%의 무게를 포함하고 있으며 주로 콜라겐과 엘라스틴 섬유로 구성된다. 이 성분은 피부에 탄력성과 신축성을 제공해 준다. 혈관, 지방세포, 피지선과 한선은 콜라겐 섬유에 의해서 지탱되고 있다. 주름살과 피부가 늘어지는 것은 콜라겐 섬유가 그 탄력성을 상실했기 때문이다.

피부의 맨 아래층은 피하지방층이 자리잡고 있다. 피하지방층은 지방세포로 이루어져 있으며 온도를 유지해 준다. 만약 에너지를 생성하여 생명을 지탱해 주는 기능 말고도 우리 몸의 윤곽을 형성하는 미용 작용도 하고 있다.

기저층을 이루는 대부분의 세포는 각질형성 세포이나 이들 세포 사이에는 일정한 비율로 멜라닌 세포가 끼어 있다. 진피중에 멜라닌 세포에는 머켈세포가 있어 멜라닌 색소를 만들어 내는 곳이다.

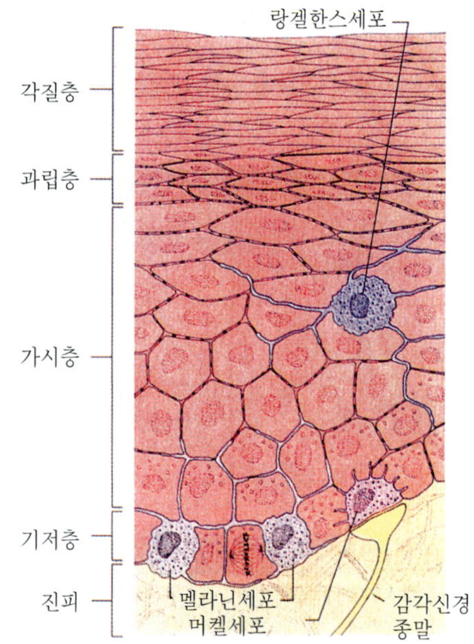

그림 11-2
피부 계층별 안면과 신경세포

3) 피부의 구조

피부의 부속 물질로서는 털, 혈주머니, 피지선, 손·발톱 등이 있는데 모두 표피에서 형성되었고 기능을 살펴보면 아래와 같다.

① 모낭(hair follicle) : 모근과 이를 덮고 있는 엷은 막이며 여기서 털이 나온다.

② 피지선(sebaceous gland) : 짧은 관을 통해 모낭과 연결되고 있는 지방을 함유하는 세포집단이다. 이 선(線)에서 피부를 윤활하게 하는

피지라고 하는 지방질을 분비한다.

③ 땀샘(sweat gland) : 관 모양으로 진피 깊숙이 들어가서 돌돌 말려져 있다. Ecrine 샘은 인체 표면에 널리 분포해 있고 apocrine 샘은 젖꼭지 주위, 겨드랑이, 음부 등에 주로 분포한다.

④ 손(발)톱(nail) : 죽은 세포(keratin)로 되어 있으며 과상(瓜床)을 덮고 있다.

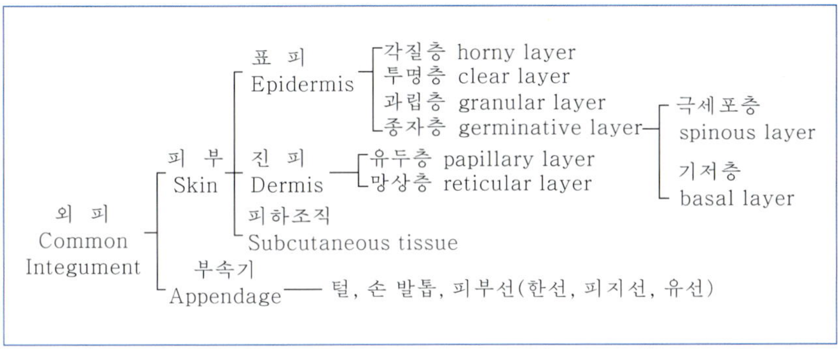

그림 11-3
외피의 구분

표피의 주된 기능은 완전한 각질층을 만드는 데 있다고 할 수 있다.
각질층의 중요한 기능은 아래와 같다.

① 수분과 전해질에 대한 투과성이 낮아 체액이 외부로 빠져 나가거나 외부에서 수분 혹은 가스가 체내로 들어오지 못하게 한다.

② 피부 손상을 가져오는 부식물에 저항한다.

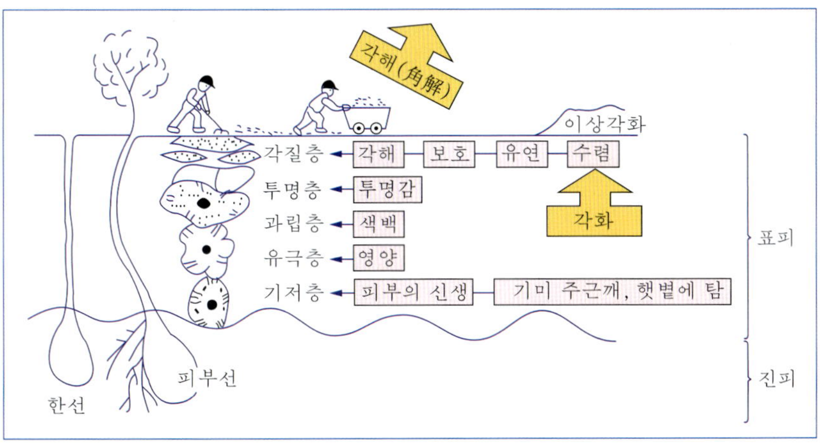

그림 11-4
표피의 신진대사

③ 세균의 체내 침투를 어느 정도 차단한다.

이러한 인체의 보호기능이 있는 각질층은 신체 부위에 따라 두께가 달라서 손바닥, 발바닥과 같이 자극이 심한 부위는 두껍게 되어 있다.

진피(dermis)는 표피의 바로 밑에 있으며 결합조직으로 이루어져 있다. 질기고 강하고 탄력성이 많으며 부성분은 교원섬유와 탄력섬유이다. 진피 속에는 혈관, 신경, 분비샘이 들어있다.

피하지방층은 지방세포들의 집단이다. 이 층은 체온의 손실을 방지하는 역할과 외부의 충격으로부터 내장을 보호한다.

4) 피부의 기능

피부는 신체 내 장기를 보호하는 기능 이외에 면역기능을 갖춘 첨병 겸 파수꾼이라 한다.

피부의 생리작용에는 다음과 같은 것들이 있다.

① 신체의 보호작용(protection) : 밖으로부터의 자극과 병원체의 침입을 방지하고 햇빛이나 광선으로부터 몸을 보호한다.
② 체온 조절작용 : 외기(外氣)에 의해서 체온을 조절한다. 즉 추우면 피부는 오므라들어 체온이 발산하지 못하도록 하며 더우면 피부가 늘어나고 땀이 분비되어 체온을 발산한다.
③ 분비 작용(分泌作用) : 땀과 피하지방을 적절하게 분비해서 윤기있고 탄력있는 피부를 만들어 보호한다.
④ 지각 작용(知覺作用) : 피부면에 지각신경의 말초기관이 펴져 있어 냉각, 온각, 통각, 촉각, 부위 감각 등을 깨닫는 일을 한다.
⑤ 흡수 작용 : 물에 녹은 물질은 한선(汗腺, 땀샘)을 통해서, 또 기름에 녹은 물질을 피하지방으로 인해서 잘 흡수된다.
⑥ 표정 작용 : 표정근(表情筋)의 작용에 의하여 기쁨, 노여움, 슬픔, 즐거움 등의 표정을 나타낸다.

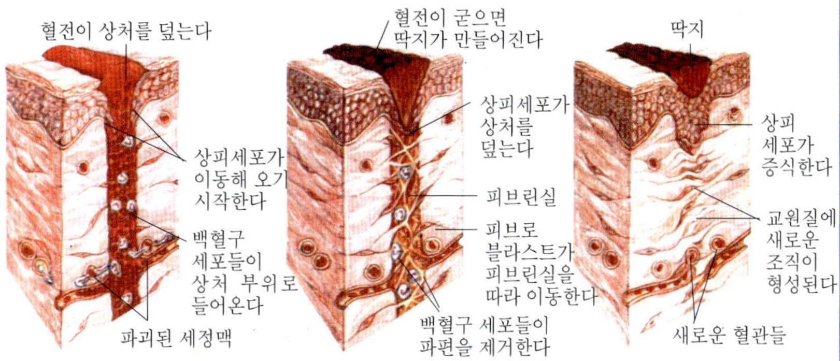

상처는 혈액과 죽은 세포들, 파편으로 채워진다. 피를 응고시키는 성분들이 상처를 덮는다.

딱지는 아래서 복구작업과 성장이 진행되는 한편 백혈구 세포들이 파편을 소화한다.

새 조직이 형성되면서 상피세포들과 피브로블라스트, 교원질, 모세관이 상처 부위를 메운다.

그림 11-5
피부의 재생

5) 피부 생리와 특성

피부는 '피부는 몸을 싸고 있는 단순한 껍질이 아니라, 몸 내부를 비쳐 주는 거울이다' 라고도 한다.

피부 조직이 겉보기에는 건조한 것으로 보이지만, 건조한 것은 피부의 맨 마지막 층인 표피일 뿐이다. 인간의 피부는 표피, 진피, 상피 등 여러 층으로 이루어져 있다. 여기서 흐르는 혈액을 통하여 산소와 수분, 영양분을 충분히 공급 받아야 윤기가 흐르고 탄력을 유지할 수 있다.

피부의 가장 위쪽에 있는 표피는 손바닥처럼 두껍더라도 1.5㎜, 눈꺼풀처럼 얇으면 0.1㎜ 미만이다. 이 미세한 표피층은 다시 각질층, 과립층, 유극층, 기저층으로 나뉜다.

표피의 가장 바깥쪽에 있는 각질층은 피부의 수분 증발을 막고 이물질의 침투를 막는 역할을 한다. 각질층은 죽은 세포가 겹겹이 쌓여 있고, 맨 위부터 차례로 피부에서 떨어진다.

태어남	작용	휴식	떨어져 나감
기저세포 →	유극세포 →	과립세포 →	각질세포
* 분열해서 한 개 모세포로서 남는다.	* 분열한 세포 가시와 같은 것이 생겨서 세포끼리 연결된다.	* 비타민정제와 같이 편평한 원형으로 된다.	* 세포는 탈수하며 핵도 없어지고 인편(비늘)의 층으로 된다.

그림 11-6
피부의 생성과정에서 탈피까지의 과정

세포는 표피의 맨 아랫부분인 기저층에서 만들어지고, 이 세포가 모양을 바꾸면서 각질층까지 밀고 올라가는데 약 26~42일이 걸린다. 그 후 이 세포는 각질층이 되고, 결국 때가 되어 떨어지는데, 이 과정은 약 14일 동안 이루어진다. 즉 세포는 40~56일을 주기로 새로운 세포로 교체되면서 신진대사가 이루어진다.

맨 안쪽에 있는 피하조직은 지방세포로 되어 있으며 탄력성이 매우 좋다. 지방 세포는 충격 흡수 장치와 같은 역할을 하여 근육을 보호하고 피부를 통하여 손실되는 것을 막는다. 그러나 나이가 들면서 피하조직이 얇아지게 되면 이러한 생리적 기능을 잘 수행하지 못한다.

6) 피부의 형성과정

표피(epidrmis)는 제일 깊은 곳에서부터 차례로 다음의 다섯 층으로 이루어진다.

(1) 종자층(Germinativum)

작고 규칙적으로 배역된 원주세포로 이루어져 있다. 이곳에서 세포분열이 일어나서 점차 증식하고 바깥쪽으로 밀려 올라가면서 성숙하여 각질세포가 된다. 기저층으로부터 생긴 세포가 각질 표면에서 탈락될 때까지는 약 4주가 걸린다.

종자층에는 흑색세포(멜라닌형성 세포)가 흩어져 있다.

(2) 유극층(Spinosum)

표피 중에서 가장 두터운 층으로 가시 모양의 돌기가 보인다.

(3) 과립층(Granulosum)

이 층의 세포질이 과립을 함유하기 때문에 과립층이라 한다. 피부면이 끈적끈적하고 지방성의 물질로 덮여 있는 것은 과립이 기름 모양의 물질을 함유하고 있기 때문이다.

(4) 투명층(Lucidum)

손, 발바닥의 피부를 절단한 면에서 가장 잘 보이며 과립층에서와 같은 지방성 물질로 이루어져 있다.

(5) 각질층(Corneum)

피부의 수분 증발을 막고 이물질 침투를 막는 역할을 한다. 각질층은 죽은 세포가 겹겹이 쌓여 있고, 맨 위부터 차례로 피부에서 떨어진다.

이때 불필요한 물질도 함께 떨어져 나간다. 각질층은 10~20층의 각질세포로 구성되며 그 두께는 부위에 따라 다르기는 하지만 대개 10㎛ 정도이다. 각질층은 몸 속 물의 증발을 막고, 외부의 이물질이 몸 안으로 침투하는 것을 막는 장벽 역할을 한다.

7) 피부 보습의 기전

각질층은 어디서 수분을 공급받고, 어떻게 수분을 잃지 않고 알맞은 물의 양만을 보유하는가? 각질층은 외부에 대한 피부방어 성벽으로서 내부에 대한 댐으로서의 기능을 맡고 있다. 그 뿐만 아니라 외부 환경의 변화에 대한 정보를 피부 안쪽에 전달하여 주는 고감도 자동감지기 역할도 수행한다.

각질층은 주로 진피층, 과립층, 땀이나 대기 중의 수분을 공급받지만 가장 많은 수분을 전달하는 것은 과립층이다.

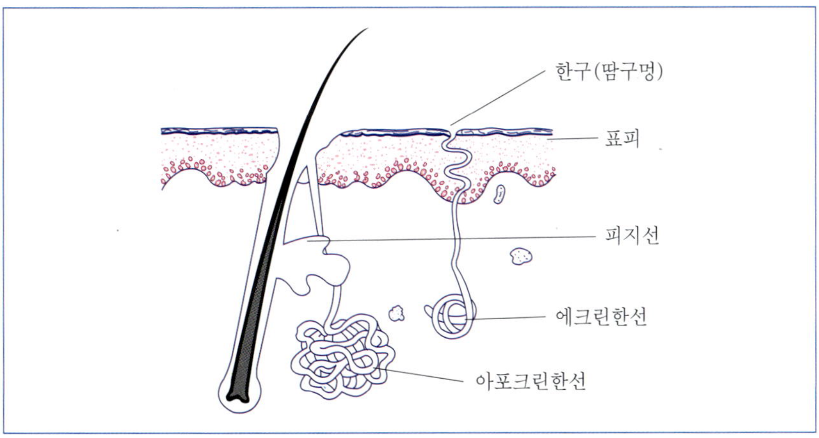

그림 11-7
피부보습 기전

피부 진피층의 결합조직에는 70% 이상의 수분이 채워져 있다. 각질세포 속의 천연보습인자와 각질세포 사이에 채워진다. 또한 세포간 지질에 필요한 양만큼 저장되고 나머지 수분은 서서히 외부로 증발시킨다.

각질층 표면에는 작은 구멍이 수없이 뚫어져 있어 종이 형태의 피지막으로 되어 있는데, 서서히 외부로 증발되는 수분을 차단하여 각질층 표면상에 머무르게 한다.

8) 피부색소(멜라닌)

멜라닌은 검은 색소이다. 색소양이 많고 적음에 따라 흑인, 황인, 백인으로 구분된다. 백인들은 선천적으로 멜라닌 색소를 만들지 못하기 때문에 피부가 희다. 반대로 흑인은 멜라닌 색소를 다량으로 가지고 있기 때문에 검은색을 나타낸다.

꼬리별(유성) 모양을 하고 있는 멜라닌은 일종의 단백질 성분으로 피부 표면에 가까울수록 갈색에서 흑갈색 또는 흑색으로 된다.

멜라닌 형성은 정신적 인자와 관계가 있는데 뇌하수체에서 분비되는 색소세포 자극호르몬(MSH)도 멜라닌 생성을 촉진시킨다. 임산부의 젖꼭지, 외음부, 겨드랑이 밑의 피부색이 검어지거나 배 아래쪽 중앙에 선상으로 색소 침착이 눈에 띄는 것도 이 색소세포 자극 호르몬 분비가 많이 생성되므로 생기는 것이다. 또 하나의 색소세포(멜라노사이드)는 피부의 색을

그림 11-8
표피조직의 내부구조 단면도

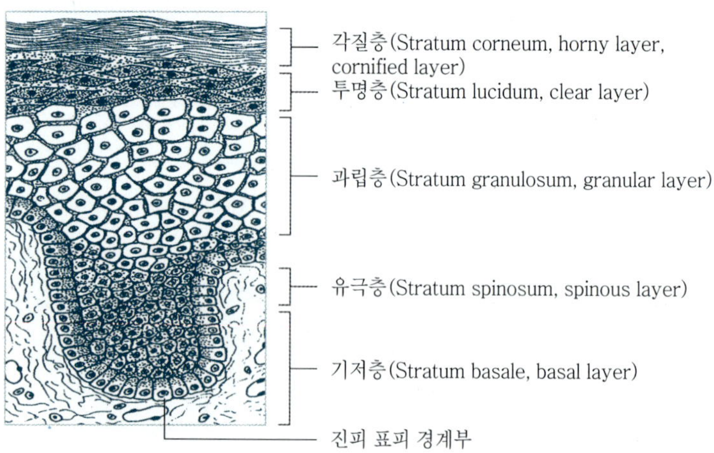

정하는 최대의 인자인 멜라닌을 만들어 내는 세포로, 기저세포에 흩어져 있고 가느다란 세포돌기를 가지고 있다. 여기서 만들어진 갈색의 멜라닌은 피부의 각화작용으로 서서히 표피 표면으로 이동하여 최후에는 무색의 때로 되어 배출된다. 멜라닌 과립은 피부 표면에 가까울수록 갈색이 짙어지며, 과립의 양이 많을수록 검은 갈색 또는 검은색이 되며, 피부 깊숙이 들어가면 청색조를 띠게 된다.

9) 피하조직(sub-cutaneous)의 내부구조

피하조직은 엉성한 결합조직으로 망상을 이루고 있는 층이다. 진피와는 단단하게 결합하고 있으나 골막, 근막, 건막 등과는 느슨한 결합을 하고 있다. 피하조직은 외부 압력에 대해 쿠션 역할을 해서 몸을 보호하고 체온을 보존하는 기능도 한다.

피하조직은 섭취한 영양분을 에너지로 쓰고 남으면 그것을 지방으로 바꾸어 저장해 두었다가 필요할 때 꺼내 쓰기도 한다. 이 층에는 특히 풍부한 지방조직이 있는데 신체 부위에 따라 차이가 많고 남성보다는 여성에게 더 발달되어 있다. 일반적으로 남녀 모두의 복부나 엉덩이에서는 잘 발달되어 있지만 안검, 음경, 음낭, 이개 등에는 피하지방이 없다.

피하지방이 발달하면 몸의 선이 둥글고 곡선미가 있지만 너무 많이 축적되면 비만의 원인이 된다.

2. 체모와 조갑

1) 체모

사람의 피부를 감싸고 있는 것 중에서 빼 놓을 수 없는 것으로 모발과 조갑(爪甲)이 있다. 체모가 분포되어 있는 신체 부위는 머리, 눈, 겨드랑이, 사타구니 등으로 구별할 수 있다.

체모는 그 분포 상태를 보아 인체의 중요 부분을 보호하거나 마찰을 최소화시키는 역할을 한다. 또한 머리카락은 인체 중 가장 중요한 부위인 뇌를 감싸고 있어 밖으로부터 충격을 최소화한다. 눈썹은 감각기관 중 가장 많은 정보를 받아들이는 눈을 이물질로부터 1차로 차단하는 임무를 띠고 있다. 한편 겨드랑이 털(體毛)과 사타구니털은 입체적인 마찰을 받는 부위로 털이 마찰을 최소화시켜 그 부위를 보호해 주도록 되어 있다.

털은 모낭이라는 털주머니 속에서 성장한다. 모낭은 성장기와 퇴행기 등의 3단계로 계속적인 순환을 하는데, 머리털의 경우 성장기는 3~4년, 퇴행 및 휴지기는 약 3개월 정도가 된다. 그래서 전체 머리카락의 85~90%는 성장기에 있다. 일반적으로 머리카락을 110만 개 정도로 추산할 경우 하루에 1백 개 이내가 자연 탈모되는 것은 지극히 정상이다.

한편 눈썹이나 치모 등은 머리털에 비해 순환 주기가 두 배쯤 늦다. 이는 머리털이 하루 0.35mm씩 자라는데 비해 훨씬 느린 성장을 한다.

2) 조갑(손톱)

손톱은 모발이나 뿔과 함께 표피 각질층이 변형하여 굳어진 반투명의 단단한 관(nail plate)으로서, cystine이 주성분인 keratin으로 구성되어 손

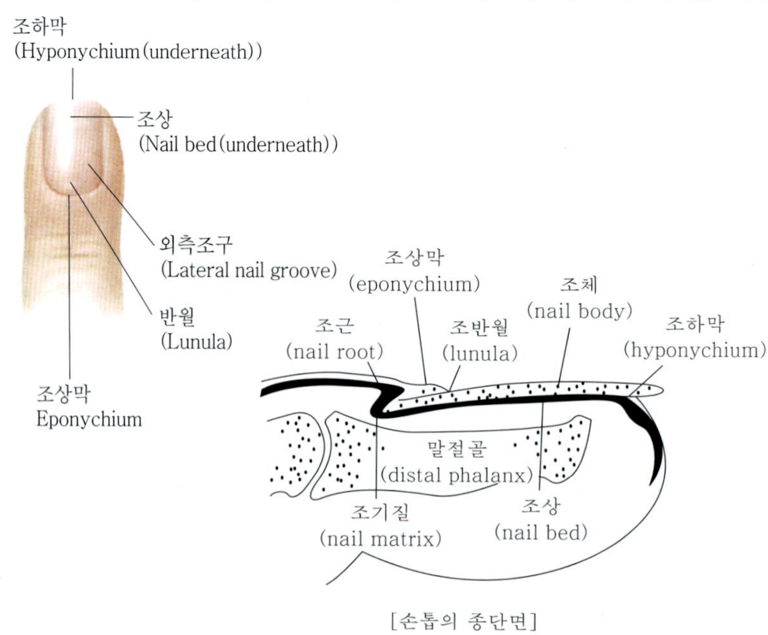

그림 11-9
손톱 구조의 내부와 외각 부분의 단면도

톱 끝을 보호하고 있다.

손톱의 구조는 유극층과 닮은 세포들로부터 만들어지는 조모(爪母)로부터 조체(爪體, 爪甲)가 발생하고, 하루 0.1mm의 속도로 조상(爪床)과 더불어 성장하고 있다. 조반월(half moon, lunula, 爪半月)은 조근(爪根)에서 피부 외부에 노출된 부분으로 미완성의 손톱, 발톱이다. 조피(爪皮, cuticle)는 조체에 부착하고 있는 주변의 얇은 각질 조각을 말한다.

조갑은 머리털처럼 각질세포로 되어있으며, 딱딱해진 죽은 세포인 것이다. 손톱과 발톱은 조갑기질로부터 밀려나와 조반월을 거쳐 계속 밀려 나오는데 정상인은 하루에 0.1mm씩 자란다.

손가락이나 발가락은 돌출된 부위이기 때문에 딱딱한 각질 형태의 손톱, 발톱이 위에서 지탱해줌으로써 원하는 힘을 낼 수 있다. 또 책의 두꺼운 앞, 뒷장처럼 손상되기 쉬운 연약한 말단 부위를 보호하는 역할도 한다.

3) 모발(머리카락)

인체에는 약 80만~140만 개의 털이 필요한 부분에 있는데, 각각 맡은 일을 해내고 있다. 머리카락은 중요한 두뇌를 물리적인 힘으로부터 보호한다. 그밖에 자외선을 차단시키고 온도 변화에서 보호하는 역할을 한다. 또 코 속의 먼지나 세균 등을 잡아 공기를 여과시켜 주므로 폐를 보호하는 역할을 하며 마찰로부터 피부를 보호한다. 사람의 머리카락은 대략 10만~14만 개가 되며 하루에 0.3~0.5mm씩 자란다.

새로운 모기관은 태생 후기까지 형성되지만 신체가 발육함과 함께 피부가 늘어나서 각 부위에 따라 밀도차가 생긴다. 이 모를 취모(laungo)라 하며 매우 짧고 가늘다. 출생 후에는 모기관이 새롭게 생기는 것은 없다. 취모는 태생 8개월째 모두 탈락하며, 그 후 약 2cm 까지 약간 굵은 생모(生毛, vellus hair)로 바뀌게 되며 사람은 생모를 갖고 출생한다.

그리고 성장과 함께 각 부위에 따라 길고 굵은 경모(硬毛, terminal hair)로 바뀌게 된다. 경모의 출현은 성장기이며, 부위와 성에 따라 차이가 있다.

털은 일생 동안 계속해서 성장하는 것이 아니고 수명이 있어 성장, 탈모, 신생을 반복하는 과정을 헤어사이클(hair cycle)이라 한다(그림 11-11). 즉

그림 11-10
모발의 생모와 경모의 내부 구조의 단면도

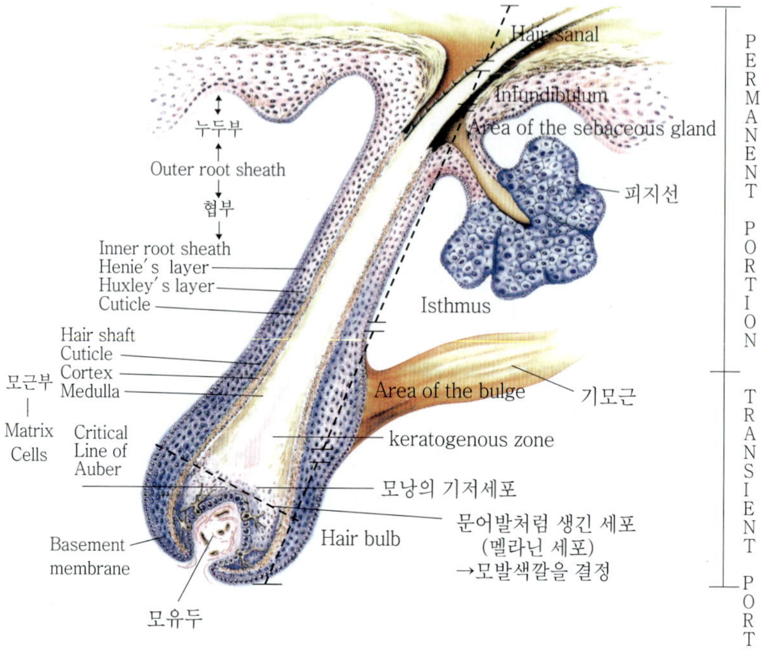

- 모(毛)
  - 생모(生毛)
    - 체모(體毛)
    - 청소년기 이후 경모(硬毛)로 변하는 모
  - 경모(硬毛)
    - 단모(短毛) : 눈썹, 귀털, 코털 등
    - 장모(長毛) : 두발, 액모, 음모 등

그림 11-11
모근의 성장에서 종말기까지 과정

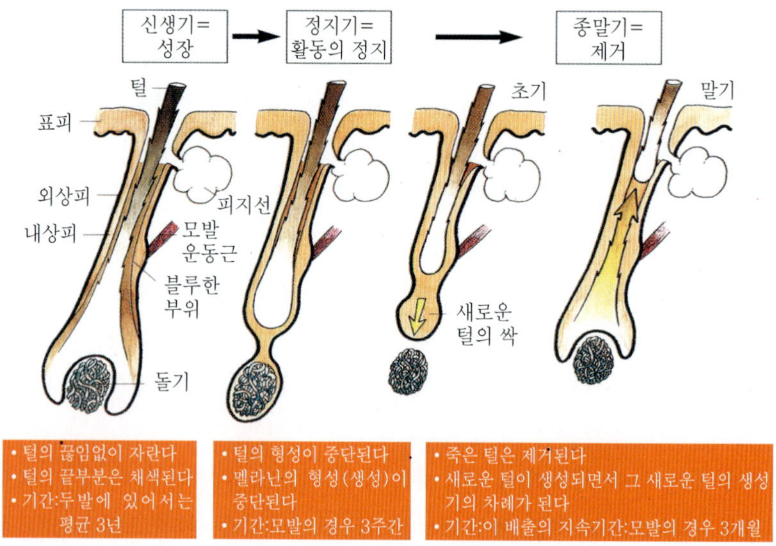

모발 일생을 살펴보면 성장기(anagen), 퇴행기(catagen), 휴지기(telogen)의 3기로 나눌 수 있다. 휴지기 때 자연스럽게 탈모되는 모의 수는 하루에 70~120개 정도 된다고 알려져 있다.

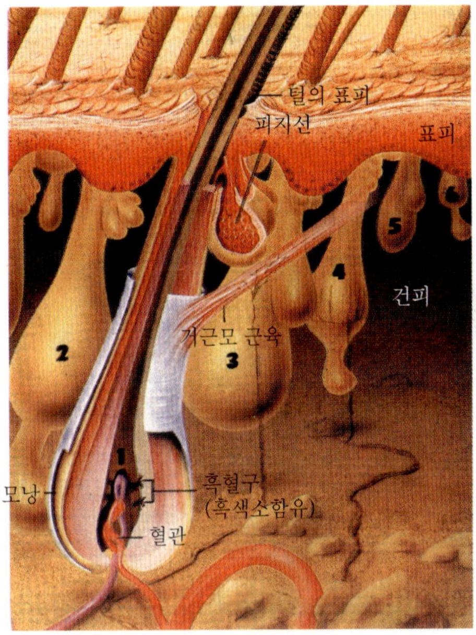

탈모의 원인

모발은 모근 부근에 있는 혈관에서 각종 영양분을 섭취하여 계속해서 왕성한 세포분열을 하기 때문에 자라난다.
모근을 보호하기 위해 바깥쪽은 단단한 근육질로 된 모낭이 둘러싸고 있다.
남성 홀몬인 testosterone은 특정효소의 작용을 받아 5α-DHT라는 물질로 변화되는데, 이 물질이 모낭을 자극하여 수축시켜 버린다.
(1→3→5) 결국 그 주위의 혈관도 수축되며 영양분도 충분히 공급되지 못해, 머리카락은 영양실조에 빠져 탄력과 윤기를 잃고 빠지게 된다(2, 4, 6)

그림 11-12
탈모와 모발의 건강

3. 시각(Visual Sense)

1) 안구의 구조

안구(眼球, eye-ball)는 안와(orbital cavity) 내에 들어있다. 안와에는 안구 외에 안구를 움직이는 외안근(外眼筋, cxtrinsic eye musle: 6개가 있다), 눈물을 분비하는 누선(lacrimal gland), 혈관, 신경, 지방조직(fatty tissue) 등이 있다. 지방조직은 안구에 가해진 외력(外力)에 대하여 완충작용을 하여 안구의 손상을 막는다.

그 밖에도 안구를 보호하는 기능을 가진 구조들이 여러 개 있는데, 눈썹은 눈 위에 떨어지는 작은 물체에 대한 보호작용을 한다. 안검에는 괄약근

그림 11-13
안구의 구분

- 안구
  - 안구벽
    - 섬유막(외막) – 각막 / 공막
    - 혈관막(중막) – 맥락막 / 모양체 / 홍채
    - 신경막(내막) – 망막
  - 굴절질 — 안방수, 수정체, 초자체

그림 11-14
눈의 구조와 기능

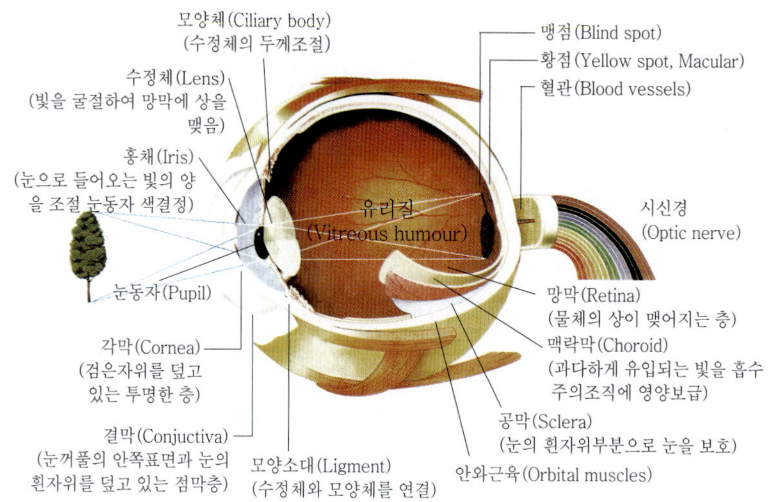

의 일종인 안검근이 있어 안검을 수의적으로 뜨고 감을 수 있게 한다.

눈은 각막(cornea), 안방수(aqueous), 수정체(lens) 및 초자체(corpus)로 이루어져 있다. 각막은 혈관을 포함하지 않는 투명한 조직으로서 주변의 결막을 통하여 공막으로 연결된다.

수정체는 혈관을 포함하지 않는 탄성조직으로서 주변부는 모양체 소체

표 11-1
눈의 부위별 기능

층	앞부위	기 능	뒤부위	기 능
외층	각막(cornea)	빛의 통과와 굴절	공막(scleara)	보호
중간층	모양체 (ciliary body)	수정체 모양조절 방수생성	맥락막 (chooid coat)	혈액공급색소막 빛을 흡수, 반사억제
	홍체(iris)	동공크기의 조절		
내층	없음.	없음.	망막(retina)	광수용기 자극 전달

를 통하여 모양체(ciliary body)에 붙어 있다. 초자체는 수정체와 망막 사이의 공간을 차지하는 투명한 젤라틴(gelatin) 상태의 물질이다. 투명한 액체인 전안방수는 모양체에서 분비하게 되고 슈렘(Schlemm)관에 흡수된다.

2) 눈에서 색소가 전달되는 과정

시각은 어떤 빛이 각막, 안방수, 수정체 및 초자체를 거쳐 안저에 도달하는 동안 굴절률에 의한 초점이 맞으면 망막에 도립상이 맺히면서 느끼게 된다. 망막의 상은 빛의 세기나 위치에 따라 시신경을 자극하게 되고, 이어서 시신경의 전기적 신호로 바뀌어 대뇌 후두엽의 시작중추로 전달된다. 이때 0.04~0.3초의 시간이 소요되는데, 이를 지각시간이라고 한다.

빛의 수용은 빛이 간상체와 추상체의 빛감수성 물질을 화학적으로 변화시켜 발생한 수용기의 전위가 시세포, 양극세포 및 신경세포를 거쳐 전달로 이루어진다.

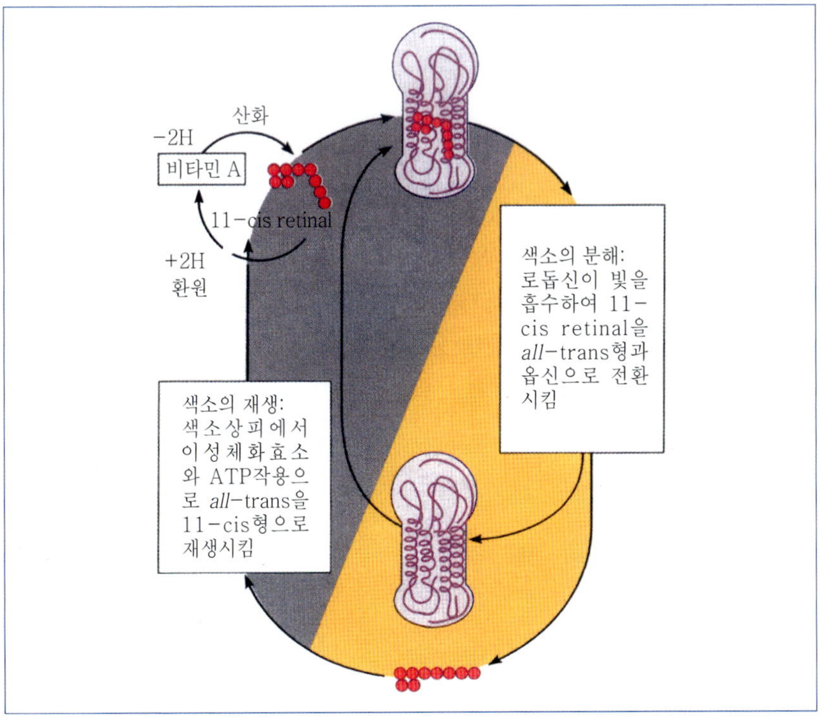

그림 11-15
빛이 색소를 전달하는 순서

3) 혈관막

혈관막은 섬유막과 내막 사이에 있는 막으로 후방의 맥락막과 전방의 모양체 및 홍체로 구분한다. 혈관막은 혈관 분포가 잘되어 있고 멜라닌색소가 풍부하여 안구의 암실을 만들고 광선 투과량을 조절하는 역할을 한다.

(1) 맥락막

공막의 내면을 덮고 있는 두께 0.2~0.5mm의 막으로 혈액과 멜라닌 색소가 다량으로 함유되어 있어 암갈색을 띠며 막망의 색소 상피층과 밀착되어 있다.

(2) 모양체

맥락막의 앞쪽에서 쐐기 모양으로 비후된 곳으로 내면에는 70~90개의 모양체돌기라는 작은 주름이 있고, 여기에서 수정체와 연결되는 가느다란 섬유인 모양체 소대가 나와 있다. 모양체 속에는 평활근인 모양체근이 있어 수정체의 만곡을 조절하는 역할을 한다.

(3) 홍체

수정체 전면에 있는 원판상의 기관으로 중앙에 동공이라는 구멍이 뚫려있다. 홍체도 주로 색소성 결합조직으로 구성되어 있는데, 이 멜라닌 색소의 함유량 차이로 종족과 개인에 따라 눈 색깔이 달라진다.

또한 홍체는 각막과의 사이에 전안방, 수정체와의 사이에 후안방을 만들고, 각막과의 결합부엔 홍체 각막간극을 이루어 안방수의 이동통로로 이용된다.

4) 내막

내막을 이루는 투명한 망막은 본질적인 광선감각이며 발생학적으로 뇌포에서 유래하기 때문에 뇌와 비슷한 10층 구조를 하고 있는데, 3종의 신경원이 구성하는 신경성조직, 그리고 긴 방사성섬유와 신경교세포들로 이루어진 지주성조직의 두 요소로 구분할 수 있다.

4. 청각

우리가 온갖 소리를 듣는 것은 진동폭이 불과 10억분의 1cm인 고막의 떨림으로 소리를 듣게 된다. 고막의 떨림은 중이에 있는 추골, 침골, 등골이라는 3개의 이소골(중이골)을 거쳐 달팽이관(와우각)의 난원창을 울리게 함으로써 와우각 내의 림프액에 잔잔한 파문을 일으킨다. 와우각 내의 림프액이 청각신경이 연결된 미세한 세포를 자극, 3cm 정도 되는 청신경을 따라 뇌에 전달됨으로써 소리를 듣게된다.

귀가 청각기능 외에 몸의 균형을 유지하고 외부의 인체에 대한 압력을 조절하는 기능을 하고 있음은 잘 알려진 사실이다.

1) 귀의 구조

전음계는 외이(external ear) 및 중이 (middle ear)로 이루어져 있다. 외이와 중이의 경계는 고막이다. 중이는 측두골 중에서 공기로 충만된 강(cavity)이며 이관(auditorytube)을 거쳐 코 및 입으로 연결되어 있고, 고막의 양쪽 기압은 거의 같다. 내이는 청각기관의 구실뿐만 아니라 신체의 평형 상태를 유지하는 감각기관이기도 하다.

내이(內耳, internal ear)는 측두골의 내부를 향하여 뚫린 미로(迷路, labyrinth)로서 청취와 평형에 필수적인 기관들이 있다. 이 미로에서 가장 넓은 곳을 전정(前庭, vestibule)이라 하며 뒤쪽으로 열려 있는 세 개의 관

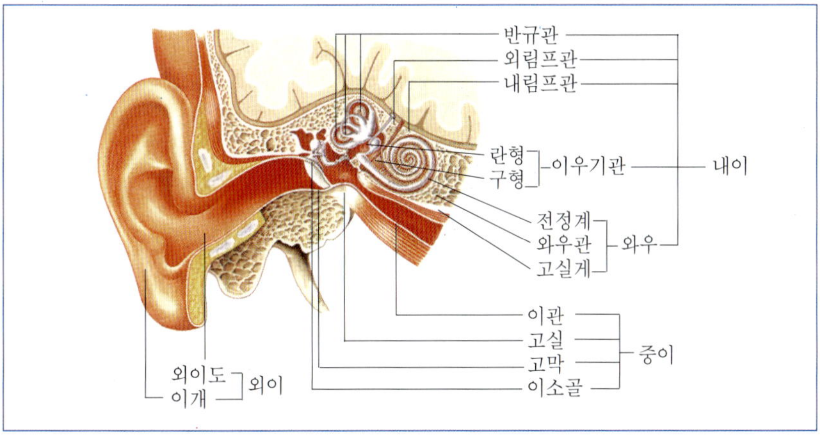

그림 11-16
귀의 구조

을 반규관(半規管, semicular canal)이라 한다. 전정의 내이 쪽 말단에는 원형창(圓形型窓)과 난원창이 있다.

5. 후각 및 미각

후각은 미각과 함께 화학적 성질을 감수하는 화학적 감각으로 그 물질이 기체상인가 또는 액체상에 따라서 후각 또는 미각으로 나뉘어진다.

1) 후각

후각은 물질의 냄새를 맡는 감각으로, 비강 후각부의 점막에 위치한 지름 2cm 정도의 후각상피에 의해 감지된다. 후각상피는 후세포, 지지세포와 기저세포로 구성되어 있으며 주변 세포들로부터 분비된 점액으로 덮여 있다. 그중 후세포가 후각에 직접 관여하는데, 후세포의 윗부분에는 미세융모가 있고 밑부분은 후신경으로 연결되어 있다.

후각은 먼곳으로부터 화학물질을 느끼는 원격 자극으로 냄새를 맡기 위해서는 물질이 휘발성을 나타내어야만 한다. 분자 크기로 확산되어 비강 속으로 들어오면 후각 상피의 점막층에 녹아서 후각신경을 자극하게 되

그림 11-17 코에서 냄새가 전달되는 과정

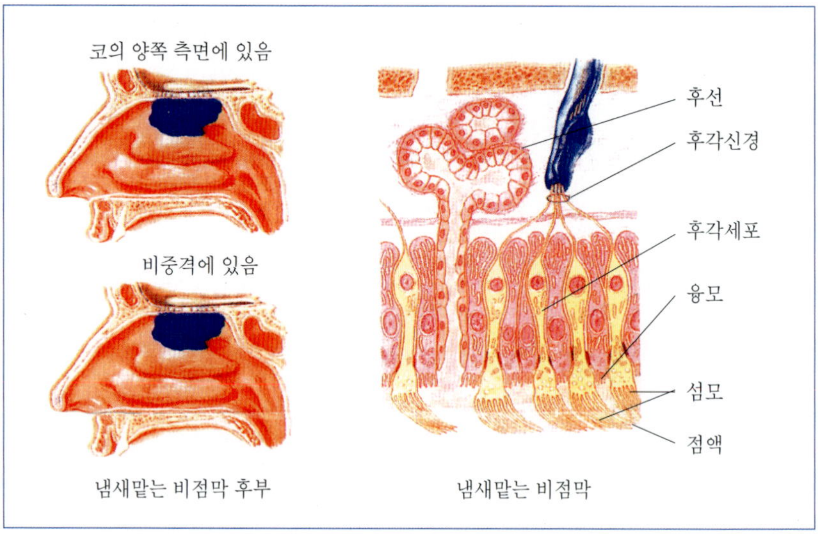

고 대뇌의 감각령에 의해서 냄새를 느끼게 된다. 한편 냄새도 맛과 같이 부패성, 자극성, 박하, 에테르 및 사향 냄새 등으로 나뉘어 수용되는 것으로 알려져 있다.

2) 냄새가 전달되는 과정

냄새분자와의 접촉에 의해 자극을 받은 후각세포는, 그곳에 와 있는 후각신경을 통해 뇌로 자극을 보내 냄새를 알아내게 된다. 후각은 다른 여러 가지 감각에 비해 그 피로도가 훨씬 빨리 온다. 이상한 냄새가 난다해도 조금만 지나면 전혀 그 냄새를 느끼지 못하게 되는 것도 이 같은 이유 때문이다.

우리의 코 안쪽에는 비점막후부라는 곳이 있다. 이곳에는 냄새를 맡는 후각세포들이 모여 있으며, 사람의 경우 그 수는 천만~이천만 개가 된다. 냄새에 민감할수록 이 수는 훨씬 많아진다. 후각세포는 지지세포들에 둘러싸여 있으며, 그 끝은 점막층까지 뻗어나와 가느다란 털처럼 갈라져 있다. 이를 후각섬모라 하며 이곳에 냄새분자가 접촉되면 후각세포가 자극을 받게되고 이 자극이 신경을 통해 뇌에 전달되어 냄새를 느끼게 한다.

표 11-2 코의 기능

기 능	설 명
호흡기능	호흡시 공기의 통로가 된다
온도조절 및 가습작용	비강의 구조가 체온보다 높거나 낮은 외기의 온도를 조절해 주고 콧속의 습기는 주로 점막상피를 통한 체액의 삼출과 비루관을 통한 눈물로 유지된다
자정기능	점액, 섬모 운동 등에 의해 세균 감염 등 외부환경에 대한 자정 작용을 한다
후각기능	후각 점막세포의 후각수용체와 냄새입자가 결합함으로써 후각세포가 활성화 하여 냄새를 맡는 것으로 여겨진다
구음기능	호기시 성대의 진동으로 기본적인 소리가 나고 특정 발음은 비강, 부비동, 비인두의 공명 작용이 필요하다
반사기능	반사성 무호흡과 재채기가 비강내 이물질 제거 등 호흡기도 보호작용을 한다

3) 미각

혀는 맛을 느끼는 역할을 하고 있다. 사람에 있어서 시각 · 청각 · 촉각을 고급 감각으로 보는 반면 후각, 미각은 중요도에서 좀 떨어진다.

미각기는 꽃봉오리 모형을 하고 있으므로 미뢰(taste bud)라고도 하며 그 속에 미세포가 있다.

혀는 맛을 감지하는 기관이지만 그보다 더 중요한 기능은 말을 하는 데 사용되는 점이다. 말을 하는데 혀나 입술의 중요성은 대뇌피질 중에서 두 가지 기관을 담당하는 피질의 표면 넓이로도 알 수 있다.

혀의 감각 능력을 담당하는 대뇌피질의 넓이는 어깨나 엉덩이의 감각을 담당하는 피질의 약 네 배나 된다. 감각 분야에서 가장 넓은 피질의 지배를 받는 기관은 손이고, 그 다음은 입술이다.

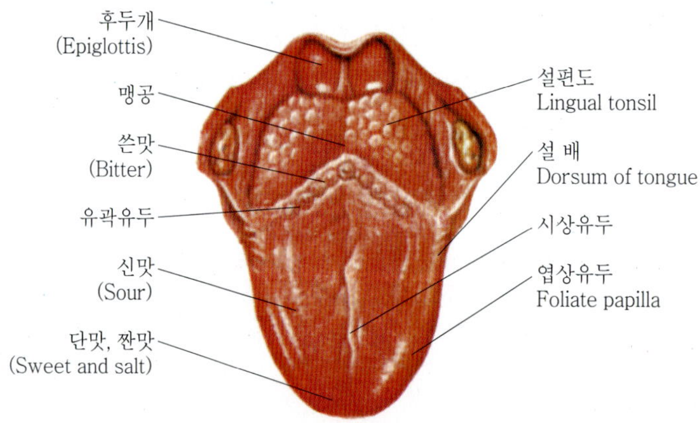

그림 11-18 혀의 구조와 맛을 느끼는 부위

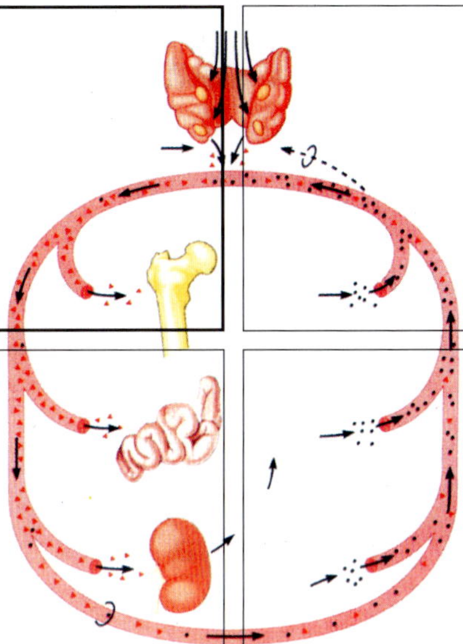

제 12 장

내분비계
(Endocrine System)

1. 호르몬
2. 호르몬과 신경계의 작용
3. 호르몬의 화학전달물질 작용
4. 뇌하수체와 분비 호르몬
5. 성장호르몬
6. 남성호르몬
7. 멜라닌 세포와의 관계
8. 여성호르몬
9. 여성호르몬과 피부의 관계
10. 시상하부와 뇌하수체 호르몬
11. 유방호르몬
12. 갑상선호르몬
13. 부갑상선호르몬
14. 부신피질
15. 부신수질
16. 항이뇨호르몬
17. 췌장호르몬

AESTHETIC ANATOMY & PHYSIOLOGY

12. 내분비계 Endocrine System

1. 호르몬

화학전달물질 중 생체 내 여러 곳의 분비기관에서 생성되어 혈액을 통하여 이동한 후, 특수한 생리작용을 나타내는 물질을 호르몬(hormone)이라 한다.

1) 호르몬의 생리적 특성

호르몬은 적은 양으로도 작용이 가능하며 신경계에 비교하면 반응속도가 느리고 반응이 넓은 범위에 걸쳐 장시간 지속한다. 또한 열에 강하고 생체 내에서 항원을 생성하지 않는다.

이와 같은 호르몬을 분비하는 기관은 침샘, 땀샘 등의 외분비선(exocrine glands)과는 달리 배출을 위한 도관(duct)이 없이 혈관으로 분비하므로 내분비선(endocrine glands)이라고 한다. 호르몬은 내분비선에서 분비되는 일종의 화학전달 물질로 혈류(血流)를 통해 신체 각조직으로 운반되어진다.

내분비계는 신경계와 함께 생체의 기능을 조절하는 두 개의 큰 조절계를 이룬다. 우리 몸에서 정보 전달계로서 작용하는 신경계가 있고 이 작용은 신경섬유 및 신경전달물질을 사용한다. 그러나 내분비계는 혈액을 통해서 호르몬이 전달된다.

호르몬의 일반적인 특성은 다음과 같다.

① 체내의 특정한 조직(내분비선)에서 합성된다.
② 필수적인 조절, 물질 결핍증과 과다증을 나타낸다.
③ 미량으로 작용, 낮은 농도로도 큰 영향을 나타낸다.
④ 혈액에 의해 운반, 분비관이 없고 혈관으로 직접 분비된다.
⑤ 표적 기관에서 작용, 특정 기관에서만 작용한다.

호르몬이 생체 기능을 조절하기 위해서는 호르몬이 적절한 시간에 적당량이 분비되어야 하는 항상성이 유지되어야 하는데, 호르몬의 분비 조절은 음성 되먹임저해(negative feedback inhibition)기전과 신경계 조절에

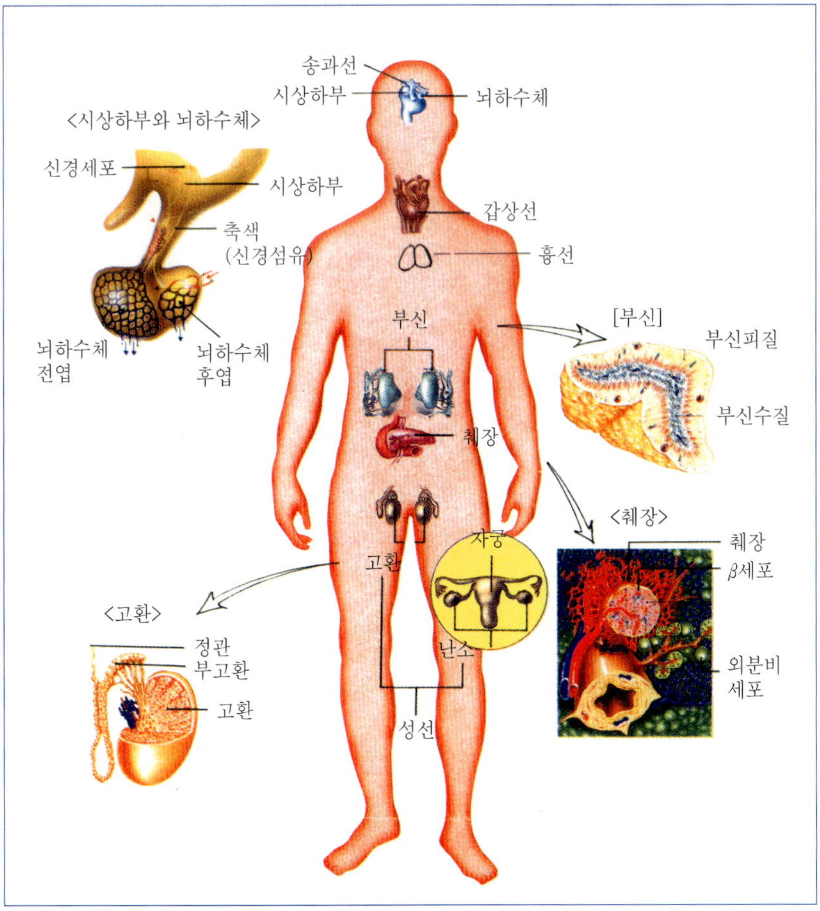

그림 12-1
몸 안에서 호르몬 분비되는 부분과 호르몬의 종류

그림 12-2
인체에서 호르몬과 신경계에 연관되는 각 장기

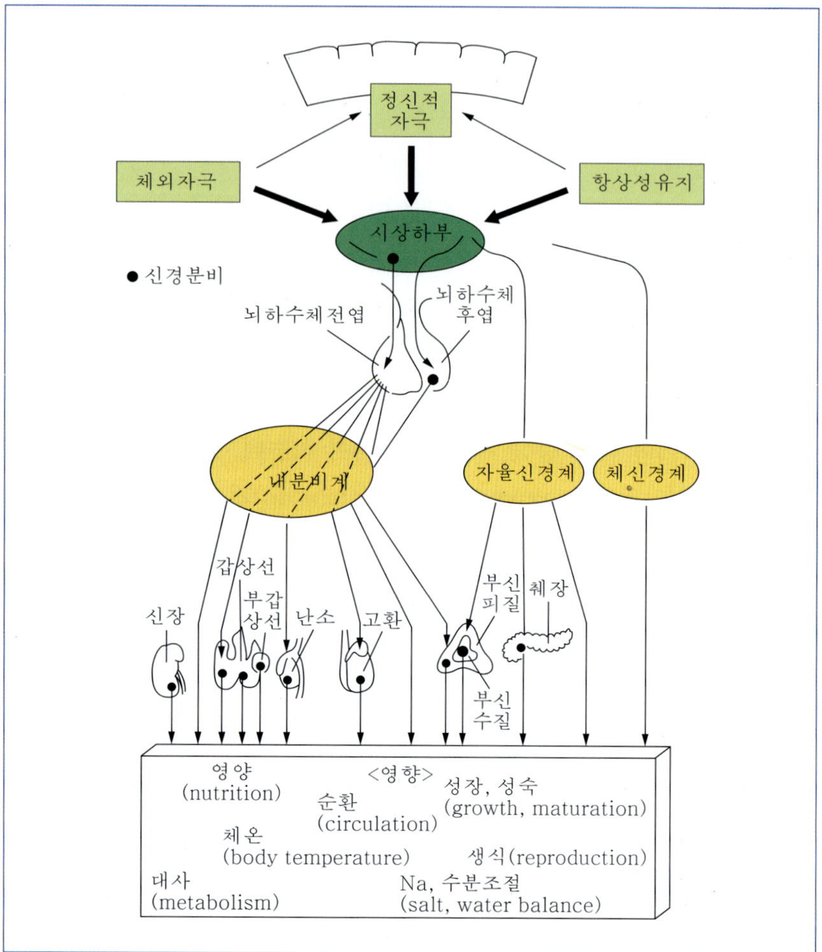

의한다. 그러므로 호르몬의 자극으로 표적기관에서 생성한 최종산물이 호르몬의 분비에 영향을 미쳐서 호르몬을 증가 또는 억제된다. 여기서 전반적인 호르몬 작용의 평형을 유지하는데, 이는 호르몬의 화학적 분자 구성 및 표적 기관과의 상호 작용에 의한다.

2) 내분비계의 체내조절 기능

내분비계는 신경계와 함께 생체의 기능을 조절하는 두 개의 큰 조절계를 이룬다. 인체는 여러 가지 조직 및 기관이 조합되어 있으며 이들은 서로 협조하여 규율적인 통제 아래 각 기능을 맡아서 한다.

내분비계의 기능은 주로 이러한 협동, 조절, 종합, 억제, 자극 등의 역할을 수행한다. 이렇게 계속적으로 변화하고 때로는 위험한 주변 환경의 자극으로부터 격리된 생명체 내부 환경의 항상성(homeostasis)을 유지하는 목적을 수행하고 있다.

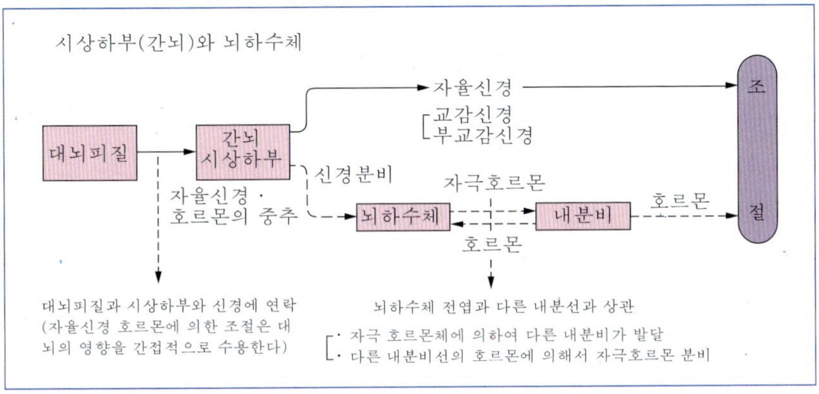

그림 12-3
내분비와 뇌신경의 연결하는 상호작용

2. 호르몬과 신경계의 작용

신경계에서는 정보전달 부위가 국부적이며 정보의 크기를 접촉 빈도로 정한다. 그러나 내분비계에서는 각각 원격의 부위 농도의 특징을 갖는다. 또한 전달속도가 신경계에서는 상당히 빠르나 내분비계에서는 이에 비하

표 12-1
화학전달물질과 조절작용

전달형태	분비원	작 용	예
세포 내 전달물질	세포 내	세포 내 활동 조절 효소의 인산화작용 등	Ca^{++}, cAMP, cGMP
신경전달물질	신경세포	시냅스 전달	아세틸콜린, 세로토닌, 노르에피네프린
신경조절물질	신경세포	자극을 위한 이온채널의 변화	노르에피네프린, 신경 펩티드
신경호르몬	신경세포	내분비 기능(순환계에 의한 전달)	척추동물의 신경뇌하수체 호르몬
선분비호르몬	비신경세포 내분비조직	내분비 기능(순환계에 의한 전달)	인슐린, 에피네프린
국부호르몬	여러조직	내분비 기능(부근 세포에 영향)	
페르몬	외분비선	동일 종의 개체간 신호	나방의 성페르몬, 누에의 봄비콜

여 느리다.

3. 호르몬의 화학전달물질 작용

호르몬을 화학 구조별로 구별하면 스테로이드(steroid) 호르몬, 아미노산으로 만들어지는 단백 펩티드 호르몬 및 아미노산 유도체로 분리할 수 있다. 내분비선(부신피질 및 생식선)은 스테로이드 호르몬을 생성하고 상피에 유래하는 내분비선(하수체 전엽 및 중엽, 췌장 랑게르한스섬, 소화관의 내분비세포)의 신경조직에 유래하는 것(신경분비세포)은 펩티드 및 단백호르몬을 분비한다. 아미노산 유도체 호르몬, 아민 호르몬을 분비하는 내분비선(갑상선, 부신피질, 송과체)은 상피 또는 신경조직에서 유래한다.

인체의 행동과 기능은 신경계 외에 화학물질에 의해서도 조절과 통제를 받는다. 화학반응의 경우 비타민과 효소에 의해서 촉매되고 조절되지만, 인체에는 다양한 종류의 화학물질이 존재하여 개체간, 조직간의 항상성 및 세포 활동을 위하여 조절작용을 한다. 이러한 화학물질들은 긴밀한 유기적인 전달을 하므로 화학전달물질(chemical messenger)이라고도 한다.

그림 12-4(a) 신체 각 부위에서 호르몬이 생성되는 곳

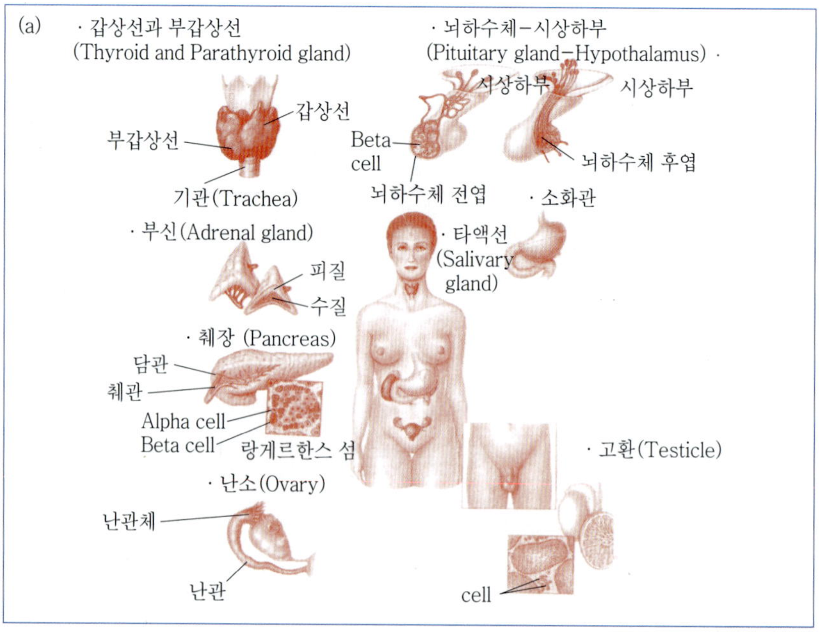

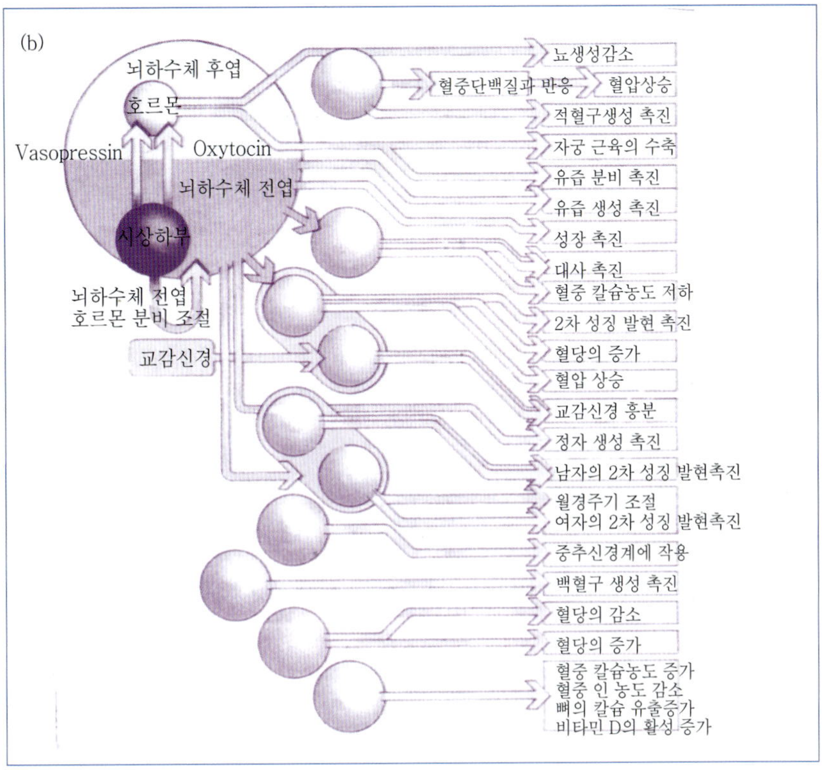

그림 12-4(b)
호르몬 분비 되는 곳에 호르몬의 작용

호르몬과 수용체 단백질의 상호작용은 수용체 분자의 구조 변화를 가져와 2차 전달물질(second transmitter)을 합성할 수 있는 특정 효소를 활성화시킨다. 이로 인하여 생성된 2차 전달물질은 세포 내의 조절분자를 자극하여 세포 내 기능을 조절한다.

스테로이드 호르몬은 비교적 작은 분자 크기와 높은 지질 용해도의 특성으로 세포막을 쉽게 통과한다. 그러나 스테로이드 호르몬도 작용을 나타내기 위해서는 표적기관의 세포질 또는 핵 속에 존재하는 특이 수용체 단백질과 결합하여야 한다.

4. 뇌하수체와 분비 호르몬

여성의 젊음과 아름다움을 조절하는 호르몬은 여성호르몬인 에스트로겐(Estrogen)이다. 뇌하수체는 직접적인 호르몬 생산 이외에 다른 내분비

그림 12-5
뇌하수체 부위별 기능과 신경세포의 기능

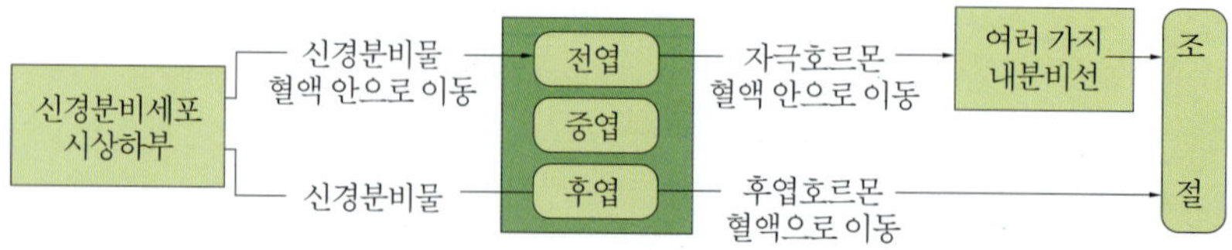

신경분비물은 혈액으로 들어가서 뇌하수체 전엽으로 옮겨져 자극 호르몬의 분비를 촉진, 후엽호르몬은 신경분비물로 생각된다.

선으로 하여금 요구하는 호르몬을 내보내라는 자극호르몬도 분비한다.

뇌하수체는 전엽, 중엽, 후엽 등 세 부분으로 구성되어 있지만 모두 합쳐봐야 강낭콩 한 개의 크기 밖에 안 된다.

전엽은 여러 가지로 성장을 촉진시키거나 성샘을 성숙시키며 혈액 중 당분상승, 유즙분비 등의 임무를 맡고 있다. 이 밖에 여성의 경우는 성적인 호르몬을 분비하거나 성샘을 자극시키는 호르몬을 내보내 임신과 수유를 가능토록 해준다.

후엽은 혈관의 수축, 자궁근육수축 작용에도 관계한다. 중엽은 멜라닌 색소자극호르몬을 내보내 눈이 광선 밝기에 따라 감도를 조절하게끔 해주는 것으로 알려져 있다.

그림 12-6
뇌하수체에서 분비되는 호르몬

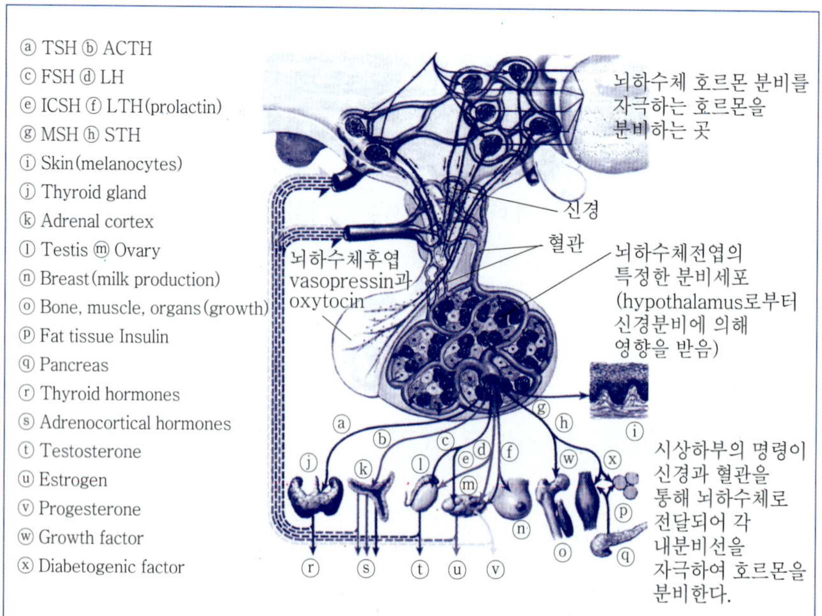

송과체는 그 크기가 보리알 정도로 작지만 각종 호르몬의 농도 조절 역할을 맡고 있다.

5. 성장호르몬

생리적으로는 골격과 신체의 성장을 촉진하여 아미노산 흡수와 단백질 합성을 증가함으로써 신체 각 부분의 발달과 성장을 촉진한다. 이 시기에 성장호르몬은 직접 조직세포에 작용하는 것이 아니라 중간 매체를 통하여 이루어진다.

성장호르몬(growth horeone ; GH or somatotropin)은 광범위한 생리적 작용으로 세포의 분열과 세포의 증식을 촉진한다.

어른의 경우 성장 호르몬은 단백질 합성을 촉진한다. 성장호르몬(GH)의 방출은 탄수화물 이용 속도 감소와 에너지 근원으로써 지방의 이용 증가 결과를 가져온다. 훈련 상태와 상관없이 휴식 시 여자가 남자보다 GH 수준이 높게 나타난다. 이러한 차이는 운동을 지속하는 동안에는 사라진다.

성장촉진작용

뇌하수체가 제거된 동물은 성장이 느리며 이러한 동물에 GH를 투여하면 성장이 회복되므로 GH가 성장촉진작용을 갖고 있음을 알 수 있다. GH의 성장촉진작용으로는 근육, 심장근육, 췌장, 간, 신장 등 신체의 여러 기관의 증식 및 비대등이 있다.

1) 피부와 성장호르몬

사춘기가 지나면서 남녀의 피부는 달라진다. 사춘기가 되면 남녀의 몸 안에서는 남성호르몬(안드로겐)과 여성호르몬(에스트로겐)이 분비된다. 그런데 이들 호르몬이 피부에 미치는 영향은 각기 다르다. 남성호르몬 안드로겐은 표피를 두텁게하는데, 특히 각질층을 두껍게 한다. 이외에도 피지선을 발달시켜 과다한 피지분비로 피부를 번들거리게 하며, 그로 인해 피지 배출구인 모공이 확장되는 등 남성의 피부가 여성보다 거친 느낌을 주게 된다.

여성호르몬 에스트로겐은 각질층을 부드럽고 얇게 만들어 주며 진피의 탄력 조직인 엘라스틴, 콜라겐, 그리고 피부 보습인자 히아루론산의 생성을 촉진시켜 여성 특유의 섬세하고 부드러운 피부로 만들어 준다.

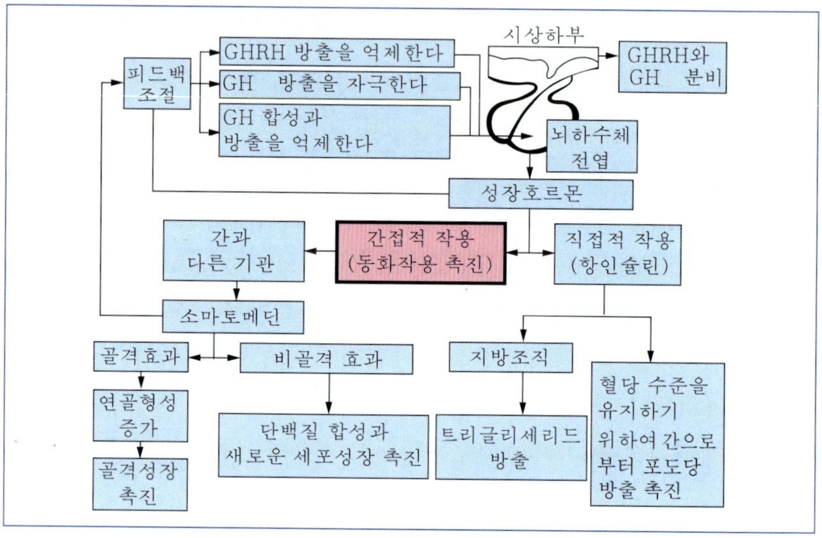

그림 12-7
성장호르몬이 각 장기에 미치는 작용

6. 남성호르몬

남성호르몬(testosterron, antrogen)은 남성의 2차 성징의 근원이 되는 호르몬으로 이들의 작용에 의해서 남성다움을 지니게 된다. 일반적으로 노쇠한 남성의 생활력을 회복시켜주기 때문에 피부에 대해서도 그 기능을 왕성하게 해준다. 또 피부의 윤기를 되찾아주며, 흰머리도 어느 정도 검게 되는 경우가 있다.

1) 성호르몬의 남녀 조절작용

호르몬은 이와 같은 몸 전체의 차원에서 조정을 위한 전령의 역할을 하는 생리적 물질을 말한다. 상황을 감시하여 지령을 내리고 기관(내분비

기관)에서 혈액 속으로 방출하여 목적 기관(표적 기관)에 도달하면 이에 대한 세포가 활동을 개시한다. 이것을 세포의 응답이라고 한다.

호르몬은 극미량으로서 체내에 대사과정을 조절하며 양이 부족하거나 많으면 신체대사에 장해를 주는 질병을 가져온다. 이것은 각종 대사 조절에 주된 역할을 하며 성장, 생식과 기타 세포 활동을 조절하고 내환경 유지의 바탕을 마련한다.

호르몬은 종류에 따라서 다른 호르몬의 작용을 돕기도 하고 억제하기도 하는 등 서로 상호 관련성이 깊다. 따라서 호르몬 사이의 균형이 깨어지면 내환경의 파탄이 일어나서 여러 가지 생리적 기능에 이상이 오게 되므로 정상적인 신체 유지에는 균형 있는 호르몬의 작용이 필수적인 것이다.

표 12-2 여성호르몬의 기능

유아기	신생아는 모체의 에스트로겐 영향으로 가슴이 약간 부풀어 있음
사춘기	뇌하수체 성숙 →뇌하수체후엽에서 성선자극호르몬 분비 →에스트로겐 농도 상승 : 유방 성장 시작(유륜의 색소 침착, 지방이 축적되어 유방 모양이 갖춰짐), 자궁내막, 질 증식
성 인	FSH 분비(1~12일) → 에스트로겐 분비 → 자궁내막비후, 내분비(14일) → 프로게스테론 분비. 배란 LTH, 프로락틴 분비(15~26일) → 비수정시 황체가 퇴화, 월경발생, 신속히 에스트로겐, 프로게스테론 감소, 배란주기 후반부에 유방이 붓고 체중이 증가
임신기	에스트로겐과 프로게스테론 농도가 높은 수치로 유지, 처음 3개월 동안은 황체에서 그후로는 태반에서 분비 → 유관, 유선엽, 분비세포의 발달 → 유방은 충분한 발육 완료, 젖을 분비시키는 준비 완료
수유기	태반성 에스트로겐 농도 급격히 감소 → 아기가 젖을 빨아서 유두자극 → 프로락틴 분비 →유방 조직에서 유즙 생성
폐경기	40대 후반~50대 초반, 난소 내에 난포가 없어 뇌하수체 자극에 반응하지 않음 →에스트로겐 분비 감소 →노화(유방, 자궁, 질, 혈관)

7. 멜라닌 세포와의 관계

멜라닌(Melanin)세포는 표피의 색소 생산 세포로서 모낭의 기질과 표피의 기저층에 주로 분포하며 진피, 점막, 뇌수막, 망막 및 귀의 전정부에도 있다.

인체 피부색을 결정하는 큰 인자의 멜라닌색소이다. 먼저 멜라닌색소의 양은 체질적인 요인과 세포내 유전적인 요인에 따라 피부내 멜라닌색소가 형성되는 양이 달라지게 된다.

내분비계의 변화는 자외선에 대한 피부 반응에도 영향을 미친다. 따라서 인체에 있어서 환경적인 피부색의 변화는 일광, 호르몬 및 멜라닌 대사 과정의 기본 단위인 표피-멜라닌 단위의 유전적 능력 등의 복잡한 상호 관련성에 기인한다.

표피내 균일하게 멜라닌 색소가 증가되는 현상으로서 멜라닌 색소의 생성이 증가되고 멜라닌세포로부터 각질형성세포로 멜라닌 소체의 이동이 증가되어 일어난다. 개개인의 피부 색은 대체적으로 4가지 색소 즉, 멜라닌, 산화혈 색소, 환원혈색 및 카로틴과 같은 지방물질의 양에 의해 결정된다. 이중에서 개인간의 피부 색의 차이를 결정하는 가장 중요한 요소는 표피내 존재하는 멜라닌의 양이다.

멜라닌 분진과 멜라닌 소체는 표피내 전층에 존재한다. 따라서 많은 양의 멜라닌을 포함한 두꺼운 표피는 더 검게 보이기 마련이다. 인종간 피부 색깔의 차이에서 보면 멜라닌세포의 수는 같은데 비하여 멜라닌 소체의 수와 크기가 서로 다른데, 흑인에 있어서는 멜라닌 소체의 크기가 크고 수도 많은 반면, 백인에 있어서는 그 크기가 작으며 수도 적다.

8. 여성호르몬

1) 여성호르몬과 남성호르몬

여성호르몬인 에스트로겐은 여성의 피부를 여성 특유의 부드럽고 섬세하며 탄력있는 피부로 만들어준다. 특히 사춘기부터 50세 전후의 폐경기까지, 출산이라는 중요한 역할을 감당할 수 있도록 해주는 신비로운 물질이다. 반면 남성호르몬 안드로겐은 남성의 사춘기 이후 근육을 발달시키고 변성기를 가져오는 등 남성을 남성답게 변화시키는 호르몬이다.

그러나 남성호르몬은 피부의 피지선 발달을 촉진시켜 다량의 피지를 분비하게 함으로써 여드름을 유발하는 등 피부에 주는 역기능이 있다.

대부분의 사람들은 여성에서는 여성호르몬만, 남성에게는 남성호르몬만이 분비된다고 생각하는데 이는 잘못된 생각이다. 여성이든 남성이든 모두 두 가지의 호르몬을 다 가지고 있는데, 단지 여성은 남성보다 여성호르몬량이, 남성은 여성보다 남성호르몬량이 많은 것 뿐이다.

남성과 여성의 생리학적 차이점

초등학교 후반부터 고교시절에 이르기까지 장기간의 사춘기. 이 시기에 접어들면서 남 · 녀 피부 사이의 차이가 명백해진다 남녀의 피부의 차이가 생기는 원인은 남성호르몬 즉, 안드로겐의 생성량 증가이다. 남성호르몬은 남자의 제2차 성징으로 남성적인 외관을 만드는 역할을 한다. 먼저 단백질 합성을 촉진시키고 몸과 피의 성분, 특히 근육을 비대화시키는 작용을 한다. 또한 피지선의 기능을 활성화시킴과 동시에 분비과다에 이르러 사춘기 때부터 피지분비가 심해 피부결이 나쁜 각질층이 두꺼운 피부를 만들기 쉽고 여드름이 생기기 쉽다. 이러한 호른몬의 작용으로 피지분비가 전생애에 걸쳐 여성보다 남성이 현저하게 크다는 것을 알 수 있다.

표 12-3 남녀의 호르몬에 의한 피부의 특징

남성피부의 특징	여성피부의 특징
• 남성호르몬의 작용이 활발하여 피지선의 활동을 재촉한다 • 피지선의 활발한 작용으로 털이 많은 것이 특징이다 • 모공이 섬세하지 못하고 피부가 거칠며 지성피부가 많고 여드름을 수반한다. 따라서 여성보다 잔주름이 적고 생기는 시기도 늦다. 굵은 주름이 생기는 것이 특징이다 • 각질층이 두껍고 피하지방이 적으며 근육질의 체형으로 되어 있다 • 피지분비량은 사춘기에서 60세 정도까지 거의 비슷하다	• 적당한 호르몬의 작용으로 알맞은 피지선의 활동을 한다 • 적당한 피지선 활동으로 솜털, 잔털이 있다 • 모공이 작고 피부가 대체로 섬세한 편이다 잔주름이 빨리 생기고 시기도 남성보다 빠르다 • 각질층이 얇고 피하조직이 많으며 부드러운 굴곡의 체형으로 되어 있다 • 나이가 들어감에 따라 피지분비량이 감소되어 피부가 까칠해진다

9. 여성호르몬과 피부의 관계

여성들은 보통 25세 이후부터 여성호르몬인 에스트로겐이 감소되기 시작하는데 이때부터 피부의 노화가 시작된다. 또한 현대의 젊은 여성들은 극도의 정신적, 감정적 스트레스와 심각하게 오염된 환경 속에 노출되면서 호르몬의 불균형 상태에 놓이게 됐다.

이로 인해 여성 특유의 섬세하고 투명한 피부로 만들어주는 여성호르몬은 감소하게 되고 상대적으로 남성호르몬의 양은 많아져 여성 피부 특성을 상실하고 남성과 같은 피부가 되는 것이다.

즉 피지량의 증가로 번들거리는 피부가 되고 모공이 확대되며 잦은 피부 트러블(여드름 등)이 발생하는데, 이러한 현상은 남성 특유의 피부 특성인 것이다.

1) 여성호르몬과 생리주기 변화, 그리고 피부 변화

여성호르몬(에스트로겐, 프로게스테론)의 분비와 생리 주기는 밀접한 관계를 가진다.

(1) 생리가 끝난 직후 일주일

생리가 끝나서 일주일간은 에스트로겐의 양이 늘어나 피부가 촉촉해지고 혈색이 좋아지면서 살결이 예쁘게 정돈되고 투명해지기 시작하는 시기이다.

(2) 배란 직후와 생리 2주일전

피부를 촉촉하고 생기 있게 보이게 하는 에스트로겐의 양이 최고조를 이루는 시기로 피부 아름다움이 절정기에 다다르게 된다.

(3) 배란 후 일주일

셋째 주는 프로게스테론의 양이 많아지고 남성호르몬도 증가하는 시기로 피지의 분비가 활발해져 피부가 번들거리게 된다. 또 몸의 방어반응이 강한 시기이므로 트러블(여드름)을 일으키거나 기미가 생기는 경우도 있다.

(4) 생리 시작부터 끝날 때까지의 일주일

프로게스테론의 분비량이 감소하고 에스트로겐이 증가하는 시기이지만, 아직 에스트로겐의 양이 미비하고 프로게스테론의 지배시기로 피부는 칙칙하고 눈가에 그늘이 생기는 등 불안한 상태를 나타낸다.

10. 시상하부와 뇌하수체호르몬

호르몬은 세포체에서 합성되는데 축삭으로 흘러 정중융기부에서 혈관 중으로 방출되어 전엽의 유동으로 유입된다.

시상하부 및 뇌하수체는 이러한 신경분비 세포를 분비하는 호르몬, 뇌하수체 후엽호르몬, 하수체 전엽호르몬 방출촉진 및 억제호르몬에 의하여 하나의 밀접한 기능 단위, 시상하부 표적 내분비선계로 이루어진다.

시상하부는 중추신경계의 일부이며 각종의 신경정보를 호르몬 정보로 변환시키는 기능을 가지고 있다. 따라서 호르몬 사이의 균형이 깨지면 내환경의 파탄이 일어나서 여러 가지 생리적 기능에 이상이 오게 되므로 정상적인 신체 유지에는 균형 있는 호르몬의 작용이 필수적인 것이다.

시상하부는 뇌하수체에 호르몬 분비명령을 내리고, 뇌하수체는 다른 내분비기관에서 호르몬을 분비하도록 명령을 내린다. 이러한 호르몬은 몸 전체의 차원에서 조정을 위한 전령의 역할을 하는 생리적 물질을 말한다.

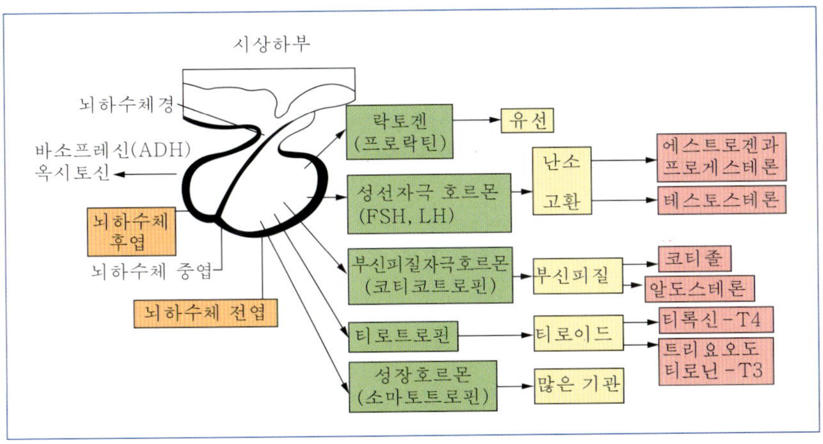

그림 12-8
시상하부와 뇌하수체와 다른 기관의 상관작용

11. 유방호르몬

유방에 가장 큰 영향을 미치는 호르몬은 먼저 성선 자극 호르몬으로 뇌하수체 전엽으로부터 분비되어 활동하는 난포자극 호르몬과 황체 호르몬이 있다. 이 난포자극 호르몬은 난소에 작용해서 난소로부터 분비된 난포 호르몬이 분비를 촉진시키고 황체와 더불어 공동으로 활동한다. 황체는 따로 배란 후에 분비가 촉진되는데, 이 과정 속에 여성의 유방은 주기적 변화를 맞이하게 된다.

난포호르몬은 난소중의 성숙 난포로부터 분비되어 자궁점막이 증식의 분비를 높이고, 유선의 발육을 촉진하고, 난자의 성숙을 도와 체온의 상승과 지방들이 기능을 강도 높게 돕는 역할을 한다.

① 생식기발육, 자궁점막의 주기적 증식을 돕는다.
② 피하지방의 발육을 도와 여성다운 곡선미와 가슴의 둥근 볼륨감을 준다.
③ 유선의 발달을 촉진함과 동시에 피지분비를 억제시켜 고운 피부를 갖게한다.
④ 그 밖에 동맥을 넓혀 혈액순환을 원할히 시킨다. 또한 황체 호르몬은 난포자극 호르몬과 공동으로 활동하는 영역도 있다. 난포의 성숙을 억제하고 배란을 억제한다.

표 12-4 유방의 발달에 관여하는 호르몬과 그 기능

호 르 몬	분 비 원	기 능
에스트로겐 (estrogen)	난소, 태반	임신기간 중 유방발달의 자극, 출산 후에는 혈액중에 있는 수준에서 프로락틴의 유즙분비를 자극하도록 돕는다
프로게스테론 (progesterone)	난소, 태반	임신기간 중 유방발달의 자극, 출산 후에는 혈액중에 있는 수준에서 프로락틴의 유즙분비를 자극하도록 돕는다
프로락틴 (prolactin)	뇌하수체 전엽	유즙분비의 자극, 프로락틴의 합성은 영아의 젖빨이에 의하여 자극된다
옥시토신 (oxytocin)	뇌하수체 후엽	'Letdown 반응'을 유발하여 알베오라 세포가 수축하여 젖샘으로 이행토록 하여 유즙이 분비되도록 한다

성선호르몬이 가장 활발하게 분비되는 사춘기 때에 성장호르몬과 갑상선호르몬이 상호 작용하여 뼈와 근육이 성장 발육을 촉진한다.

표 12-5 바소프레신과 옥시토신의 생리작용 비교

작 용	바소프레신	옥시토신	작 용	바소프레신	옥시토신
이 뇨	억 제	작 용 없 음	소장수축	촉 진	불 명
혈 압	상 승	약간 떨어짐	자궁수축	촉 진	촉 진
관상동맥	수렴(收斂)	확 장	배 유	약간수축	촉 진

1) 옥시토신

옥시토신(oxytocin)은 수유를 할 때의 유즙작용과 분만할 때 자궁 수축 작용 등에 관여하여 생리적 작용을 한다. 수유 시에 분비되는 옥시토신은 유선의 근상피세포에 작용하여 그것을 수축시켜 성방(acinose)에 모여 있는 유즙을 밀어내고 유즙 유출을 일으킨다. 옥시토신은 또한 자궁 평활근을 수축시킨다. 자궁근육의 옥시토신 감수성은 에스트로겐에 의하여 높아진다.

유즙 유출을 일으키는 옥시토신의 분비는 유아가 어머니의 유두를 빨면 그 피부 감각 자극이 되어 시상핵에 있는 유두 세포를 흥분 시킴으로써 일어난다.

2) 프로락틴

프로락틴(prolactin)은 유선의 발육과 유즙 분비를 자극한다. 유선 발육은 에스트로겐, 프로게스테론, 성장호르몬, 갑상선호르몬, 부신피질호르몬의 공동작용으로 사춘기, 월경 주기 중이나 임신 중에 일어난다.

여성의 경우 사춘기에 에스트로겐의 분비 증가에 따라 프로락틴의 분비가 증가한다. 성인이 되면 남녀 모두 수면 중에 프로락틴의 분비 증가가 있게 된다.

3) 바소프레신

바소프레신(vasopressin)의 주요 생리작용은 항이뇨작용이다. 바소프레신에는 신장의 집합관 세포의 물의 투과성을 높이는 작용이 있으며 집합관 안의 물은 삼투압의 기울기에 따라서 관외의 간질 중으로 인출된다. 그 결과 집합관에 있어서의 물의 재흡수량이 증가하며 소변의 배설량이 감소한다. 그 반대로 바소프레신의 분비가 떨어지게 되면 집합관에 있어서 물의 재흡수량이 감소되고 소변량은 증대하게 된다.

그림 12-9
유방의 발달에 관여하는 호르몬과 그 기능

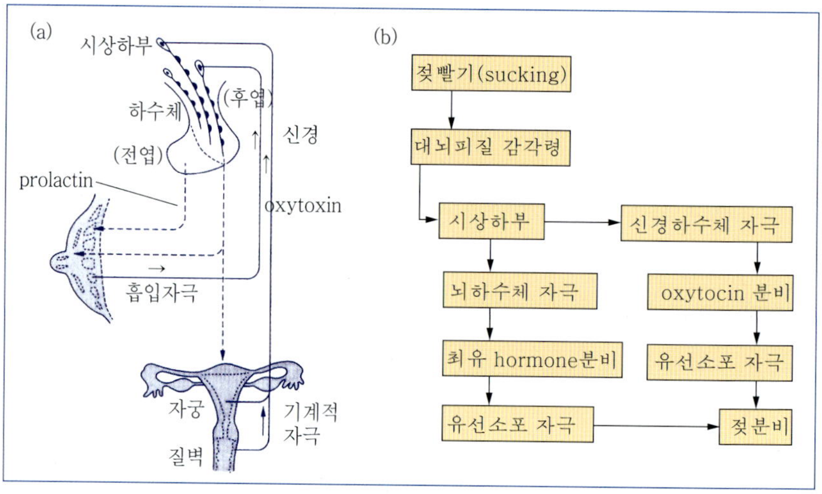

12. 갑상선호르몬

1) 갑상선의 기능

갑상선은 갑상선호르몬(thyroid hormone)을 합성하며 분비한다. 이 갑상선호르몬은 생체의 발육을 촉진하고 대사조절을 한다. 또한 갑상선은 요오드를 섭치하여 갑상선호르몬을 재료로 하는 요오드 대사의 중심을 이룬다. 갑상선은 그 밖에 혈액 중 칼슘 농도를 떨어지게 하는 칼시토닌(calcitonin)이라는 호르몬을 분비하고 있다.

2) 갑상선호르몬의 합성

요오드(iodide)는 식품과 물에 의하여 몸 안으로 들어온다. 요오드 섭취량은 동양에서는 하루 1~2mg이고 서구에서는 하루 100~500μg이며 낮은 요오드 지역에서는 하루 수십 μg이다.

3) 갑상선호르몬의 생리작용

갑상선호르몬은 포유류의 성장 및 성숙에 영향을 준다거나 지방대사나 탄수화물대사 등에 작용한다. 이 효과의 대부분은 산소 소비를 자극하여 열량을 생산하는 작용을 함으로써 2차 적용이 일어나며, 작용을 요약하면 다음과 같다.

① 열량 생산, 산소 소비의 증가 : 거의 모든 조직에서 이 작용을 갖고 있으며 예외로써 성인의 정소, 자궁, 림프절, 비장, 하수체 전엽이 있다.
② 단백대사 : 효소단백의 조절, 성장기의 체단백 합성
③ 탄수화물대사 : 조직이 아드레날린 감수성을 상승시키고 글리코겐 분해를 촉진시켜 혈당 상승을 일으킨다. 인슐린 감수성도 상승시켜

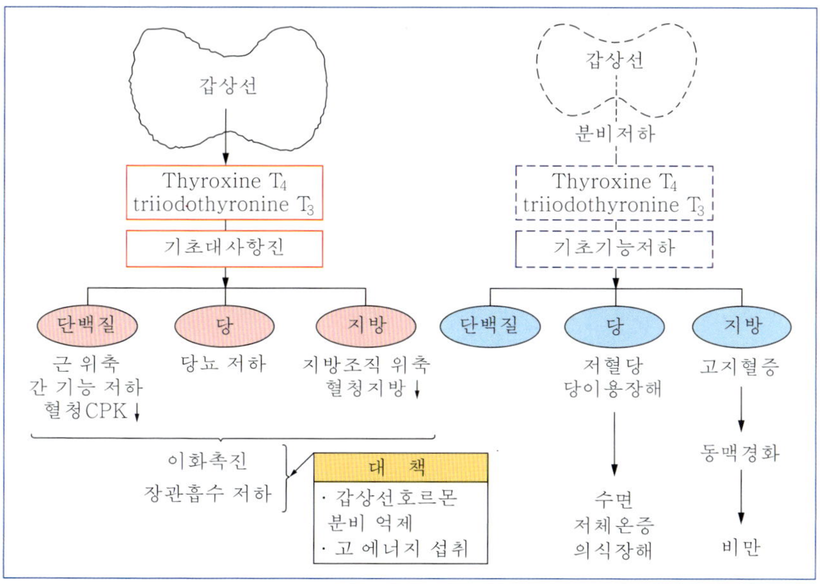

그림 12-10
갑상선 기능 항진과 저하에 미치는 영향

포도당(glucose) 이용을 증가시킨다.

④ 지방대사 : 지방합성과 분해를 동시에 촉진하며 보통은 분해를 보다 강하게 촉진한다(혈중 유리 지방산 증가, 글리세롤 증가, 콜레스테롤 감소).

그림 12-11
갑상선호르몬의 생리작용

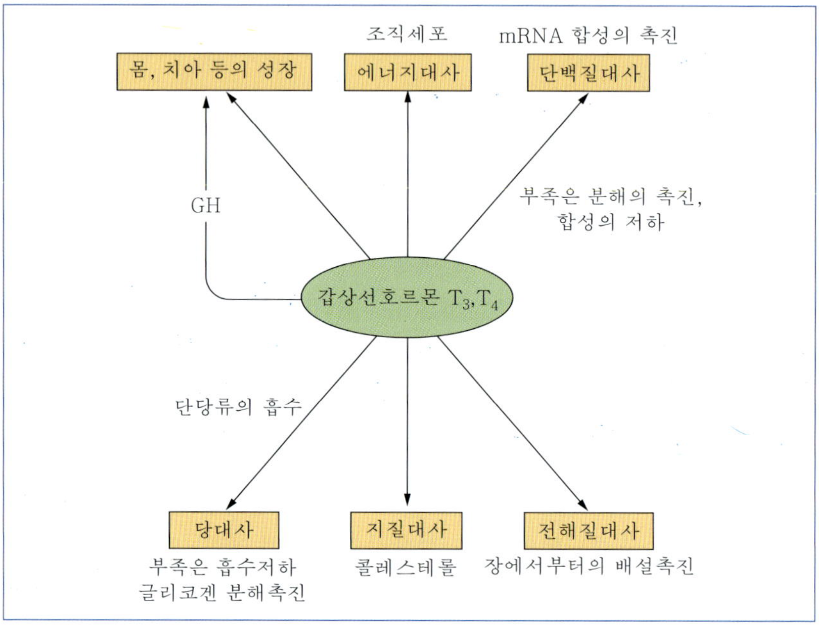

13. 부갑상선호르몬

1) 부갑상선호르몬의 합성 및 분비조절

부갑상선호르몬(parathormone, PTH)은 갑상선의 위와 아래에 두 개씩 있는 부갑상선(para-thyroid gland)의 주세포가 합성 및 분비한다. 먼저 고분자 펩티드(prepro PTH)가 합성되어 분비된다.

분비 조절은 혈중 칼슘 이온 농도의 피드백에 의하여 이루어 진다. 혈중에 칼슘 이온 농도가 높으면 분비는 억제되고 칼슘 이온 농도가 낮으면 분비량이 많아진다.

2) 부갑상선호르몬의 생리작용

뼈의 Ca^{2+} 재흡수를 촉진하고 혈중에 칼슘 이온 농도를 높인다. 또한 근위세뇨관으로부터의 인산의 재흡수를 감소시켜 인산 농도가 떨어지게 된다. 또한 $1,25(OH)_2D_3$의 생성을 촉진함으로 인하여 장으로부터의 칼슘이온의 흡수를 증가시킨다.

3) 칼시토닌

뼈의 재흡수를 억제하고 혈중에 칼슘 이온 농도를 낮춘다. 또한 소변으로 인 및 칼슘 이온의 배설을 촉진한다. 청소년에게 칼시토닌을 투여했을 때는 효과가 있으나 성인에게는 비교적 활성이 낮다.

Ca^{2+}은 주로 십이지장 및 위쪽에서 능동수송에 의하여 흡수되며 이 과정은 비타민 D로 인하여 조절된다.

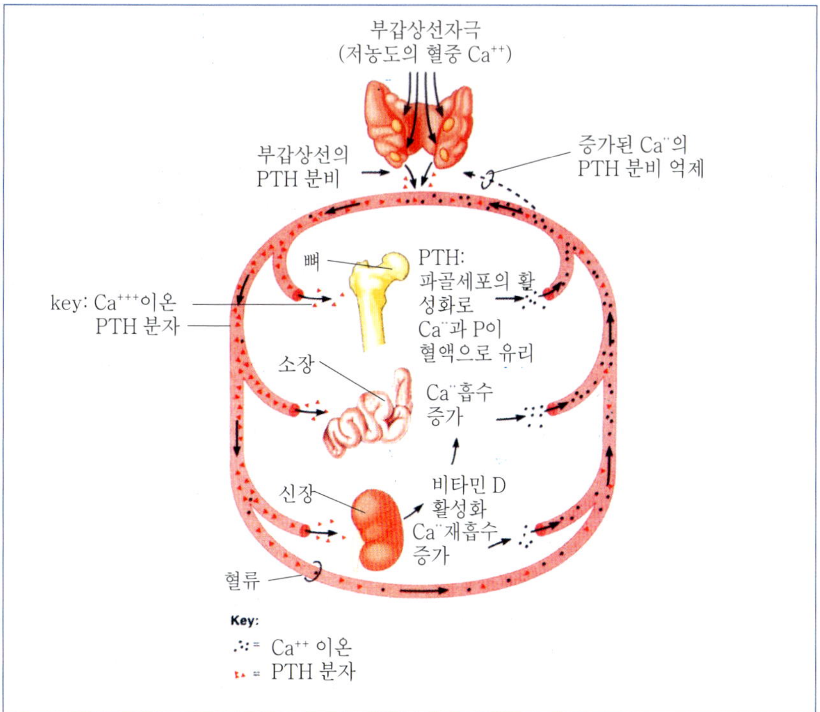

그림 12-12
Ca의 상호작용

14. 부신피질

1) 부신피질의 기능

사람의 부신은 제 1요추의 높이로 양쪽 신장에 붙어 있다. 무게는 양쪽을 합하여 남자는 약 5.8~5.9g이고 여자는 약 5.6g이다.

부신은 피질 및 수질의 두 개 부분으로 되어 있다. 또한 부신피질은 스테로이드호르몬을 분비하는 한편 부신수실은 카테콜라민(catecholamine)을 분비한다.

2) 부신피질의 구조

부신피질의 바깥쪽에는 구상층, 속상층, 망상층의 3개 층으로 되어 있다. 부신피질에서는 합성효소계 분포 차이에 따라 구상층에서는 전해질 코티코이드(corticoid)가 분비된다. 그외에 속상층에서는 당질 코티코이드가 분비되며 망상층에서는 성스테로이드가 주로 분비된다.

3) 부신피질호르몬

부신피질이 분비하는 호르몬은 콜레스테롤을 전구물질로 하는 스테로이드이다. C_{21} 스테로이드는 모두 Na^+, K^+의 배설에 대한 작용 및 포도당

표 12-6
부신 호르몬과 기능

해부학적 구분	호 르 몬	작 용
수 질	Epinephrine	골격근의 영향 심장 및 혈관에 영향 탄수화물 및 지방대사
	Norepinephrine	혈관 축소
피 질	Glucocorticoids	지방, 단백질 및 탄수화물 대사 포도당 신생 증진 스트레스에 대한 저항
	Mineral-corticoids	신장 기능 체액과 전해질 수지 조절
	성호르몬	성 특징에 영향

단백질의 대사에 대한 작용을 갖고 있다. 특히 전해질대사 활성이 강한 것을 전해질 코티코이드(mineralcorticoid), 당대사 활성이 강한 것을 당질코티코이드(glucocorticiid)라고 한다.

4) 부신피질자극호르몬

뇌하수체를 끊으면 부신피질의 위축이 일어나서 히드로코티손(hydrocortisone)등의 부신피질호르몬의 분비가 감소된다. 그 후에 ACTH를 주사하면 피질의 위축이 회복되고 피질호르몬의 분비도 재개되어 증가한다.

부신피질호르몬 또는 ACTH를 지속적으로 투여하면 부신피질 기능이 항진되는 작용이 일어난다.

① 과혈당과 당뇨(당뇨병 유발 작용)
② 나트륨과 수분의 저류, 부종
③ 칼륨 소실, 이것에 따르는 저칼륨성 알칼리혈증(alkalosis)
④ 구심성의 지방 재침착

5) 부신피질 호르몬의 분비조절

당질 코티코이드의 합성 및 분비는 ACTH에 의하여 자극된다. 시상하부 호르몬 CRH는 하수체 전엽을 자극하여 ACTH분비를 촉진한다. ACTH는 콜레스테롤에서 프로게스테론으로의 전환을 촉진함으로써 당질 코티코이드의 분비를 촉진한다.

혈중 당질 코티코이드 농도가 목표값보다 낮아지면 CRH에서 ACTH 분비가 촉진, 부신피질이 자극되어 당질 코티코이드의 합성 및 분비가 촉진된다.

6) 부신피질 호르몬의 생리작용

코티솔은 혈당량(혈액중의 포도당 농도)을 상승시키며 근육에 있는 단백질을 아미노산으로 분해한다. 조직세포에서는 포도당 이용을 억제하고, 에너지를 지방대사에서 얻어 쓰게 되므로 혈당량은 더욱 상승한다.

코티솔은 그밖에도 혈압을 조절하는 효과도 함께 지니고 있다. 부신수질에서 분비되는 노르에피네프린(norepinephrine)이나 에피네프린(epinephrine)은 모두 혈압을 상승시키는 기능을 가지고 있다. 코티솔은 항염작용도 지니고 있다.

전해질 코티코이드의 주요한 생리작용은 세포외액으로의 Na^+의 저류촉진 및 세포외액량을 유지하는 데 있다.

15. 부신수질

부신수질(adrenal medulla)은 아드레날린, 노르라드레날린 등의 카테콜라민을 합성 및 분비하며 교감신경계의 기능을 증강시킴과 동시에 당질대사에도 관여한다.

1) 부신수질호르몬

부신수질 세포는 아미노산의 타이로신에서 아드레날린, 노르아드레날린, 도파민들의 카테콜라민을 합성하고 분비과립 내에 저장된다. 노르아드레날린은 부신피질로부터 수질로 흘러 들어가는 혈액 중에 대량 포함되는 당신 코티코이드에 의하여 촉진된다. 분비되는 카테콜라민의 일부

그림 12-13
부신수질 호르몬의 분비하는 곳과 작용

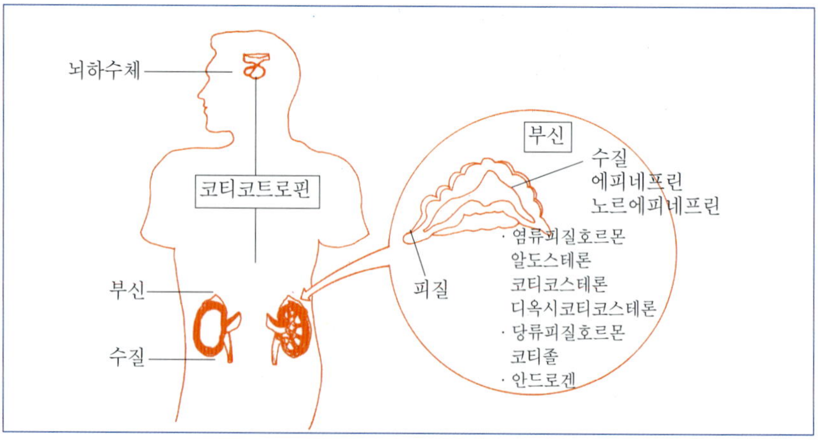

는 자율신경의 아드레날린 작동성 뉴런에 의하여 능동적으로 수용되어 다시 이용되며 간 등에서 불활성화 된다.

2) 부신수질호르몬의 생리작용

아드레날린, 노르아드레날린은 모두 교감신경이 흥분할 때에는 비슷한 작용을 갖고 있다. 이 아드레날린은 주로 심장기능 촉진작용, 혈당상승작용이 강하고 노르아드레날린은 혈관수축에 의한 혈압 상승작용이 강하다.

① 과혈당(過血糖)과 당뇨(당뇨병 유발작용)
② 나트륨과 수분의 저류(貯留), 부종, 순환되는 혈액량의 증가, 고혈압
③ 부(負)(-)의 질소평형(당신생 및 단백질 이화작용)
④ 칼륨 소실, 이것에 따르는 저칼륨성 알칼리혈증(alkalosis)
⑤ 다모증(多毛症) 및 여드름

표 12-7
부신에서 분비되는 주요 호르몬의 종류와 작용

분비위치	종　류	작　　용
부신피질	알도스테론	•피질의 바깥쪽에서 생성 •무기전해질의 농도 조절(=mineralocorticoid) ; 나트륨 이온과 수분을 저장 & 칼륨 이온 배설 → 혈압 ↑
	코티졸	•피질의 가운데 부분에서 생성 •간세포의 당합성 자극, 혈중 당농도 ↑ (=glucocorticoid) •조직에서 단백질 합성 방해 → 혈중 아미노산 농도 ↑ •지방조직으로부터 지방산 방출 촉진 → 지방산의 에너지원으로서의 이용 ↑, 당 이용 ↓ •긴장 상태에서 많이 분비(=스트레스 호르몬)
	성호르몬	•피질의 안쪽 부분에서 생성 •주로 남성 호르몬(adrenal androgen)들이지만 일부는 조직에서 여성호르몬으로 전환
부신수질	에피네프린 (adrenaline)	•노르에피네프린으로부터 합성 •교감신경이 조직에 작용했을 때와 유사한 효과 ; 심박수 및 심장근 수축력 증가, 혈압상승, 호흡수 상승 등
	노르 에피네프린 (noradrenaline)	•에피네프린의 전구체

16. 항이뇨호르몬

항이뇨작용(antidiuresis)이란 대량의 소변(urine)이 형성되지 않도록 하는 것이다. 항이뇨호르몬(antidinretic hormone)은 물을 저류시키는, 즉 신체에서 물이 소실되는 것을 억제시키는 호르몬이다.

1) 체액량의 조절

뇌하수체와 신장이 상호작용에 의하여 체액의 용질 농도가 조절된다. 신장은 부신피질에 있는 부신선에서 분비하는 호르몬의 일종인 알도스테론을 분비한다.

17. 췌장호르몬

췌장의 랑게르한스섬에서는 인슐린(insulin), 글루카곤(glucagon), 소마토스타딘(somatostadin)의 호르몬이 분비된다. 랑게르한스섬의 내분비세포는 혈액 중의 각종 영양소 호르몬 신경에 의하여 자극되면 췌장 호르몬을 분비한다.

1) 인슐린(insulin)

인슐린의 생리작용은 체내의 동화 과정 촉진 및 이화과정 억제에 있다. 인슐린은 근육 지방조직에서 세포막의 포도당 수송을 촉진한다. 포도당 수용 증가의 결과 포도당 산화, 지방합성, 글리코겐 생성을 촉진하게 된다.

공복기에는 혈액 중의 인슐인 농도가 떨어지게 되는데 인슐린의 의존성 포도당 수송을 하는 근육 및 지방조직의 포도당 수용은 뚜렷하게 감소하게 된다.

2) 분비억제의 조절

췌장의 랑게르한스섬의 β-cell에서 분비되는 인슐린은 혈당을 감소시키는 작용이 있으며, α-cell에서 분비되는 글루카곤은 혈당을 증가시키는 작용이 있다.

3) 글루카곤

글루카곤(glucagon)의 분비는 저혈당에 의하여 촉진되고 고혈당에 의하여 억제된다. 체액성인자로서는 혈중 또는 포도당 상승으로 인하여 분비되는 인슐린이 글루카곤 분비를 억제한다.

협동작용
- 혈당량의 증가－아드레날린, 당질코르티코이드, 성장호르몬, 글루카곤
- 혈당량의 감소－인슐린, 티록신

그림 12-14
호르몬의 항상성 유지

4) 혈당조절

혈당값은 혈중 포도당의 출입 균형에 의하여 결정된다. 혈중으로 들어가는 포도당은 소화관으로부터의 흡수 및 간으로부터의 방출된다.

혈당기전은 섭식 후에도 혈당값은 최고 140㎎/dl 이하로 유지되고 절식 시에도 70~90㎎/dl로 유지된다.

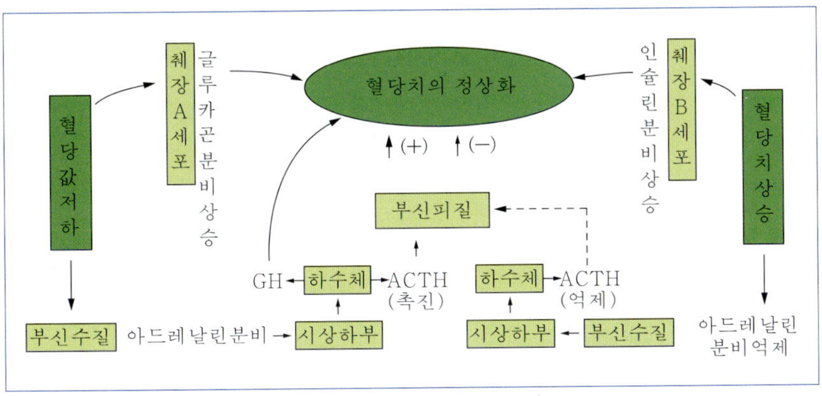

그림 12-15
혈당호르몬의 분비기전

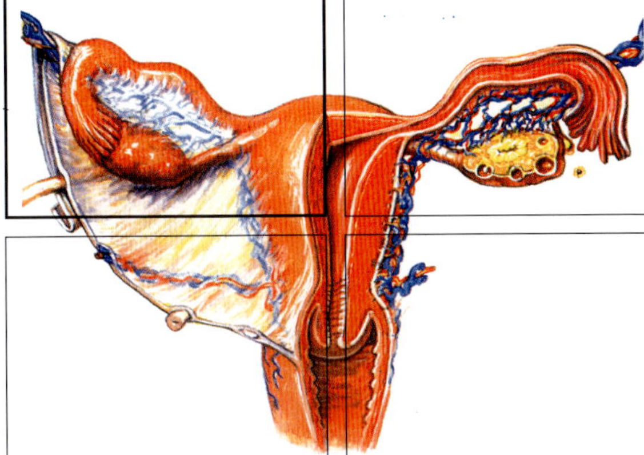

제 13 장

생식계
(Reproductive System)

13. 생식계
Reproductive System

생식계는 종족 보전에 목표를 둔 기관으로서 생식기능을 가진 한 개체와 성기관이 전혀 다른 상대 성개체가 공동으로 수행하는 기능이다.

생식계는 각각 남녀 생식기의 구조와 이에 따른 정자와 난자의 생성 및 운반기전, 성호르몬의 생성과 기능이 있다. 특히 여성에 대해서는 난소 주기에 따른 생식계 기관들의 변화에 중점을 두었다. 임신은 양성의 결합으로 이루어지며 수정에서부터 태아의 성장에 따른 태아와 모체의 변화 양상과 분만 과정을 살펴보고자 한다.

1. 남성의 생식

고환은 남성 생식기의 중추를 이루고 있는 가장 중요한 성선이다. 고환은 우리말로 불알이라고 하며, 또는 정소라고 한다. 이 고환은 사춘기를 지나면서 정상으로 성장, 발육하여 22세까지는 성숙이 완성된다. 그리하여 정소가 다소 감퇴는 되나 70세 이후까지도 그 기능이 지속된다.

고환에서는 정자만 생성하는 것이 아니고 남성호르몬도 생성하는데, 이 남성호르몬은 혈관을 타고 몸 전체로 운반된다.

1) 남성의 생식기

남성의 생식기(male sexual)는 고환과 부고환에 연결되어 정자를 고환으로부터 요도로 유도하는 역할을 하는 수정관(vasdeferens), 정액을 첨가시키는 역할을 하는 정낭(seminal vasices)이 있다. 이 외에도 특별한 분비물을 정액에 첨가하는 전립선(prostate), 정액이 통과하는 요도(urethra), 그리고 귀두와 음경으로 이루어져 있다.

음경(penis)은 세 개의 둥근 기둥 모양을 한 해면체와 이것들은 공통으로 덮고 있는 피부로 이루어져 있으며 부위에 따라 음경부(radix penis), 음경체(corpus penis) 및 음경귀두(glans penis)의 세 부분으로 나뉘어 진다.

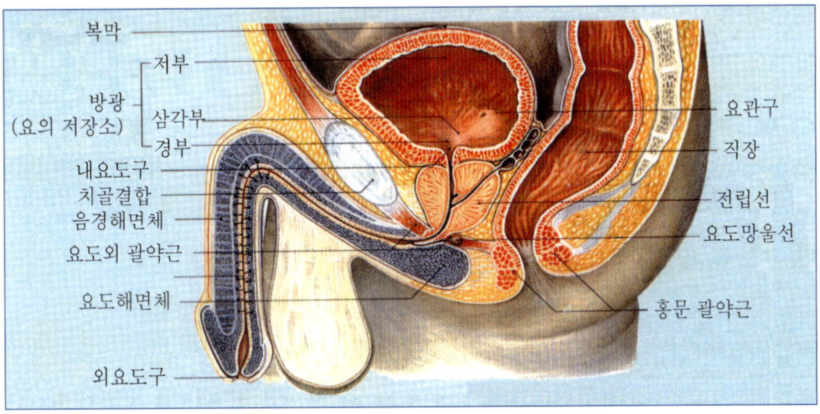

그림 13-1
남성의 성기구조

2) 정자의 형성

정자(spermatogensis)를 만드는 장소는 남성체벽의 바깥 주머니인 음낭에 위치한다. 정자는 아주 짧은 시간 동안만 장소에 저장되며, 부속기관인 전립선과 정낭에서는 정자의 운동에 필요한 정액이 만들어진다.

정자 형성을 하는 정제관은 지지세포와 여러 가지 발단 단계에 있는 정세포로 되어 있다. 정자가 사출되면 정관을 통하여 요도를 통해 몸 밖으로 나오는데 이때 정액에 의해 운반된다. 정자가 사출되지 않으면 정자는 점차 죽어서 정소의 조직에 의해 흡수된다.

고환은 음낭 속 양쪽에 한 개씩 있으며 성세포인 정자(sperm)와 남성호르몬인 테스토스테론(testosteron)을 생성하는 두 가지 기능이 있다. 정자는 성숙되면 하루에 약 7천만~1억 개가 생성된다.

그림 13-2
고환의 내부구조

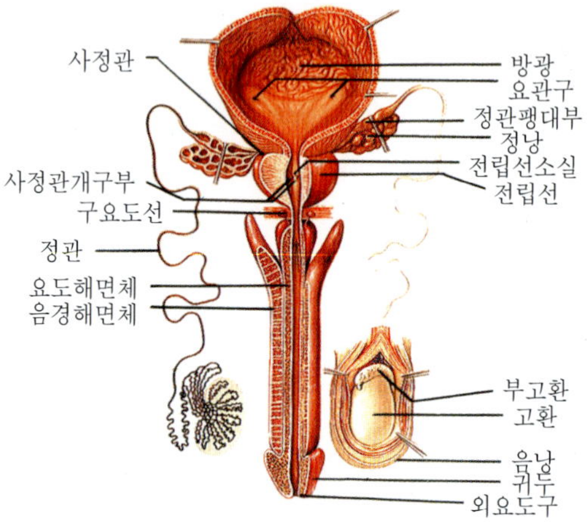

표 13-1
남성생식계의 구조와 기능

고 환	• 길이 5cm, 직경 3cm 가량의 타원형 모양 • 250개의 소엽으로 구성. 하나의 소엽은 1~4겹으로 뒤감긴 세정관으로 이루어짐(길게 편 세정관의 길이는 약 70cm) • 세정관 내부에서 정자를 생성 • 세정관 사이의 간질세포에서 남성호르몬을 생성, 분비
부고환	• 길이 약 6cm의 실같이 가느다란 관으로 외부에 코일 형태로 있으며 정관과 연결되어 있음 • 미성숙된 정자세포를 저장하며 glycogen 등의 물질을 분비하여 정자의 성숙을 촉진시킴
정 관	• 길이 45cm 가량의 근육 튜브 • 부고환에서 시작하여 복강과 골반강을 통과하여 방광까지 연결됨 • 정낭으로부터 나온 관과 연합하여 사정관을 형성
정 낭	• 길이는 약 5cm로 부고환에 붙어 있는 주머니 모양의 기관 • 알칼리성 액체를 분비하여 정자가 이동시 관내의 pH를 조절 • 분비물 내의 과당과 같은 영양분은 정자에 에너지를 제공하며 프로스타글란딘은 여성 생식기 안의 근육수축을 자극 → 정자가 여성 난세포로 이동하는 것을 도움
전립선 (섭호선)	• 방광 밑 요도가 시작되는 부분을 둥글게 둘러싼 지름 4cm, 두께 3cm의 밤 모양의 기관 • 우유빛의 약알칼리성 액체를 분비하여 정액과 질분비물을 중화시켜 정자세포의 운동성을 증가시킴(남성에게만 있음)
요 도 망울샘	• 완두콩 크기의 두 개의 작은 구조물로서 전립선 밑 요도 옆에 위치 • 성교시 음경에 대한 윤활제 역할을 하는 체액을 분비

남성은 1회 사정 시 1~1.5억 개의 정자가 배출되며, 이때 아들이 될 수 있는 정자가 딸이 될 수 있는 정자보다 10% 정도 많이 배출된다.

3) 남성호르몬(testosteron, antrogen)

남성의 2차 성징의 근원이 되는 호르몬으로 이들의 작용에 의해서 남성다움을 지니게 된다. 본래는 정소에서 추출되지만, 일반적으로는 청년기 남자의 오줌에서 정제한다. 그러나 오늘날에는 합성되는 경우도 많다. 이 호르몬은 산, 알카리, 열, 효소 등에 저항력이 있어서 내복을 해도 파괴되는 양은 많지 않다.

4) 남성호르몬의 생리작용

안드로겐의 분비는 사춘기부터 높아지며 남성의 제2차 성징(secondry sexuality)의 발현을 촉진하고 또한 그것을 유지한다. 즉 부생식기의 발육을 촉진하고 그것을 기능화함과 동시에 체모 발생, 후퇴, 피지선 발육, 변성 등을 촉진한다. 또한 단백 동화작용에 의하여 골격근을 발달시켜 체형

그림 13-3
남성 호르몬의 작용

및 골격을 남성적인 체질로 바꿔간다. 사춘기에 있어서 안드로겐은 성장 촉진 작용을 하며 곧 골단폐쇄를 촉진, 발육을 정지시킨다.

4) 사춘기의 성 차이

사춘기(puberty)를 경계로 그때까지 불활성이던 성호르몬인 에스트로겐(estrogens), 테스토스테론(teatosterone)이 난소 또는 정소로부터 분비되기

그림 13-4
고환을 중심으로 한 남자 성기능과 그 조절기구

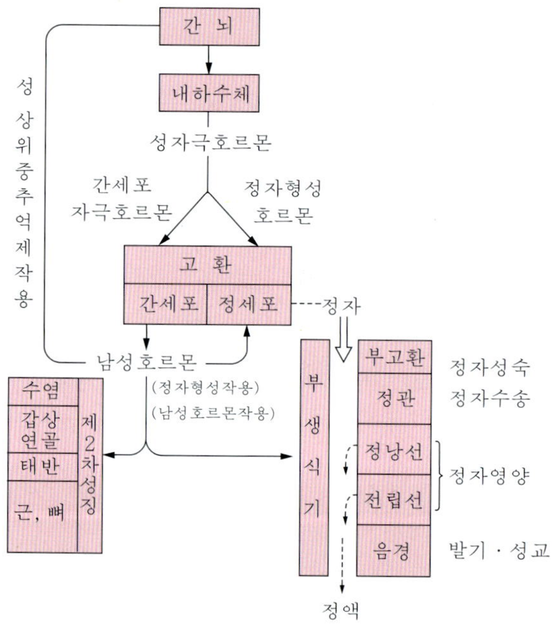

표 13-2
생식선에서 분비되는 주요 호르몬의 종류와 작용

분비위치	종 류	작 용
난소 (여성)	에스트로겐	사춘기에 질 · 자궁 · 난관 · 난소 등의 성장 촉진(2차 성징) 월경 싸이클 중 자궁내막 두께 증가
고환 (남성)	프로게스테론	자궁내막에 작용 → 혈관과 분비 조직을 자극 자궁샘에 작용 → 글리코겐과 지방질 분비 촉진 태아 성장에 유리한 환경 제공
	테스토스테론	안드로겐 중 가장 다량 존재 태아의 남성 생식기관 형성을 자극 남성의 2차 성징의 발달 적혈구 생산을 증가

시작하여 신체 각 조직에 작용하여 여성 또는 남성 특유의 외관을 형성한다.

2. 여성의 생식

여성은 사춘기부터 폐경기에 이르기까지(임신, 수유기 제외) 자궁점막의 기능이 주기적으로 깨져서 기저층으로부터 떨어지는 동시에 혈액 및 자궁막의 분비액이 혼합되어 질(vagina)로 배설된다. 이것을 월경(mensturation)이라고 하며, 약 28일 주기로 반복된다.

1) 여성 생식기

여성 생식기(female sexual organs)는 크게 내생식기와 외생식기로 나눌 수 있다. 내생식기로는 난자(ovum)를 형성하는 난소(ovary, 좌우 한 쌍) 및 난자를 자궁으로 이동시키는 역할을 하는 난관(fallopian tube), 수정된 난자가 발육하는 자궁(uterus), 그리고 질(vagine)이 있다. 외생식기로서는 치구(smegma), 대음순(labia majora), 절정절(vastibule of vagine), 음핵(clitoris) 등이 있다.

여성 생식기는 ① 난자를 생산하는 기능 ② 정자를 받아들여 수정관을 통과시키는 기능 ③ 태아를 기르는 기능을 가지고 있다.

질은 외음부에서 자궁까지 통하는 길이 8~9cm 정도의 신축성이 강하고

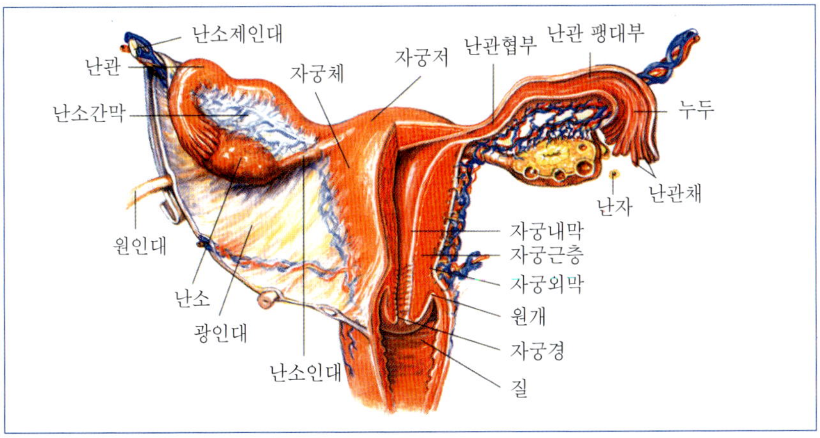

그림 13-5
자궁의 외형구조와 해부도

탄력성이 있는 근육관이다. 질은 자궁의 분비물과 월경을 밖으로 내보내는 배설관이며 분만시에는 태아가 모체 밖으로 나오는 산도의 역할을 한다. 질 내부는 항상 습하며 산성(pH4~5)으로 유지되어 병균이 침입하지 못하도록 살균효과를 나타낸다.

자궁은 서양 배 모양을 한 두꺼운 근육 벽으로 된 속이 빈 장기이다. 수정란이 체외에서 능히 생활할 수 있도록 하기 위해 태아를 기르는 역할을 하여 체내의 보육기라 할 수 있다.

난소는 많은 난포(follicle)를 가지고 있는데, 이 난포는 원시세포, 발육난포, 성숙난포의 3단계를 거친다.

성숙난포는 그 안에 난자를 함유하고 있어서 완전히 성숙하면 난포막이 터져서 내부의 난자가 배출된다. 이 현상이 배한(ovulation)이다. 배출된 난자는 난관 팽개부를 통하여 난관 내에 흡인되어 난관의 섬모운동에 의하여 자궁내강으로 들어간다. 배란된 후의 난포는 황체(corpus luteum)가 되며 황체호르몬(progesterone)이 분비된다.

2) 월경

한 달의 기간으로 생식 주기가 시작되고 끝나는 월경주기(menstrual cycle)라 하는데, 여성의 월경주기를 요약하면 다음과 같다. 1호의 월경주기는 배란 전기인 난포기, 배란, 배란 후기인 황체기 그리고 월경으로 이루어진다.

① 월경(menstruation) : 자궁의 부드러운 조직이 파괴되어 미수정란과 함께 배출된다.

② 여포기 : 난소에서 새로운 여포와 난자가 성숙된다. 여포는 주머니 같은 구조로 난자가 성숙됨에 따라 점차 커져서 유동액으로 채워진다. 여포기는 배란 때까지 계속되는데 약 14일이다.

③ 배란(ovulation) : 성숙한 난세포가 여포에서 터져나오며 보통 난관으로 들어간다. 배란은 주기의 중간쯤에 일어난다.

④ 황체기(corpus luteum) : 배란 후 파괴된 여포가 발달하여 황체라는 구조가 된다. 약 10일 동안 황체가 자라서 자궁의 마지막 준비 단계

를 촉진시킬 프로게스테론을 분비한다. 난자는 이 시기의 중간에 자궁에 도달한다. 난자가 수정되면, 자궁 안에서 발생이 시작되며, 수정되지 않으면 월경이 일어나고 새로운 주기가 시작된다.

표 13-3 월경주기에 따른 자궁의 주요 변화

월경주기의 각 단계		대표적인 현상	분비선	세포간질	동맥	내막두께
증식기		생식세포의 감수분열	곧고 좁아짐	풍부	표면 1/3 부위에 존재치 않음	2~3mm
분비기		자궁내막의 비후	나사형	부종증가, 혈관증가	표면 1/3 부위에도 존재	6mm
월경기	동맥 협착기	동맥의 협착	심하게 꼬임	백혈구의 증가	심하게 꼬임	3~4mm
	탈락기	자궁내막의 탈락	←	기능정지	→	1/2~!mm

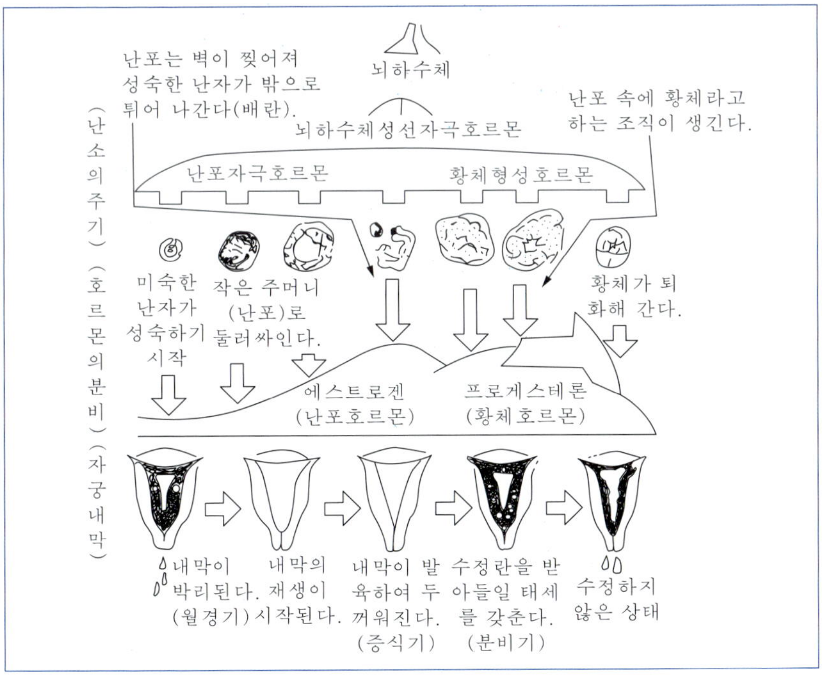

그림 13-6 월경의 과정

3) 여성호르몬

난소에서 분비되는 호르몬은 스테로이드로서 난포호르몬 및 황체호르몬이 그 주체이다. 기타 소량의 안드로겐이 분비된다.

자궁 내에서의 주기적 변화는 혈액 안에 에스트로겐 및 프로게스테론 농도의 주기적 변화에 의한 것이다.

일반적으로 노쇠한 남성의 생활력을 회복시켜주기 때문에 피부에 대해서도 그 기능을 왕성하게 해주어 피부의 윤기를 되찾아주며, 흰머리도 어느 정도 검게 되는 경우가 있다. 또한 여성의 부신에서도 안드로겐이 분비되며 본래부터 지닌 여성호르몬과의 양적인 비율에 따라서 중성적인 여성이 되는 경우도 있다.

그림 13-7
여성호르몬의 분비조절 관계 월경과정

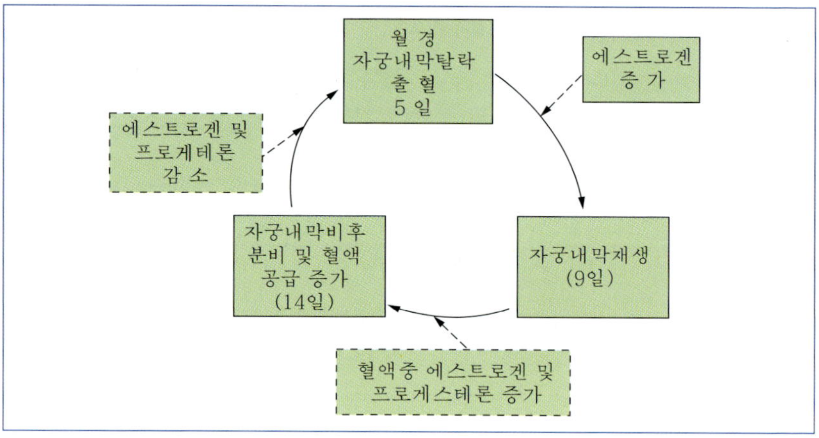

표 13-4
여성호르몬의 종류와 작용

분비위치	호르몬의 종류		작용
시상하부	성적자극호르몬 분비호르몬(GnRH) (Gonadotrophin Releasing H.)		• 뇌하수체 전엽을 자극하여 성선자극 호르몬인 FSH와 LH 분비 촉진
뇌하수체 전엽	성선자극호르몬 (Gonadotrophin)	난포자극호르몬(FSH) (Follicle Stimulation H.)	• 난포의 성장과 발생 촉진 • 난포의 에스트로겐 분비 촉진
		황체형성호르몬(LH) (Lutenizing H.)	• 난포를 황체로 만들고, 황체에서 에스트로겐과 프로게스테론 분비를 촉진
	프로락틴(Prolactin)		• 유즙분비 촉진
	옥시토신(Oxytocin)		• 자궁수축
난소	에스트로겐(Estrogen) (난포호르몬)		• 사춘기에 질·자궁·난관·난소 및 바깥기관들의 성장촉진 • 여성의 2차 성징의 발달과 유지
	프로게스테론(Progesterone) (황체호르몬)		• 여성의 생리주기 동안의 자궁에서 일어나는 변화촉진 • 유선에 영향 • 성선자극호르몬의 분비 조절

4) 폐경기

갱년기란 생식기에서 비생식기로 이행되는 기간이며, 폐경기란 마지막 월경주기를 말하며 이는 갱년기 동안에 일어난다.

정상 부인들의 폐경 발생 연령은 50세 전후로, 약 1/4의 여성에서는 갱년기는 45세 이전에 나타난다. 이때에 약 반수는 45세에서 50세 사이에 나타나고 나머지 1/4 가량은 50세 이후에 나타난다.

여성은 45세부터 난소 중량과 호르몬이 급격하게 감소하여 갱년기 증상이 나타나는데, 호르몬의 감소는 뇌의 체온조절 중추를 교란시키는 상기(열기 · 홍분으로 머리가 어지러움)와 냉감(冷感)을 뇌혈관을 수축 확장하여 두통, 홍분, 초조하게 된다. 그밖에 뇌신경 장애를 일으키거나 기억력이 떨어지거나 멍청함을 유발한다. 그리고 뼈를 파괴하는 파골세포가 억제되지 않으므로, 골다공증을 일으킨다.

나이가 들면서 소화 기능이 약해져 칼슘이나 영양섭취를 해도 흡수가 제대로 되지 않아 각종 질환이 발병한다. 특히 이 시기에는 피부의 노화와 생리량 감소, 분비물 감소로 성교통이 나타난다. 이때에 폐경이 오고 얼굴이 화끈거리고 이유 없이 몸이 마르고 기력이 떨어지면서 피곤해진다.

5) 수정과 난할

수정은 정자가 난자 속으로 들어가 서로 만나서 수정이 이루어지며, 난자는 배출 후 약 12~24시간 동안 생존이 가능하고, 정자는 약 48시간 생존할 수 있어 수정 가능 시간은 약 24~72시간에 해당된다.

① 정자는 자기의 운동 능력과 수란관의 수축 운동에 의하여 수란관 쪽으로 거슬러 올라가고(매분 3mm의 속도) 배란된 난자는 수란관 윗부분에 머물러 있다가 정자와 난자가 만나 수정이 이루어진다.
② 사정된 정자는 수억 개가 되지만 수란관까지 도달되면 수백 개 밖에 남지 않으며 그중에서 수정되는 것은 단 한 개뿐이다.
③ 수정된 난자는 난할을 계속하면서 상실배, 포배, 낭배의 형태로 발생을 하게 된다.

표 13-5 배란과정

일 수	주 기	변 화
4~13일	난포기	·뇌하수체 전엽에서 FSH와 LH 분비 → FSH가 난포의 성숙을 자극 → 난포에서 에스트로겐 생산, 분비 • 에스트로겐 : 2차성징 유지, 자궁내막 비후
14일	배란기	·뇌하수체 전엽은 LH를 분비하여 배란을 자극
15~28일	황체기	·배란 후 난포는 황체가 되어 에스트로겐과 프로게스테론을 분비 • 에스트로겐 : 자궁벽의 발달을 끊임없이 자극 • 프로게스테론 : 자궁내막을 자극하여 선과 혈관 풍부 • 에스트로겐과 프로게스테론 : 뇌하수체 전엽에서의 LH 분비 억제
0~4일	월경기	·난자가 수정되지 않으면 황체는 퇴화 → 에스트로겐과 프로게스테론 분비 중지 → 황체호르몬의 농도가 떨어지면서 자궁내막 내 혈관 수축 → 자궁내막 탈락, 월경 시작 ·뇌하수체 전엽은 다시 FSH와 LH 분비

6) 착상

배우자융합을 마친 수정란은 난관을 거쳐 자궁에 수송되어 착상(implantation)이 일어나기 전에 잠시 난관과 자궁 내에서 유리상태로 머물면서 세포질의 증가없이 등분(等分)되는 세포분열이 일어난다. 이 시기에 난할이라고 일컫는 난자의 분할이 일어나게 된다.

그림 13-8 배란, 수정 및 초기 난할

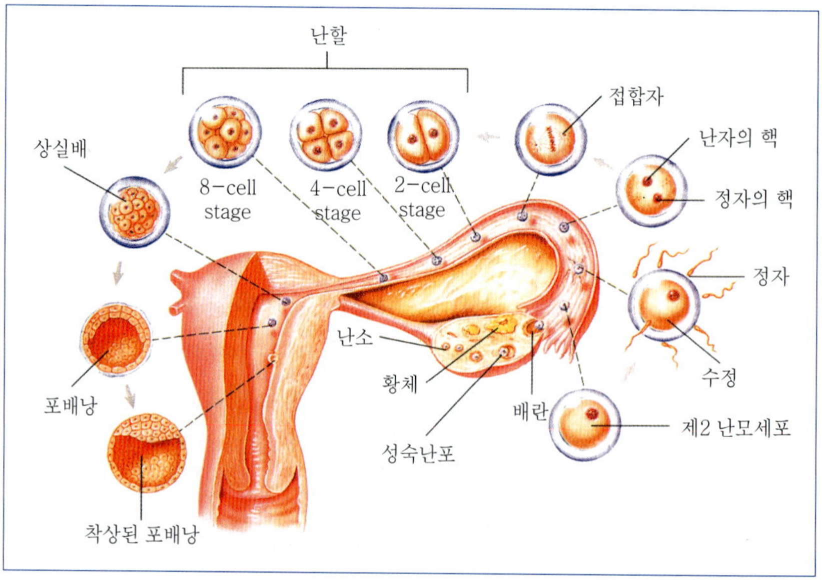

① 정자는 자기의 운동 능력과 수란관의 수축 운동에 의하여 수란관 쪽으로 거슬러 올라가고(매분 3㎜의 속도) 배란된 난자는 수란관 윗부분에 머물러 있다가 정자와 난자가 만나 수정이 이루어진다.

7) 여성 호르몬 조절

여성의 일생을 통해 보면 호르몬의 분비에 의해서 여성 특유의 주기가 있다. 즉 유아기에서 사춘기, 성숙기, 갱년기로 향하는 흐름은 호르몬의 영향이다. 이와 같은 호르몬의 분비는 뇌의 가장 깊은 곳에 있는 뇌하수체에서의 명령으로 이루어진다. 그 중에서도 난포자극 호르몬, 황체호르몬이 성선자극 호르몬으로서 크게 영향을 받고 있다.

이렇게 사춘기부터 수정란이 발달, 성장되어 가는 동안 자궁에서는 이것을 받아들일 착상준비를 위한 변화가 일어난다. 즉, 난소호로몬의 영향을 받아 자궁근의 운동성이 감소되어 발달된 배가 자궁 안에 체류하기 좋은 상태로 되며, 자궁내막에는 혈관분포가 증가하여 혈액공급이 늘어나고 자궁상피가 두터워진다. 이때가 수정 후 5~6일쯤 되는 때로서 마치 바람에 날려온 씨앗에서 밭고랑에 심어지는 것처럼, 부드러운 자궁벽에 내려앉아 착상이 시작되어 14일째쯤 완전히 정착하고 태아가 성장하는 새로운 변화를 시작하게 된다.

8) 생명의 탄생과정

정자가 난자와 결합으로 1~3cc 정도의 정액이 여성의 질(膣) 속으로 보내진다. 이 정액 속에는 3억~4억 정도의 정자가 있는데, 정자는 1/20㎜ 정도의 크기로서 올챙이 같은 꼬리가 달려 그 꼬리를 흔들어 활발히 움직여 1초 사이에 자기의 몸 크기만큼 진출한다. 남성의 유전자는 모든 정자의 두부에 담겨져 있다. 이 정자는 정자가 싫어하는 질의 산성의 액을 통과하여 자궁을 지키는 점액을 2시간 이상이나 헤엄쳐서 란관(卵管) 끝 가까이까지 도달한다. 약한 정자는 도중에 죽어버리고 강한 정자만이 거기까지 도달하게 된다.

그리하여 정자가 살아남는 3일 사이에 우연히 여성의 유전자를 갖고 있는 난자가 배란하게 되면 정자와 난자가 결합되는 것을 수정이라고 한다. 난자와 결합될 수 있는 정자 즉, 수정될 때 난자 속에 들어갈 수 있는 정자는 몇 억 중에 단 하나밖에 없는 것이다.

그림 13-9
태아가 임신되는 과정

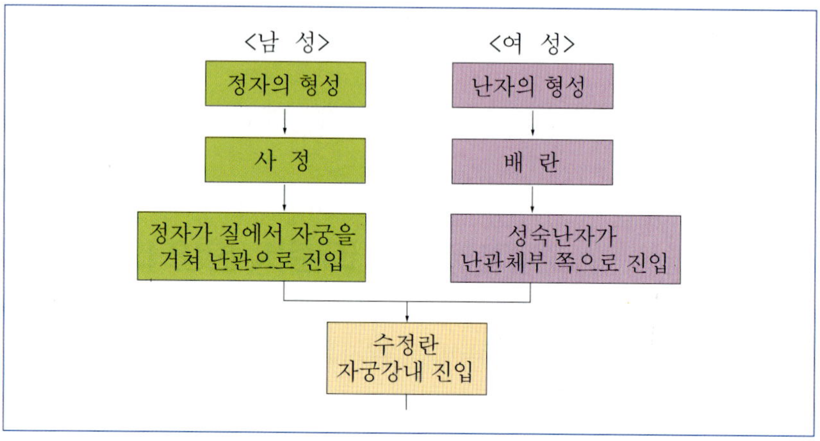

그림 13-10
사람의 생식 순환 과정

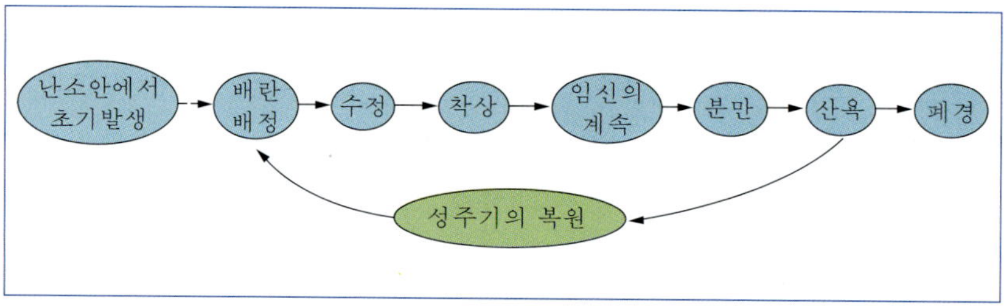

index 찾아보기

ㅇ

ㅈ

ㅊ

ㅋ

A

B

C

D

E

F

G

H

S

T

U

V

W

Z

참고문헌

1. Desmondmorris, 이규범 譯, 『Body Wateching』, 범양사, 1987
2. Rolf wirhed, 백태경 역, 『도해운동기능해부학』, 백수출판, 1999
3. H.R.A. 에스라인, 『바이오 코스메틱』, 한독제약, 1998
4. 강두희, 『생리학』, 신광출판사, 2001
5. 강정호, 『최신 해부생리학문제집』, 홍출판, 2000
6. 강정호 · 오세원, 『생리학』, 홍출판, 2003
7. 고영환, 서충길 , 『운동생리학』, 태근, 1999
8. 곽현모, 『부인과학』, 신광출판사, 1997
9. 구자영 외 6인, 『해부생리학』, 성화, 2003
10. 권현영, 『혈액학』, 고려의학, 1992
11. 그레이스 리, 『피부관리학』, 브리프라자, 1994
12. 김귀숙 외 9인, 『건강사정』, 정담, 2002
13. 김상용 · 조영주, 『최신요화학』, 신광출판사, 1998
14. 김수근 외 3인, 『운동생리학』, 태근, 1999
15. 김숙희 · 강남희 외 4인, 『가족영양학』, 신광출판사, 1994
16. 김영균 , 『비뇨기과학』, 고려의학, 1997
17. 김의겸, 『산과 염기』, 생명의 빛, 1992
18. 김의겸, 『체액』, 생명의 빛, 1992
19. 김형규, 『신장학』, 전남대출판부, 1999
20. 노민희 용준환 외 2인, 『인체해부학』, 정담, 2001
21. 대한산부인과학회, 『부인과학』, 대한산부인과학회, 1998
22. 리차드 박, 『아름다운 피부의 비결』, 삶과 꿈, 1995
23. 민헌기 , 『임상내분비』, 고려의학, 1997
24. 박채갑 외 12인, 『인간생명과학』, 서울대출판부, 1998
25. 박만기, 『최신 이비후과학』, 일조각, 1997
26. 박충서 · 황애란 · 김희승, 『간호임상생리학』, 대한간호협회 출판, 2001

27. 백상호, 『기초 인체해부학』, 간호협회, 정문사, 2002
28. 서순규, 『성인병 노인병학』, 고려서적, 1997
29. 서울대 의대편집, 『면역학』, 서울대출판부, 1999
30. 서울대 의협편집, 『혈액학』, 1998
31. 서울대 정형외과, 『골절학』, 일조각, 1998
32. 서울의대 교수저, 『생리학』, 서울대출판부, 1998
33. 서울의대 편집, 『신장학』, 서울대출판부, 1998
34. 서울의대 편집부 , 『내분비계』, 서울대출판, 1996
35. 서울의대, 『면역학』, 서울대출판부, 1992
36. 서울의대편집, 『호흡기학』, 서울대출판부, 1998
37. 소명숙, 이한기 외 3인, 『인체생리학』, 고문사, 2000
38. 손종근, 『머리카락』 , 한국모발연구회, 1993
39. 신지현, 『미용학개론』, 수문사, 1992
40. 용준환, 『인체해부생리학』, 정담, 1999
41. 윤동호 · 이상욱 · 최억, 『안과학』, 일조각, 1998
42. 윤여성, 『피부관리학』, 가람, 1995
43. 伊藤基著, 申散世역, 『운동생리학입문』, 白山출판, 1994
44. 이순희, 『순수피부 미용법』, 경향신문사, 1996
45. 이의수, 『모발과학』, 현문사, 1998
46. 이희영, 『남성과학』, 서울대출판사, 1988
47. 임상학약사, 『 '피부와 피부질환' 임상약학도해집(I)』, 월간 임상약학사, 1992
48. 임춘한 외 6인, 『해부생리학』, 정담미디어, 2003
49. 장남섭 외 5인 , 『운동생리학』, 수문사, 1998
50. 전세열, 『운동과 건강』, 태근, 1997
51. 전세열, 『혈액에서 미량원소의 역할』, 녹십자의보, 7:25, 1979
52. 전세열 · 민봉희, 『생명과학』, 효일문화사, 2000
53. 전세열 · 황수관, 『현대인의 평생건강관리』, 태근, 1996
54. 정진우 · 손영하, 『근, 골격, 해부학』, 대학서림, 1998
55. 조수현 · 조경제, 『발반사학』, 정담미디어, 2003
56. 조윤성 외 14인, 『병태생리학』, 화성출판사, 1990
57. 조징, 『기초 의학생물학』, 홍문당, 1997
58. 주강 · 김진정 · 양남길 외 2인, 『인체해부학』, 계측문화사, 1999
59. 최명애 외 6인, 『인체구조와 기능』, 계측문화, 2003
60. 최명애, 『생리해부학』, 계측, 2002
61. 최영순 외 3인, 『발관리학』, 청구문화사, 2001

62. 최희섭,『구강과 미각』, 보문서문, 1996
63. 하권익,『sport의학』, 최신의학,1998
64. 한용철,『임상호흡기학』, 일조각, 1996
65. 홍성국 · 박재갑,『대장항문각』, 일조각, 1998.
66. 홍현순,『영양생리학』, 진명문화사, 1987
67. EM新書,『生理學新書』, 金芳社, 1986.
68. Silbernag,『生理學 アトラス』, 文光堂, 1999.
69. 桂義元,『解剖學』, 醫學要點雙書, 1992.
70. 高橋長雄譯,『The Atlas of Human body』, 講談社, 2000.
71. 高久磨 · 水上茂樹,『血液の生化學』, 第一出版, 1989
72. 高木和男 · 大木幸介,『現代の 榮養學』, 南江堂, 1998.
73. 光岡知足, 大腸細菌叢,『醫學あゆみ 122:358』, 1985.
74. 廣頓輝夫,『身體の しくみ』, タイヤモンド社 , 2000
75. 貴邑富久子 · 根來英雄,『Simple 生理學』, 南江堂, 1996
76. 吉利和,『術前術後理 hand book』, medical Freiend, 1996
77. 金光不二夫,『身體の 生理學』, 東京圖書, 1998.
78. 金杉康德 · 杉山ます江,『代謝 榮養障害と看護』, 文光堂, 1996.
79. 內村裕之 · 鈴木蒡次,『精神疾患』, 第一出版社, 1995.
80. 多田富雄,『人體 & 神秘』, 日本放送出版, 1992.
81. 大石正道,『Horomeneの しくみ』, 日本實業出版, 2000
82. 大村裕,『腦の榮養』, 共立出版, 1999
83. 藤田恒美,『入門 人體解剖學』, 南江堂, 1999.
84. 鈴光來三 · 吉田精一,『生命科學 の 基礎』, 理工學社, 1996
85. 鈴木裕也,『神經性食慾不振症』, 日本女子榮養大, 1998.
86. 孟藤清昭,『血液』, 日本女子榮養大, 1999
87. 武藤泰敏,『消化と吸收』, 第一出版, 1997.
88. 博井壇子 譯,『Focus on the bodys Vital power』, 講談社, 2000.
89. 薄井坍子,『看護と視み』, 講談社, 2003
90. 福原武彦 · 入來正躬,『生理學 アトラス』, 南山堂, 1997.
91. 山口正弘 · 中山雪磨,『生物科學入門』, 培風館, 1999.
92. 山村雄一,『病理生化學』, 岩波書店, 1999
93. 三木明德 · 井上詞映 譯,『身體の構造と機能』, 西村書店, 2000.
94. 西原豊子,『貧血の食事療法』, 醫齒藥, 1999
95. 星猛,『新生理學』, 身體の科學社, 1999.
96. 細谷憲政 外 7人,『Energy 代謝か』, 第一出版, 2000

97. 小出來一博,『外科』, 第一出版, 1998.
98. 狩淳・村井哲夫,『病氣と檢査』, 第一出版, 1988.
99. 時失利彦,『人間であこと』, 岩波, 1990.
100. 新免輝男,『細胞のしくみ』, 日本實業出版, 2000.
101. 新井康允,『腦のしくみ』, 日本實業出版, 2002
102. 新井康允,『人間生理學』, 培風館, 2002
103. 新津重夫 外 3人,『人體の機能と 病態』, 第一出版, 1998.
104. 阿部達夫 外 3人,『人體の 機構と病態』, 第一出版, 1998.
105. 安田千代子,『病理生理と 看護對策』, 看護の科學社, 1996.
106. 岩賴善彦,『やさい生理學』, 南江堂, 1998.
107. 五島雄一郎,『臨床榮養學』, 醫齒藥, 1998.
108. 臨床榮養(特輯),『糖尿病』, 醫齒藥, 1992
109. 林伸一・眞正宏夫,『榮養生理 生化學』, 同文書館, 1998.
110. 長田泰公・吉田淳,『人體生理學』, 大修館, 1995.
111. 田野井正雄,『身體のしくみ』, Diamond, 2002
112. 田中恒男・大島康行 外 5人,『圖說 生物學』, 朝倉書店, 1998.
113. 田中恒男,『現代保建』, 大修館, 2002
114. 佐藤博,『成分榮養法』, 南江堂, 1994.
115. 中昭重雄,『腎腸病』, 醫齒藥, 2000
116. 中野昭一 外 3人,『主要病患の病態生理』, 南山堂, 1998.
117. 中野昭一,『圖解生理學』, 醫學書院, 2001
118. 仲重雄・武藤泰敏,『消化管機能の 調節と 適應』, 第一出版, 1997
119. 中川八郎,『腦の榮養』, 共立出版, 1997
120. 中澤恒幸,『神經疾患 精神疾患』, 第一出版, 2002
121. 清水史行・內野治人,『榮養性貧血』, 第一出版, 1999
122. 築波大,『人體生理學』, 築波大醫學部, 1998.
123. 坂本淸,『人間の Energy 代謝』, 共立出版, 2001
124. 浦謹一郎,『圖說生物學』, 培風館, 1999.
125. 河田光博・三木傳,『解剖生理學』, 講談社, 1999.
126. 河田博編,『解剖生理學』, 講談社, 1998.
127. 香川靖雄,『生命 Energy』, 日本女子榮養大, 1995
128. 香川請雄,『榮養生理學』, 日本女子榮養大學 出版, 1997
129. 荒木忠雄・守津木和夫,『現代生物學圖說』, 培風館, 1997.
130. Agamemnon Despopoulos,『Color Atlas of physiology』, George Thieme verlag, 1985
131. Becker, K.L,『Principle and practice of endocrinology and metabellism』, J.B. Lippincott, 1997

132. Beutler E, 『The commom anemias : State of the art review』, JAMA, 259:2433, 1988
133. Braun B, 『Parenteral nutrition basic concepts』, Braun AG, 1998
134. Brownlee, M. and Ed., 『Handbook of diabetes melltus, vol. 1~5』, Garland STPM Press, 2001
135. David, Shier, Jackie Butlr, 『Human anatomy & , physiology』, Brown pub, 1996
136. Elian, N. Marid F, 『Human anotomy & physiolgy』, BenJamin/Cummings pub, 1998
137. Essman, W.B, 『Nutrients and Brain Function』, Karger Basel, 1997
138. Frances J. Zemen, 『Clinical nutrition and Dietetics』, Macmillan Pub Co, 2003
139. Guton, A.C, 『Text-book of medical physiology』, The W.B. Saunders, 1999
140. Jacobs wordwood, 『M: Iron in biochemistry medicine』, AP. press, 1998
141. Leonard, R. Johnson, 『Gastro-intestial physiology』, The C.V. Mosby Co. 1985
142. Loavell & Thorup, 『Fundamental of clinical hematology』, The W.B. Saunders,1999
143. Perrott, J.W., 『Structural & functional anatomy』, Can Brian, 1999
144. Robert, N. Elsever & Ronald, W. gotlin, 『Endocrine test』, Year book medical Pub. 1995
145. Rovert, Carola & John, P. Harley, 『Human anatomy & physiology』, McGraw-hill, INC, 2002
146. Silbernage, 『Despopoulous Atlas physiology』, Georg Thieme Verlag, 2002
147. Thomas H. Borthwell, James D. Cook, 『Iron metabolism in man』, Blackwell, scientific Pub, 1998

미용해부생리학

2004년 3월 6일 1판 1쇄 발행
2007년 3월 15일 1판 2쇄 발행
2011년 9월 5일 1판 3쇄 발행

지은이: 전세열 · 홍란희 · 김봉인
장진미 · 조소은

펴낸이: 박 정 태

펴낸곳: **광 문 각**

413-756
경기도 파주시 교하읍 문발리 파주출판문화도시
500-8번지 광문각빌딩 4층
등 록: 1991. 5. 31 제12-484호
전화(代): 031)955-8787
팩 스: 031)955-3730
E-mail: kwangmk@unitel.co.kr
홈페이지: www.kwangmoonkag.co.kr

ISBN: 978-89-7093-641-3 93590

정가: 24,000원

KSPA 한국과학기술출판협회회원